全国高等职业教育机电类“十二五”规划教材

电工电子技术

主　编　王素霞　徐　峥
副主编　苗英恺　周吉生
　　　　雷冠军　王　辉

黄河水利出版社
·郑州·

内容提要

本书是按照教育部关于高等职业教育必须以就业为导向、以能力培养为目标的办学思路，根据电工电子技术课程的基本要求，结合编者多年的教学经验编写而成的，编写时充分考虑高等职业教育的特点，在教材的结构和知识点的分布及深度上进行了调整，使教材既有严谨完整的理论体系，又有较强的实用性。

本教材包含电工技术和电子技术两部分，内容包括直流电路、单相正弦交流电路、三相交流电路、磁路和变压器、异步电动机 、继电接触控制系统、现代控制技术、半导体器件、放大电路和集成运算放大器、直流稳压电源、数字电子技术基础、组合逻辑电路和时序逻辑电路、数字电路的应用，共13章。每章均有小结、例题和习题，以便于教师教学和学生自学。

本教材可作为高职高专机电类专业和相关专业以及成人教育和岗前培训的教材，也可供相关工程技术人员和电工电子技术爱好者学习参考。

图书在版编目(CIP)数据

电工电子技术/王素霞，徐峥主编.—郑州：黄河水利出版社，2012.11

全国高等职业教育机电类“十二五”规划教材

ISBN 978-7-5509-0023-3

Ⅰ.①电… Ⅱ.①王… ②徐… Ⅲ.①电工技术-高等职业教育-教材②电子技术-高等职业教育-教材 Ⅳ.①TM ②TN

中国版本图书馆CIP数据核字(2012)第089930号

组稿编辑：贾会珍 电话：0371-66028027 E-mail:xiaojia619@126.com

出 版 社：黄河水利出版社

地址：河南省郑州市顺河路黄委会综合楼14层 邮政编码：450003

发行单位：黄河水利出版社

发行部电话：0371-66026940、66020550、66028024、66022620(传真)

E-mail: hhslcbs@126.com

承印单位：河南地质彩色印刷厂

开本：787 mm×1092 mm 1/16

印张：19

字数：459千字 印数：1—4 000

版次：2012年11月第1版 印次：2012年11月第1次印刷

定价：38.00元

前　言

本书是按照教育部关于高等职业教育必须以就业为导向、以能力培养为目标的办学思路，根据电工电子技术课程的基本要求，结合编者多年的教学经验编写而成的。

电工电子技术课程理论性强，知识适用范围广，所涉及内容较多，也较难掌握。因此，如何在有限的学时内使学生掌握电工电子技术的基本知识、基本原理，具备必要的实践能力，为学生在今后的学习和工作中打下扎实基础，是教学实施中必须努力解决的问题。

教材在内容编排上，对理论知识做“淡化”处理，而对实际技能做“强化”处理。保证必要的基本概念和基本知识够用的同时，教材中对有关的电路定理、定律尽量避免出现不必要的理论推导，而突出正确理解和实际使用；对于电工技术加进一些现代控制技术知识，强调基础知识与技术应用之间的关系；对于电子电路则加强集成电路方面的内容，特别是集成器件的应用。本书选用了与实际应用紧密相连的题目，学生通过完成这些题目，可以加深对教材内容的理解。教材力图做到各部分知识内容比例协调，深浅适宜。本书在选材上融入高等职业教育的理念，体现以就业为导向，适应社会发展和科学进步的需要。

本书对有待加宽加深的内容标注有 * 号，以便于不同专业选讲和自学。

本书具体编写分工如下：第一章由郑州职业技术学院王辉编写，第二章由永城职业技术学院雷冠军编写，第三、四章由郑州工业安全职业学院李加伟编写，第五章由三门峡职业技术学院姚远编写，第六章由三门峡职业技术学院郭志冬编写，第七、十章由驻马店职业技术学院徐峥编写，第八、九章由濮阳职业技术学院苗英恺编写，第十一、十二章由濮阳职业技术学院王素霞编写，第十三章由周口职业技术学院周吉生编写。

本书由王素霞、徐峥担任主编，负责制定编写要求和目录并对全书进行统稿和定稿；由苗英恺、周吉生、雷冠军、王辉担任副主编；李加伟、姚远、郭志冬参与编写。

由于编者水平有限，书中的错漏和不妥之处在所难免，敬请读者批评指正。

编　者

2012 年 5 月

目　录

第一章　直流电路

第一节　电路模型

一、电路及其组成

电路就是电流流通的闭合路径。它是为了实现某种应用目的,将若干电工、电子器件或设备按一定的方式相互连接所组成的整体。随着科学技术的进步,电的应用越来越广泛,电路的形式更是多种多样,如电视机中将微弱信号进行放大的放大电路,随处可见的照明电路,汽车中的温度、压力、位置角度等传感器检测电路。但是,无论电路的具体形式如何变化,它们都是由一些最基本的部件组成的。以最常见的、简单的手电筒电路为例,其电路示意图如图 1-1(a)所示。

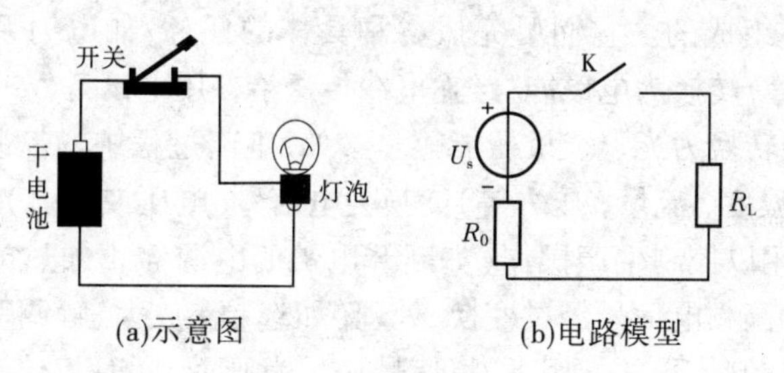

(a)示意图　　(b)电路模型

图 1-1　手电筒电路

组成电路的基本部件包括电源、负载及中间环节。

电源:将其他形式的能量转换为电能,是电路中电能的来源,如干电池、发电机等。电源在电路中起激励作用,在它的作用下产生电流与电压。

负载:是电路中的用电设备,把电能转换为其他形式的能量。例如,白炽灯将电能转换为热能和光能,电动机将电能转换为机械能等。

中间环节:指连接导线、开关电器和保护电器等,它们将电源和负载连接起来,形成电流通路。

电路在电源的作用下产生电压和电流,因此电源又称激励。由激励在电路中产生的电流和电压统称为响应。根据激励与响应之间的因果关系,有时又把激励称为输入,把响应称为输出。

二、电路的功能及电路模型

电路的基本功能有两个方面,一是实现能量的转换、传输和分配(如电力系统电路等),即电力电路。例如发电厂的发电机生产的电能,通过变压器、输电线等送到用户,再通过负载(如灯泡、电动机等)转换成其他形式的能量,这就组成了一个复杂的供电系统,如图 1-2

(a)所示。这类电路主要要求传送的功率足够大、效率要高等。电力电路的特点是电压较高，工作电流较大，通常又称为强电电路。二是实现电信号的处理与传递（如广播电视系统），即信号电路。例如计算机、移动电话、电视机、收音机和各种测量仪器等，如图1-2(b)所示。对这类电路的主要要求是信号不失真、抗干扰能力强等。一般情况下，信号电路中工作电压较低、电流较小，通常又称为弱电电路。

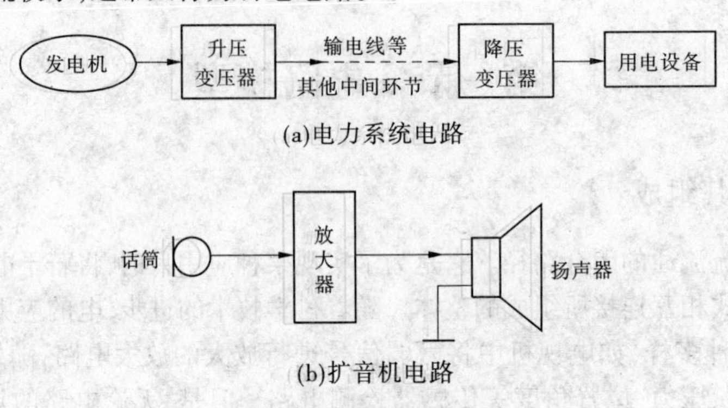

图1-2　电路的典型应用

实际电路是由各种部件（如电阻器、电容器、线圈、开关、晶体管、电池、发电机等）按一定的方式相互连接组成的。它们可完成各种具体的任务，如电力系统的发电机将热能（或水位能、原子能等）转换为电磁能，经输电线传送给各用电设备（如电灯、电动机等），这些用电设备将电磁能转换为光、热、机械能等。又如，生产过程中的控制电路是用传感器将所观测的物理量（如温度、流量、压力等）变换为电信号（电压或电流），经过适当的“加工”处理得出控制信号，用以控制生产操作（如断开电炉的电源停止加热或接通电源加热等）。电视机是将接收到的高频电信号经过变换、处理（如选频、放大、解调等），将分离出的图像信号送到显像管，在控制信号的作用下，将信号显示为画面，同时将伴音信号传送到扬声器转换为声音。我们把供给电磁能的设备统称为电源，把用电设备统称为负载。

实际电路中的元器件种类虽然繁多，但一些元器件在电磁现象方面却有共同之处。例如各种电阻器、照明灯、汽车喇叭等元件主要的电磁特性是消耗电能，各种电感线圈（如变压器线圈、点火线圈等）主要是储存磁场能量，各种类型的电容器主要是储存电场能量，而蓄电池、干电池、发电机等部件主要是提供电能。为了便于探讨电路的一般规律，简化电路的分析，在工程上通常将实际的电路元件用理想电路元件替代。即在一定的条件下，突出元件主要的电磁性质，忽略其次要因素，把实际元件近似地看做理想电路元件，用一个理想电路元件或由几个理想元件的组合来代替实际的电路元件。例如：

电阻元件——主要是消耗电能并转换成其他形式能量的元件，用字母 R 表示，简称电阻。

电感元件 ——主要是储存磁场能量的元件，用字母 L 表示，简称电感。

电容元件 ——主要是储存电场能量的元件，用字母 C 表示，简称电容。

理想电压源、理想电流源与电阻元件组合替代主要是供给能量的实际元件，理想电压源、理想电流源分别用字母 U_s、I_s 表示。

电压源 U_s、电流源 I_s、电阻 R、电容 C、电感 L 图形符号见图1-3。

电路模型就是指用理想电路元件及其组合来代替实际电路元件构成的实际电路。如

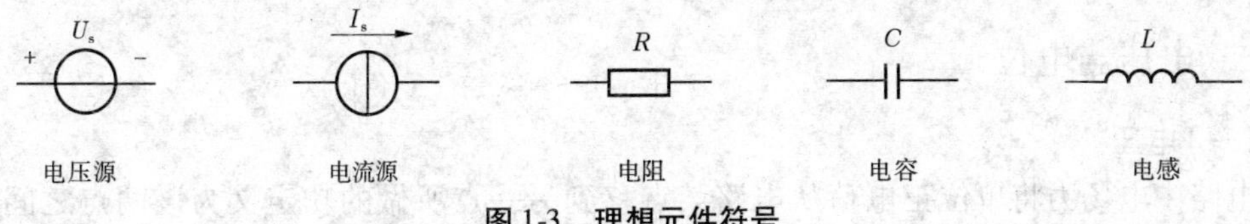

图 1-3　理想元件符号

图 1-1(b)所示为手电筒电路模型,由图可见,通常干电池用电压源 U_s 和内部电阻 R_0 表示,灯泡用电阻 R_L 表示,手电筒的金属壳体或联结铜条消耗能量忽略不计,用导线表示,电筒开关用 K 表示。

第二节　电路的物理量

一、电流

单位时间内通过导体横截面的电荷量定义为电流强度,简称电流,常用字母 DC 或 dc 表示。在直流电路中电流的大小和方向不随时间而变化,也称恒定电流,用符号 I 表示。

$$I = \frac{Q}{t} \tag{1-1}$$

式中,Q 为 t 时刻通过导体横截面的电荷量。

在国际单位制(SI)中,电荷 Q 的单位是库[仑](C),时间 t 的单位是秒(s),电流 I 的单位是安[培](A)。

习惯上把正电荷运动的方向规定为电流的实际方向。但在电路分析中,一些较为复杂的电路,有时电流的实际方向难以判断,于是要在电路中标出电流的实际方向较为困难。为了解决这一问题,在电路分析时,常采用“参考方向”这一概念。

在一段电路或电路元件上可以任意选定一个方向作为电流的流动方向,这个方向就是电流的参考方向,在电路图中用箭头表示,如图 1-4 中实线箭头所示。参考方向的选定,有利于分析和解决问题。当电流的参考方向与实际方向(图 1-4 中虚线箭头所示)一致时,电流 I 为正值($I>0$),如图 1-4 (a)所示。当电流的参考方向与实际方向相反时,电流 I 为负值($I<0$),如图 1-4(b)所示。

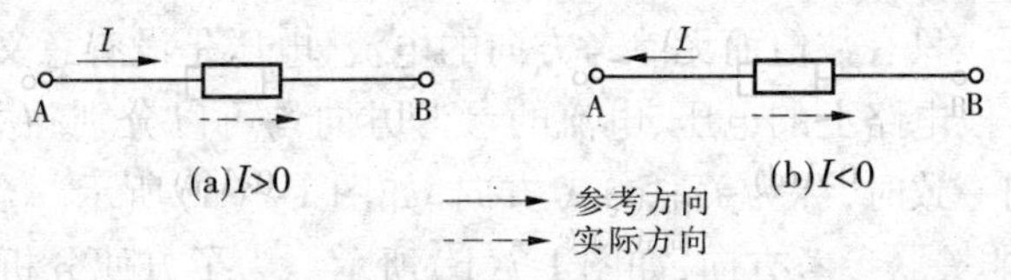

图 1-4　电流的参考方向

这样,在指定的电流参考方向下,电流值的正或负,就反映了电流的实际方向。因此,可以用计算得出值的正负与原来规定的参考方向来确定电流的实际方向。显然,在未指定参考方向的情况下,电流值的正或负是没有意义的。

电流的参考方向是任意指定的,一般用箭头表示,有时也用双下标表示,如 I_{AB},表示其参考方向为由 A 指向 B。今后在电路图中未特殊标明的情况下都是指参考方向。

二、电压与电位

(一)电压

电路中电场力将单位正电荷从电路某点移到另一点所做的功定义为该两点之间的电压,用 U 表示,即

$$U_{AB} = \frac{W}{Q} \tag{1-2}$$

在国际单位制中,功 W 的单位是焦[耳](J),电压的单位是伏[特](V)。

通常,A、B 两点间的电压表征单位正电荷由 A 点转移到 B 点时所获得或失去的能量。如果正电荷从 A 转移到 B,失去能量,则 A 点为高电位,B 点为低电位。两点间电压的高电位端为“+”极,即正极;低电位端为“-”极,即负极。

像需要为电流指定参考方向一样,在分析、计算电路问题时,往往难以预先知道一段电路两端电压的实际方向。所以,也需要为电压指定参考方向(即“+”极到“-”极的方向)。在分析电路问题时,先指定电压的参考方向,“+”号表示高电位端,“-”号表示低电位端,如图 1-5(a)所示。如果电压的参考极性与实际极性一致,则电压 $U>0$;如果电压的参考极性与实际极性相反,则电压 $U<0$。

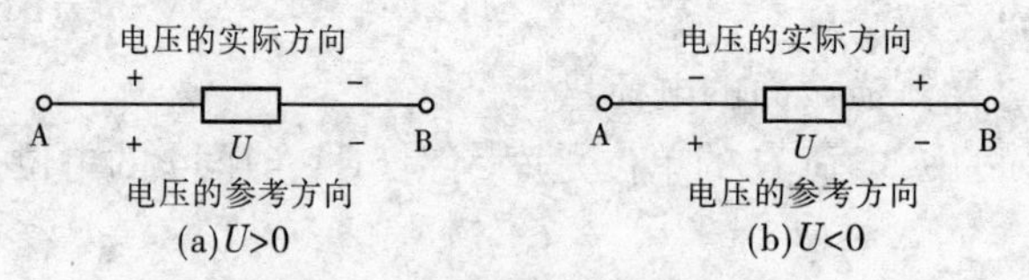

图 1-5　电压的参考方向

电压的参考极性是任意指定的,一般用“+”、“-”极性表示(见图 1-6(a));有时也用箭头表示参考极性(见图 1-6(b)),箭头由“+”极指向“-”极;也可用双下标表示,如 U_{AB},表示 A 点为“+”极,B 点为“-”极。这几种方法所代表的意义相同,使用时可以任选其中一种。

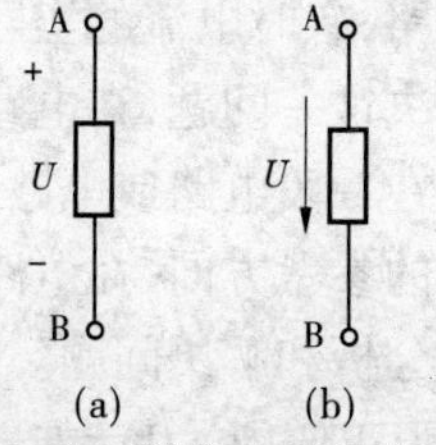

图 1-6　电压的参考方向的表示

电流、电压的参考方向在电路分析中起着十分重要的作用。电流、电压是代数量,既有数值又有与之相应的参考方向才有明确的物理意义。只有数值而无参考方向的电流、电压是没有意义的。

对一个元件或一段电路上的电压、电流的参考方向均可以分别独立地任意指定。当二者所取定的参考方向一致时,称为关联参考方向,如图 1-7(a)所示。当二者所取定的参考方向不一致时,称为非关联参考方向,如图 1-7(b)所示。为了方便分析电路,常常采用关联参考方向,即电流的参考方向和电压的参考方向一致,这时在电路图上只需标明电流参考方向或电压参考极性中的任何一种即可。

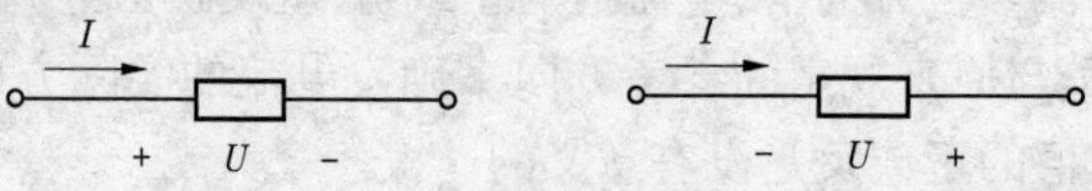

(a)关联参考方向　　(b)非关联参考方向

图 1-7　关联、非关联参考方向

（二）电位

电路中某点的电位为该点到参考点的电压。如在电路图1-8(a)中任选d点为参考点，则电路中点a到参考点d的电压就称为a点的电位。换而言之，电位实际上就是相对于参考点的电压，即

$$V_a = U_{ad} \tag{1-3}$$

电位用V表示。电路参考点本身的电位$V_d = 0$，参考点也称为零电位点。电位参考点的图形符号如图1-8中d点所示。

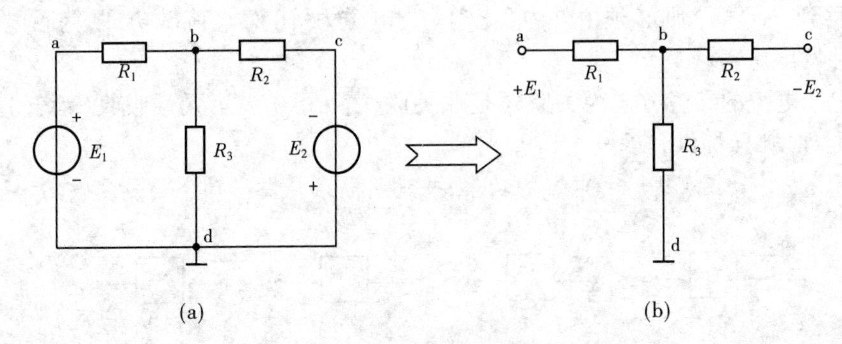

图1-8　电位参考点的表示和电路的简化画法

在电路中任选参考点d，则a、b两点的电位分别为$V_a = U_{ad}$、$V_b = U_{bd}$。按照做功的定义，电场力把单位正电荷从a点移到b点所做的功，等于把单位正电荷从a点移到d点，再移到b点所做的功的和，即

$$U_{ab} = U_{ad} + U_{db} = U_{ad} - U_{bd} = V_a - V_b$$

则

$$U_{ab} = V_a - V_b \tag{1-4}$$

式(1-4)表明，电路中a、b两点间的电压等于a、b两点的电位差，因而电压也称为电位差。

在电路分析中，通常选取多条导线的交汇点或电源的负极作为电位的参考点。电路中某点的电位随参考点选取位置的不同而改变，但两点间的电压大小与参考点的选择无关，即电位的高低是相对的，而电压值是绝对的。不指明参考点而谈论某点的电位是没有意义的。

使用电位的优点之一，是能够使表示电路状态的电量大为减少，这在调试、检修电气设备和电子电路时具有实用意义。另外，使用电位也方便绘制电路图及简化计算过程，如图1-8(b)所示。

三、电能与电功率

在图1-8所示的直流电路中，a、b两点的电压为U，电路中的电流为I，电压、电流为关联参考方向。由电压的定义可知，在t时间内，电场力所做的功，即元件消耗(或吸收)的电能为

$$W = UQ = UIt \tag{1-5}$$

式中：W为电功或电能，单位为焦[耳](J)；U为元件两端的电压，单位为伏[特](V)；I为流过元件的电流，单位为安培(A)；t为做功的时间，单位为秒(s)。

单位时间内消耗的电能称为电功率(简称功率)，直流电路中用字母P表示，即

$$P = \frac{W}{t} = UI \tag{1-6}$$

若电压、电流为非关联参考方向,则

$$P = -UI \tag{1-7}$$

在国际单位制中,电能 W 的单位是焦[耳](J),功率 P 的单位是瓦[特](W)。有时电能的单位用千瓦时(kWh)表示,1 kWh 就是指 1 千瓦功率的设备使用 1 h 所消耗的电能。1 kWh俗称一度电。如 40 W 的灯泡,工作 25 h,其消耗的电能就是 1 kWh。

功率与电压和电流密切相关。正电荷从电路元件上电压的“+”极经元件移到“-”极是电场力对电荷做功的结果,这时元件吸收(消耗)功率;反之,正电荷从电路元件上电压的“-”极移到“+”极,则必须由外力(化学力、电磁力等)对电荷做功,以克服电场力,这时电路元件发出功率。

无论电压电流的参考方向为关联还是非关联,若 $P>0$ 表示元件吸收(消耗)功率,若 $P<0$表示元件发出(提供)功率。

【例 1-1】 计算图 1-9 所示电路的功率,并说明电路是发出功率还是吸收功率。

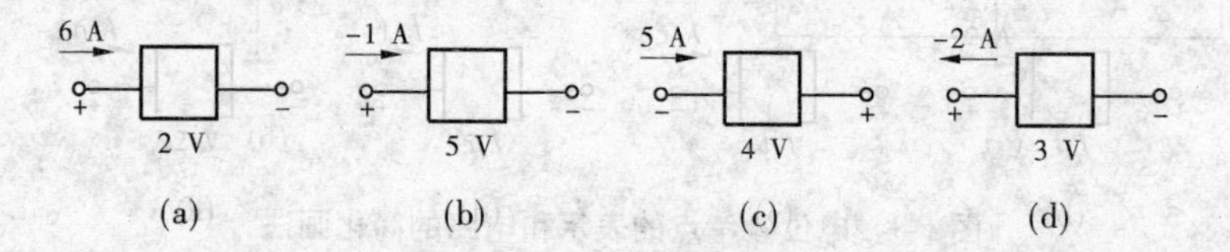

图 1-9　例 1-1 图

解: 图 1-9(a)所示电路为关联方向,$P=UI=2\times6=12(\mathrm{W})>0$,电路吸收功率。

图 1-9(b)所示电路为关联方向,$P=UI=(-1)\times5=-5(\mathrm{W})<0$,电路发出功率。

图 1-9(c)所示电路为非关联方向,$P=-UI=-(5\times4)=-20(\mathrm{W})<0$,电路发出功率。

图 1-9(d)所示电路为非关联方向,$P=-UI=-3\times(-2)=6(\mathrm{W})>0$,电路吸收功率。

第三节　电阻、电感和电容元件

一、电阻元件

物体对电流的阻碍作用,称为该物体的电阻,用 R 来表示,其单位为欧姆(Ω)。电阻元件是构成各类电路最常用的元件之一。电阻元件的图形符号如图 1-10所示。

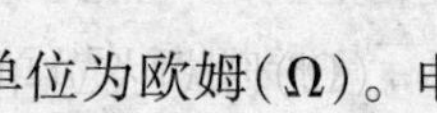

R

图 1-10　电阻元件的图形符号

(一)电阻与电阻率

试验证明,当温度一定时,金属导体的电阻与导体的长度成正比,与横截面面积成反比,还与材料的导电性能有关,如式(1-8)所示。

$$R = \rho\frac{l}{S} \tag{1-8}$$

式中:R 为导体的电阻,Ω;l 为导体的长度,m;S 为导体的横截面面积,mm^2;ρ 为导体的电阻率,$\Omega\cdot\mathrm{mm}^2/\mathrm{m}$。

常见材料的电阻率的大小如表 1-1 所示。

表 1-1　常见材料的电阻率和电阻温度系数

材料名称	电阻率 $\rho(\Omega\cdot mm^2/m)$ (20 ℃)	平均电阻温度系数 $\alpha(1/℃)$ (0～100 ℃)
银	0.016 5	0.003 6
铜	0.017 5	0.004
铝	0.028 3	0.004
低碳钢	0.13	0.006
碳	35	-0.000 5
锰铜	0.43	0.000 006
康铜	0.49	0.000 005
镍铬合金	1.1	0.000 13
铁铬铝合金	1.4	0.000 08
铂	0.106	0.003 89

电阻率 ρ 是反映材料导电性能大小的系数。由表 1-1 可见,银、铜、铝的电阻率很小,表示其对电流的阻碍小,导电能力强。因此,常用铜或铝来制造导线和电气设备的线圈。银的电阻率最小,但因其价格昂贵,因而只有在特殊要求的场合使用,如电气触头等。镍铬合金、铁铬铝合金的电阻率很大,而且耐高温,常用来制造发热器件的电阻丝。

(二)电阻与温度的关系

人们在生产实践或科学实验中发现,导体的电阻还与温度的变化有关,一般可分为三种情况:第一种是导体电阻随温度的升高而增加,如银、铝、铜、铁、钨等金属;第二种是导体电阻随温度的升高而减小,如电解液、碳素和半导体材料;第三种是导体的电阻几乎不随温度的改变而变化,如康铜、锰钢、镍铬合金等。因此,用电阻温度系数来反映材料电阻受温度影响的程度。常见材料的电阻温度系数见表 1-1。

工程上,通常用电阻温度系数极小的康铜、锰铜制造标准电阻、电阻箱以及电工仪表中的分流电阻和附加电阻等。常用半导体材料制成热敏电阻。金属导体的电阻随温度变化的特性还可用于温度的测量。例如金属铂,它是一种贵重金属,电阻温度系数较大,且熔点高,因而常用于制造铂电阻温度计,一般测温范围为 -200～+850 ℃。

通常金属导体的电阻随温度的升高而增加,它们的关系是

$$R_2 = R_1[1 + \alpha(t_2 - t_1)] \tag{1-9}$$

式中:t_1 为参考温度(通常为 20 ℃),℃;t_2 为导体实际温度,℃;R_1 为 t_1 时的电阻,Ω;R_2 为 t_2 时的电阻,Ω;α 为电阻温度系数,1/℃。

【例 1-2】　三相异步电动机的定子绕组用铜漆包线绕成,在室温 20 ℃时测得电阻为 1.40 Ω,满载运转 4 h 后,测得电阻为 1.60 Ω,求此时电动机的温度及温升。

解：已知 $t_1=20$ ℃，$R_1=1.40\ \Omega$，$R_2=1.60\ \Omega$。

由表 1-1 可知铜的电阻温度系数为 0.004 1/℃，根据式(1-9)得绕组电阻 R_2 为 1.60 Ω 时的温度为

$$t_2=\frac{R_2-R_1}{\alpha R_1}+t_1=\frac{1.60-1.40}{0.004\times1.40}+20=55.7(℃)$$

绕组的温升为

$$t_2-t_1=55.7-20=35.7(℃)$$

(三)电阻器的分类

在工业工程中，广泛使用各种电阻器。电阻器的种类很多，按结构不同，可分为固定电阻器和可变电阻器；按导电材料不同，可分为碳膜、金属膜、金属氧化膜、线绕和有机合成电阻器等；按功率不同，可分为 1/16 W、1/8 W、1/4 W、1/2 W、1 W、2 W 等额定功率的电阻。

常用电阻器的外形和特点见表 1-2。

表 1-2　常用电阻器的外形和特点

名称	外形	主要特点
碳膜电阻器(RT 型)		阻值较稳定，受电压和频率影响小，价廉，应用广泛 阻值：1 Ω～10 MΩ；额定功率：0.125～2 W
金属膜电阻器(RJ 型)		耐热，噪声小，体积小，精度高，广泛应用于要求较高的电路 阻值：1 Ω～620 MΩ；额定功率：0.125～2 W
金属氧化膜电阻器(RY 型)		抗氧化，耐高温 阻值：1 Ω～200 kΩ；额定功率：0.125～10 W
合成实芯电阻器(RS 型)		机械强度高，可靠，体积小，价廉 阻值：4.7 Ω～22 MΩ；额定功率：0.25～2 W
线绕电阻器(RX 型)		阻值精度高、稳定，抗氧化，耐热，功率大，作为精密和大功率电阻器使用 阻值：0.1 Ω～5 MΩ；额定功率：150 W
电位器(WT 型等)		阻值可以调节，阻值规律有直线式、指数式、对数式，主要用于调节电路中的电阻、电流和电压

根据 GB 2471—81，电阻型号的命名方法见表 1-3。

表 1-3　电阻型号的命名方法

第一部分:主称		第二部分:材料		第三部分:分类特征			第四部分:序号
符号	意义	符号	意义	符号	电阻器	电位器	
R	电阻器	T	碳膜	1	普通	普通	对主称、材料相同,仅性能指标、尺寸大小有区别,但基本不影响互换使用的产品,给同一序号;当性能指标、尺寸大小明显影响互换时,则在序号后面用大写字母作为区别代号
W	电位器	H	合成膜	2	普通	普通	
		S	有机实芯	3	超高频		
		N	无机实芯	4	高阻		
		J	金属膜	5	高温		
		Y	氧化膜	6			
		C	沉积膜	7	精密	精密	
		I	玻璃釉膜	8	高压	特殊函数	
		P	硼酸膜	9	特殊	特殊	
		U	硅酸膜	G	高功率		
		X	线绕	T	可调		
		M	压敏	W		微调	
		C	光敏	D		多圈	
		R	热敏	B	温度补偿用		
				C	温度测量用		
				P	旁热式		
				W	稳压式		
				Z	正温度系数		

如图 1-11 所示为电阻型号标称示例。

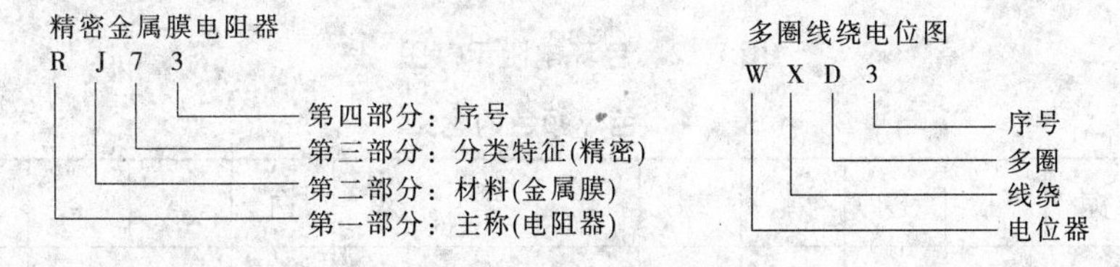

图 1-11　电阻型号标称示例

(四)电阻的基本参数

电阻的基本参数包括标称值、额定功率和允许偏差。

1. 标称值

标称值是指按国家规定标准化的电阻值。各电阻的标称值应符合国家规定的数值之一再乘以 $10^n\ \Omega$,其中 n 为整数。标称系列中大部分值不是整数,这样可以确保同一系列中,相邻两个数中较小数的正偏差与较大数的负偏差能够衔接或稍有重叠,这样可以使电子电路所需要的电阻全部包括在系列中。

2. 额定功率

额定功率指电阻器允许长期工作的功率。一般电阻的功率为 1/8 W、1/4 W、1/2 W、1 W、2 W 等。

3. 允许偏差

允许偏差指标称值允许的偏差。Ⅰ级为 ±5%，Ⅱ级为 ±10%，Ⅲ级为 ±20%。

(五)电阻值的识别

电阻值的识别方法一般分直标法、文字符号法、数码法和色环标注法等。

直标法是用数字和单位符号在电阻器表面标出阻值，其允许误差直接用百分数表示，若电阻上未注偏差，则均为 ±20%。

文字符号法是用阿拉伯数字和文字符号两者有规律的组合来表示标称阻值，其允许偏差也用文字符号表示。如 3M3K 表示 3.3 MΩ，允许偏差为 ±10%。

数码法是在电阻器上用三位数码表示标称值的标志方法。数码从左到右，第一、二位为有效值，第三位为指数，即零的个数，单位为 Ω。如 472 表示 47 × 100 Ω(即 4.7 kΩ)，偏差通常采用文字符号表示。

国际上惯用色环标注法。色环电阻占据着电阻器元件的主流地位。顾名思义，色标法就是用不同颜色的带或点在电阻器表面标出标称阻值和允许偏差。

根据色环的环数多少，分为四色环表示法和五色环表示法。

当电阻为四环时，前两位为有效数字，第三位为倍乘数，第四位为允许误差。四环电阻最后一环必为金色或银色，一般是碳膜电阻。

当电阻为五环时，最后一环与前面四环距离较大。前三位为有效数字，第四位为倍乘数，第五位为允许误差。五环电阻一般是金属膜电阻。

如图 1-12 所示为色环电阻示意图。表 1-4 为色环颜色的含义。

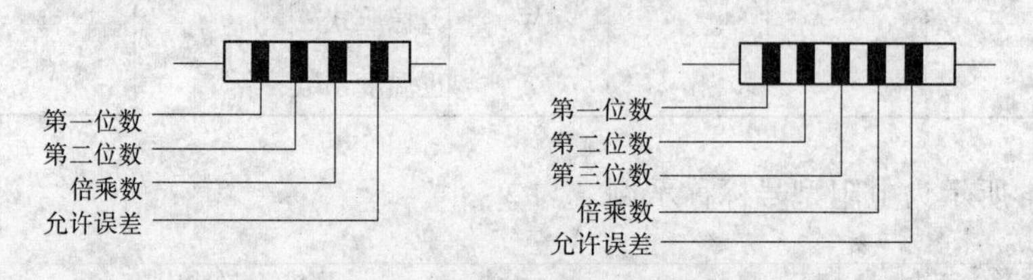

图 1-12　色环电阻示意图

表 1-4　色环颜色的含义

颜色	棕	红	橙	黄	绿	蓝	紫	灰	白	黑	金	银	本色
有效数字	1	2	3	4	5	6	7	8	9	0			
倍乘数	10^1	10^2	10^3	10^4	10^5	10^6	10^7	10^8	10^9	10^0	10^{-1}	10^{-2}	
允许误差(%)											±5	±10	±20

例如，四环电阻颜色依次为红 – 红 – 棕 – 金，表示电阻的大小为 220 Ω，误差为 ±5%；四环电阻颜色依次为红 – 紫 – 橙 – 金，表示电阻的大小为 27 kΩ，误差为 ±5%；五环电阻颜色依次为棕 – 紫 – 绿 – 金 – 棕，表示电阻的大小为 17.5 Ω，误差为 ±1%。

(六)特殊电阻

1. 热敏电阻

热敏电阻是一种用陶瓷半导体制成的温度系数很大的电阻体。在工作温度范围内,按陶瓷半导体的电阻与温度的特性关系,热敏电阻可分为以下几种类型:

(1)负温度系数(NTC)热敏电阻:其电阻值随温度升高而减小,如图1-13中曲线1所示。这种电阻是由镍、铜、钴、锰等金属氧化物按适当比例混合后高温烧结而成的。

(2)正温度系数(PTC)热敏电阻:其电阻值随温度升高而按指数函数增加,如图1-13中曲线2所示。

(3)临界温度热敏电阻(CTR):其电阻值随温度升高而按指数函数减小,如图1-13中曲线3所示。

热敏电阻式温度传感器具有体积小、灵敏度高、安装简单及价格低廉等特点。

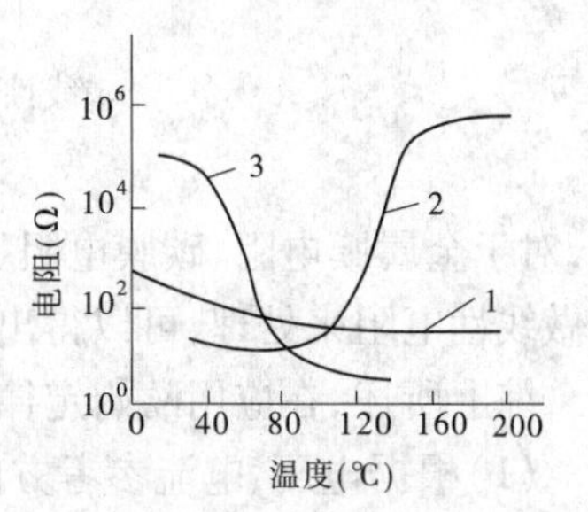

1—负温度系数(NTC)热敏电阻;
2—正温度系数(PTC)热敏电阻;
3—临界温度热敏电阻(CTR)

图1-13 热敏电阻的温度特性

2. 光敏电阻

光敏电阻是利用半导体光电导效应制成的一种特殊电阻,对光线十分敏感,它的电阻值能随着外界光照强弱(明暗)变化而变化。光敏电阻在无光照射时,呈高阻状态;当有光照射时,其电阻值迅速减小。

(七)欧姆定律

电阻元件流经电流就要消耗电能,沿电流流动方向会出现电压降。如图1-14(a),在电压和电流的关联方向下,电压和电流关系为

$$U = IR \tag{1-10}$$

这一规律称为欧姆定律。式(1-10)中 R 为元件的电阻。

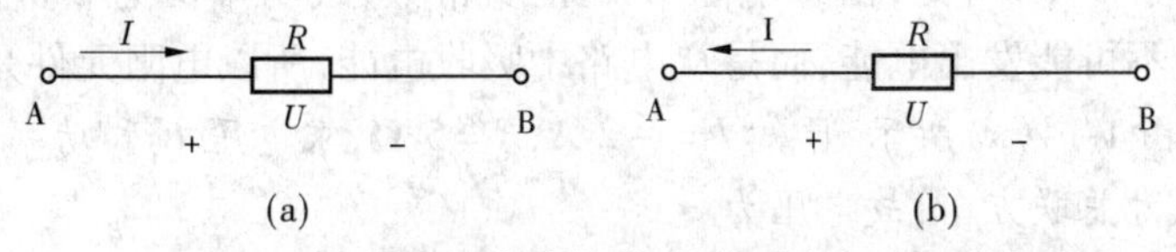

图1-14 电阻元件的关联、非关联方向欧姆定律

若电压和电流为非关联方向,如图1-14(b)所示,则欧姆定律可写为

$$U = -IR \tag{1-11}$$

欧姆定律公式反映了电阻元件对其电压与电流的约束关系。在任何时刻,它两端的电压与其电流的关系都服从欧姆定律的电阻元件为线性电阻元件,其电阻值一定。如果把电阻元件的电压取为纵坐标,电流取为横坐标,作出电压和电流的关系曲线,则这条曲线称为该电阻元件的伏安特性曲线。如图1-15所示,线性电阻元件的伏安特性是通过坐标原点的一条直线,其斜率对应电阻数值。而非线性电阻元件的伏安特性不再是一条通过原点的直线,而是一条曲线。所以,元件上电压和通过元件的电流不服从欧姆定律,它们不成正比,相应的其电阻值是个变量。例如温度传感器中的热敏电阻,就是一个非线性电阻元件,其阻值会随温度的改变而变化;半导体二极管的电阻值也是变量。本书中若未加说明,电阻都是指线性电阻。

严格来说,所有电阻器、电灯、电炉等实际电路元件的电阻都或多或少是非线性的。但

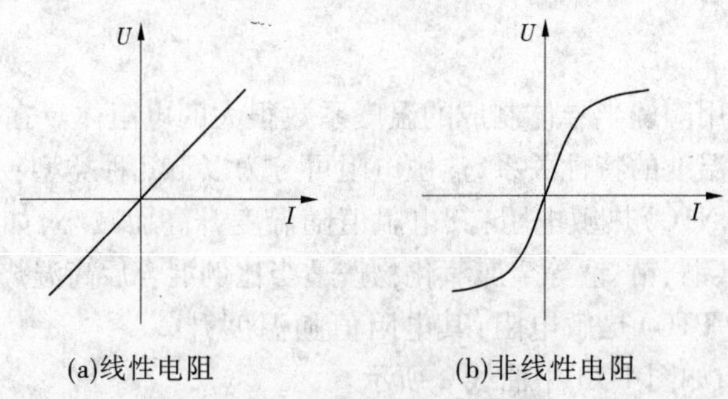

(a)线性电阻　　　　(b)非线性电阻

图 1-15　电阻的伏安特性曲线

是,对于金属膜电阻、碳膜电阻、线绕电阻等实际元件,在一定范围内,它们的阻值基本不变,当做线性电阻来处理,可以得出满足实际需要的结果。

综上所述,在应用欧姆定律时需要注意以下几点:

(1)根据电压、电流参考方向是否关联,欧姆定律公式相差一个负号。即:关联方向下,$U = IR$,非关联方向下,$U = -IR$。因此,欧姆定律公式要与电流电压的参考方向配合使用。

(2)线性电阻元件的阻值恒定,适用于欧姆定律;非线性电阻元件的阻值是个变量,不能使用欧姆定律进行定量分析。

(3)电阻的电功率在电压和电流关联方向下,任何时刻线性电阻元件吸收的功率为

$$P = UI = I^2R = \frac{U^2}{R} \tag{1-12}$$

同样,在电压和电流非关联方向下,任何时刻线性电阻元件吸收的功率为

$$P = -UI = I^2R = \frac{U^2}{R} \tag{1-13}$$

由式(1-12)、式(1-13)可见,由于电阻 R 是正实常数,故功率恒为非负值。这说明,任何时刻电阻元件绝不可能发出电能,而是从电路中吸收电能,所以电阻元件是耗能元件。

【例 1-3】　如图 1-14(a)所示,已知 $I = -2$ A,$R = 5\ \Omega$,求电压 U 和功率 P。

解:电压、电流为关联方向,故电压为

$$U = IR = (-2) \times 5 = -10(\text{V})$$

功率为

$$P = I^2R = (-2)^2 \times 5 = 20(\text{W})$$

电路吸收功率。

二、电感元件

凡是能产生电感作用的电路元件统称电感元件,又称电感器,简称电感。电感通常由线圈构成,所以有时又称为电感线圈。电感的符号如图 1-16 所示。用 L 表示,国际单位为亨[利](H),常用单位还有毫亨(mH)和微亨(μH)。

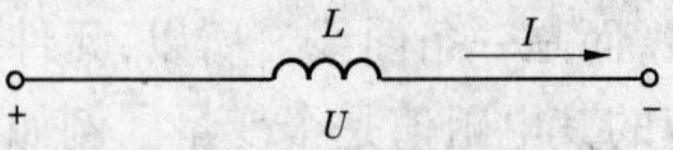

根据电磁学原理,当直流电流通过电感线圈时就会产生恒定的磁场。若电感线圈共有 N 匝,通过每匝线圈的磁通为 Φ,则线圈的匝数与穿过线圈的磁通之乘积为 $N\Phi$。如果电感中的磁通和电流之间是线性函数关系,则称为线性电感。若电感中的磁通和电流之间不是线性函数关系,则称为非线性电感。对于线性电感,有

图 1-16　电感元件的符号

$$L = \frac{N\Phi}{I} \tag{1-14}$$

式中：Φ 为磁通，单位为韦[伯](Wb)；L 为元件的电感，表征电感线圈储存磁场能能力的参数，是不随电路情况变化的量。

电路中电感两端的电压的大小与流过它的电流的变化率成正比，电流变化越快，电压越高。所以，电感元件通直流隔交流，通低频阻高频。对直流信号而言，电感线圈的直流电阻几乎为零，相当于短路。

当流经电感的电流变化时，其两端电压与电流的关系为

$$u_L = L\frac{\mathrm{d}i_L}{\mathrm{d}t} \tag{1-15}$$

电感是储能元件，其能量在电能和磁场能之间进行转换，理想的电感元件并不消耗电能。如果电感元件通过的电流为 I，则其储存的磁能为

$$W = \frac{1}{2}LI^2 \tag{1-16}$$

式中：W 为磁能，单位为焦[耳](J)。

几种常见的电感线圈的外形如图 1-17 所示。

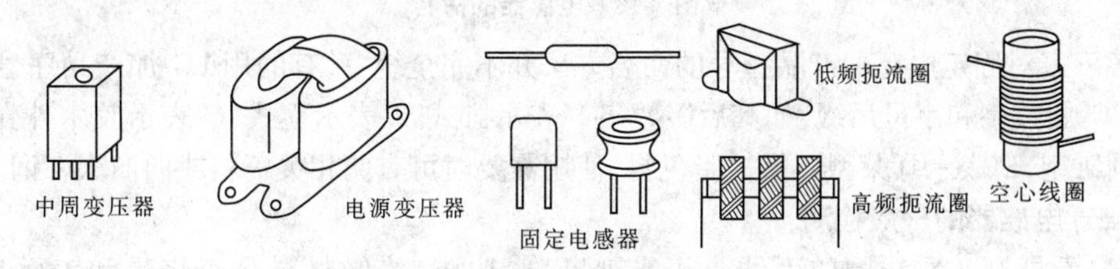

图 1-17　几种常见的电感线圈的外形

(一)电感线圈的主要技术参数

1. 电感量

电感量是电感线圈的主要参数，电感量的大小与线圈的匝数、绕制方式以及磁芯的材料等因素有关。如匝数越多、匝距越小，电感量越大；线圈内有磁芯的比无磁芯的电感量大；磁芯的磁导率大的则电感量大。

2. 品质因数(Q 值)

品质因数也是电感线圈的主要参数，电工中常用字母 Q 表示。Q 值越高表明线圈的功率损耗越小，效率越高，即“品质”越好。一般线圈的 Q 值在几十至几百的数量级。电感线圈的 Q 值与线圈的结构(如导线的粗细、多股或单股、绕法、磁心等)有关，也和工作(或测试)频率有关。一般的电感随着频率的变高，其 Q 值也会增高，但它有一个极限，当超过这个极限频率点后，电感的 Q 值要陡然下降，此时电感也失去了电感的作用，所以线圈的 Q 值只对应某一测试频率下的 Q 值。

3. 标称电流

标称电流是指线圈允许通过的电流的大小，常以字母 A、B、C、D、E 来分别代表标称电流值 50 mA、150 mA、300 mA、700 mA、1 600 mA。应用时实际通过电感线圈的电流不宜超过标称电流值。

另外，在电感线圈工作时，其层与层之间(或匝与匝之间)客观上会产生电容效应，这一

电容称为线圈的分布电容（或寄生电容）。虽然这个电容很小，但由于分布电容的存在，使线圈的工作频率受到影响，并使线圈的 Q 值下降，高频线圈的蜂房或分段式绕法就是为了减小分布电容而设计的。电感线圈的等效电阻一般很小，可以忽略不计。但当线圈中通有较大电流时，这个电阻的功耗会引起线圈的发热甚至烧坏线圈，所以有时还应考虑线圈能够承受的电功率。

（二）电感器的命名方法

电阻器与电容器都是标准元件，而电感器除少数可采用现成产品外，通常为非标准元件，需根据电路的要求自行绕制。

电感器的命名由名称、特征、型号和序号四部分组成，如图 1-18 所示。

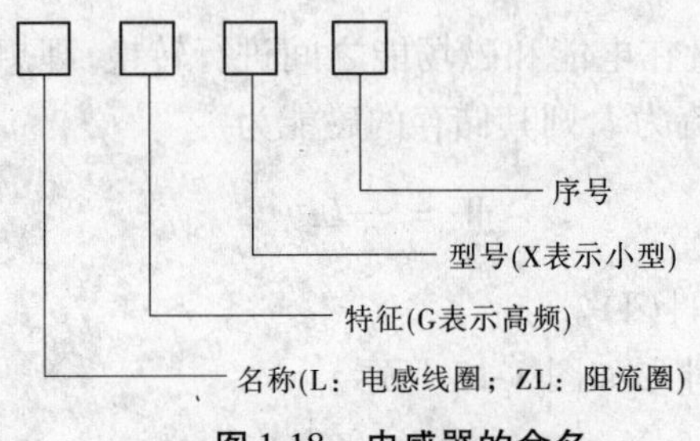

图 1-18　电感器的命名

各厂家对固定电感器产品型号的命名方法并不完全统一，有的用 LG 加产品序号，有的采用 LG 加数字和字母后缀，如其后缀数字 1 表示卧式，2 表示立式，G 表示胶木外壳型，P 表示圆饼型，E 表示耳朵型环氧树脂色封，使用需要时可查阅相关资料或向商家咨询。

（三）电感器的一般检测

（1）看外观。看线圈的引线是否霉变断裂、脱焊，绝缘材料是否烧焦和表面是否破损等。

（2）通过万用表的电阻挡测量线圈阻值来判断其好坏。即检查电感器（线圈）是否有短路、断路和绝缘不良等情况。一般电感线圈的直流电阻值很小（如零点几欧至几欧）。低频扼流圈的电感量较大，线圈的匝数相对较多，其直流电阻相对比较大（约为几百或几千欧）。当测得线圈电阻无穷大时，表明线圈内部或端线已断线；若表针指示为零，则说明线圈内部短路。对低频扼流圈，还应检查线圈和铁芯之间的绝缘电阻，即测量线圈引线与铁芯或金属屏蔽罩之间的电阻，正常时应为无穷大，否则说明该电感器绝缘不良。当需要对电感器（线圈）作精准测量时，就需要借助于专用的电子仪器仪表（如电感电容电桥或 Q 表）来测量。具体的检测方法可参阅有关资料及说明。

三、电容元件

所谓电容元件就是能够储存电荷的“容器”，所以又称电容器，简称电容。只不过这种“容器”储存的是一种特殊的物质——电荷，而且其所存储的正负电荷等量地分布于两块中间隔以绝缘材料（介质）的导体板（通常为金属板）上。电容元件的符号如图 1-19 所示，用符号 C 表示，其单位为法［拉］（F）。由于 F 的容量非常大，所以常用的单位有 μF（微法）、nF（纳法）和 pF（皮法）等。它们的关系是：$1\ \text{F} = 10^6\ \mu\text{F}$，$1\ \mu\text{F} = 10^3\ \text{nF} = 10^6\ \text{pF}$。

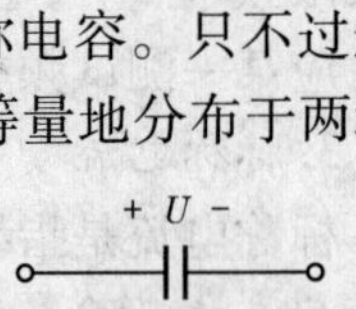

图 1-19　电容元件的符号

电容 C 是表征元件储存电荷能力的参数，是不随电路情况变化的量。对于平行板电容而言，其大小取决于介电常数 ε、极板相对的面积 S 及极板间距 d。平行板电容的容量公式为

$$C = \frac{\varepsilon S}{d} \tag{1-17}$$

电路中流过电容的电流的大小与其两端的电压的变化率成正比，电压变化越快，电流越大。可以得出结论：电容元件隔直流通交流，通高频阻低频。

当电容元件端电压 u_C 变化时，极板上存储的电荷 q 也相应变化，于是电荷在导线上移动，形成电流，即电容元件的电流 i_C。电容元件的伏安特性表达式为

$$i_C = \frac{\mathrm{d}q}{\mathrm{d}t} = \frac{\mathrm{d}(Cu_C)}{\mathrm{d}t} = C\frac{\mathrm{d}u_C}{\mathrm{d}t} \tag{1-18}$$

电容也为储能元件，如果电容两端的电压为 U，则电容元件吸收的电能为

$$W = \frac{1}{2}CU^2 \tag{1-19}$$

几种常见的电容的外形如图 1-20 所示。

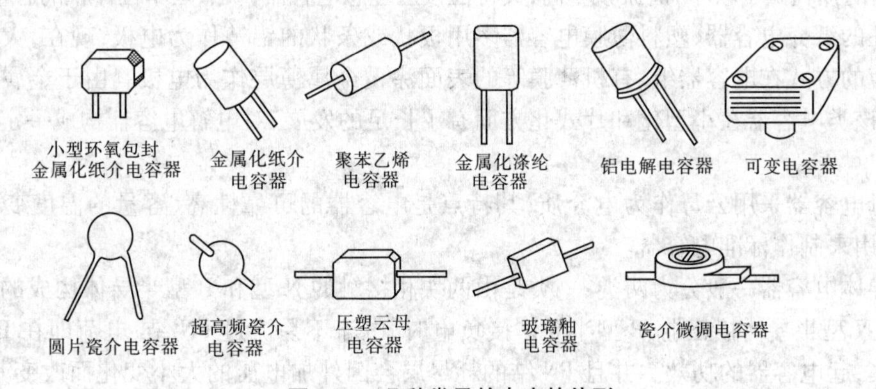

图 1-20　几种常见的电容的外形

(一) 电容的分类和作用

根据所使用的材料、结构及特性等的不同，电容器的分类也不同。在此，主要根据电容器特性原理的不同，将其分为两大类：化学电容器和非化学电容器。

1. 化学电容器

化学电容器是指采用电解质作为电容器阴极的一类电容器。广义上讲，电解质包括电解液、二氧化锰、有机半导体 TCNQ、导体聚合物、凝胶电解 PEO 等。化学电容器又包含两大类：电解电容器和超电容器。

电解电容器是指在铝、钽、铌、钛等金属的表面采用阳极氧化法生成一薄层氧化物作为电介质，以电解质作为阴极而构成的电容器。电解电容器的阳极通常采用腐蚀箔或者粉体烧结块结构，其主要特点是单位面积的容量很高，在小型大容量化方面有着其他类电容器无可比拟的优势。目前，工业化生产的电解电容器主要是铝电解电容器和钽电解电容器。铝电解电容器以箔式阳极、电解液阴极为主，外观以圆柱形居多；钽电解电容器采用烧结块阳极，阴极采用半导体材料二氧化锰，外形多为片式，适应表面贴装技术 SMT 需求的表面贴装器件（SMD）。

超电容器一般采用活性炭、二氧化钌（RuO_2）、导体聚合物等作为阳极，液态电解质作为

阴极。超电容器可以获得法拉级的静电容量，有利于化学电容器的超小型化。但是，它的缺点是单体的耐电压有限，采用水系电解液，耐电压在 1 V 以下，即便是采用非水系电解液，其耐电压一般也不超过 3 V。确切地说，超电容器是介于电容器和电池之间的储能器件，既具有电容器可以快速充放电的特点，又具有电池的储能机理——氧化还原反应。超电容器也可以分为两类：①以活性炭为阳极，以电气双层的机制储存电荷，通常被称为电气双层电容器；②以二氧化钌或者导体聚合物为阳极，以氧化还原反应的机制存储电荷，通常被称为电化学电容器。

2. 非化学电容器

非化学电容器的种类较多，大都以其所选用的电介质命名，如陶瓷电容器、纸介电容器、塑料薄膜电容器、金属化纸介电容器、金属化塑料薄膜电容器、空气电容器、云母电容器、半导体电容器等。

陶瓷电容器采用钛酸钡、钛酸锶等高介电常数的陶瓷材料作为电介质，在电介质的表面印刷电极浆料，经低温烧结制成。陶瓷电容器的外形以片式居多，也有管形、圆片形等形状。陶瓷电容器的损耗因子很小，谐振频率高，其特性接近理想电容器，缺点是单位体积的容量较小。

以往的纸介电容器、塑料薄膜电容器多用板状或条状的铝箔作为电极，现在，大多采用真空蒸镀的方式在电容器纸、有机薄膜等的表面涂覆金属薄层作为电极。由于金属化形式的出现，该类电容器在小型化和片式化方面有了长足的发展，对电解电容器构成一定的挑战和威胁。

云母电容器采用云母作为电介质，其特点是电容器的可靠性高、容量的温度变化率很小，常被用来制作标准电容器。

半导体电容器一般分为两类：一类是由两块相接触的 N 型和 P 型半导体构成的。众所周知，当 N 型半导体接正电、P 型半导体接负电时，电流不易流过 PN 结，电荷即在 PN 结的两侧聚集，起电容器的功效。并且 PN 结的耗尽层会因外加电压的大小变化而改变其厚度，也即正负电荷层的间距会发生变化，故而表现出容量随外加电压的变化而变化的特性：外加电压增大，容量减小。另一类被称为半导体陶瓷电容器，由掺杂金属镧（La）的 N 型半导体陶瓷——钛酸钡的两个侧面涂布银电极，并焊接上端子而构成。银电极和半导体陶瓷的界面呈现整流特性：从银电极到半导体陶瓷，电流容易流通；反之，则电流几乎不能流通。因而，当给两端子上外加电压时，电荷会在某一界面的两侧聚集，表现出电容器的特点。

电容在电路中具有隔断直流电、通过交流电的作用，因此常用于级间耦合、滤波、去耦、旁路及信号调谐等。

（二）电容的主要参数

1. 标称容量（C）及偏差

电容量是电容器的基本参数，其数值标注在电容器表面上。不同类型的电容器有不同系列的容量标称值。云母和陶瓷介质电容器的电容量较低（大约在 5 000 pF 以下）；纸、塑料和一些陶瓷介质形式的电容器的容量居中（一般在 0.005 ~ 1.0 μF）；通常电解电容器的容量较大。电容器的容量偏差等级有多种，一般偏差都在 +5% 以上，最大的可达 −10% ~ +10%。

2. 额定电压（U）

能够保证长期工作而不致击穿电容器的最大电压称为电容器的额定工作电压。额定电压系列随电容器种类不同而有所不同，普通无极性电容的标称耐压值有63 V、100 V、160 V、250 V、400 V、600 V、1 000 V等，有极性电容的耐压值相对要比无极性电容的耐压值要低，一般的标称耐压值有4 V、6.3 V、10 V、16 V、25 V、35 V、50 V、63 V、80 V、100 V、220 V、400 V等。例如，纸介和瓷介电容器的额定电压可从几十伏到几万伏，电解电容器的额定电压可从几伏到1 000 V。额定电压的数值通常都在电容器上标出。

3. 电容温度系数

电容温度系数通常是以20 ℃基准温度的电容量与有关温度的电容量的百分比表示的，为温度变化所引起的容量相对变化。

4. 绝缘电阻

理想电容器的介质应当是不导电的绝缘体，实际电容器介质的电阻为绝缘电阻，有时亦称为漏电阻。温升引起电子活动增加，使绝缘体的电阻降低，从而产生绝缘电阻。

5. 使用寿命

电容器的使用寿命随温度的升高而减小。主要原因是温度加速化学反应而使介质随时间退化。

(三)电容的标称及识别方法

(1)由于电容体积要比电阻的大，所以一般都使用直接标称法。如果数字是0.001，那它代表的是0.001 μF = 1 nF，如果是10 n，那么就是10 nF，同样，100 p就是100 pF。

(2)不标单位的直接表示法：用1～4位数字表示，容量单位为pF，如350为350 pF，3为3 pF，0.5为0.5 pF。

(3)色码表示法：沿电容引线方向，用不同的颜色表示不同的数字，第一、二种颜色表示电容量，第三种颜色表示有效数字后零的个数(单位为pF)。

颜色意义：黑=0，棕=1，红=2，橙=3，黄=4，绿=5，蓝=6，紫=7，灰=8，白=9。

电容的识别：看它上面的标称，一般有标出容量和正负极，也有用引脚长短来区别正负极的，长脚为正，短脚为负。

第四节　电路中的独立电源

电源在电路中起激励作用，在电源的作用下，产生电流和电压。从能量的观点看，电源是电路中能量的来源。一个实际的电源对外电路所呈现的特性(外特性)，即电源端电压与输出电流之间的关系，都可以用电压源模型或电流源模型来表示。

所谓独立电源，意味着电压源(电流源)的电压(电流)一定，与流过的电流(两端的电压)无关，也与其他支路的电流、电压无关。

一、电压源

(一)理想电压源

理想电压源(简称为电压源)端电压固定不变，不会因为它所连接的外电路不同而改变，电流的改变取决于与它连接的外电路。电压源图形的符号如图1-21所示，一般用U_s表示。

电源元件的特性用它的端电压U与输出电流I的关系表示，这就是电源的伏安特性，又称为电源的外特性。电压源的伏安特性曲线如图 1-22 所示，它是一条位于 $U = U_s$ 且平行于电流轴（I 轴）的直线，所以电压源又称为恒压源。

图 1-21 电压源图形的符号　　图 1-22 电压源的伏安特性曲线

（二）实际电压源模型

理想电压源显然是不存在的。以电池为例，随着输出电流的加大，其端电压不是保持不变，而是略有降低。这是因为实际电源总会有一定的内阻，当输出电流增加时，其内阻压降也会增加，造成电源的端电压降低。所以，考虑到电源内阻，一个实际的电压源可以用一个理想电压源 U_s 和内阻 R_0 相串联的模型来表征，这就是实际电压源模型，如图 1-23（a）所示。

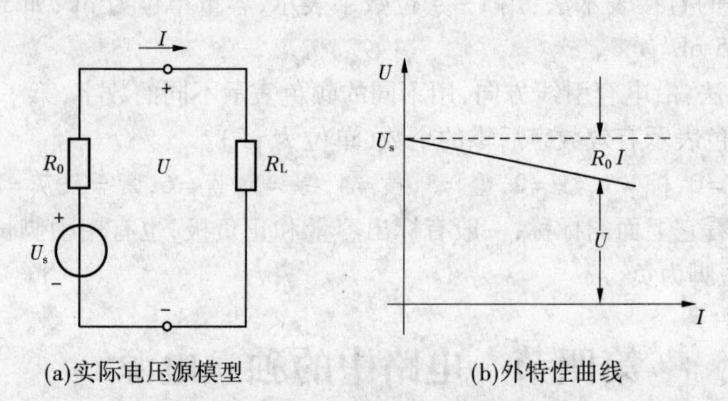

图 1-23 实际电源的电压源模型

这时电压源 U_s、电流 I 及其端电压 U 的关系为

$$U = U_s - IR_0 \tag{1-20}$$

式（1-20）是表征直流电压源端电压 U 和电流 I 的外特性方程，其中 U_s、R_0 是常数。图 1-23（b）为电压源的外特性曲线。由电压源的表达式和外特性可知：

（1）当输出电流 I 增大时，端电压 U 随之下降。R_0 越小，则直线越平坦，就越接近理想情况。

（2）在理想情况下，$R_0 = 0$，它的外特性曲线是一条平行于横轴的直线，表明负载变化时，电源的端电压恒等于电源电压，$U = U_s$，即为理想电压源。

（3）理想电压源实际上是不存在的，但如果电源的内阻远小于负载电阻（$R_0 \ll R_L$），则端电压基本恒定，就可忽略 R_0 的影响，认为是一个理想电压源。通常，稳压电源（或称稳压器）、新的干电池、汽车蓄电池都可近似地认为是理想电压源。

二、电流源

(一)理想电流源

理想电流源(简称为电流源)输出的电流为定值,与其两端的电压无关。即其电流由其本身确定,其两端的电压则是任意的。电流源用 I_s 表示,其图形符号如图 1-24(a)所示。

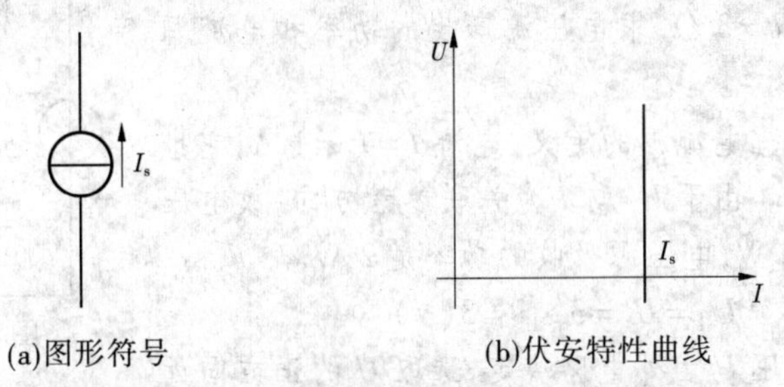

(a)图形符号　　(b)伏安特性曲线

图 1-24　电流源的图形符号和伏安特性曲线

电流源的伏安特性曲线如图 1-24(b)所示。这是一条位于 $I = I_s$ 且平行于电压轴(U 轴)的直线,所以电流源又称为恒流源。

电流源具有如下特点:

(1)无论其端口电压 U 为何值,电流源的电流 I 总保持 $I=I_s$。

(2)电流源的端口电压由电流源和与它相连的外电路共同决定。

如果电流源的电流 I_s 恒等于零,则其伏安特性曲线与电压轴相重合,该电流源相当于开路。

(二)实际电流源模型

一个实际电源的电流源模型也可以用如图 1-25(a)所示的电路模型来表示,即可用一个电流为 I_s 的电流源和电阻 R_0 并联的电路模型件来代替。图 1-25(b)所示为电流源模型与外电路的连接。图 1-25(c)所示为实际电流源的外特性曲线。

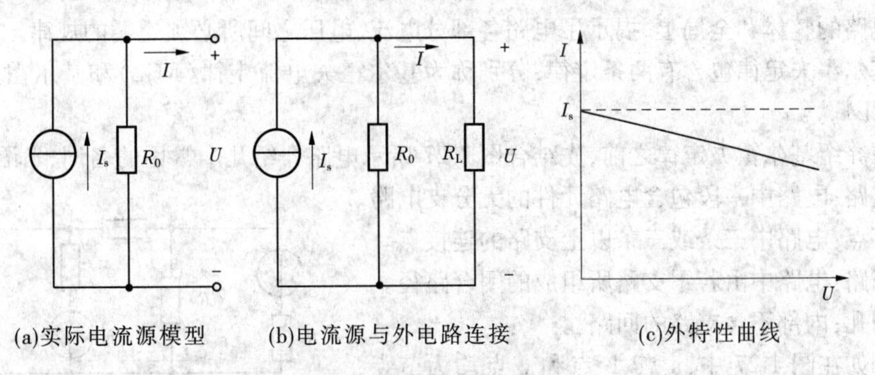

(a)实际电流源模型　　(b)电流源与外电路连接　　(c)外特性曲线

图 1-25　实际电流源模型

变换直流电压源的外特性方程可得到如下关系式

$$I = \frac{U_s}{R_0} - \frac{U}{R_0} = I_s - \frac{U}{R_0} \tag{1-21}$$

在理想情况下,$R_0 = \infty$,表明负载变化时,电流源的输出电流恒等于理想电流源的电流,即 $I=I_s$,这时就是恒流源。因此,在工程上,如果电源的内阻远大于负载电阻($R_0 \gg R_L$),则电流基本恒定，即可认为是理想电流源。通常，稳流器和光电池等都可近似地认为是理想电流源。

独立电源的特点是，电压源的电压 U_s 和电流源的电流 I_s 都不受电路中其他因素的影响，是独立的。它们作为电源或输入信号，在电路中起着激励作用，将在电路中产生电压和电流，这些由激励引起的电压和电流就是响应。

【例 1-4】 电路如图 1-26 所示，已知电流源 $I_s = 1$ A、电压源 $U_s = 2$ V、电阻 $R = 3\ \Omega$，求电压源产生的功率和电流源产生的功率。

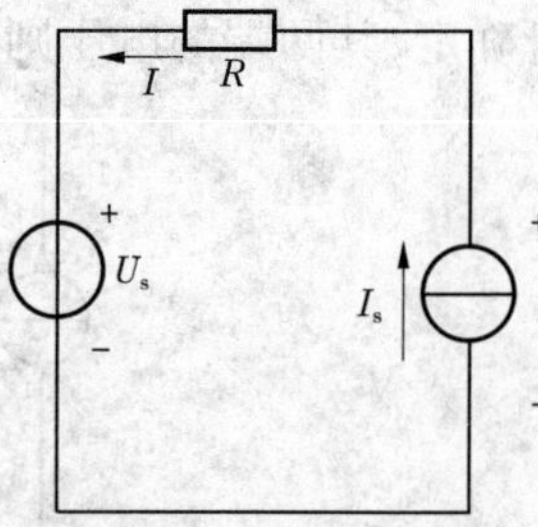

图 1-26　例 1-4 图

解：由图可见，根据电流源的定义，电流 $I = I_s = 1$ A，它也是通过电压源的电流。由于 U_s 与 I 为关联参考方向，故电压源的功率 $P_1 = U_s I = 2$ W，电压源吸收的功率是 2 W。

电阻的端电压　　$U_R = IR = 3 \times 1 = 3(\text{V})$

电流源的端口电压 U 由外电路决定，选取 U 的正方向如图 1-26 所示。可得

$$U = RI_s + U_s = 5\ \text{V}$$

由于 I_s 与其端口电压 U 为非关联参考方向，故电流源产生的功率

$$P_2 = -UI_s = -5\ \text{W}$$

故电流源发出功率为 5 W。

第五节　基尔霍夫定律

电路是由电路元件按照一定方式组成的系统，因此整个电路的表现既取决于电路中各个元件的特性，也取决于电路中元件的连接方式。前面已经介绍了电阻元件、电压源和电流源的基本规律，以及元件的电压、电流间形成的约束，如电阻的欧姆定律。另一个是电路的各个组成部分应满足的规律，即电路作为整体还应有的相互约束的规律。基尔霍夫定律就是从电路的整体和全局上，揭示了电路各部分电流、电压之间所必须遵循的规律。

基尔霍夫定律包含有两条定律，分别称为基尔霍夫电流定律（KCL）和基尔霍夫电压定律（KVL）。

在介绍基尔霍夫定律之前，先结合图 1-27 所示电路介绍几个常用的名词、术语。

支路：电路中一段包含电路元件的无分支电路。

节点：电路中三条或三条以上支路的连接点。

回路：电路中由若干支路所组成的闭合路径。

网孔：内部不含支路的回路。

例如在图 1-27 中，a 点、b 点和 c 点均为节点，a—R_3—b—R_4—U_2—c—R_2—a 是网孔。

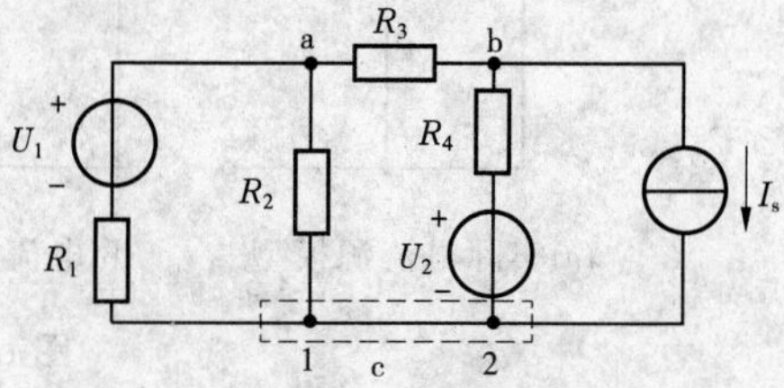

图 1-27　电路举例

一、基尔霍夫电流定律（KCL）

基尔霍夫电流定律是约束流经节点的所有电流的定律，定律可叙述为：在任一时刻，流入任一节点的电流之和等于从该节点流出的电流之和。

基尔霍夫电流定律的根据是电流连续性原理，也是电荷守恒的逻辑推论。基尔霍夫电

流定律表征了电路中各个支路电流的约束关系，与元件特性无关。例如，在图1-28中，各支路电流的参考方向已选定并标于图上，对于节点，流入的电流有 I_1 和 I_2，流出的电流有 I_3 和 I_4，那么根据基尔霍夫电流定律可写出

$$I_1 + I_2 = I_3 + I_4$$

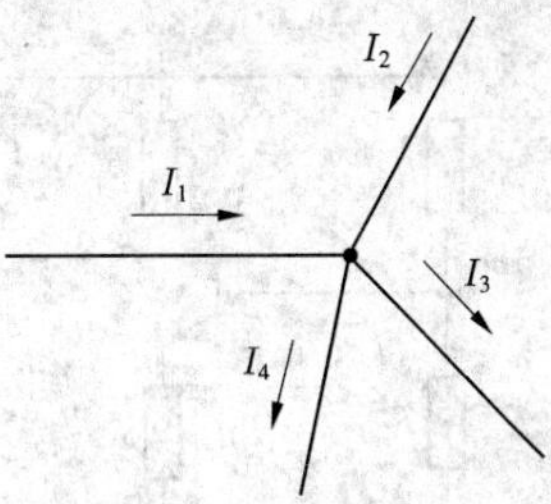

基尔霍夫电流定律的一般表达式为

$$\sum I_{入} = \sum I_{出} \tag{1-22}$$

图1-28 基尔霍夫电流定律

如果规定流出节点的电流前面取"+"号，流入节点的电流前面取"-"号，则KCL可表述为：对于电路中的任一节点，在任意时刻，所有连接于该节点的支路电流的代数和恒等于零，即对任一节点有

$$\sum I = 0 \tag{1-23}$$

式(1-23)表明，任意瞬时，流经任意节点的电流代数和等于零。使用时可以规定流入节点的电流为正，流出节点的电流为负。当然，也可以做相反的规定。

【例1-5】 在图1-28中，已知 $I_1 = 1\ \text{A}, I_2 = -3\ \text{A}, I_3 = -4\ \text{A}$，试求 I_4。

解：根据KCL可知

$$I_1 + I_2 = I_3 + I_4$$

经变换写出

$$I_4 = I_1 + I_2 - I_3 = 1 + (-3) - (-4) = 2(\text{A})$$

应用KCL时，需要注意以下几点：

(1)列KCL方程时，需注意两种正负号，一种是公式变换后所带的负号，如例1-5中"$I_1 + I_2 - I_3$"中的负号，另一种是电流本身带的负号，如例1-5中方程代入数值时，"$1 + (-3) - (-4)$"，其中(-4)为电流 I_3 的数值。

(2)KCL反映了电路中任一节点处各支路电流必须服从的约束关系，与各支路上是什么元件无关。

(3)KCL的推广应用。KCL通常用于节点，它也可推广用于包括数个节点的闭合曲面(可称为广义节点)。

例如图1-29(a)所示为一常见的晶体管放大电路，其中晶体三极管部分假设用一封闭面包围起来。三极管的e、b、c分别为发射极、基极和集电极。三个电流的参考方向如图1-29所示，应用KCL可得

$$I_e = I_b + I_c$$

在图1-29(c)中，有 $I_1 + I_2 + I_3 = 0$。

可见，通过电路中任一假想闭合面的各支路电流的代数和恒等于零。

【例1-6】 如图1-30的电路，已知 $I_1 = -5\ \text{A}, I_2 = 1\ \text{A}, I_6 = 2\ \text{A}$，求 I_4。

解：为求得 I_4，对于节点b，根据KCL有 $-I_3 - I_4 + I_6 = 0$，即

$$I_4 = -I_3 + I_6$$

为求出 I_3，可利用节点a，由KCL有 $I_1 + I_2 + I_3 = 0$，即

$$I_3 = -I_1 - I_2 = -(-5) - 1 = 4(\text{A})$$

将 I_3 代入 I_4 的表达式，得

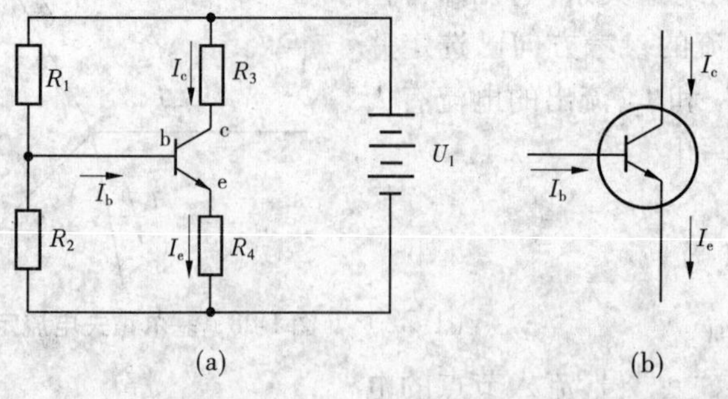

图 1-29　KCL 的推广应用

$$I_4 = -I_3 + I_6 = -4 + 2 = -2(\mathrm{A})$$

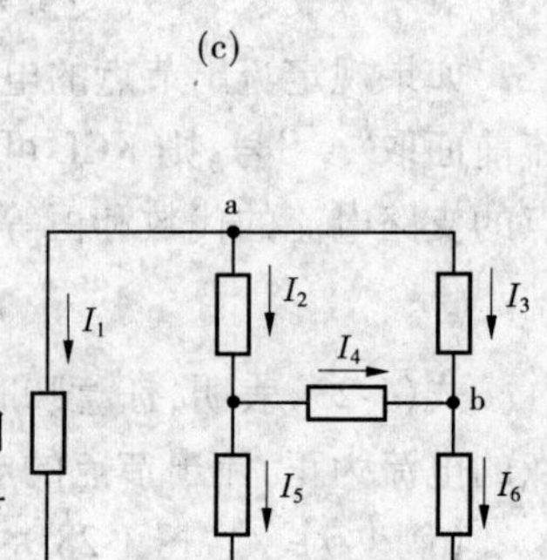

图 1-30　例 1-6 图

二、基尔霍夫电压定律(KVL)

基尔霍夫电压定律反映电路的任一回路中各支路电压之间的关系。定律可叙述为:对于电路中的任一回路,在任一时刻沿着该回路的所有支路电压的代数和为零。或者,对于电路中的任一回路,在任一时刻沿着该回路的所有支路的电压降的和等于沿着该回路的所有支路的电压升的和。即

$$\sum U = 0 \quad 或 \quad \sum U_{升} = \sum U_{降} \tag{1-24}$$

关于电压代数和正、负的规定:电压参考方向与绕行方向一致的,取正号;相反的,取负号。当然,也可以做相反的规定。

一般列 KVL 方程可按以下步骤进行:

(1)首先指定回路的绕行方向,可以为顺时针或逆时针。

(2)设定各支路电压的参考方向。

(3)列方程。首先比较元件电压参考方向和回路绕行方向是否相同,当元件电压参考方向与回路绕行方向一致时,电压前符号取“+”,否则取“-”。

图 1-31 给出某电路的一个回路,选定绕行方向如图所示。按选定的各元件电压的参考方向,从 a 点出发绕行一周,有

$$U_1 - U_{s1} - U_2 + U_{s2} = 0$$

其中 $U_1 = I_1R_1$, $U_2 = I_2R_2$。

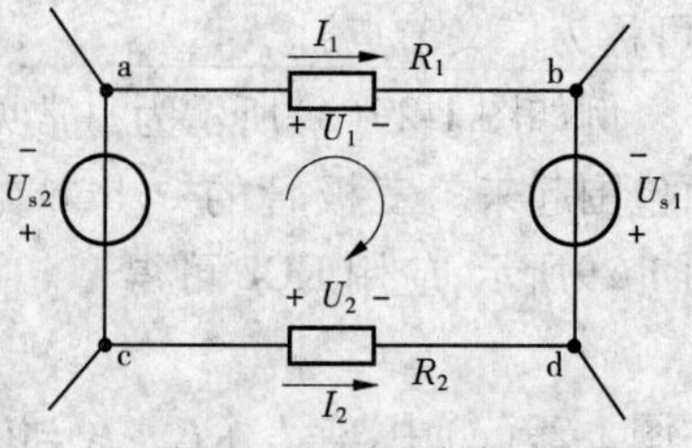

图 1-31　KVL 的应用

把各元件的电压和电流的约束关系代入上式,可得 KVL 的另一表达式

$$I_1R_1 - U_{s1} - I_2R_2 + U_{s2} = 0$$

整理后得

$$I_1R_1 - I_2R_2 = U_{s1} - U_{s2}$$

或

$$\sum IR = \sum U_s$$

应用 KVL 需要注意以下几点:

(1)回路绕行方向、电压参考方向应首先确定,再去讨论方程式中的正负号。

(2)基尔霍夫电压定律实质上是能量守恒的逻辑推论，它反映电路中两点间的电压是确定的，与路径无关这一性质。例如图1-31中a、b两点间的电压，沿顺时针路径，$U_{ab}=U_1$；沿逆时针路径，$U_{ab}=U_2+U_{s1}-U_{s2}$，而根据上式$U_1=U_2+U_{s1}-U_{s2}$。

(3)KVL规定了电路中任一回路内电压必须服从的约束关系，至于回路内是些什么元件与定律无关。因此，不论是线性电路还是非线性电路，定律都是适用的。

(4)KVL的推广应用。基尔霍夫电压定律可以由真实回路扩展到虚拟回路。如图1-32(a)所示，从虚拟回路的A点出发，A→R→U_s→B→A逆时针绕行，将A、B两点间的电压U_{AB}写入KVL方程，则有

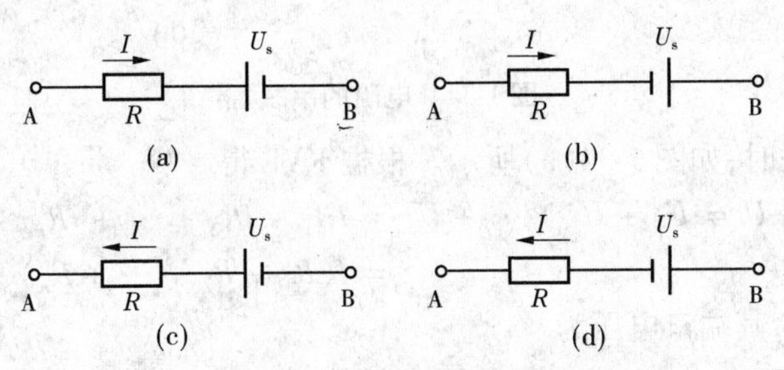

图1-32　常用电阻与电压源串联的支路

$$U_{AB}-U_s-IR=0$$

或

$$U_{AB}=U_s+IR$$

同样，图1-32(b)～(d)中支路电压U均等于电压源电压与电阻电压的代数和，即满足KVL。对应图1-32(b)，$U_{AB}=U_s-IR$；对应图1-32(c)，$U_{AB}=-U_s+IR$；对应图1-32(d)，$U_{AB}=-U_s-IR$。

在利用基尔霍夫定律分析电路时，如果电路是具有n个节点、b条支路、m个网孔的电路，那么独立的KCL方程为$n-1$个，独立的KVL方程为m个，其中$m=b-(n-1)$。

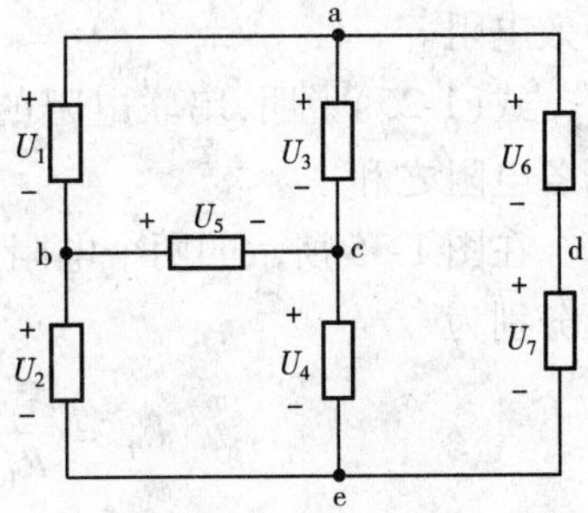

【例1-7】　如图1-33所示电路，已知$U_1=10$ V，$U_2=-2$ V，$U_3=3$ V，$U_7=2$ V，求U_5、U_6和U_{cd}。

图1-33　例1-7图

解：由图可知

$$U_5=U_{bc}=U_{ba}+U_{ac}=-U_1+U_3=-7\ \text{V}$$

由于$U_6=U_{ad}$，沿a、b、e、d路径，得

$$U_6=U_{ab}+U_{be}+U_{ed}=U_1+U_2-U_7=6\ \text{V}$$

$$U_{cd}=U_{ca}+U_{ad}=-U_3+U_6=3\ \text{V}$$

或者沿路径c、a、b、e、d，得

$$U_{cd}=U_{ca}+U_{ab}+U_{be}+U_{ed}=-U_3+U_1+U_2-U_7=3\ \text{V}$$

第六节　电阻的串联、并联和混联

在电路中，电阻的连接形式是多种多样的，其中最简单、最常见的是串联和并联。

一、电阻的串联

在图 1-34(a)电路中 n 个电阻 $R_1,R_2,\cdots,R_n$ 依次首尾相连接,并且在这些电阻中通过同一电流,则这样的连接方式就称为电阻的串联。

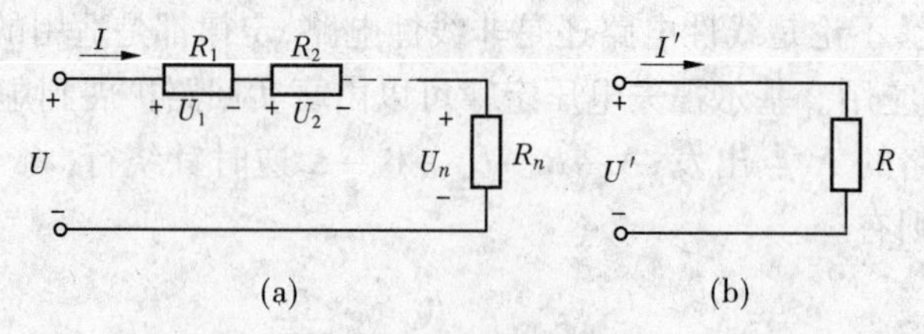

图 1-34　电阻的串联

当多个电阻串联时,如图 1-34(a)所示。根据 KVL 得

$$U = U_1 + U_2 + \cdots + U_n = IR_1 + IR_2 + \cdots + IR_n$$
$$= I(R_1 + R_2 + \cdots + R_n)$$

对于图 1-34(b),其端口电压为

$$U' = I'R$$

如果图 1-34(a)和图 1-34(b)的端口伏安特性完全相同,即 $U = U',I = I'$,则

$$R = R_1 + R_2 + \cdots + R_n$$
$$= \sum_{i=1}^{n} R_i \tag{1-25}$$

在电路中,若用 R 代替那 n 个串联电阻,则对其外部电路来说,它们的作用是相同的。这种替代称为等效变换。式(1-25)就是串联电阻等效公式。电阻 R 称为 n 个电阻串联的等效电阻。

式(1-25)说明,串联电阻的等效电阻(或称总电阻)R 等于各电阻之和。

在图 1-35 所示的两个电阻串联电路中,两个电阻的端电压分别为

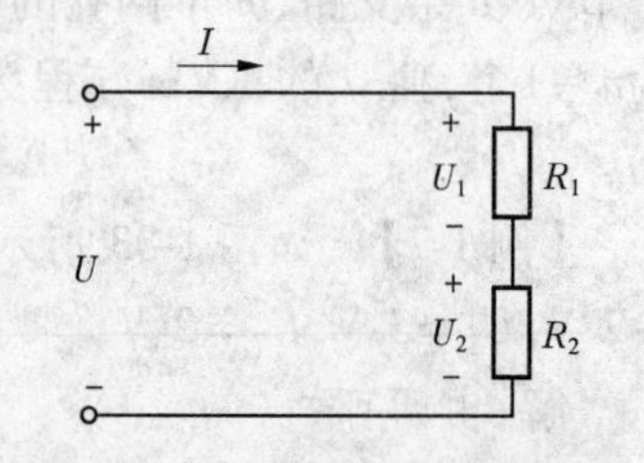

图 1-35　串联电阻的分压作用

$$U_1 = \frac{R_1}{R_1 + R_2}U \tag{1-26}$$

$$U_2 = \frac{R_2}{R_1 + R_2}U \tag{1-27}$$

由此可见,串联电阻上电压与电阻成正比,即阻值大的电阻承受的电压较高,这就是串联电阻的分压特性。串联电阻的分压作用在实际电路中有广泛应用,如电压表扩大量程、电路中的信号分压、直流电动机的串联电阻启动等。

串联的每个电阻的功率也与它们的电阻值成正比,因为 $P_1 : P_2 = U_1 : U_2 = R_1 : R_2$。

二、电阻的并联

如图 1-36(a)所示,电路中 n 个电阻 $R_1,R_2,\cdots,R_n$ 的首尾分别连接在两个公共节点之间,则这样的连接方式就称为电阻的并联。电阻并联时各个并联支路的端电压为同一电压。

对于图 1-36(a)所示并联电阻电路,根据 KCL 得

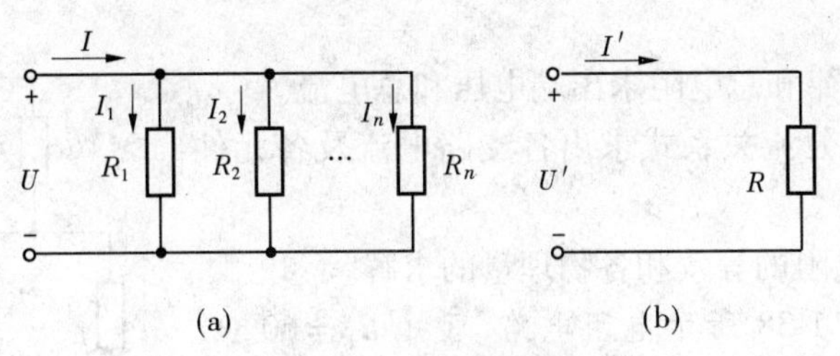

图 1-36　电阻的并联

$$I = I_1 + I_2 + \cdots + I_n = \frac{U}{R_1} + \frac{U}{R_2} + \cdots + \frac{U}{R_n}$$

$$= U\left(\frac{1}{R_1} + \frac{1}{R_2} + \cdots + \frac{1}{R_n}\right)$$

图 1-36(b)中所示电路仅含一个电阻,它的端口伏安特性为

$$I' = \frac{U'}{R}$$

要使图 1-36(a)、(b)的电路有完全相同的端口伏安特性,二者是等效的,那么必须满足条件:$U = U', I = I'$。

并联电阻的等效电阻为

$$\frac{1}{R} = \frac{1}{R_1} + \frac{1}{R_2} + \cdots + \frac{1}{R_n} = \sum_{i=1}^{n} \frac{1}{R_i} \tag{1-28}$$

最常遇到的是两个电阻相并联的情形,如图 1-37 所示。根据上式可得其等效电阻为

$$R = \frac{R_1 R_2}{R_1 + R_2} \tag{1-29}$$

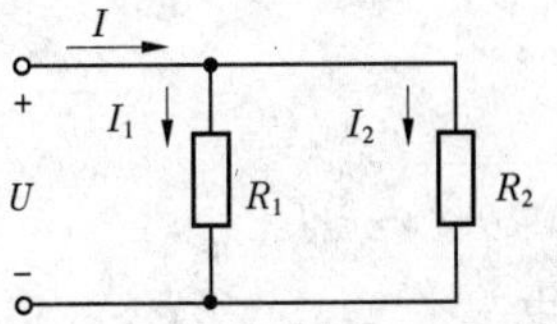

图 1-37　两个电阻的并联

其两支路电流分别为

$$I_1 = \frac{U}{R_1} \qquad I_2 = \frac{U}{R_2}$$

因为

$$U = IR = I\frac{R_1 R_2}{R_1 + R_2}$$

所以

$$I_1 = \frac{R_2}{R_1 + R_2} I \tag{1-30}$$

$$I_2 = \frac{R_1}{R_1 + R_2} I \tag{1-31}$$

式(1-30)、式(1-31)说明,支路电流 I_1、I_2 都是总电流 I 的一部分,对电流 I 有分流作用,而且电阻阻值较小的支路分流较多,即并联电阻电路的分流与电阻阻值的大小成反比。

并联电阻的分流作用在工程技术中也有广泛应用,如电流表扩大量程等。

三、电阻的混联

由多个电阻组成的电路中,电阻之间既有串联关系,又有并联关系,称为电阻混联电路,如图 1-38 所示。电阻混联电路求解电流电压的步骤如下:

(1)化简电路,从局部到整体,先分别计算各串、并联等效电阻,然后求出总电阻,即电

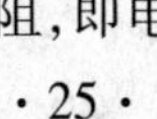

路等效电阻。

(2)根据欧姆定律和总电阻求出端电压和总电流。

(3)利用分压和分流关系式求出各支路电流及各元件两端的电压。

下面举例说明电阻的等效和各物理量的求解。

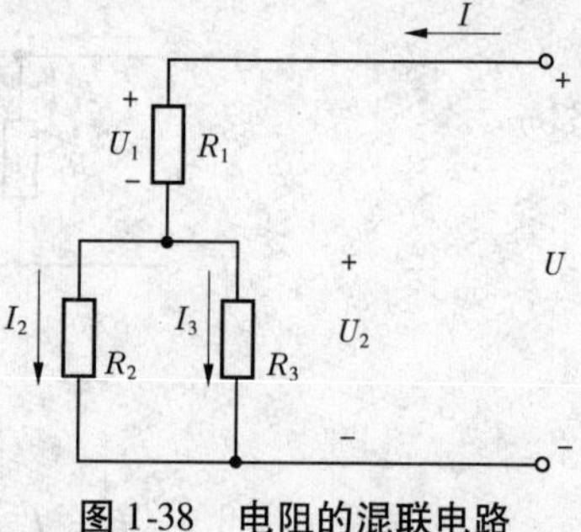

图 1-38 电阻的混联电路

【例 1-8】 如图 1-38 所示电阻电路,已知 $R_1=60\ \Omega$, $R_2=40\ \Omega$, $R_3=40\ \Omega$, $U=80$ V。求电路总电阻 R, 电流 I、I_2、I_3 和电压 U_1、U_2。

解: 等效电阻

$$R=R_1+\frac{R_2R_3}{R_2+R_3}=60+\frac{40\times40}{40+40}=80(\Omega)$$

总电流

$$I=\frac{U}{R}=\frac{80}{80}=1(\mathrm{A})$$

用分流公式可求出 I_2、I_3

$$I_2=\frac{R_3}{R_2+R_3}I=\frac{40}{40+40}\times1=0.5(\mathrm{A})$$

$$I_3=I-I_2=1-0.5=0.5(\mathrm{A})$$

用分压公式可求出 U_1、U_2

$$U_1=\frac{R_1}{R}U=\frac{60}{80}\times80=60(\mathrm{V})$$

$$U_2=\frac{R_{23}}{R}U=\frac{20}{80}\times80=20(\mathrm{V})$$

其中

$$R_{23}=\frac{R_2R_3}{R_2+R_3}=\frac{40\times40}{40+40}=20(\Omega)$$

【例 1-9】 如图 1-39 所示电路。

(1)求 a、b 两点间的电压 U_{ab};

(2)若 a、b 用理想导线短接,求流过电阻 R_2 上的电流 I_2。

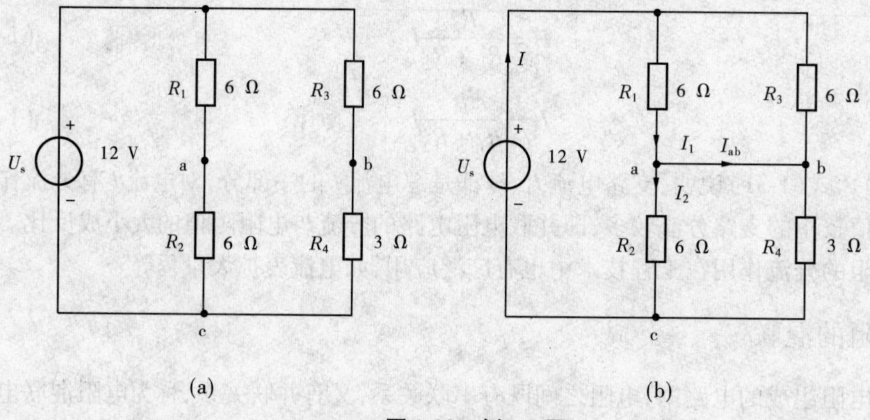

图 1-39 例 1-9 图

解:(1)由图1-39可见,R_1与R_2为串联,R_3与R_4也为串联。由分压公式可求得

$$U_{ac} = \frac{U_s}{R_1 + R_2}R_2 = \frac{12}{6+6} \times 6 = 6(\mathrm{V})$$

$$U_{bc} = \frac{U_s}{R_3 + R_4}R_4 = \frac{12}{6+3} \times 3 = 4(\mathrm{V})$$

所以,a、b间的电压

$$U_{ab} = U_{ac} - U_{bc} = 6 - 4 = 2(\mathrm{V})$$

(2)若a、b短接,R_1与R_3为并联,R_2与R_4为并联,并联后的电路如图1-39(b)所示。由图1-39(b)可求得总电流

$$I = \frac{U_s}{3+2} = 2.4(\mathrm{A})$$

应用分流公式得

$$I_2 = \frac{R_4}{R_2 + R_4}I = \frac{3}{6+3} \times 2.4 = 0.8(\mathrm{A})$$

*第七节　Y形和△形电阻网络的等效变换

在计算电路时,将串联或并联的电阻化简为等效电阻,电路变得简便。但是,有的电路,如图1-40所示的电路,三个电阻既非串联,又非并联,就不能用电阻串、并联来化简。

在图1-40(a)中,电阻R_1、R_2、R_3组成Y形(或称T形、星形)连接电路;在图1-40(b)中,电阻R_{12}、R_{23}、R_{31}组成△形(或称π形、三角形)连接电路。

Y形电路和△形电路都是通过三个端子与外部相连的,是两个典型的三端电阻电路。

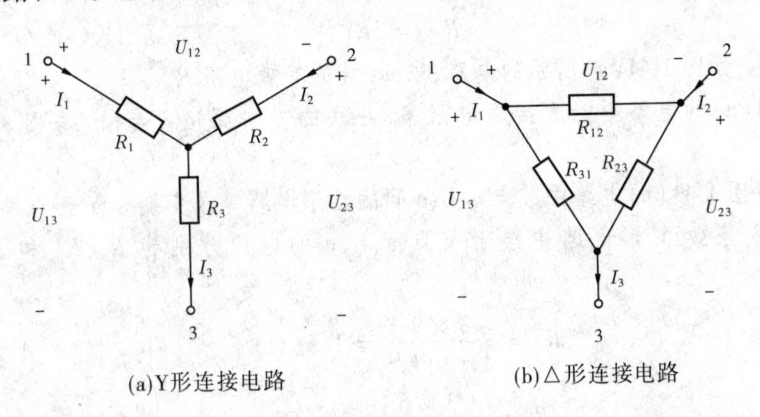

图1-40　Y形和△形电路

为使Y形电路与△形电路等效,要求二者的端口伏安特性完全相同,必须满足的条件是:对应端流入或流出的电流一一相等,对应端间的电压也一一相等。也就是经过这样变换后,不影响电路其他部分的电压和电流。

当满足上述等效条件后,在Y形和△形两种接法中,对应的任意两端间等效电阻也必然相等。假设某一对应端(例如3端)开路时,其他两端(1端和2端)间的等效电阻为

$$R_1 + R_2 = \frac{R_{12}(R_{31} + R_{23})}{R_{12} + R_{31} + R_{23}}$$

同理
$$R_1 + R_3 = \frac{R_{31}(R_{12} + R_{23})}{R_{31} + R_{12} + R_{23}}$$

$$R_2 + R_3 = \frac{R_{23}(R_{31} + R_{12})}{R_{23} + R_{31} + R_{12}}$$

解上列三式,可得出已知Y形电路的电阻,计算其等效的△形电路中各电阻的公式为

$$\left.\begin{aligned} R_{12} &= \frac{R_1R_2 + R_2R_3 + R_3R_1}{R_3} \\ R_{23} &= \frac{R_1R_2 + R_2R_3 + R_3R_1}{R_1} \\ R_{31} &= \frac{R_1R_2 + R_2R_3 + R_3R_1}{R_2} \end{aligned}\right\} \tag{1-32}$$

同理,已知△形电路的电阻,计算其相应等效的Y形电路中各电阻的公式为

$$\left.\begin{aligned} R_1 &= \frac{R_{31}R_{12}}{R_{12} + R_{23} + R_{31}} \\ R_2 &= \frac{R_{23}R_{12}}{R_{12} + R_{23} + R_{31}} \\ R_3 &= \frac{R_{23}R_{31}}{R_{12} + R_{23} + R_{31}} \end{aligned}\right\} \tag{1-33}$$

若Y形电路的三个电阻相等,即$R_1 = R_2 = R_3 = R_Y$,则其等效△形电路的电阻也相等,即$R_{12} = R_{23} = R_{31} = R_\triangle$。其关系为

$$R_\triangle = 3R_Y$$

【例1-10】 如图1-41(a)所示的电路,求ad端的等效电阻R。

解:图1-41(a)的电路不能直接用电阻串、并联的方法简化。若用△—Y变换将比较方便。

(1)可以将图1-41(a)电路中节点a、b、c间的△形电路等效变换为Y形电路,如图1-41(b)所示。若令等效Y形电路中接于节点a、b、c的电阻分别为R_a、R_b和R_c,则根据式(1-33)可得

$$R_a = \frac{3 \times 9}{3 + 6 + 9} = 1.5(\Omega)$$

$$R_b = \frac{3 \times 6}{3 + 6 + 9} = 1(\Omega)$$

$$R_c = \frac{6 \times 9}{3 + 6 + 9} = 3(\Omega)$$

等效变换后的电阻的大小已分别标明在图1-41(b)中,按图1-41(b),用电阻串、并联的方法,不难求得ad端的等效电阻

$$R = 1.5 + \frac{(1 + 8) \times (3 + 6)}{(1 + 8) + (3 + 6)} = 6(\Omega)$$

(2)也可将图1-41(a)电路中连接到节点ac、bc、dc的三个Y形连接的电阻等效变换为

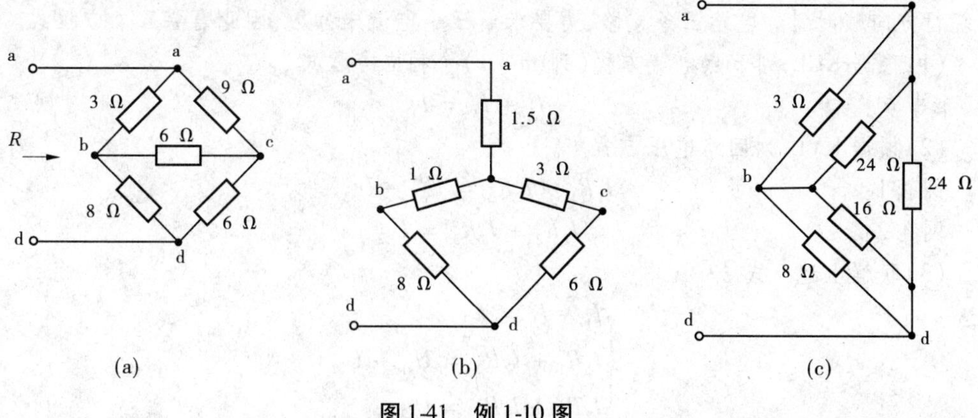

图 1-41　例 1-10 图

△形电阻电路，如图 1-41（c）所示。计算的各电阻值已标明在图 1-41（c）中。按图 1-41（c）不难求得 ad 端的等效电阻 $R=6\ \Omega$。

第八节　支路电流法

电路的分析、计算就是在给定电路结构及元件参数的条件下，计算出各支路的电流和电压。简单电路可以用电阻串、并联等效变换的方法，把电路化简为简单的单回路电路，用欧姆定律求解。复杂电路则不能使用电阻串、并联等效变换的方法求解。支路电流法是分析、计算复杂电路的一种最基本的方法。

支路电流法是以支路电流为待求量，利用基尔霍夫定律列出电路的方程式，从而解出支路电流的一种方法。

下面以图 1-42 所示电路为实例来说明支路电流法的应用及解题步骤。

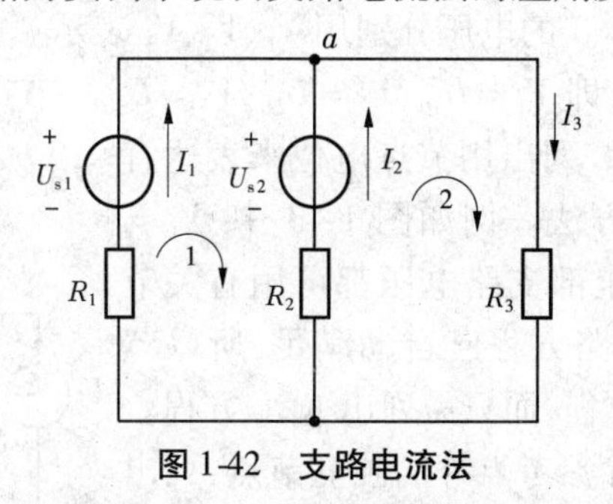

图 1-42　支路电流法

（1）假定各支路电流的参考方向，对选定的回路标出回路绕行方向。若有 n 个节点，根据基尔霍夫电流定律列（$n-1$）个独立的节点电流方程。

（2）若有 m 条支路，根据基尔霍夫电压定律列（$m-n+1$）个独立的回路电压方程。因为独立的基尔霍夫电压方程数等于网孔数，所以为了方便，通常选网孔列出 KVL 方程。

（3）解方程组，求出支路电流。

【例 1-11】　如图 1-42 所示电路，已知 $U_{s1}=12\ \text{V}$，$U_{s2}=6\ \text{V}$，$R_1=R_2=1\ \Omega$，$R_3=5\ \Omega$，求各支路电流。

解：支路数 $m=3$，节点数 $n=2$，网孔数为2。各支路电流的参考方向如图1-42所示，回路绕行方向顺时针。电路三条支路，需要求解三个电流未知数，因此需要三个方程式。

(1)根据KCL，列节点电流方程(列$(n-1)$个独立方程)。

a节点：
$$I_1+I_2=I_3$$

(2)根据KVL，列回路电压方程。

网孔1：
$$I_1R_1-I_2R_2=U_{s1}-U_{s2}$$

网孔2：
$$I_2R_2+I_3R_3=U_{s2}$$

(3)联解上述三式

$$\begin{cases}I_1+I_2=I_3\\ I_1R_1-I_2R_2=U_{s1}-U_{s2}\\ I_2R_2+I_3R_3=U_{s2}\end{cases}$$

代入已知量
$$\begin{cases}I_1+I_2=I_3\\ I_1-I_2=12-6\\ I_2+5I_3=6\end{cases}$$

解得 $I_1=3.8\ \text{A}$ $I_2=-2.2\ \text{A}$ $I_3=1.6\ \text{A}$

I_1、I_3 的电流为正值，表示该支路电流的实际流向与参考方向相同；I_2 为负值，表示该支路电流的实际流向与参考方向相反。

*第九节 节点电位法

电路中任一支路都与两个节点相连接，任一支路电压等于有关两个节点的电压之差。

任意选定电路中某一节点为参考点，其余节点与参考点之间的电压称为节点电位(或节点电压)。各节点电位的参考极性均以参考点为"－"极。例如，图1-43所示的电路中，若选节点0为参考点，节点1、2、3的电压分别用 V_1、V_2、V_3 表示。实际上，它们分别是节点1、2、3与参考点0之间的电压，即 $V_1=U_{10}$，$V_2=U_{20}$，$V_3=U_{30}$。节点电位法是以节点电位为电路变量，并对独立节点用KCL列出用节点电位来表达有关支路电流的方程的求解方法。例如图1-43中，$V_1=U_{10}$，$U_6=V_1-V_3$ 等。这样，全部支路电压都可用有关节点电位来表示，于是KVL电路方程已自动满足，所以节点电位法中不需列出KVL方程，而只需列出KCL方程。

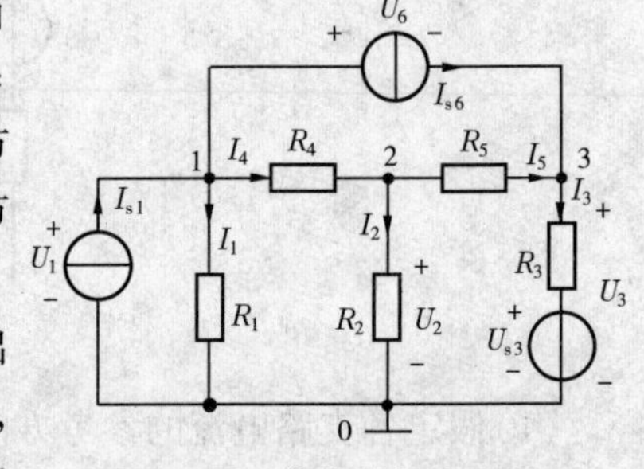

图1-43　节点电位法示例

如电路有 n 个节点，对除参考点外的独立节点，列出KCL方程，并将式中的各支路电流用有关节点电位表示，就可得到与节点电位数目相等的$(n-1)$个独立方程。由所列方程解得节点电压后，不难求出所需的各支路电压和电流。

在图1-43的电路中，对于节点1、2、3，根据KCL(流出节点的电流取"＋"号，否则取"－"号)有

$$-I_{s1}+I_1+I_4+I_{s6}=0$$

$$I_2 - I_4 + I_5 = 0$$
$$I_3 - I_5 - I_{s6} = 0$$

将各支路电流用有关的节点电位表示,有各支路电流方程为

$$I_1 = \frac{V_1}{R_1},\ I_2 = \frac{V_2}{R_2},\ I_3 = \frac{V_3 - U_{s3}}{R_3},\ I_4 = \frac{V_1 - V_2}{R_4},\ I_5 = \frac{V_2 - V_3}{R_5}$$

将它们代入 KCL 方程,得

$$-I_{s1} + \frac{V_1}{R_1} + \frac{V_1 - V_2}{R_4} + I_{s6} = 0$$
$$\frac{V_2}{R_2} - \frac{V_1 - V_2}{R_4} + \frac{V_2 - V_3}{R_5} = 0$$
$$\frac{V_3 - U_{s3}}{R_3} - \frac{V_2 - V_3}{R_5} - I_{s6} = 0$$

整理后得

$$(R_1 + R_4)V_1 - R_1V_2 = R_1R_4(I_{s1} - I_{s6})$$
$$-R_2R_5V_1 + (R_4R_5 + R_2R_5 + R_2R_4)V_2 - R_2R_4V_3 = 0$$
$$-R_3V_2 + (R_3 + R_5)V_3 = R_3R_5I_{s6} + R_5U_{s3}$$

根据上式就可以求出电位 V_1、V_2、V_3,然后就很容易求出所需的各支路的电压和电流。

节点电位法中,只要选定了参考节点,其余各独立节点也就确定了。以独立节点电位为变量,列出节点方程。需要指出,节点电位方程式是各独立节点的 KCL 方程,其等号左端是各节点电位引起的该节点的电流。

节点电位法的步骤可归纳如下:

(1)指定参考节点,其余各节点与参考点间的电压就是节点电位,节点电位的极性均以参考节点为"-"极;

(2)列出各独立节点的 KCL 方程,以及各支路的电流方程;

(3)由节点方程解出各节点电位,根据需要求出其他待求量。

【例 1-12】 如图 1-43 所示电路,$R_1 = R_2 = 4\ \Omega$,$R_3 = R_4 = R_5 = 6\ \Omega$,$I_{s1} = 2$ A,$I_{s6} = 1.5$ A,$U_{s3} = 5$ V,求 I_1 和 I_2。

解:在前面推导的方程中代入已知量,可解得 $V_1 = 2.5$ V,$V_2 = 3.2$ V,$V_3 = 8.6$ V。

将它们代入支路电流方程,得 $I_1 = 0.6$ A,$I_2 = 0.8$ A。

【例 1-13】 如图 1-44 所示电路,已知 $R_1 = R_3 = 5\ \Omega$,$R_2 = R_4 = 10\ \Omega$,$R_5 = 15\ \Omega$,$U_{s1} = 15$ V,$U_{s2} = 65$ V,求 A 的点位和电流 I_5。

解:图 1-44 所示电路中有三个节点,设 C 点为参考点,对 A 点和 B 点列出 KCL 方程

$$\begin{cases} I_1 + I_2 - I_3 = 0 \\ I_5 - I_2 - I_4 = 0 \end{cases}$$

应用欧姆定律求出各电流

$$I_1 = \frac{U_{s1} - V_A}{R_1} = \frac{15 - V_A}{5},\ I_2 = \frac{V_B - V_A}{R_2} = \frac{V_B - V_A}{10},\ I_3 = \frac{V_A}{R_3} = \frac{V_A}{5}$$

$$I_4 = \frac{V_B}{R_4} = \frac{V_B}{10},\ I_5 = \frac{U_{s2} - V_B}{R_5} = \frac{65 - V_B}{15}$$

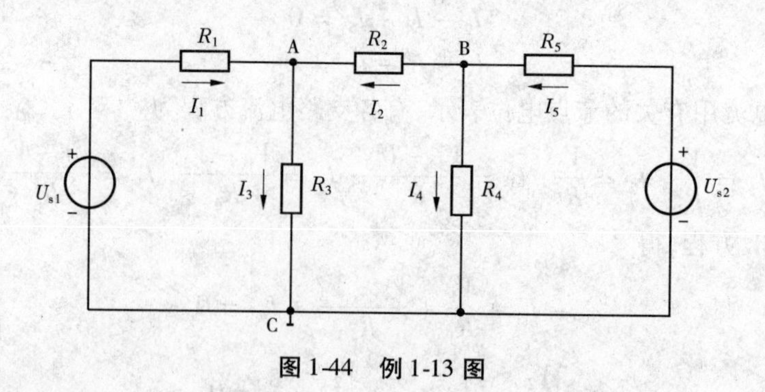

图 1-44 例 1-13 图

将各电流代入上面 KCL 方程,得

$$\begin{cases} \dfrac{15 - V_A}{5} + \dfrac{V_B - V_A}{10} - \dfrac{V_A}{5} = 0 \\ \dfrac{65 - V_B}{15} - \dfrac{V_B - V_A}{10} - \dfrac{V_B}{10} = 0 \end{cases}$$

解得

$$V_A = 10\ \text{V} \qquad V_B = 20\ \text{V}$$

所以

$$I_5 = 3\ \text{A}$$

第十节 叠加定理

叠加定理描述了线性电路的可加性或叠加性,其内容是对于具有唯一解的线性电路,多个激励源共同作用时引起的响应(电流或电压)等于各个激励源单独作用时(其他激励源置为零)所引起的响应之和。

在应用叠加定理时,应注意以下几点:

(1)叠加定理仅适用于线性电路,不适用于非线性电路。

(2)在考虑某一电源单独作用时,要假设其他独立电源为零值。电压源短路;电流源开路,电流为零。但是,电源有内阻的则内阻都应保留在原处,其他元件的连接方式不变。

(3)在考虑某一电源单独作用时,其响应的参考方向应选择与原电路中对应响应的参考方向相同,在叠加时用响应的代数值代入。或以原电路中电压和电流的参考方向为准,分电压和分电流的参考方向与其一致时取正号,不一致时取负号。

(4)叠加定理只能用于计算线性电路的电压和电流,不能计算功率等与电压或电流之间不是线性关系的参数。

【例 1-14】 在如图 1-45 所示电路中,已知 $R_1 = 1\ \Omega, R_2 = 7\ \Omega, R_3 = 2\ \Omega, U_{s1} = 20\ \text{V}, U_{s2} = 5\ \text{V}$。用叠加定理求电路中的电流 I。

解:(1)U_{s1} 单独作用时

$$I' = \frac{U_{s1}}{R_1 + R_2 + R_3} = \frac{20}{1 + 7 + 2} = 2(\text{A})$$

(2)U_{s2} 单独作用时

$$I'' = \frac{U_{s2}}{R_1 + R_2 + R_3} = \frac{5}{1 + 7 + 2} = 0.5(\text{A})$$

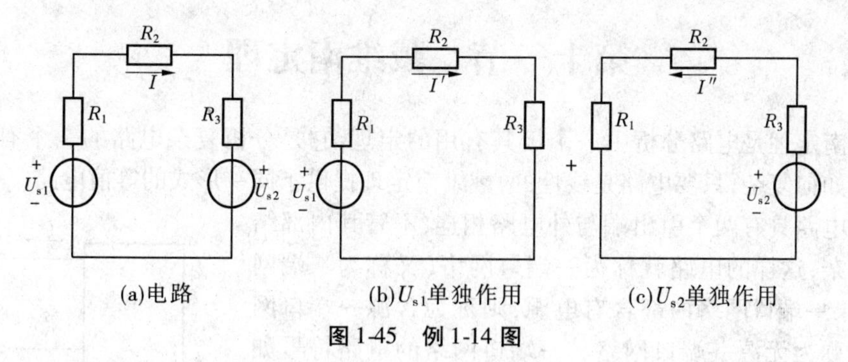

图 1-45　例 1-14 图

(3)由叠加原理得

$$I = I' - I'' = 2 - 0.5 = 1.5(\mathrm{A})$$

【例 1-15】　如图 1-46(a)所示电路,已知 $R_1 = R_2 = 6\ \Omega, R_3 = R_4 = 3\ \Omega, U_s = 18\ \mathrm{V}, I_s = 6\ \mathrm{A}$,用叠加定理求电路中的电流 I。

解:(1)先假设电压源 U_s 单独作用而电流源 I_s 置为零(即开路),电路如图 1-46(b)所示,则

$$R' = R_3 + R_4 = 3 + 3 = 6\ (\Omega)$$

$$I_2 = \frac{U_s}{R_2 + \dfrac{R_1 R'}{R_1 + R'}} = \frac{18}{6 + \dfrac{6 \times 6}{6 + 6}} = 2(\mathrm{A})$$

所以

$$I' = \frac{R_1}{R_1 + R'} I_2 = \frac{6}{6 + 6} \times 2 = 1(\mathrm{A})$$

(2)同理,再假设电流源 I_s 单独作用而电压源 U_s 置为零(即短路),电路如图 1-46(c)所示,则

$$R'' = R_3 + \frac{R_1 R_2}{R_1 + R_2} = 3 + \frac{6 \times 6}{6 + 6} = 6(\Omega)$$

$$I'' = \frac{R_4}{R_4 + R''} I_s = \frac{3}{3 + 6} \times 6 = 2(\mathrm{A})$$

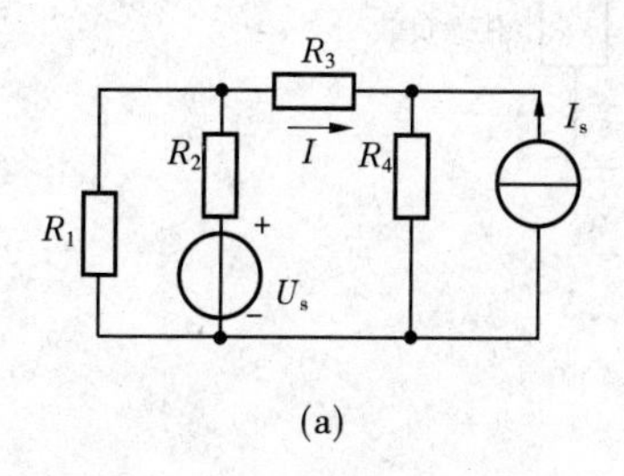

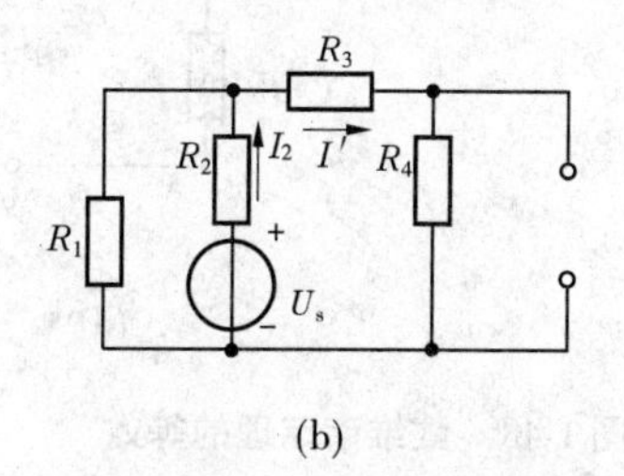

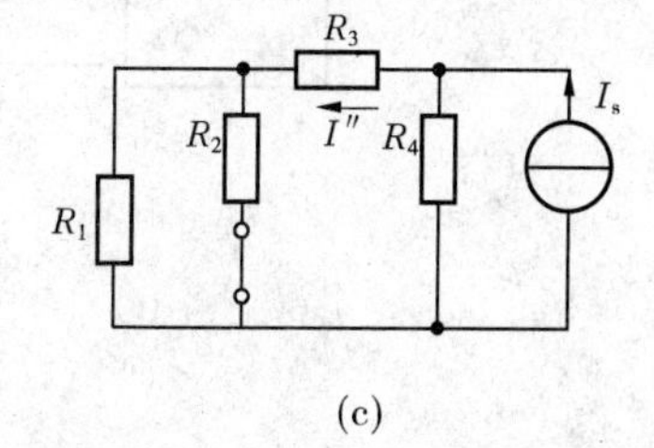

图 1-46　例 1-15 图

(3)将 I' 与 I'' 相叠加,得

$$I = I' - I'' = 1 - 2 = -1(\mathrm{A})$$

叠加定理反映了线性电路的基本性质。应用叠加定理时,可以分别计算各个独立电压源和电流源单独作用下的电流或电压,然后把它们相叠加;也可以将电路中的所有独立源分为几组,按组计算所需的电流或电压,然后叠加。

第十一节　戴维南定理

戴维南定理是电路分析中一个极其有用的定理,它是分析复杂电路的一个有力工具。不管电路如何复杂,只要电路是线性的,戴维南定理提供了同一形式的等值电路。

一个电路具有两个引出端与外电路相连,不管其内部结构多么复杂,这样的电路就称为一端口网络(又称为二端网络)。如果一端口网络内部含有电源,则称为含源一端口网络,否则,称为无源一端口网络。一端口网络的电路符号如图1-47所示。

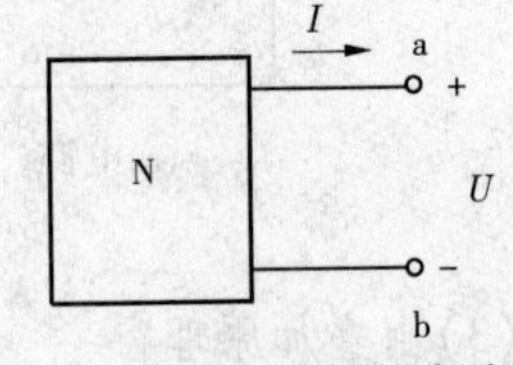

图1-47　一端口网络的电路符号

一端口网络一般只分析端口特性。这样一来,在分析一端口网络时,除两个连接端钮外,网络的其余部分就仿佛置于一个黑盒子之中。

一、戴维南定理

任一含源线性一端口网络N,对外电路来说,可以用一个电压源和电阻的串联组合来等效。此电压源的电压等于端口的开路电压,电阻等于该一端口网络所有独立电源置零后所得到的无源一端口网络的等效输入电阻。戴维南定理的等效如图1-48所示。

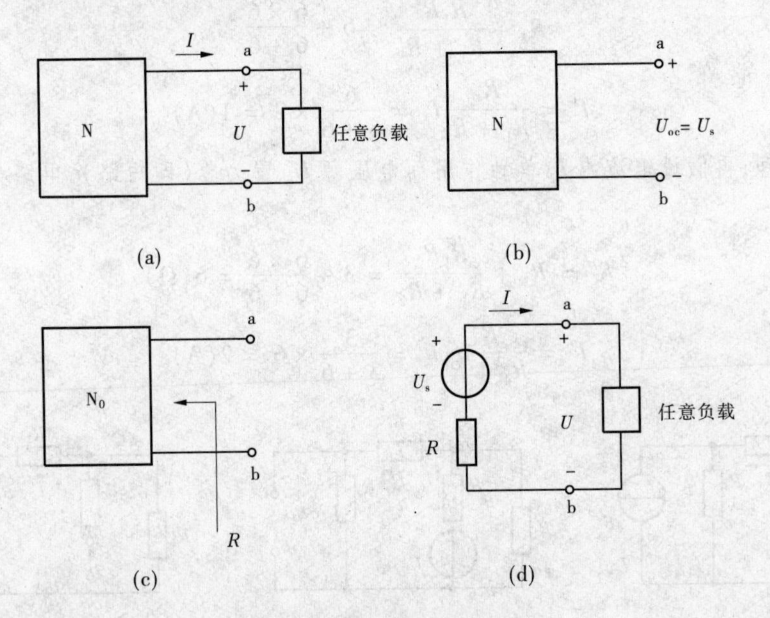

图1-48　戴维南定理的等效

二、戴维南定理的应用

应用戴维南定理,关键需要求出端口的开路电压以及等效电阻。下面以例1-16为例说明戴维南定理的应用。

【例1-16】　电路如图1-49(a)所示,已知$U_{s1}=1$ V,$R_2=2$ Ω,$R_3=3$ Ω,$R_4=4$ Ω,$R_5=5$ Ω,$U_{s5}=5$ V,$I_{s6}=6$ A,R_1可变,试问R_1为多少时$I_1=-1$ A?

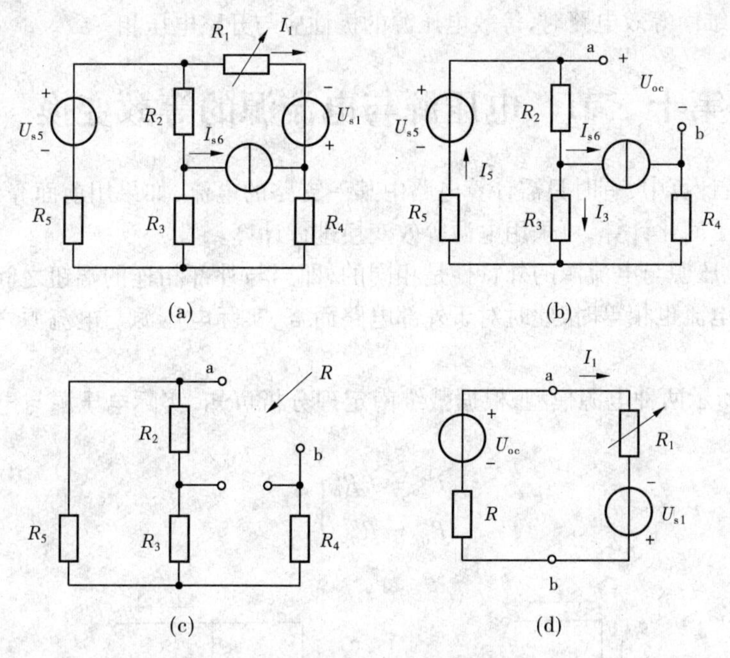

图 1-49　例 1-16 图

解:使用戴维南定理分析:

(1)求开路电压 U_{oc}。将 R_1 支路从图中移去后,电路如图 1-49(b)所示,则

$$\begin{cases} I_3 = I_5 - I_{s6} \\ I_3R_3 + I_5(R_2 + R_5) = U_{s5} \end{cases}$$

所以

$$I_5 = \frac{U_{s5} + I_{s6}R_3}{R_2 + R_3 + R_5} = \frac{5 + 6 \times 3}{2 + 3 + 5} = 2.3(\text{A})$$

在外围电路中应用 KVL 得开路电压

$$U_{oc} = U_{s5} - R_4I_{s6} - R_5I_5 = 5 - 4 \times 6 - 5 \times 2.3 = -30.5(\text{V})$$

(2)求等效电阻。将图 1-49(a)中的独立源置零后的电路如图 1-49(c)所示,则

$$R = R_5//(R_2 + R_3) + R_4 = \frac{5 \times (2 + 3)}{5 + (2 + 3)} + 4 = 6.5(\Omega)$$

(3)电路化简为如图 1-49(d)所示。求得

$$I_1(R_1 + R) = U_{oc} + U_{s1}$$

所以

$$R_1 = \frac{U_{oc} + U_{s1}}{I_1} - R = \frac{-30.5 + 1}{-1} - 6.5 = 23(\Omega)$$

三、应用戴维南定理要注意的几个问题

应用戴维南定理要注意以下几个问题:

(1)戴维南定理只适用于含源线性二端网络。因为戴维南定理是建立在叠加概念之上的,而叠加概念只能用于线性网络。

(2)计算网络 N 的开路电压时,先画出相应的电路,并标出开路电压的参考极性。

(3)计算网络 N 的输出电阻时,也必须画出相应的电路。

(4)在画戴维南等效电路时,等效电压源的极性应与开路电压相一致。

第十二节　电压源与电流源的等效变换

在电路分析计算中,有时只需计算电路中某一支路的电流,如果用前面介绍的方法,计算比较复杂,为了简化计算,可采用电源等效变换进行计算。

如果实际电压源与电流源的外特性是相同的,即当与外部相连的端钮之间具有相同的电压,端钮上的电流也相等时,此时对于外部电路而言,实际电压源与电流源之间就可以互相等效变换。

如图 1-50 所示两种电源模型,根据戴维南定理分析可知,实际电压源与电流源之间等效变换的条件是

$$\left.\begin{aligned} U_s &= I_s R_0' \\ R_0 &= R_0' \end{aligned}\right\} \tag{1-34}$$

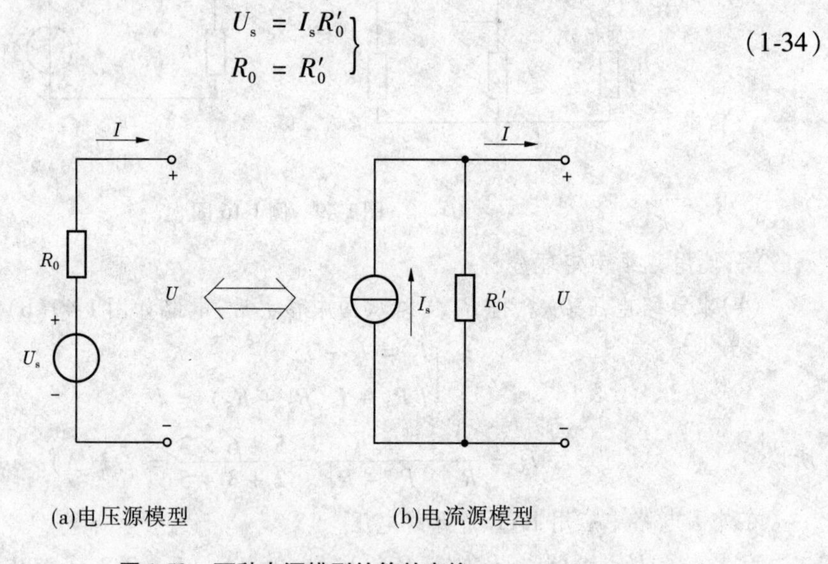

(a)电压源模型　　(b)电流源模型

图 1-50　两种电源模型的等效变换

在电路计算中,有时要求用电流源与电阻的并联组合去等效地代替电压源与电阻的串联组合,有时又有相反的要求。

在等效变换时需要注意下面几点:

(1)电压源模型是电源电压为 U_s 的理想电压源与内阻 R_0 相串联;电流源模型是电流为 I_s 的理想电流源与内阻 R_0' 相并联。

(2)变换时两种电路模型的极性必须一致,即电流源流出电流的一端与电压源的正极性端相对应。

(3)等效变换仅对外电路适用,其电源内部是不等效的。

(4)理想电压源的短路电流 I_s 为无穷大,理想电流源的开路电压 U_s 为无穷大,因而理想电压源和理想电流源不能进行这种等效变换。

工程上,分析电路时常常用到电源等效变换,特别是在求解电路中的某一条支路电流时,用电源等效变换可以很方便地化简电路,因此在电路分析过程中,电源等效变换得到广泛应用。

【例1-17】 电路如图1-51(a)所示,已知 $U_{s1}=12$ V,$U_{s2}=6$ V,$R_1=R_2=1\ \Omega$,$R_3=5\ \Omega$,试用电源等效变换求电阻 R_3 支路的电流 I_3。

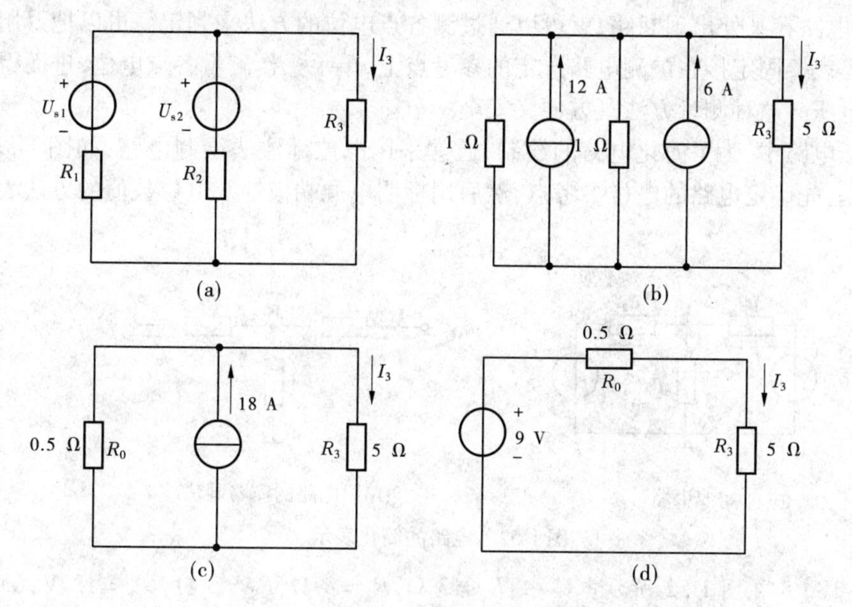

图1-51 例1-17图

解:(1)将图1-51(a)中两并联电压源支路变换成电流源,如图1-51(b)所示。

$$I_{s1}=\frac{U_{s1}}{R_1}=\frac{12}{1}=12(\mathrm{A})$$

$$I_{s2}=\frac{U_{s2}}{R_2}=\frac{6}{1}=6(\mathrm{A})$$

(2)合并并联电流源 I_{s1} 和 I_{s2},同时合并并联电阻为等效电阻 R_0,如图1-51(c)所示。

$$I_s=I_{s1}+I_{s2}=12+6=18(\mathrm{A})$$

$$R_0=\frac{1\times1}{1+1}=0.5(\Omega)$$

(3)合并后的电流源 I_s 与电阻 R_0 并联,可进一步变换成电压源与电阻的串联,如图1-51(d)所示。

$$U_s=I_sR_0=18\times0.5=9(\mathrm{V})$$

R_0 保持不变,仍为0.5 Ω。

(4)求得 R_3 中的电流为

$$I_3=\frac{U_s}{R_0+R_3}=\frac{9}{0.5+5}=1.6(\mathrm{A})$$

这与支路电流法求解的结果一致,但显然电源等效变换化简电路更加方便。

第十三节 电路中电位的计算

在前面讲述电压这一物理量时,已经引出了电位的概念。电位就是相对于参考点的电压。即在电路中任选参考点0,则某点的电位 $V_a=U_{a0}$。

电位的概念对实际电路的测量十分重要。对于一个实际复杂电路往往需要用万用表、示波器等仪器进行电压值测量,通过测量来确定其工作状态。例如,在某电路出现断路故障时,需查找电路在某处出现断路,就可以通过测各点电位的方法来判定。可以把万用表两个表棒中的黑表棒固定接在被测电路选定的参考点上,单手操作测量各点电位,进而得出任意两点间的电压。这种测量方法既方便又安全。

在电子电路中,为了简化电路的绘制,通常采用电位标注法绘制电路,如图 1-52 所示。其方法就是:先确定电路的电位参考点,然后用标明电源端极性及电位数值的方法表示电源的作用。

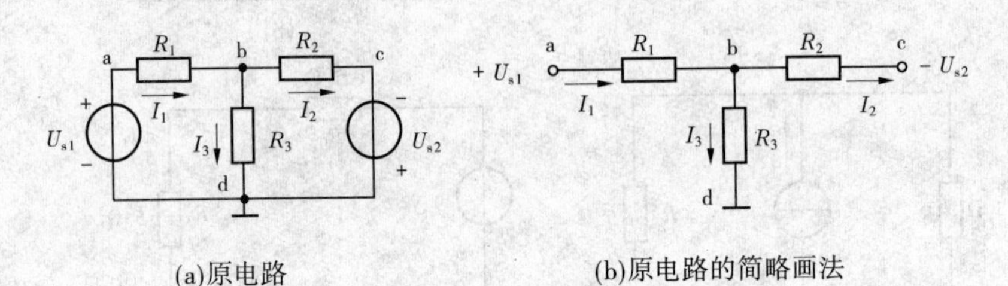

(a)原电路　　(b)原电路的简略画法

图 1-52　电路的简化表示

【例 1-18】　在图 1-52 所示电路中,$R_1=3\ \Omega$,$R_2=4\ \Omega$,$R_3=3\ \Omega$,$U_{s1}=12\ \text{V}$,$U_{s2}=5\ \text{V}$,计算 a、b、c 各点的电位和电阻 R_1 吸收的电功率。

解:(1)各点的电位计算

a 点电位
$$V_a=U_{ad}=U_{s1}=12\ \text{V}$$

$$\begin{cases}I_1R_1+I_3R_3=U_{s1}\\I_2R_2-I_3R_3=U_{s2}\\I_1=I_2+I_3\end{cases}$$

代入已知量
$$\begin{cases}3I_1+3I_3=12\\4I_2-3I_3=5\\I_1=I_2+I_3\end{cases}$$

得
$$I_1=3\ \text{A}\qquad I_2=2\ \text{A}\qquad I_3=1\ \text{A}$$

b 点电位　$V_b=U_{bd}=I_3R_3=1\times3=3(\text{V})$

c 点电位　$V_c=U_{cd}=-U_{s2}=-5\ \text{V}$

(2)电阻 R_1 吸收的电功率
$$P_1=I_1^{\ 2}R_1=3^2\times3=27(\text{W})$$

【例 1-19】　在图 1-53(a)中,$R_1=R_3=1\ \Omega$,$R_2=2\ \Omega$,试求开关 S 在断开和闭合两种状态下 B 点的电位。

解:图 1-53(a)是电路的简化画法。在电子电路中,为了电路图的简练醒目,对于有一端接地(参考点)的电压源常不再画出电源符号,而只在电源的非接地的一端处标明电压的数值和极性。C 点的电位为 −4 V,表明 C 点和电路参考点之间有一个电源,其“−”电位接 C 点,“+”电位接参考点;A 点的电位为 6 V,表明 A 点和电路参考点之间有一个电源,其“+”电位接 A 点,“−”电位接参考点。完整电路如图 1-53(b)所示。

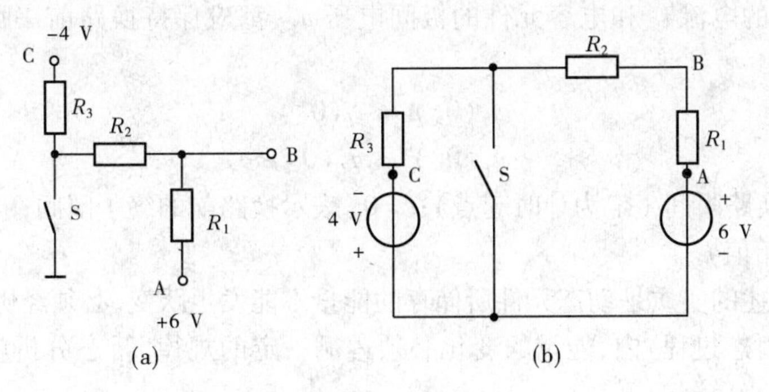

图 1-53 例 1-19 图

(1)S 断开时

$$I = \frac{U_{AC}}{R_1 + R_2 + R_3} = \frac{6 + 4}{1 + 2 + 1} = 2.5(\mathrm{A})$$

$$V_B = V_A - IR_1 = 6 - 2.5 \times 1 = 3.5(\mathrm{V})$$

(2)S 闭合时,R_3 被短路,则

$$I = \frac{V_A}{R_1 + R_2} = \frac{6}{1 + 2} = 2(\mathrm{A})$$

$$V_B = V_A - IR_1 = 6 - 2 \times 1 = 4(\mathrm{V})$$

* 第十四节　电路的暂态分析

含有动态元件 L 和 C 的线性电路,当电路发生换路时,由于 L 和 C 是储能元件,而储能就必然对应一个吸收与放出能量的过程,即储存和放出能量都是需要时间的,所以在 L 和 C 上能量的建立和消失是不能跃变的。揭示暂态过程中响应的规律称为暂态分析。因此,暂态分析研究问题的实质是寻求储能元件在能量发生变化时所遵循的规律。掌握了这些规律,人们才可能在实际中最大限度地减少暂态过程中可能带来的危害,以及合理利用暂态过程。

一、换路定律

(一)基本概念

1. 暂态

从一种稳定状态过渡到另一种稳定状态需要一定的时间,在这一定的时间内所发生的物理过程称为暂态。

2. 换路

在含有动态元件的电路中,当电路参数发生变化或开关动作等能引起的电路响应发生变化的现象称为换路。

3. 状态变量

代表物体所处状态的可变化量称为状态变量,如 i_L 和 u_C 就是状态变量,状态变量的大小显示了储能元件上能量储存的状态。

(二)换路定律

换路定律是暂态分析中的一条重要基本规律,其内容为:在电路发生换路后的一瞬间,

电感元件上通过的电流 i_L 和电容元件的极间电压 u_C，都应保持换路前一瞬间的原有值不变，即

$$i_L(0_+) = i_L(0_-) \tag{1-35}$$

$$u_C(0_+) = u_C(0_-) \tag{1-36}$$

其中，$t=0$ 表示换路瞬间（定为计时起点）；$t=0_-$ 表示换路前的终了瞬间；$t=0_+$ 表示换路后的初始瞬间（初始值）。

换路定律阐述的实质是动态元件所储存的能量不能发生跃变，必须经历一定的时间，在这一定的时间（暂态过程）内，能量的变化必须遵循一定的规律，暂态分析就是研究和认识这些基本规律的。

利用换路定律求解电路响应初始值的步骤一般如下：

（1）根据换路前一瞬间的电路及换路定律求出动态元件上响应的初始值。

（2）根据动态元件初始值的情况画出 $t=0_+$ 时刻的等效电路图：当 $i_L(0_+)=0$ 时，电感元件在图中相当于开路；若 $i_L(0_+)\neq 0$，电感元件在图中相当于数值等于 $i_L(0_+)$ 的恒流源；当 $u_C(0_+)=0$ 时，电容元件在图中相当于短路；若 $u_C(0_+)\neq 0$，则电容元件在图中相当于数值等于 $u_C(0_+)$ 的恒压源。

（3）根据 $t=0_+$ 时的等效电路图，求出各待求响应的初始值。

【例 1-20】 电路如图 1-54（a）所示。设在 $t=0$ 时开关 S 闭合，此前已知电感和电容中均无原始储能。求 S 闭合后各电压、电流的初始值。

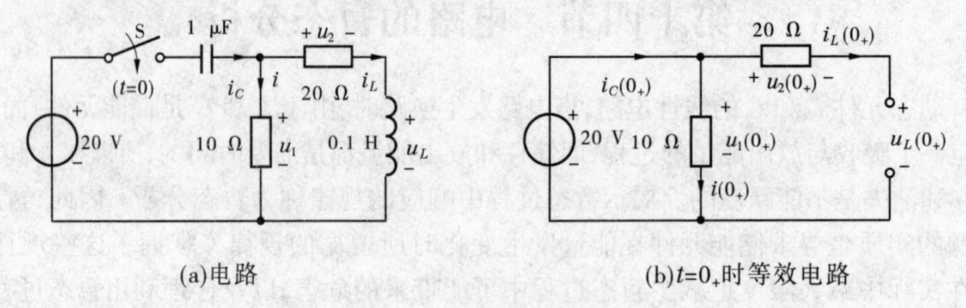

图 1-54 例 1-20 电路图

解：根据电路给定的电感和电容中均无原始储能这一条件，可得

$$i_L(0_+) = i_L(0_-) = 0$$

$$u_C(0_+) = u_C(0_-) = 0$$

由于 $t=0_+$ 这一瞬间电容元件两端的电压等于零，从电路产生电流的观点来看，就像是电容元件被短路一样，即原始能量为零的电容元件在与直流电源接通的瞬间相当于短路；电感元件则由于通过它的电流不能发生跃变，因此在换路后一瞬间仍等于它换路前一瞬间的零值，显然相当于开路。于是，可画出如图 1-54（b）所示的 $t=0_+$ 时的等效电路，根据此电路可求得

$$u_1(0_+) = 20\ \text{V}$$

$$i_C(0_+) = i(0_+) = \frac{20}{10} = 2(\text{A})$$

$$u_2(0_+) = 20i_L(0_+) = 0$$

$$u_L(0_+) = u_1(0_+) = 20\ \text{V}$$

【例 1-21】 电路如图 1-55(a)所示,换路前电路已达稳态。$t=0$ 时开关 S 打开,求 S 打开后动态元件两端的电压与通过动态元件中的电流的初始值。

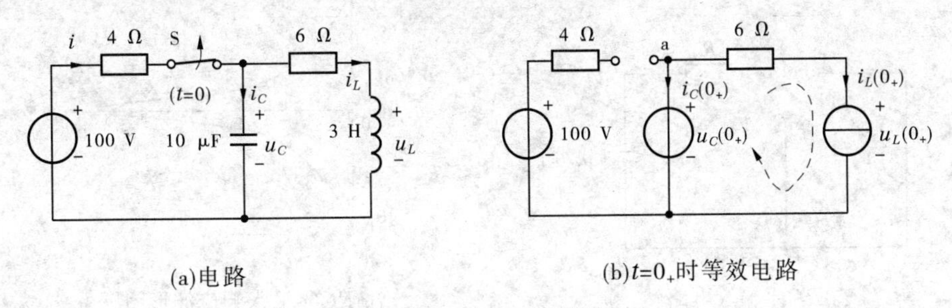

(a)电路　　(b)$t=0_+$时等效电路

图 1-55　例 1-21 电路图

解:由于开关 S 打开前电路已达稳态,因此直流稳态下的电容元件相当于开路,电感元件相当于短路,可得

$$i_L(0_+) = i_L(0_-) = i(0_-) = \frac{100}{4+6} = 10(\mathrm{A})$$

$$u_C(0_+) = u_C(0_-) = i_L(0_-) \times 6 = 10 \times 6 = 60(\mathrm{V})$$

根据这一计算结果,可画出开关 S 打开后一瞬间,$t=0_+$ 时的等效电路如图 1-55(b)所示,图中电容元件相当于一个电压值等于 60 V 的恒压源,电感元件相当于一个电流值等于 10 A 的恒流源。

由于开关 S 断开,所以电感与电容此时相当于串联,因此

$$i_C(0_+) = -i_L(0_+) = -10\ \mathrm{A}$$

再对右回路列 KVL 方程可得

$$u_L(0_+) = u_C(0_+) - u_R(0_+) = 60 - 10 \times 6 = 0(\mathrm{V})$$

二、RC 电路的暂态分析

(一) RC 电路的零输入响应

RC 电路的零输入响应,实质上就是指具有一定原始能量的电容元件在放电过程中,电路中电压和电流的变化规律。

由换路定律可知,若电容元件原来已经充有一定能量,当电路发生换路时,电容元件的极间电压是不会发生跃变的,必须自原来的数值开始连续地增加或减少,而电容元件中的充、放电电流是可以跃变的。

如图 1-56(a)所示的 RC 放电电路,开关 S 在位置 1 时电容 C 被充电,充电完毕后电路处于稳态。$t=0$ 时换路,开关 S 由位置 1 迅速投向位置 2,放电过程开始。

放电过程开始一瞬间,根据换路定律可得 $u_C(0_+)=u_C(0_-)=U_s$。此时,电路中的电容元件与 R 相串联后经位置 2 构成放电回路,由 KVL 可得

$$RC\frac{\mathrm{d}u_C}{\mathrm{d}t} + u_C = 0$$

这是一个一阶的常系数齐次微分方程,对其求解可得

$$u_C(t) = U_s e^{-\frac{t}{RC}} = u_C(0_+)e^{-\frac{t}{\tau}} \tag{1-37}$$

式中:U_s 为过渡过程开始时电容电压的初始值 $u_C(0_+)$;τ 称为电路的时间常数,$\tau=RC$。

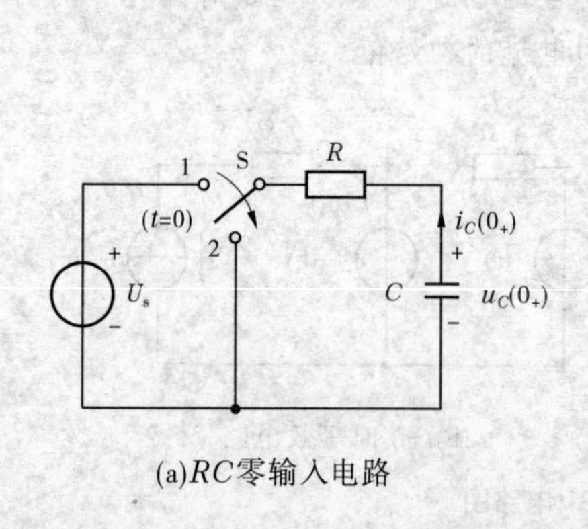

(a)RC零输入电路

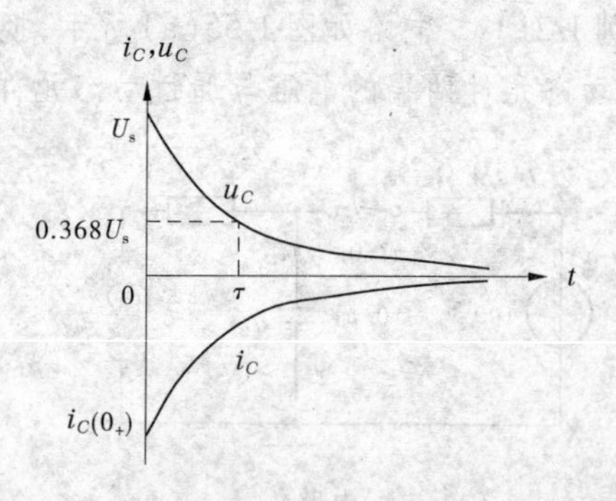

(b)RC零输入响应波形图

图 1-56　RC 零输入电路与波形图

如果用许多不同数值的 R、C 及 U_s 来重复上述放电实验可发现,不论 R、C 及 U_s 的值如何,RC 一阶电路中的响应都是按指数规律变化的,如图 1-56(b)所示。由此可推论:RC 一阶电路的零输入响应规律是指数规律。

如果让电路中的 U_s 不变而取几组不同的 R 和 C 值,观察电路响应的变化可发现,当 R 和 C 值越大时,放电过程进行得越慢;当 R 和 C 值越小时,放电过程进行得越快。也就是说,RC 一阶电路放电速度的快慢,同时取决于 R 和 C 两者的大小,即取决于它们的乘积(时间常数 τ)。因此,时间常数 $\tau = RC$ 是反映过渡过程进行快慢程度的物理量。

让式(1-37)中的 t 值分别等于 1τ、2τ、3τ、4τ、5τ,可得出 u_C 随时间变化的衰减表,如表 1-5所示。

表 1-5　电容电压随时间衰减表

τ	2τ	3τ	4τ	5τ
e^{-1} $0.368U_s$	e^{-2} $0.135U_s$	e^{-3} $0.050U_s$	e^{-4} $0.018U_s$	e^{-5} $0.007U_s$

时间常数 τ 的物理意义可由表 1-5 数据来进一步说明:由表中数据可知,放电过程经历了一个 τ 的时间,电容电压就衰减为初始值的 36.8%,经历了 2τ 后衰减为初始值的13.5%,经历了 3τ 后就衰减为初始值的 5%,经历了 5τ 后则衰减为初始值的 0.7%。理论上,根据指数规律,必须经过无限长时间,过渡过程才能结束,但实际上,过渡过程经历了 $3\tau \sim 5\tau$ 的时间后,剩下的电容电压值就已经微不足道了。因此,在工程上一般可认为此时电路已经进入稳态。

由此也可得出:时间常数 τ 是过渡过程经历了总变化量的 63.2% 所需要的时间,其单位是 s。

电容元件上的放电电流,可根据它与电压的微分关系求得,即

$$i_C = C\frac{du_C}{dt} = C\frac{d(U_s e^{-\frac{t}{RC}})}{dt} = -\frac{u_C(0_+)}{R}e^{-\frac{t}{\tau}} \tag{1-38}$$

电容元件上的电流在图 1-56(b)中的位置是横轴下方,说明它是负值,原因是它与电压为非关联方向。

(二)RC 电路的零状态响应

电容上的原始能量为零时称为零状态。实际上,零状态响应研究的就是 RC 电路充电

过程中响应的变化规律,其电路如图 1-57(a)所示。

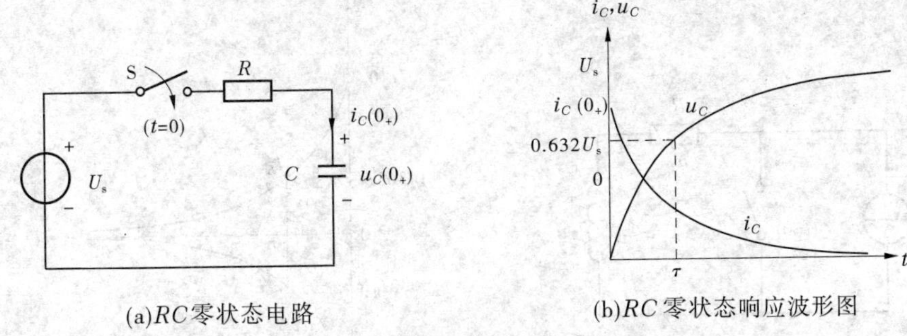

(a)*RC*零状态电路　　　　(b)*RC*零状态响应波形图

图 1-57　*RC* 零状态电路与波形图

从理论上讲,当开关 S 闭合后,经过足够长的时间,电容的充电电压才能等于电源电压 U_s,充电过程结束,充电电流 i_C 也才能衰减到零。

对电路图 1-57(a)可列出其 KVL 方程式为

$$RC\frac{\mathrm{d}u_C}{\mathrm{d}t} + u_C = U_s$$

这是一个一阶的线性非齐次方程,对此方程进行求解可得到方程的解为

$$u_C(t) = u_C(\infty)(1 - \mathrm{e}^{-\frac{t}{RC}}) = U_s(1 - \mathrm{e}^{-\frac{t}{RC}}) \tag{1-39}$$

式中的 $u_C(\infty)$是充电过程结束时电容电压的稳态值,数值上等于电源电压值。

显然,一阶电路的零状态响应规律也是指数规律,如图 1-57(b)所示。充电开始时,由于电容的电压不能发生跃变,$u_C = 0$;随着充电过程的进行,电容电压按指数规律增长,经历 $3\tau \sim 5\tau$ 时间后,过渡过程基本结束,电容电压 $u_C(\infty) = U_s$,电路达到稳态。

由于电容的基本工作方式是充放电,电容支路的电流不是放电电流就是充电电流,即电容电流只存在于过渡过程中,电路只要达稳态,i_C 必定等于零,因此在这一充电过程中,i_C 仍按指数规律衰减。充电过程中电压、电流为关联方向,因此在横轴上方。

三、*RL* 电路的暂态分析

(一)*RL* 电路的零输入响应

由电磁感应定律可知,电感线圈通过变化的电流时,总会产生自感电压,自感电压限定了电流必须是从零开始连续地增加,而不会发生不占用时间的跳变,不占用时间的变化率将是无限大的变化率,这在事实上是不可能的。同理,本来在电感线圈中流过的电流也不会跳变消失。实际应用中,含有电感线圈的电路拉断开关时,触点上会产生电弧,原因就在于此。

图 1-58(a)所示电路,在 $t < 0$ 时通过电感中的电流为 I_0。设在 $t = 0$ 时开关 S 闭合,根据换路定律,电感中仍具有初始电流 I_0,此电流将在 *RL* 回路中逐渐衰减,最后为零。在这一过程中,电感元件在初始时刻的原始能量 $W_L = 0.5LI_0^2$ 逐渐被电阻消耗,转化为热能。

根据图示电路中电压和电流的参考方向及元件上的伏安关系,应用 KVL 可得

$$Ri + L\frac{\mathrm{d}i}{\mathrm{d}t} = 0 \quad (t \geqslant 0)$$

若以储能元件 *L* 上的电流 i_L 作为待求响应,则可解得

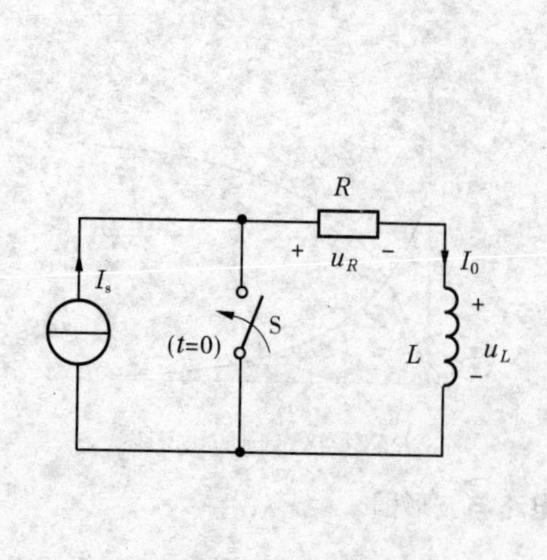

(a)RL零输入电路

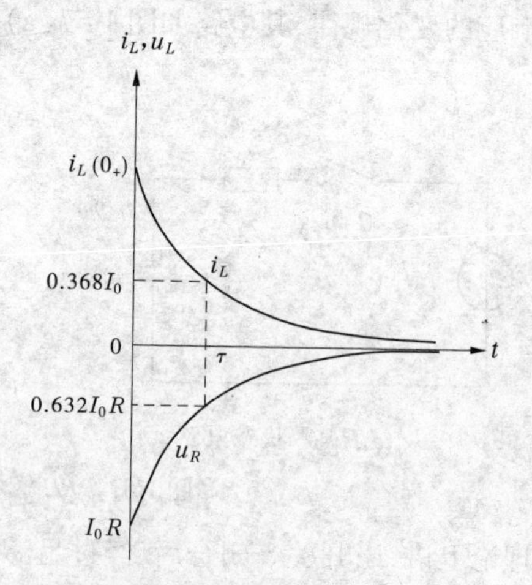

(b)RL零输入响应波形图

图 1-58　RL 零输入电路与波形图

$$i_L(t) = I_0 e^{-\frac{R}{L}t} = i_L(0_+) e^{-\frac{t}{\tau}} \tag{1-40}$$

式中 $\tau = \dfrac{L}{R}$，是 RL 一阶电路的时间常数，其单位也是 s。显然，在 RL 一阶电路中，L 值越小、R 值越大时，过渡过程进行得越快，反之越慢。

电感元件两端的电压

$$u_L(t) = L\frac{di}{dt} = -RI_0 e^{-\frac{t}{\tau}} \tag{1-41}$$

电路中响应的波形如图 1-58(b)所示，显然它们也都是随时间按指数规律衰减的曲线。

由以上分析可知：

(1)一阶电路的零输入响应都是随时间按指数规律衰减到零的，这实际上反映了在没有电源作用的条件下，储能元件的原始能量逐渐被电阻消耗掉的物理过程。

(2)零输入响应取决于电路的原始能量和电路的特性，对于一阶电路来说，电路的特性是通过时间常数 τ 来体现的。

(3)原始能量增大 A 倍，则零输入响应将相应增大 A 倍，这种原始能量与零输入响应的线性关系称为零输入线性。

(二) RL 电路的零状态响应

图 1-59(a)所示电路，在 $t=0$ 时开关闭合。换路前由于电感中的电流为零，根据换路定律，换路后 $t=0_+$ 瞬间 $i_L(0_+) = i_L(0_-) = 0$。电流为零，说明此时的电感元件相当于开路；过渡过程结束，电路重新达到稳态时，由于直流情况下的电流恒定，电感元件上不会引起感抗，它又相当于短路，这一点恰好与电容元件的作用相反。

在图 1-59(a)所示的 RL 零状态响应电路中，$t=0_+$ 时由于电流等于零，因此电阻上电压 $u_R=0$，由 KVL 可知，此时电感元件两端的电压 $u_L(0_+) = U_s$。当达到稳态后，自感电压 u_L 一定为零，电路中电流将由零增至 U_s/R 后保持恒定。显然在这一过渡过程中，自感电压 u_L 是按指数规律衰减的，而电流 i_L 则是按指数规律上升的，电阻两端的电压始终与电流成正比，因此 u_R 从零增至 U_s。其变化规律如图 1-59(b)所示。

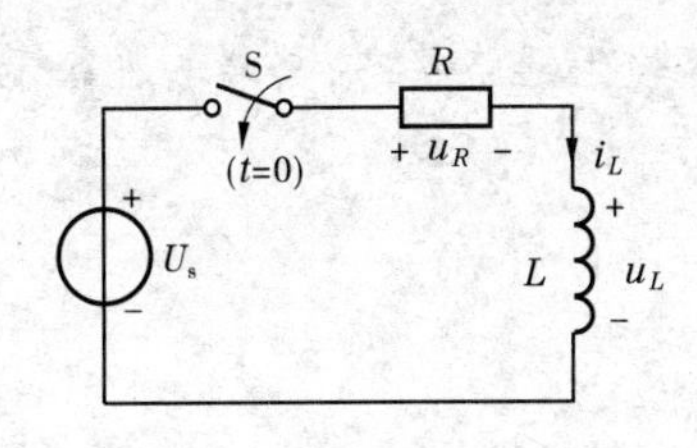

(a)RL零状态电路

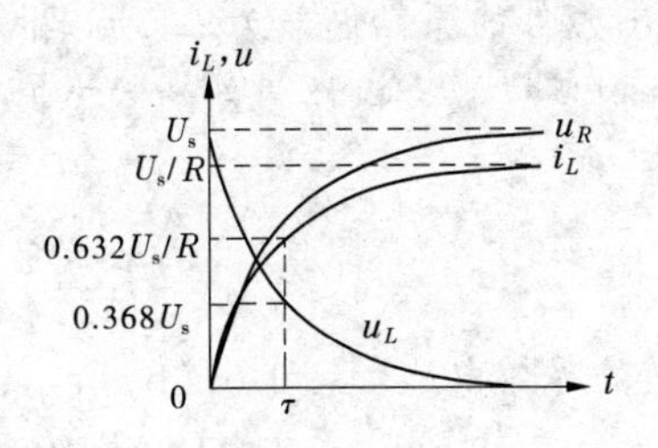

(b)RL零状态响应波形图

图1-59　RL零状态电路与波形图

RL一阶电路的零状态响应的规律,用数学式可表达为

$$
\begin{aligned}
i_L(t) &= \frac{U_s}{R}(1 - e^{-\frac{t}{\tau}}) \\
u_R(t) &= Ri_L = U_s(1 - e^{-\frac{t}{\tau}}) \\
u_L(t) &= L\frac{di_L}{dt} = U_s e^{-\frac{t}{\tau}}
\end{aligned}
\tag{1-42}
$$

【例1-22】　图1-60所示电路在$t=0$时开关S闭合,闭合开关之前电路已达稳态。求$u_C(t)$。

解:由题意可知,此电路的暂态过程中不存在独立源,因此是零输入响应电路。首先根据换路前的电路求出电容电压为

$$u_C(0_-) = U_s = 126\ \text{V}$$

根据换路定律可得初始值

$$u_C(0_+) = u_C(0_-) = 126\ \text{V}$$

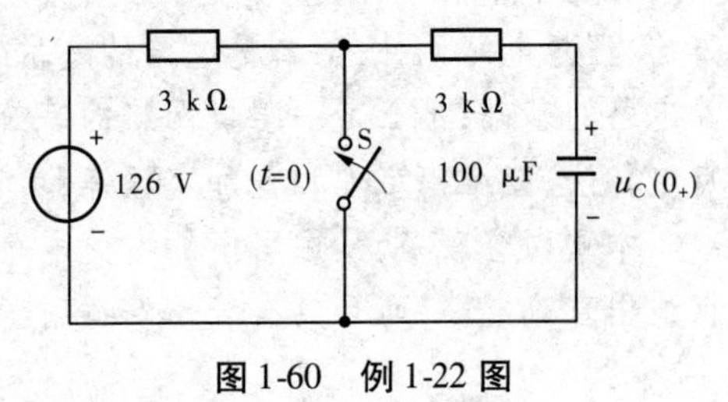

图1-60　例1-22图

换路后,126 V电源及3 kΩ电阻被开关短路,因此电路的时间常数

$$\tau = 3 \times 10^3 \times 100 \times 10^{-6} = 0.3(\text{s})$$

代入零输入响应公式后可得

$$u_C(t) = 126e^{-3.33t}\ \text{V}$$

【例1-23】　在图1-61(a)所示电路中,$R_1 = R_2 = 100\ \text{k}\Omega, C = 1\ \mu\text{F}, U_s = 3\ \text{V}$。开关S闭合前电容元件上原始储能为零,试求开关闭合后0.2 s时电容两端的电压为多少?

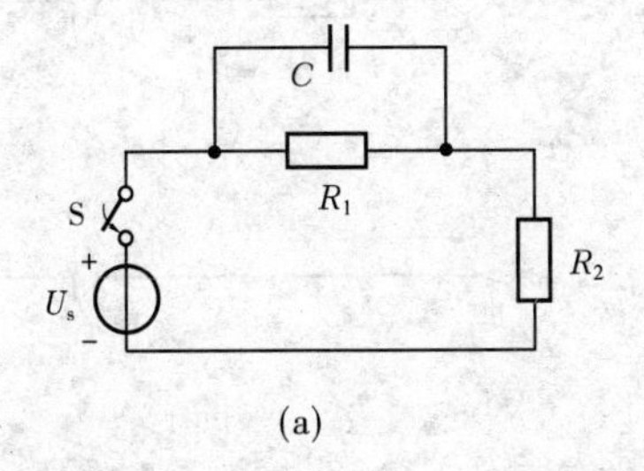

(a)

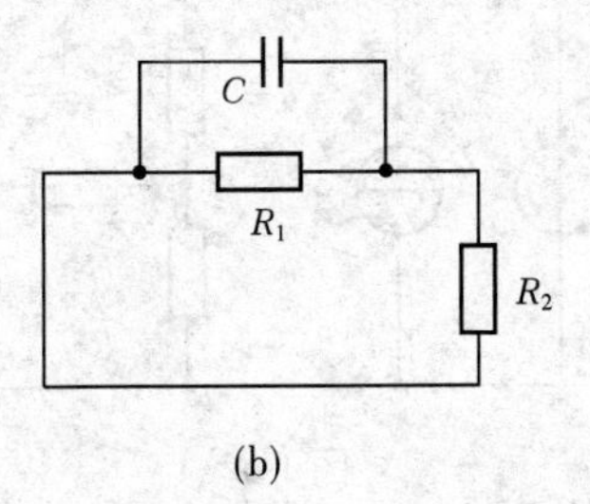

(b)

图1-61　例1-23图

解:由于动态元件的原始储能为零,所以此电路是零状态响应电路。此类电路应先求出响应的稳态值和时间常数。电路重新达稳态时,电容处于开路状态,其端电压等于与它相并联的电阻端电压,即

$$u_C(\infty) = U_{R1} = 3 \times \frac{1}{2} = 1.5(\text{V})$$

求时间常数的等效电路如图1-61(b)所示,可得

$$\tau = RC = \frac{100 \times 10^3}{2} \times 10^{-6} = 0.05(\text{s})$$

代入公式后可得

$$u_C(t) = 1.5 - 1.5\text{e}^{-20t}\ \text{V}$$

在开关闭合后0.2 s时电容两端的电压为

$$u_C(0.2) = 1.5 - 1.5\text{e}^{-20\times 0.2} = 1.5 - 0.027\,5 = 1.472\,5(\text{V}) \approx 1.5\ \text{V}$$

经过了0.2 s,实际上暂态过程经历了4τ时间,可以认为暂态过程基本结束,因此电容电压十分接近稳态值。

本章小结

通过本章的学习,第一是掌握有关电路的基本概念,包括电路模型、电压和电流的参考方向、理想电路元件;第二是电路的基本物理量、电路的基本定律等,这些内容都是分析与计算电路的基础;第三是一端口网络的等效变换;第四是电路的分析方法,包括支路电流法、节点电位法、戴维南定理和叠加定理等;第五是*RC*电路和*RL*电路的暂态分析。

本章内容较多,从中引出的有关电路的基本概念、基本定律和定理,以及计算方法等不仅适用直流电路,而且具有普遍的适用意义。因此,本章是整个课程的理论基础。

习　题

1-1　若3 min通过导体横截面的电荷量是1.8 C,则导体中的电流是多少?

1-2　有一卷铜线,已知长度为100 m,有哪几种方法可以求出它的电阻?

1-3　如图1-62所示电路,分别求$R=2\ \Omega$、$6\ \Omega$、$18\ \Omega$时的电流I和R所吸收的功率P。

1-4　如图1-63所示电路,求U_{ad}、U_{bc}、U_{ac}。

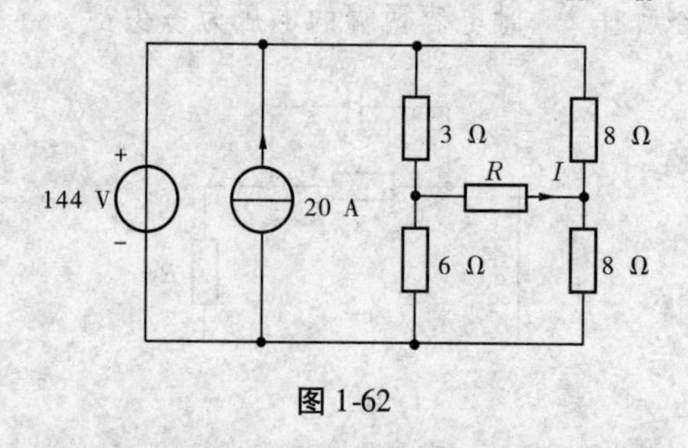

图1-62

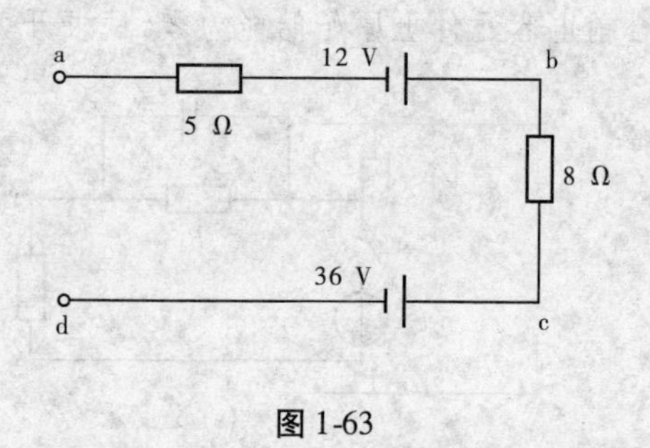

图1-63

1-5　如图1-64所示电路,求I、U_{ab}。

1-6　如图1-65所示电路,求支路电流I。

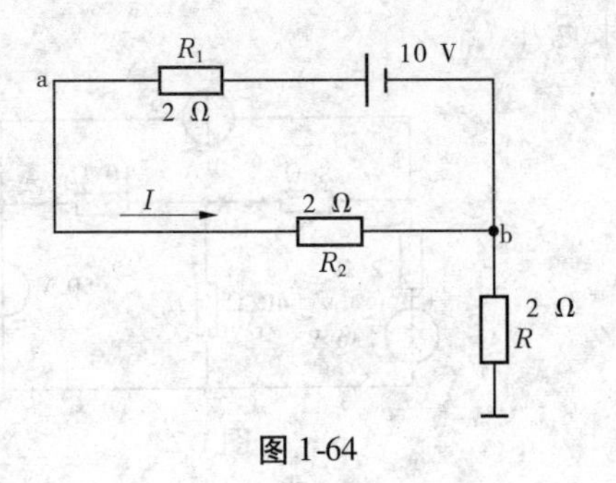

图 1-64

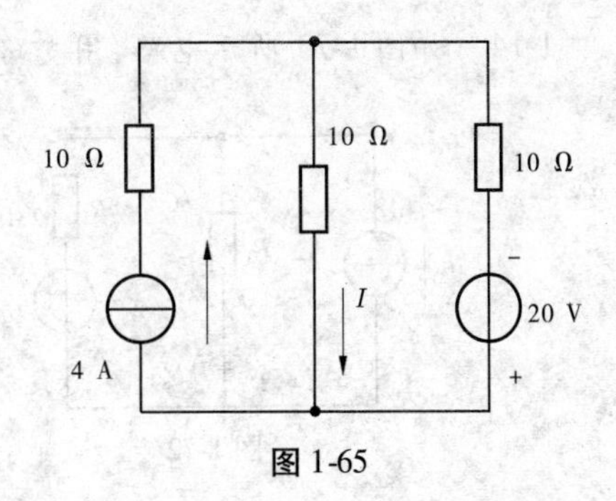

图 1-65

1-7　如图 1-66 所示电路，已知 $R_1 = 200\ \Omega$，$R_2 = 100\ \Omega$，$U_{s1} = 24\ \text{V}$，$I_{s2} = 1.5\ \text{A}$，试求支路电流 I_1 和 I_2。

1-8　求图 1-67 所示电路中的理想电流源两端的电压 U 和支路电流 I。

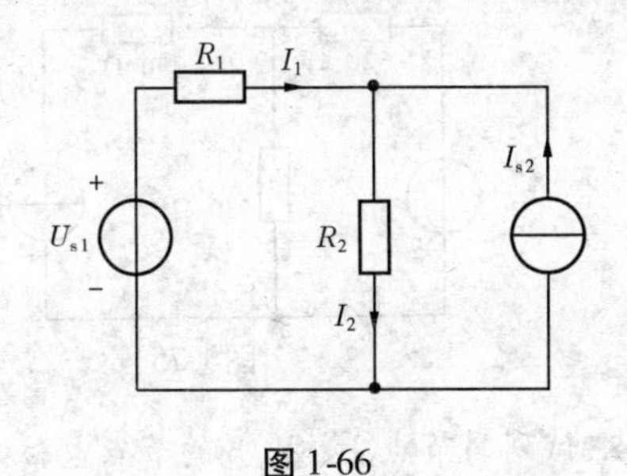

图 1-66

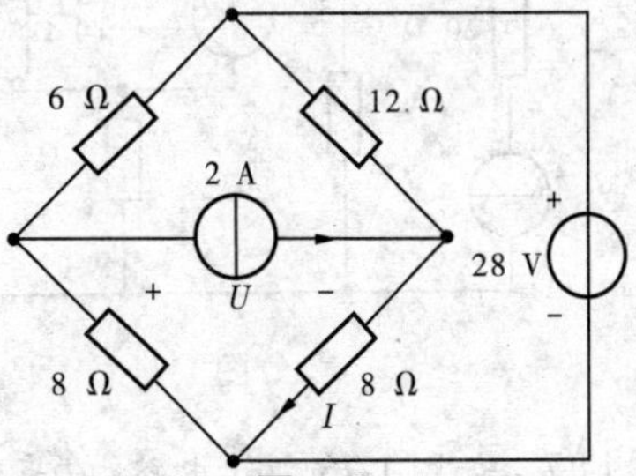

图 1-67

1-9　如图 1-68 所示电路，已知 $U_s = 10\ \text{V}$，试求电路各支路电流。

1-10　如图 1-69 所示电路，试求出各支路电流。

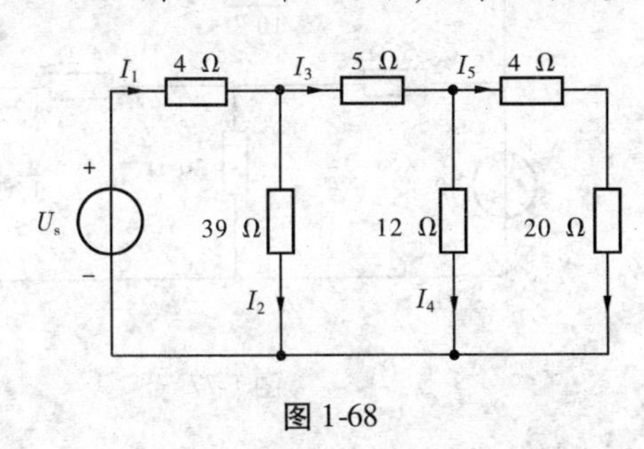

图 1-68

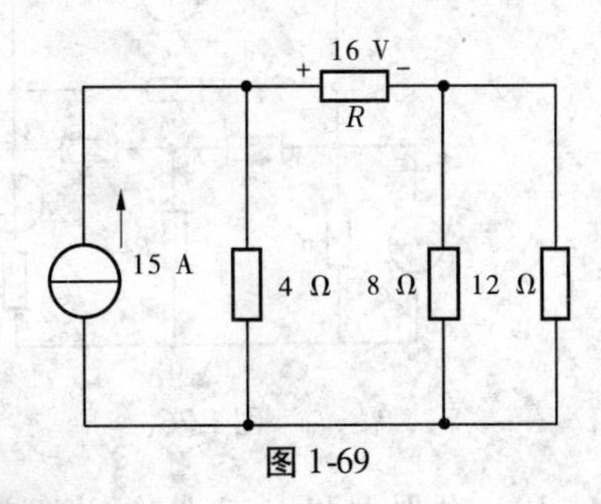

图 1-69

1-11　求图 1-70 所示电路中各支路电流。

1-12　如图 1-71 所示电路，用支路电流法求各支路电流。

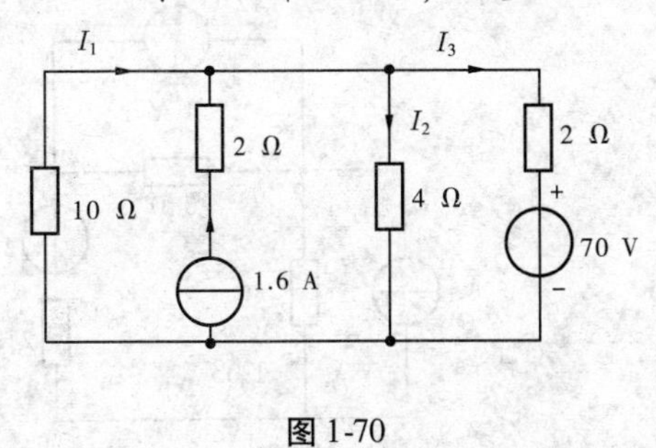

图 1-70

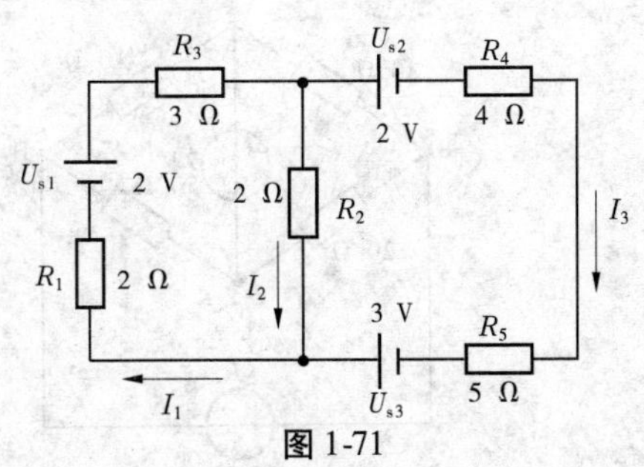

图 1-71

1-13　如图 1-72 所示电路，已知 $I_s = 10\ \text{A}$，用支路电流法求各支路电流。

1-14　如图 1-73 所示电路，用支路电流法求电压 U_0。

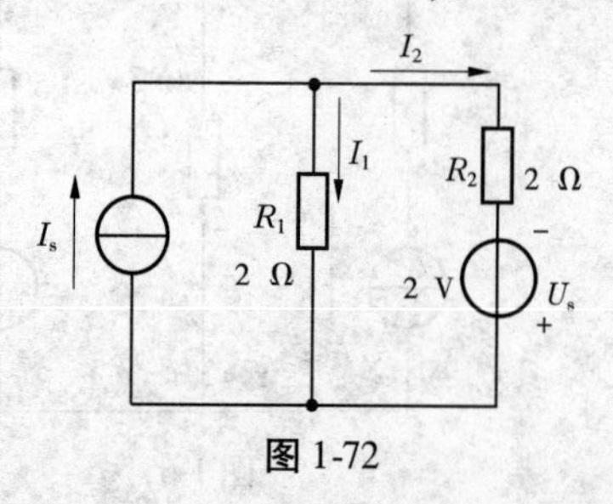

图 1-72

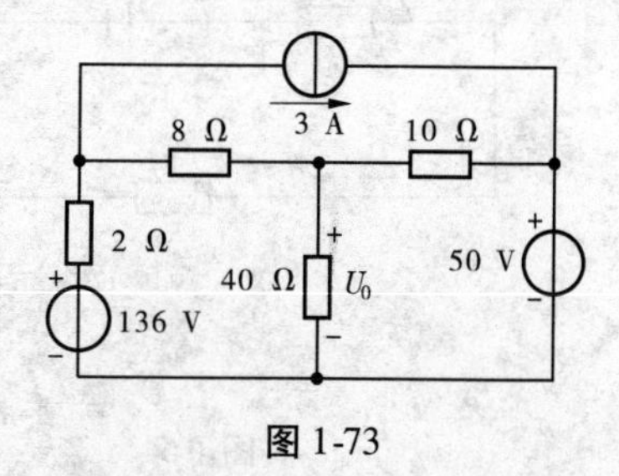

图 1-73

1-15　如图 1-74 所示电路，用支路电流法求电压 U。

1-16　如图 1-75 所示电路，用支路电流法计算各支路电流和理想电流源的端电压。

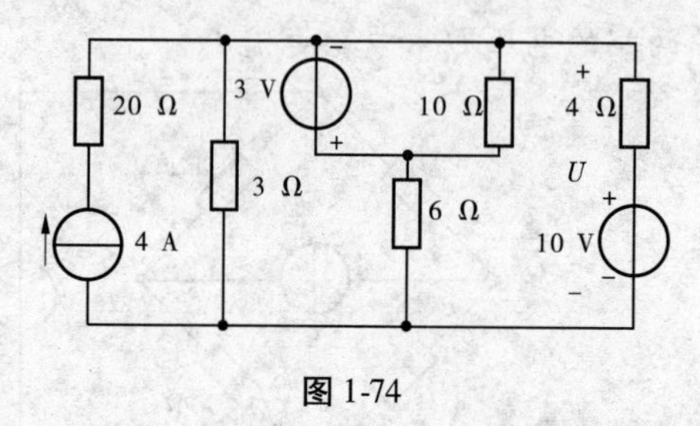

图 1-74

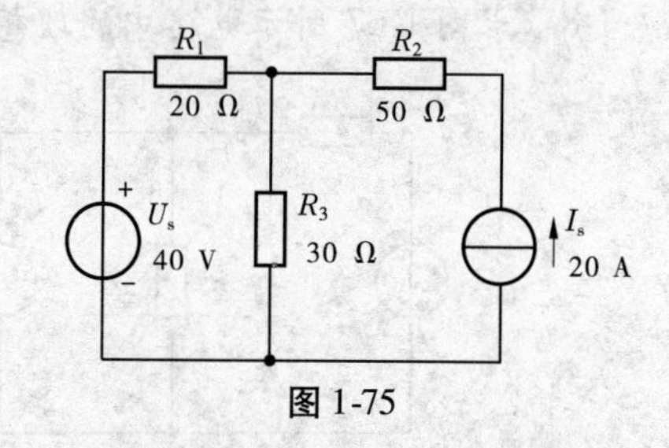

图 1-75

1-17　如图 1-76 所示电路，以节点 0 为参考节点，试列写节点①、②、③的节点电位方程。

1-18　用节点电位法求图 1-77 所示电路中的电压 U。

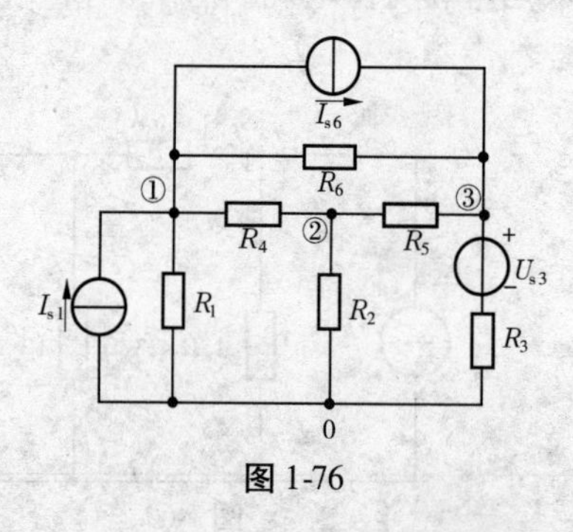

图 1-76

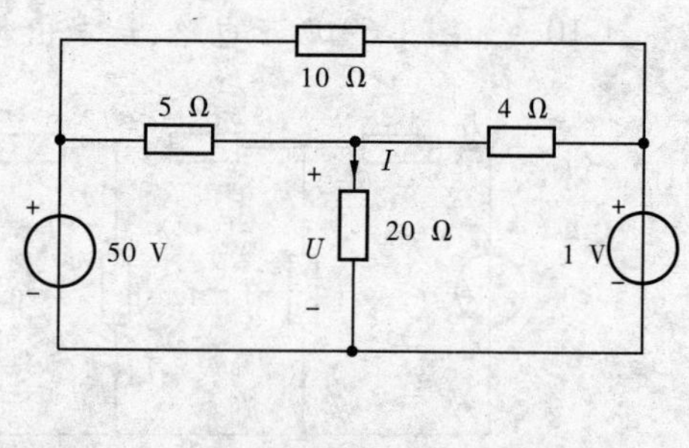

图 1-77

1-19　如图 1-78 所示电路，试用节点电位法计算通过检流计的电流 I_g。

1-20　试用节点电压法求图 1-79 所示电路中的电流 I。

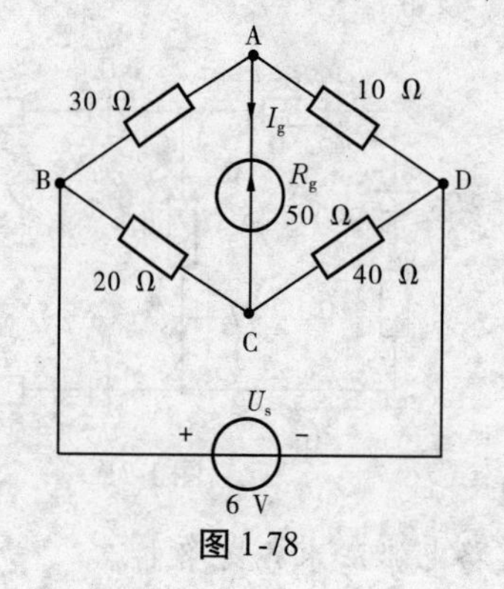

图 1-78

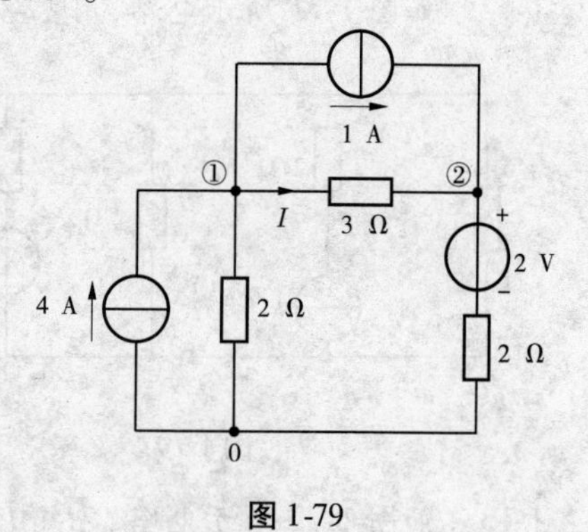

图 1-79

1-21　如图 1-80 所示电路，用节点分析法求电流 I_1 和 I_2。

1-22　如图 1-81 所示电路，试用叠加定理求 4 Ω 电阻上的电流 I、电压 U。

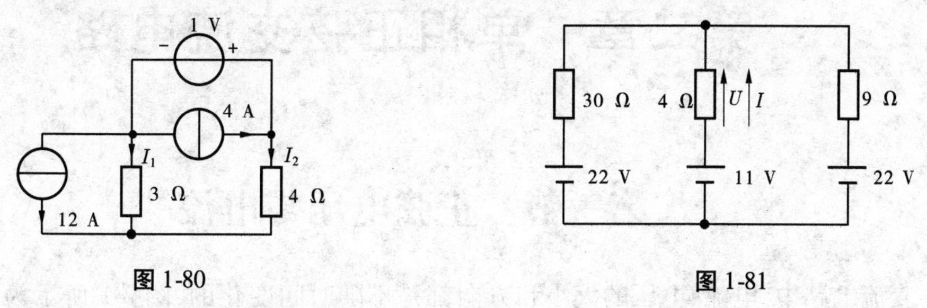

图 1-80　　　　图 1-81

1-23　如图 1-82 所示电路，试求戴维南等效电路。

1-24　如图 1-83 所示电路，试求戴维南等效电路。

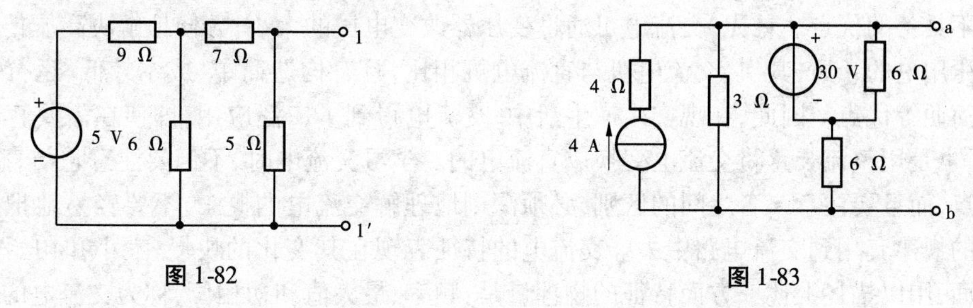

图 1-82　　　　图 1-83

1-25　如图 1-84 所示电路，试用戴维南定理求流过电阻 R_5 的电流 I。

1-26　试求图 1-85 所示电路中的电流 I。

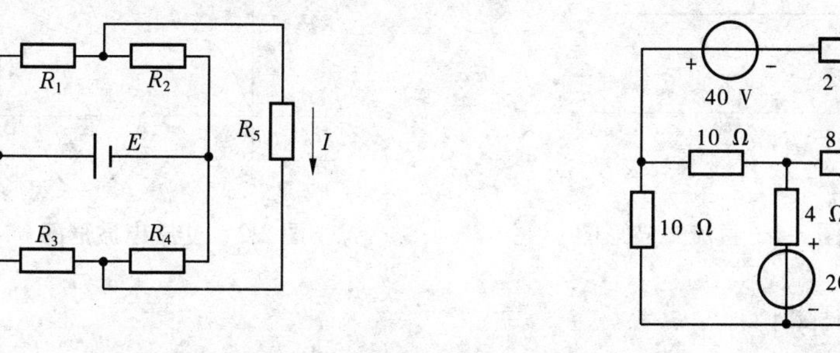

图 1-84　　　　图 1-85

1-27　如图 1-86 所示电路是一平衡电桥电路，已知 $R_1=R_2=20\ \Omega$，$R_3=380\ \Omega$，$R_4=381\ \Omega$，$U_s=2$ V，$R_g=12\ \Omega$，试用戴维南定理求 I_g。

1-28　如图 1-87 所示电路，用戴维南定理求电流 I。

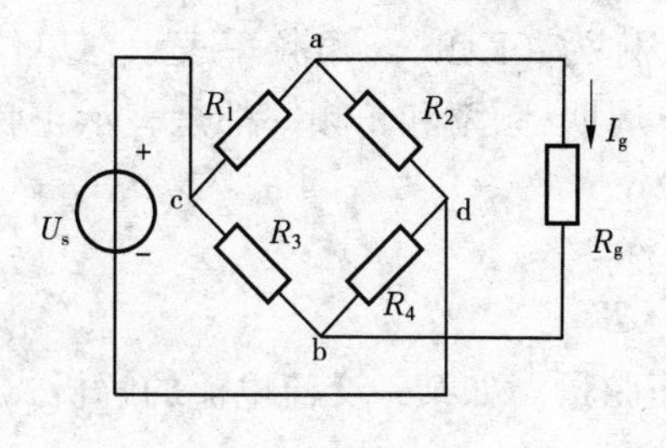

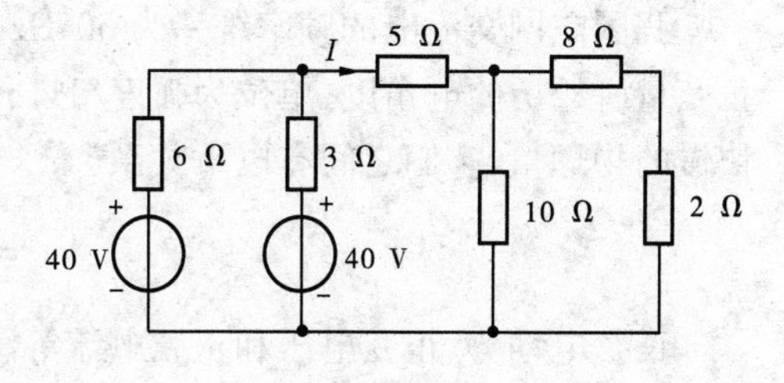

图 1-86　　　　图 1-87

第二章　单相正弦交流电路

第一节　正弦电压与电流

直流电路中，电流、电压的大小和方向都是不随时间变化的，图 2-1 所示为一直流电波形图。大小和方向随时间按正弦规律变化的电流、电压、电动势统称为正弦量，或称为正弦交流电，简称交流电，如图 2-2 所示。在电能的产生、传输和应用等方面，交流电有着直流电所不具备的优点。首先，交流电可通过变压器改变电压的大小，方便地解决高压传输电能和低压用电的矛盾；其次，交流电机与直流电机相比，具有构造简单、成本较低、运行可靠和维护简便等优点。因此，在现实生产生活中，交流电得到了广泛应用，即使在需要直流电的地方，也是用整流装置将交流电变换成直流电的。学习交流电时，不但要注意它与直流电的相同点，而且要注意二者之间的区别，必须深刻地理解交流电的概念，不要轻易地把直流电路中的规律套用到交流电路中去。交流电的特征表现在其变化的快慢、大小和初始位置三个方面，用以描述上述三方面特征的物理量是：频率、最大值和初相位，称为交流电的三要素。

图 2-1　直流电波形图

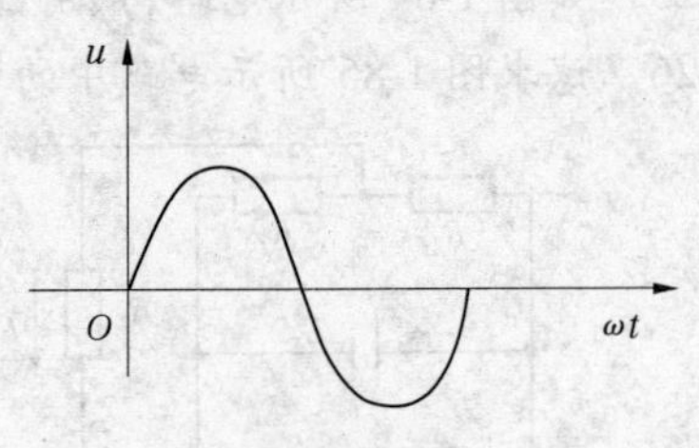

图 2-2　交流电波形图

一、频率与周期

正弦量循环变化一周的时间称为周期，用 T 表示，单位为 s。单位时间（1 s）内正弦量变化的周期数称为频率，用 f 表示，单位为赫兹（Hz），简称赫。

由定义不难得到，周期和频率互为倒数，即

$$T = 1/f \quad 或 \quad f = 1/T \tag{2-1}$$

我国电网交流电的频率统一为 50 Hz，习惯上称为“工频”。角频率表示在单位时间内正弦量所经历的电角度，单位为弧度/秒（rad/s）。周期、频率和角频率都是表示正弦量变化快慢的物理量，它们之间有以下关系

$$\omega = 2\pi f = \frac{2\pi}{T} \tag{2-2}$$

正弦电动势、正弦电压和正弦电流等统称为正弦量。如某一交流电流的解析式为

$$i = I_{\mathrm{m}}\sin(\omega t + \varphi_i) \tag{2-3}$$

该交流电流可用图 2-3 所示波形表示。

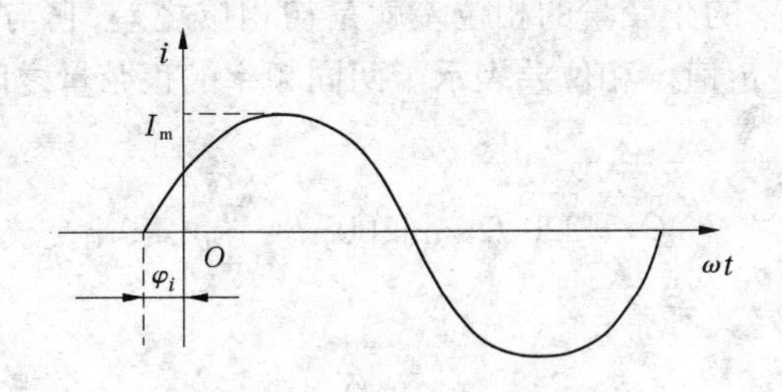

图 2-3　电流正弦量

二、幅值与有效值

交流电在变化的过程中,每一时刻的值都不同,正弦量瞬时值中的最大值叫做振幅值,也叫做振幅。用相应大写字母加小写下标 m 表示,如 I_m、U_m、E_m。交流电和直流电具有不同的特点,但从能量转换的角度来说,二者是可以等效的,因此在实际应用中引入了有效值的概念,分别用大写字母 I、U、E 表示。

交流电的有效值是根据它的热效应来确定的。若交流电流通过电阻 R 在一个周期内所产生的热量和直流电流在相同时间内流过电阻 R 产生的热量相等,则这个直流电流 I 的数值叫做交流电流的有效值。根据计算与实验可以得出

$$I = \frac{I_m}{\sqrt{2}} = 0.707I_m \tag{2-4}$$

$$U = \frac{U_m}{\sqrt{2}} = 0.707U_m \tag{2-5}$$

$$E = \frac{E_m}{\sqrt{2}} = 0.707E_m \tag{2-6}$$

有效值在交流电路中是一个重要的物理量。通常说的交流电的值,若不进行特别说明,指的都是有效值。如交流电表所显示的数值就是有效值,交流电设备铭牌上所标的数值也是指有效值。

三、初相位

$(\omega t+\varphi_i)$为正弦量随时间变化而变化的角度,称为相位。相位是表示正弦量在某一时刻所处状态的物理量,它不仅决定正弦量瞬时值的大小和方向,还能表示正弦量的变化趋势。

当 $t=0$ 时,相位为 φ_i,称为初相位,它反映了正弦量初始时刻的状态。一般规定 $|\varphi_i| \leq \pi$。相位与初相位通常用弧度表示,工程上也可以用度表示。

如果知道了某正弦量的三要素,那么此正弦量就唯一确定了;反之,要准确地描述一正弦量,就必须知道它的三要素。

设有两个同频率的交流电流 $i_1 = I_{m1}\sin(\omega t+\varphi_1)$ 和 $i_2 = I_{m2}\sin(\omega t+\varphi_2)$,把这两个交流电的相位之差称为相位差,用符号 φ 表示

$$\varphi = (\omega t+\varphi_1) - (\omega t+\varphi_2) = \varphi_1 - \varphi_2 \tag{2-7}$$

由此可见，两个同频率的正弦量的相位差就是初相位之差，它与时间无关，在正弦量变化过程中的任一时刻都是定值。相位差表示了两同频率的正弦量之间在时间上的超前或滞后关系，一般$|\varphi|\leqslant\pi$。

【例 2-1】 已知正弦交流电 $i=220\sqrt{2}\sin(100\pi t+\frac{\pi}{4})$，求此交流电的三要素。

解：由正弦三要素的定义可得：

振幅 $I_m=220\sqrt{2}$ A

角频率 $\omega=100\pi$ rad/s

初相位 $\varphi_i=\frac{\pi}{4}$

【例 2-2】 已知正弦交流电压和交流电流分别为 $u=110\sin(100\pi t+\frac{\pi}{3})$ V，$i=5\sin(100\pi t+\frac{\pi}{6})$ A。求两正弦量之间的相位差φ，并画出它们的波形图。

解： 因为 $\varphi_u=\frac{\pi}{3}$，$\varphi_i=\frac{\pi}{6}$

则
$$\varphi=\varphi_u-\varphi_i=\frac{\pi}{3}-\frac{\pi}{6}=\frac{\pi}{6}$$

即电压超前电流$\frac{\pi}{6}$，它们的波形图如图 2-4 所示。

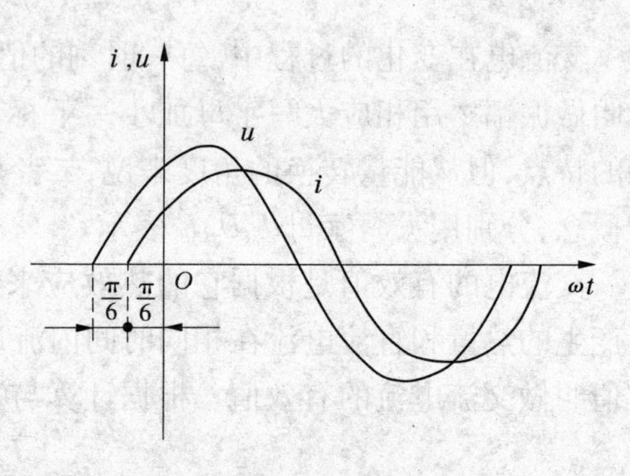

图 2-4 例 2-2 图

第二节 正弦交流电的相量表示法

一、复数及其运算

（一）复数的定义

形如 $P=x+jy$ 的数称为复数，其中 $j=\sqrt{-1}$（或 $j^2=-1$），j 称为虚单位（为了与表示电流的字母 i 相区别，电工学里用 j 表示虚单位），x、y 为任意实数，x 为实部，y 为虚部。

（二）复数的表示法

复平面上的点用坐标平面上的点表示如图 2-5 所示。此时的坐标面（称为复平面）与直角坐标平面有区别也有联系。

复数 $P=x+jy$ 与点(x,y)构成一一对应关系，复数 $P=x+jy$ 由点(x,y)唯一确定。

一个复数 P 在复平面上可以用一条从原点 O 指向 P 对应坐标点的线段（向量）表示，如图 2-5 所示。

根据图 2-5，可得复数 P 的三角形式

$$P=|P|(\cos\theta+j\sin\theta)$$

式中$|P|$为复数的模（值），θ 为复数的辐角，可以用弧度或度表示。$|P|$和 θ 与 x 和 y 之间的关系为

$$x = |P|\cos\theta,\ y = |P|\sin\theta$$

或

$$|P| = \sqrt{x^2 + y^2},\theta = \arctan\frac{y}{x}$$

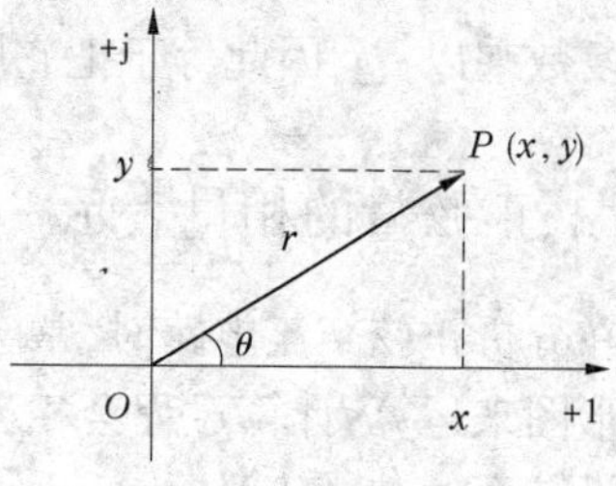

根据欧拉公式 $e^{j\theta} = \cos\theta + j\sin\theta$,可将复数的三角形式转变为指数形式,即

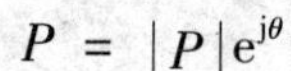

$$P = |P|e^{j\theta}$$

所以复数 P 是其模 $|P|$ 与 $e^{j\theta}$ 相乘的结果。

图 2-5　复数坐标平面

上述指数形式有时候改写为极坐标形式,即

$$P = |P|\angle\theta$$

综上所述,复数的表示方式有四种:

(1)代数形式　　$p = x + jy$

(2)三角形式　　$P = |P|(\cos\theta + j\sin\theta)$

(3)指数形式　　$P = |P|e^{j\theta}$

(4)极坐标形式　　$P = |P|\angle\theta$

在以后的运算中,代数形式和极坐标形式是常用的,对它们的换算应十分熟练。

复数的加减运算用代数形式进行较为方便。设有复数 $P_1 = x_1 + jy_1$,$P_2 = x_2 + jy_2$,则

$$P_1 \pm P_2 = (x_1 + jy_1) \pm (x_2 + jy_2) = (x_1 \pm x_2) + j(y_1 \pm y_2)$$

即复数相加减时,将实部和实部相加减,虚部和虚部相加减。也可以在复平面上用平行四边形法则作图完成,如图 2-6 所示。

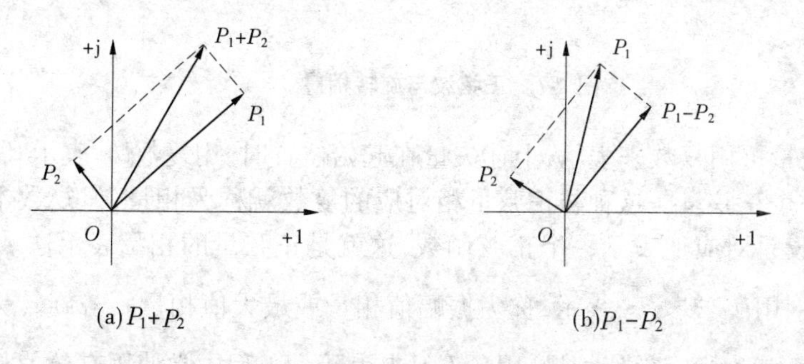

(a) P_1+P_2　　(b) P_1-P_2

图 2-6　复数代数和图解法

复数的乘除运算用指数形式或极坐标形式较为方便。设复数 $P_1 = |P_1|\angle\theta_1$,$P_2 = |P_2|\angle\theta_2$,则

$$P_1P_2 = |P_1|\angle\theta_1|P_2|\angle\theta_2 = |P_1||P_2|\angle(\theta_1 + \theta_2)$$

$$\frac{P_1}{P_2} = \frac{|P_1|\angle\theta_1}{|P_2|\angle\theta_2} = \frac{|P_1|}{|P_2|}\angle(\theta_1 - \theta_2)$$

即复数相乘,模相乘,辐角相加;复数相除,模相除,辐角相减。

根据欧拉公式,不难得出 $e^{j\frac{\pi}{2}} = j$,$e^{-j\frac{\pi}{2}} = -j$,$e^{j\pi} = -1$。因此,j 和 -1 都可以看成旋转因子。例如,在复平面上,一个复数乘以 j,等于把该复数逆时针旋转$\frac{\pi}{2}$;一个复数除以 j,等于

把该复数乘以 -j,因此等于把它顺时针旋转$\frac{\pi}{2}$。虚轴 j 等于把实轴乘以 j 而得到的。

二、正弦量的相量表示

在分析正弦交流电路时,常会遇到同频率正弦量相加减的问题,若用前面介绍的解析式或波形图来运算,计算过程会相当麻烦,故有必要引入一种新的表示法,即相量表示法。

设某个正弦电压为

$$u = U_m \sin(\omega t + \varphi_u) \tag{2-8}$$

在复平面上作一旋转矢量$\overrightarrow{OA}$如图 2-7 所示。此旋转矢量满足以下三点:①矢量$\overrightarrow{OA}$的长度等于电压振幅 U_m;②矢量$\overrightarrow{OA}$和横轴正方向的夹角等于初相角 φ_u;③矢量$\overrightarrow{OA}$以角速度 ω 绕原点 O 逆时针旋转。经分析不难得到,任何时刻 t 旋转矢量$\overrightarrow{OA}$在纵轴上的投影应为 $U_m\sin(\omega t+\varphi_u)$,即交流电压的瞬时值。这样,此旋转矢量既能反映正弦量的三要素,又可通过它在纵轴上的投影求出正弦量的瞬时值,所以平面上旋转矢量可完整地表示正弦量。

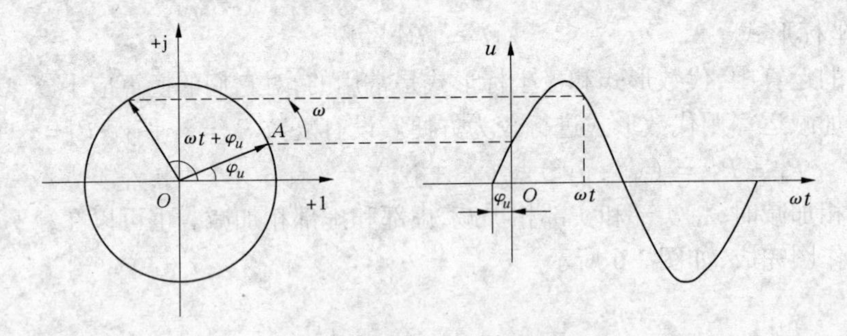

图 2-7 正弦波与旋转相量

复平面上的矢量可用复数来表示,上述矢量在起始位置时,用复数$\dot{U}_m$ 表示,所以一个复数可相应地表示一个正弦量。这种与正弦量相对应的复数就称为相量,但复数本身并不等于正弦函数,而仅仅是对应地表示一个正弦函数,这就是正弦量的相量表示法。正弦量 u、e、i 的幅值相量分别用$\dot{U}_m$、$\dot{E}_m$、$\dot{I}_m$ 表示,称为振幅值相量或最大值相量。若旋转矢量的长度为正弦量的有效值,就称为有效值相量,用$\dot{U}$、$\dot{E}$、$\dot{I}$来表示。工程中常使用有效值相量。

由于同一正弦交流电路中所有正弦量频率相同,表示它们的各旋转矢量的角速度相同,因此相对位置不变,可不考虑它们的旋转,只用起始位置的矢量来表示正弦量。

在电工学中,正弦量的相量表示常用复数的两种表示方法,即指数形式和极坐标形式。如正弦量 $u=U_m\sin(\omega t+\varphi_u)$可用相量表示为$\dot{U}=Ue^{j\varphi_u}$或$\dot{U}=U\angle\varphi_u$,也可在复平面上用矢量表示出来,此图称为相量图,如图 2-8 所示。

【例 2-3】 已知正弦电流 $i_1=14.14\sin(\omega t+\frac{\pi}{6})$ A 和 $i_2=7.07\sin(\omega t+\frac{\pi}{4})$ A,求它们的有效值,并画出相量图。

解:

$$I_1 = \frac{I_{1m}}{\sqrt{2}} = \frac{14.14}{\sqrt{2}} = 10(\text{A})$$

$$I_2 = \frac{I_{2m}}{\sqrt{2}} = \frac{7.07}{\sqrt{2}} = 5(\mathrm{A})$$

相量图如图 2-9 所示。

图 2-8　相量图　　　　**图 2-9　例 2-3 图**

三、基尔霍夫电流定律的相量形式

基尔霍夫电流定律对交流电路中任一节点在任一瞬时都是成立的，即$\sum i=0$，或写作$i_1+i_2+\cdots+i_n=0$，若这些电流都是同频率的正弦量，则可用相量表示为

$$\dot{I}_1+\dot{I}_2+\cdots+\dot{I}_n=0$$

或

$$\sum \dot{I}=0 \tag{2-9}$$

四、基尔霍夫电压定律的相量形式

基尔霍夫电压定律对交流电路中的任一回路在任一瞬时都是成立的，即$\sum u=0$，同样，若这些电压都是同频率的正弦量，则可用相量表示为

$$\sum \dot{U}=0 \tag{2-10}$$

由此还可推出交流电路中另一种相量形式的基尔霍夫电压定律

$$\sum \dot{I}Z=\sum \dot{U}_s \tag{2-11}$$

式(2-11)与直流电路中基尔霍夫电压定律另一种形式$\sum IR=\sum U_s$相似。

总之，在正弦交流电路中，以相量形式表示的欧姆定律和基尔霍夫定律都与直流电路有着相似的表达形式。因此，在直流电路中由这两条定律推出的支路电流法、叠加定理、戴维南定理等都可以同样扩展到交流电路中。在扩展时，直流电路中的电动势E、电压U和电流I分别要用相量$\dot{E}$、$\dot{U}$、$\dot{I}$替换，电阻R要用复阻抗Z替换。

第三节　单一参数的交流电路

一、电阻元件的交流电路

白炽灯、电阻等元件接在交流电源上，都可以看成纯电阻交流电路。纯电阻交流电路是最简单的交流电路，由交流电源和纯电阻元件组成，如图 2-10 所示。

(一)伏安关系

在纯电阻电路中，设加在电阻R上的交流电压$u=U_m\sin\omega t$，通过这个电阻的电流瞬时

值为

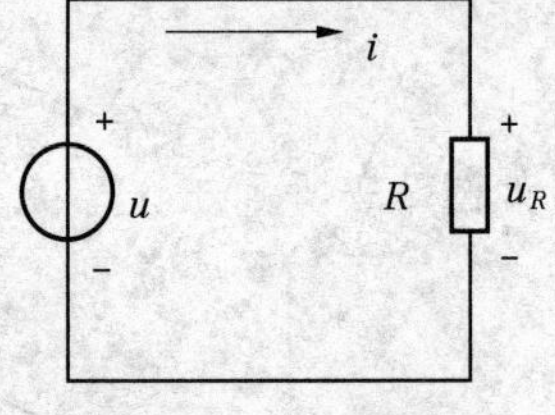

图 2-10　纯电阻电路

$$i_R = \frac{u_R}{R} = \frac{U_m}{R}\sin\omega t = I_{Rm}\sin\omega t \qquad (2\text{-}12)$$

式中

$$I_{Rm} = \frac{U_m}{R} \qquad (2\text{-}13)$$

如果用有效值的形式表示，则为

$$I_R = \frac{U_R}{R} \qquad (2\text{-}14)$$

式(2-14)是纯电阻电路的欧姆定律表达式。

(二)相量关系

由于 R 是定值，根据式(2-14)可以得到电压和电流的相量关系

$$\dot{U}_R = R\dot{I}_R \qquad (2\text{-}15)$$

其中大小关系为

$$U_R = RI_R \qquad (2\text{-}16)$$

相位关系为

$$\varphi_u = \varphi_i \qquad (2\text{-}17)$$

从以上表达式可知，当正弦交流电流通过电阻元件时，电阻上电压和电流的大小满足欧姆定律，电压和电流的方向相同，相量图如图 2-11 所示。

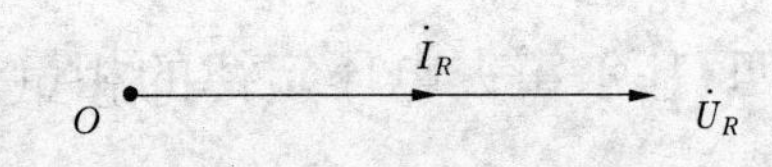

图 2-11　电阻上电压和电流的相量图

(三)功率

电阻 R 在正弦交流电路中消耗的平均功率称为功率，又称为有功功率，用 P_R 表示，即

$$P_R = U_RI_R = I_R^2R = \frac{U_R^2}{R} \qquad (2\text{-}18)$$

【例 2-4】　在纯电阻电路中，已知电阻为 88 Ω，交流电压 $u = 311\sin(314t + 30°)$ V，求通过电阻的电流，并写出电流的解析式。

解:电阻上电压的有效值为

$$U_R = \frac{U_m}{\sqrt{2}} = \frac{311}{\sqrt{2}}\text{ V} = 220\text{ V}$$

电流有效值为

$$I_R = \frac{U_R}{R} = \frac{220}{88} = 2.5\ (\text{A})$$

电流最大值为

$$I_{Rm} = \sqrt{2}I_R = \sqrt{2} \times 2.5 = 3.54\ (\text{A})$$

因为电阻上电压与电流同相位，故电流的解析式为

$$i_R = I_{Rm}\sin(\omega t + \varphi_i) = 3.54\sin(314t + 30°)\ \text{A}$$

二、电感元件的交流电路

上一章提到电感元件就是用导线绕制而成的线圈，当电流流过线圈时，在线圈中会产生

磁场。如图 2-12 所示，设电流 i 流过匝数为 N 的线圈，在每匝线圈内部产生的磁通为 Φ，它与 N 匝线圈全部交链，则磁通 Φ 与匝数 N 的乘积为

$$\Psi = N\Phi \tag{2-19}$$

Ψ 称为线圈的磁通链，它的单位与磁通一样为韦伯(Wb)。磁通链 Ψ 和电流 i 的方向应满足右手螺旋定则。定义磁通链 Ψ 与电流 i 的比值为线圈的自感系数，简称自感，用符号 L 表示，单位为亨利(H，简称亨)。如果线圈周围没有铁磁材料存在，则自感系数为一定值，称此电感为线性电感。当通过电感线圈的电流 i 发生变化时，线圈中的磁通链 Ψ 就会变化，由法拉第电磁感应定律可知，线圈中将产生自感电动势 e_L

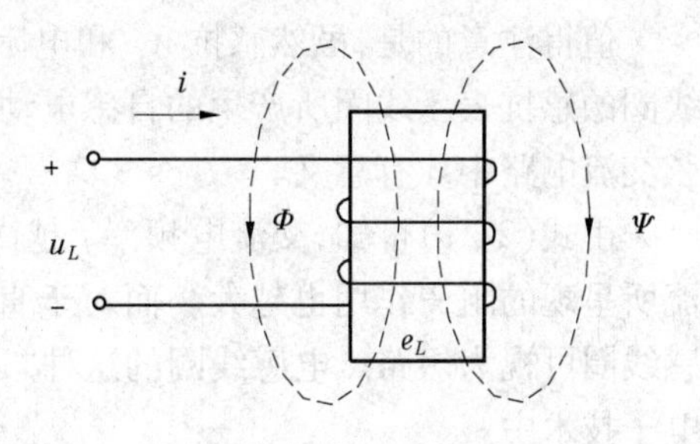

图 2-12　线圈中的电压、电流和自感电动势

$$e_L = -L\frac{\Delta i}{\Delta t} \tag{2-20}$$

式(2-20)中的负号表示自感电动势总是试图阻碍电流的变化。由交流电源与纯电感元件组成的电路，称为纯电感交流电路，纯电感电路是一个理想化的电路模型。实际的电感线圈都是用导线绕制而成的，总有一定的电阻。当其电阻很小，影响可以忽略不计时，可以近似看做纯电感元件，电路图如图 2-13 所示。

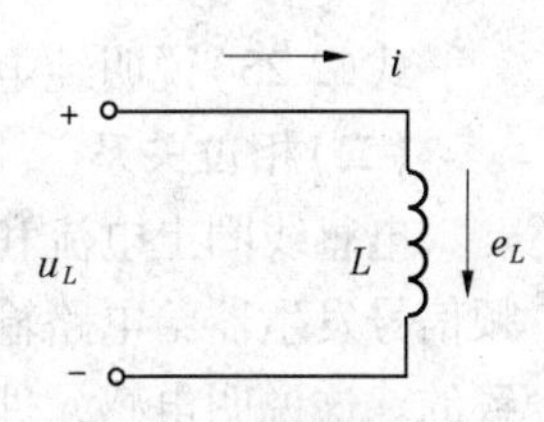

图 2-13　纯电感电路

(一) 伏安特性

我们先来观察下面的实验：电路如图2-14所示，当双刀双掷开关S分别接通直流电源和交流电源(直流电压和交流电压有效值相等)的时候，灯泡的亮度相同，说明电阻元件对直流电和交流电的阻碍作用是相同的。

如果用电感元件 L 代替图 2-14 中的电阻 R，如图 2-15 所示。重复上述实验，可以观察到：当接通直流电源时，灯泡的亮度较亮；接通交流电源时，灯泡明显变暗。这说明电感线圈对直流电和交流电的阻碍作用是不同的。对于直流电，起阻碍作用的只是电感元件的电阻，对于交流电，起阻碍作用的不仅是电感元件的电阻，电感也起阻碍作用。若改变交流电的频率而保持交流电压的大小不变，则可以观察到：频率越高，灯泡亮度越暗。这说明，交流电的频率越高，电感对交流电的阻碍作用越强。电感对交流电呈现阻碍作用的大小用感抗 X_L 来表示。理论和实验证明，感抗的大小与电源频率成正比，与线圈的电感成正比。感抗的公式为

$$X_L = 2\pi fL = \omega L \tag{2-21}$$

式中：f 为电源频率，Hz；L 为线圈的电感，H；X_L 为线圈的感抗，Ω。

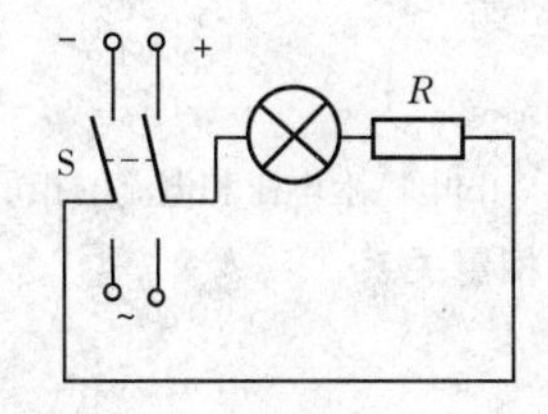

图 2-14　纯电阻电路实验

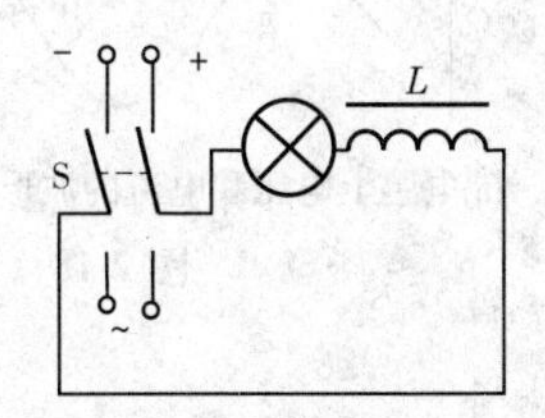

图 2-15　纯电感电路实验

值得注意的是，虽然感抗 X_L 和电阻都是对电流起阻碍作用，但二者有着本质的区别。线圈的感抗表示线圈所产生的自感电动势对通过线圈的交变电流的反抗作用，它只有在正弦交流电路中才有意义。

由式(2-21)可知，交流电频率 f 越高，线圈中产生的自感电动势就越大，对电路中的电流所呈现的阻碍作用也越大。而对于直流电，频率 $f=0$，则 $X_L=0$。因此，直流电路中的电感线圈可视为短路。电感线圈的这种"通直流，阻交流；通低频，阻高频"的性能广泛应用在电子技术中。

下面通过图 2-16 所示电路的实验，来研究纯电感电路中电流与电压间的数量关系。按图连接好电路，在保证正弦交流电电源频率不变的条件下，任意改变其电压值，从电流表和电压表的读数可知，电压和电流成正比，并满足下式

$$U_L = X_L I_L \tag{2-22}$$

式(2-22)是纯电感电路的欧姆定律。若将式(2-22)两边同乘以$\sqrt{2}$，得到

$$U_{Lm} = X_L I_{Lm} \tag{2-23}$$

式(2-23)说明纯电感电路中，电流和电压的最大值也遵从欧姆定律。

(二)相位关系

电感线圈上电流和电压的相位关系，可以用图 2-17 所示电路的实验来进行推断。用低频信号发生器给电路输入低频交流电，可以看到电流表和电压表两指针摆动的步调是不一致的。这说明电感元件两端的电压与其中的电流是不同相的。如果将线圈两端的电压和线圈中的电流输送给示波器，则在荧光屏上就可以看到电压和电流的波形。可以证明，在纯电感电路中，电压相位比电流相位超前$\frac{\pi}{2}$(或者说电流相位比电压相位滞后$\frac{\pi}{2}$)，它们的波形图和相量图分别如图 2-18(a)、(b)所示。

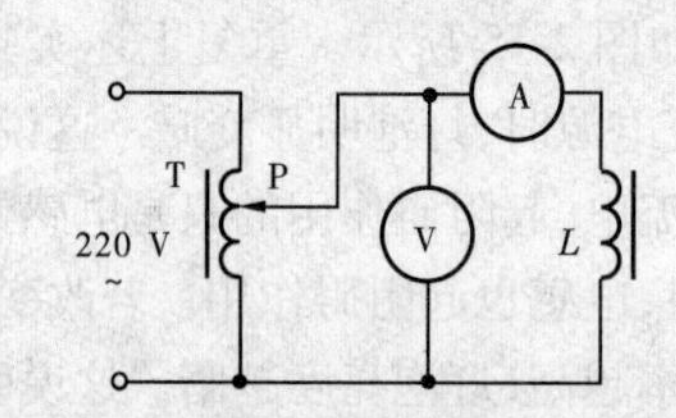

图 2-16　电感上电压和电流大小

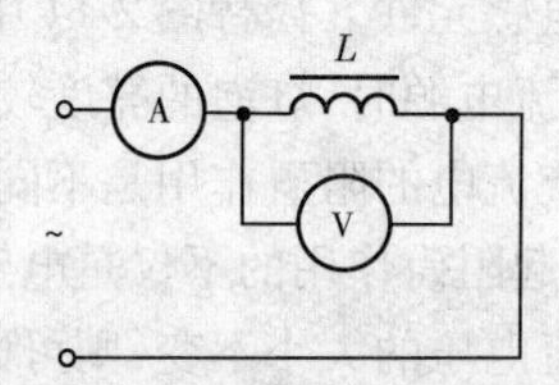

图 2-17　电感上电压和电流相位

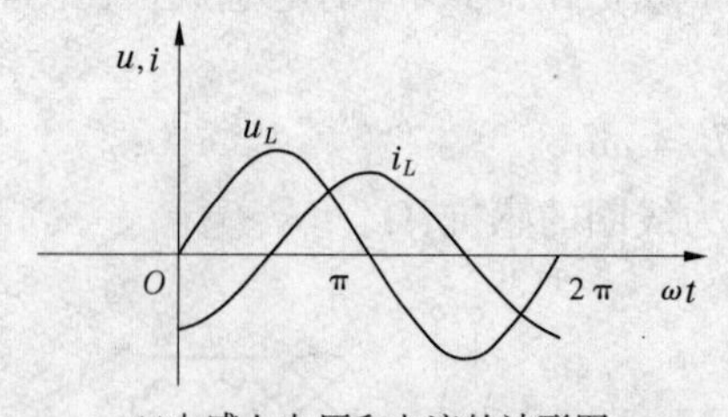

(a)电感上电压和电流的波形图

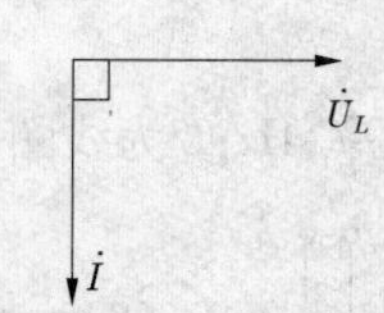

(b)电感上电压和电流的相量图

图 2-18　电感上电压和电流的相量关系

设
$$u_L = U_{Lm}\sin\omega t$$

则
$$i_L = I_{Lm}\sin(\omega t - \frac{\pi}{2}) = \frac{U_{Lm}}{X_L}\sin(\omega t - \frac{\pi}{2})$$

也可用相量表示电压与电流的关系

$$\dot{U}_L = X_L \dot{I}_L \angle 90° = jX_L \dot{I}_L \tag{2-24}$$

【例 2-5】 电感为 0.1 H 的线圈，接到频率为 50 Hz、电压有效值为 100 V 的正弦交流电源上，求感抗 X_L 和电流 I_L。若电压不变，频率提高到 100 Hz，则这时的 X_L 和 I_L 又为多少？

解： 当 $f=50$ Hz 时

$$X_L = 2\pi fL = 2 \times 3.14 \times 50 \times 0.1 = 31.4(\Omega)$$

$$I_L = \frac{U_L}{X_L} = \frac{100}{31.4} = 3.2(\text{A})$$

当 $f=100$ Hz 时

$$X_L = 2\pi fL = 2 \times 3.14 \times 100 \times 0.1 = 62.8(\Omega)$$

$$I_L = \frac{U_L}{X_L} = \frac{100}{62.8} = 1.6(\text{A})$$

可见，同样的电感，频率升高一倍，感抗就增加一倍，而电流减小到原来的$\frac{1}{2}$。

(三)纯电感电路的功率

纯电感电路中的瞬时功率等于电压瞬时值和电流瞬时值的乘积，即

$$p_L = u_L i_L \tag{2-25}$$

若设 $u_L = U_{Lm}\sin(\omega t + \frac{\pi}{2})$，则有

$$i_L = I_{Lm}\sin\omega t \tag{2-26}$$

将它们代入式(2-25)，经推导得

$$p_L = \frac{1}{2}U_{Lm}I_{Lm}\sin 2\omega t = U_L I_L \sin 2\omega t \tag{2-27}$$

可以看出，纯电感电路的瞬时功率是随时间按正弦周期性变化的，其频率是电源频率的 2 倍，振幅为 $U_L I_L$。

通过数学计算，可得电感元件在一个周期内的平均功率，即有功功率为

$$P_L = 0 \tag{2-28}$$

式(2-28)说明，在交流电的一个周期内，理想电感元件在电路中储存和释放的电能相等，不消耗电能，所以理想电感是储能元件，不是耗能元件。通常引用无功功率 Q_L 来衡量电感元件交换能量的能力，定义 Q_L 为电压和电流有效值的乘积，即

$$Q_L = U_L I_L = I_L^2 X_L = \frac{U_L^2}{X_L} \tag{2-29}$$

无功功率 Q_L 实质上是瞬时功率的最大值，单位为乏(var)。Q_L 又称感性无功功率。

电感 L 中有电流通过时会产生磁场，储存的磁场能量用 W_L 表示。理论和实践均可证明：电感元件在任一时刻储存的磁场能量为

$$W_L = \frac{1}{2}Li^2 \tag{2-30}$$

电感储存的最大能量为

$$W_{Lm} = \frac{1}{2}LI_{Lm}^2 \tag{2-31}$$

其单位为焦耳(J)。

通过以上的讨论,可以得出以下结论:

(1)在纯电感的交流电路中,电流和电压是同频率的正弦量。

(2)电压与电流的变化率成正比,电压相位超前电流相位$\frac{\pi}{2}$。

(3)电压、电流最大值和有效值之间都遵从欧姆定律,瞬时值不遵从欧姆定律,即

$$U_L = X_L I_L, U_{Lm} = X_L I_{Lm}, u_L \neq X_L i_L(\text{因电压和电流间有相位差})$$

(4)电感是储能元件,不消耗电能,有功功率为零,无功功率为$U_L I_L$。

【例 2-6】 将一个电阻可以忽略的线圈接到$u = 220\sqrt{2}\sin(100\pi t + \frac{\pi}{3})$ V 的电源上,线圈的电感是 0.35 H。求:(1)线圈的感抗;(2)电压的有效值;(3)电流的瞬时表达式;(4)电路的无功功率。

解: 由$u = 220\sqrt{2}\sin(100\pi t + \frac{\pi}{3})$ V 可得

$$U_m = 220\sqrt{2}\ \text{V},\ \omega = 100\pi\ \text{rad/s},\ \varphi_u = \frac{\pi}{3}$$

(1)线圈的感抗为

$$X_L = \omega L = 100 \times 3.14 \times 0.35 = 110(\Omega)$$

(2)电压的有效值为

$$U = \frac{U_m}{\sqrt{2}} = \frac{220\sqrt{2}}{\sqrt{2}} = 220(\text{V})$$

流过线圈的电流值为

$$I = \frac{U}{X_L} = \frac{220}{110} = 2(\text{A})$$

(3)纯电感电路中,电压相位超前电流相位$\frac{\pi}{2}$,即$\varphi_u - \varphi_i = \frac{\pi}{2}$,所以

$$\varphi_i = \varphi_u - \frac{\pi}{2} = \frac{\pi}{3} - \frac{\pi}{2} = -\frac{\pi}{6}$$

电流的最大值为　　$I_m = 2\sqrt{2}$ A

电流的瞬时表达式为　　$i = 2\sqrt{2}\sin(100\pi t - \frac{\pi}{6})$ A

(4)电路的无功功率为

$$Q_L = UI = 220 \times 2 = 440(\text{var})$$

三、电容元件的交流电路

上一章提到用绝缘介质隔开而相互邻近的两块导体组成的元件叫做电容器,如图 2-19 所示。电容器最基本的特性是能储存电荷,即当电容器两极板间加上电压后,极板上将充有电荷,且电荷量q与极板间电压u_C的比值,对于同一电容器为定值,称为电容器的电容量

(简称电容),用大写字母 C 表示,即

$$C = \frac{q}{u_C} \tag{2-32}$$

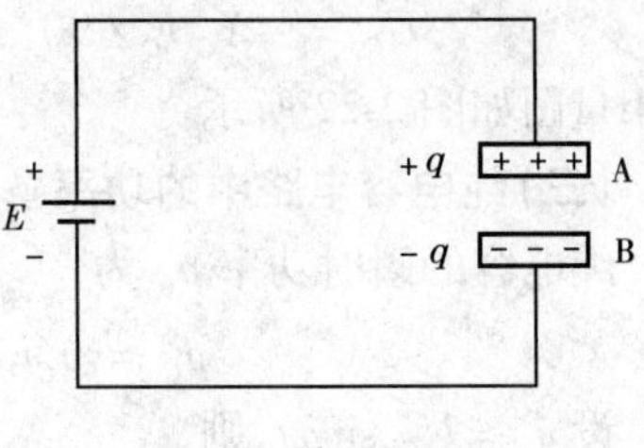

图 2-19　电容电路

若电容器两端的电压发生改变,则其连接线内将有电流流动,根据电流的定义,有

$$i = \frac{\Delta q}{\Delta t} = C\frac{\Delta u_C}{\Delta t} \tag{2-33}$$

式(2-33)表明,电容电路中电流与电容两端电压的变化率成正比。如果忽略电容的漏电电阻等,这种电容称为线性纯电容。

(一)电容上电压与电流的关系

由交流电源和纯电容元件组成的电路,称为纯电容交流电路,如图 2-20 所示。设电容两端的电压为

$$u_C = U_m \sin\omega t$$

由式(2-33)经数学运算可得

$$i = \omega C U_m \sin(\omega t + \frac{\pi}{2}) = I_m \sin(\omega t + \frac{\pi}{2}) \tag{2-34}$$

显然,电容上的电压和电流是同频率的正弦量,电流相位比电压相位超前$\frac{\pi}{2}$,其波形如图 2-21所示。它们的关系为(用有效值表示)

$$I_C = \omega C U_C = \frac{U_C}{X_C} \tag{2-35}$$

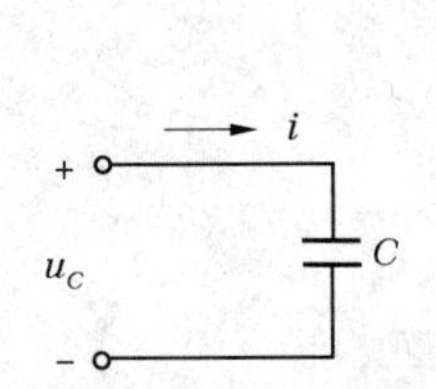

图 2-20　纯电容电路

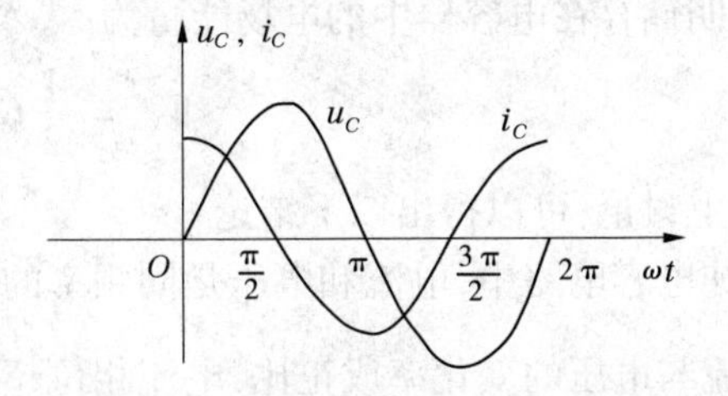

图 2-21　纯电容电路电压电流波形图

式(2-35)叫做纯电容电路的欧姆定律,其中

$$X_C = \frac{1}{\omega C} = \frac{1}{2\pi f C} \tag{2-36}$$

X_C 称为电容抗,简称容抗,具有和电阻相同的量纲,单位为 Ω。容抗是用来表示电容对交流电流阻碍作用的物理量。由式(2-36)可知,容抗的大小与电容和频率成反比,即同一电容在不同的频率下所呈现的阻碍作用不同:频率越高,容抗越小。而对于直流 $f=0$,$X_C \to \infty$,说明电容在直流电路中相当于断路。所以,电容器具有“通交流,隔直流;通高频,阻低频”的特点,在电子技术中被广泛使用。如放大器中的耦合电容就是利用了电容器的通交流隔直流的特点。

(二)相量关系

同样可用相量形式把电容上电压与电流的大小和相位关系用一个表达式表示,即

$$\dot{U}_C = -X_C\dot{I}_C\angle 90° = -\mathrm{j}X_C\dot{I}_C \tag{2-37}$$

其相量图如图 2-22 所示。

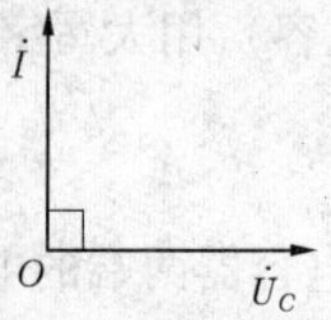

图 2-22 纯电容上电流和电压相量

(三)纯电容电路中的功率

纯电容的瞬时功率 p_C 为

$$p_C = u_C i_C \tag{2-38}$$

设 $u_C = U_{Cm}\sin\omega t$,则

$$p_C = U_{Cm}\sin\omega t I_{Cm}\sin(\omega t + \frac{\pi}{2}) = \frac{1}{2}U_{Cm}I_{Cm}\sin 2\omega t = U_C I_C \sin 2\omega t \tag{2-39}$$

显然 p_C 与纯电感瞬时功率 p_L 的表达式在形式上一样,其频率也是电压频率的 2 倍,振幅相同。

通过数学计算,可得电容元件在一个周期内的平均功率,即有功功率

$$p_C = 0 \tag{2-40}$$

式(2-40)说明,纯电容电路同纯电感电路相似,不消耗电能,但是电容器与电源之间进行着能量交换。为了表示电容器与外界交换的能量,把电容器电压和电流有效值的乘积叫做纯电容电路的无功功率,即

$$Q_C = U_C I_C \tag{2-41}$$

Q_C 为容性无功功率,单位是乏(var)。实质上 Q_C 是电容器上瞬时功率的最大值。电容性无功功率的公式还可写成

$$Q_C = \frac{U_C^2}{X_C} = X_C I_C^2 \tag{2-42}$$

可以证明储存在电容器中的电场能量为

$$W_C = \frac{1}{2}Cu_C^2 \tag{2-43}$$

通过以上讨论,可以得出以下结论:

(1)在纯电容电路中,电流和电压是同频率的正弦量。

(2)电流与电压的变化率成正比,电流相位超前电压相位$\frac{\pi}{2}$。

(3)电流、电压最大值和有效值之间都遵从欧姆定律,瞬时值不遵从欧姆定律,即

$$I_C = \frac{U_C}{X_C},\ I_{Cm} = \frac{U_{Cm}}{X_C},\ X_C \neq \frac{u_C}{i_C}$$

(4)电容是储能元件,它不消耗电功率,电路的有功功率为零。无功功率等于电压的有效值与电流的有效值之积。

【例 2-7】 电容器的电容 $C = 40\ \mu\mathrm{F}$,把它接到 $u = 220\sqrt{2}\sin(314t - \frac{\pi}{3})$ V 的电源上。试求:电容的容抗,电流的有效值,电流的瞬时表达式,电路的无功功率。

解: 由 $u = 220\sqrt{2}\sin(314t - \frac{\pi}{3})$ V 可得

$$U_m = 220\sqrt{2}\ \mathrm{V},\ \omega = 314\ \mathrm{rad/s},\ \varphi_u = -\frac{\pi}{3}$$

电容的容抗为

$$X_C = \frac{1}{\omega C} = \frac{1}{314 \times 40 \times 10^{-6}} = 80(\Omega)$$

电流的有效值为

$$I = \frac{U}{X_C} = \frac{220}{80} = 2.75(\mathrm{A})$$

在纯电容电路中,电流相位超前电压相位$\frac{\pi}{2}$,所以

$$\varphi_i = \varphi_u + \frac{\pi}{2} = -\frac{\pi}{3} + \frac{\pi}{2} = \frac{\pi}{6}$$

那么,电流的瞬时表达式为

$$i = 2.75\sqrt{2}\sin(314t + \frac{\pi}{6})\ \mathrm{A}$$

电容的容性无功功率为

$$Q_C = UI = 220 \times 2.75 = 605(\mathrm{var})$$

第四节　阻抗的串联与并联

一、阻抗的串联

(一)*RL* 串联电路

电阻和电感串联电路是交流电路中常见的电路。例如,日光灯的电路就是电阻和电感串联电路,它把镇流器(电感线圈)和灯管(电阻)串联起来,再连接到交流电源上。另外,如果一个实际线圈中电阻不能忽略,那么,此实际线圈就相当于由纯电阻与纯电感串联组成。

图 2-23 所示为 *RL* 串联电路,电压、电流参考方向如图所示。因为电阻和电感串联,所以流过它们的电流相等,设为

$$i = I_{\mathrm{m}}\sin\omega t \tag{2-44}$$

则电阻两端的电压为

$$u_R = RI_{\mathrm{m}}\sin\omega t \tag{2-45}$$

电感两端的电压为

$$u_L = X_L I_{\mathrm{m}}\sin(\omega t + \frac{\pi}{2}) \tag{2-46}$$

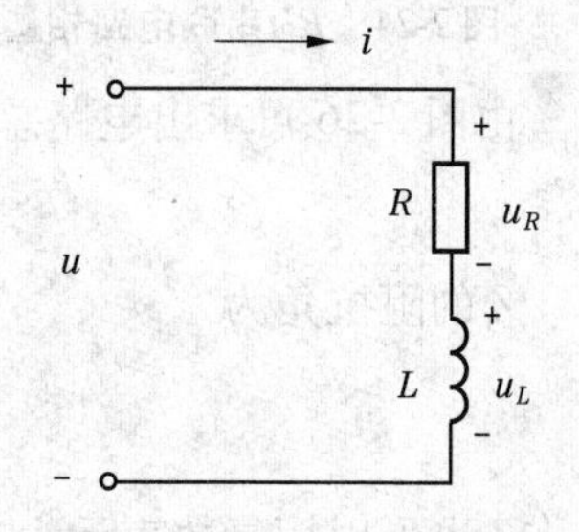

图 2-23　电阻和电感串联电路

RL 串联电路两端的总电压为

$$u = u_R + u_L \tag{2-47}$$

为了方便计算,可将式(2-47)转换为相量表达式,即

$$\dot{U} = \dot{U}_R + \dot{U}_L = R\dot{I} + X_L\dot{I}\angle 90° \tag{2-48}$$

图 2-24 所示为 *RL* 串联电路的相量图。由图 2-24 可知,相量$\dot{U}$、$\dot{U}_R$ 和$\dot{U}_L$ 构成直角三角形,称为电压三角形,如图 2-25 所示,从图中可求出电压的大小为

$$U = \sqrt{U_R^2 + U_L^2} \tag{2-49}$$

而 $U_R = RI$,$U_L = X_L I$,代入式(2-49)得

$$U = \sqrt{R^2 + X_L^2}I \tag{2-50}$$

整理后得

$$I = \frac{U}{\sqrt{R^2 + X_L^2}} = \frac{U}{|Z|} \tag{2-51}$$

式中:U 为 RL 串联电路总电压的有效值,V;I 为 RL 串联电路电流的有效值,A;$|Z|$为电路总阻抗的模,Ω。

在 RL 串联电路中,用阻抗 Z 来衡量电阻和电感对电流的阻碍作用,阻抗的大小取决于电路的参数 R、L 和电源频率 f。

总电压与电流的相位差为

$$\varphi = \arctan\frac{U_L}{U_R} \tag{2-52}$$

还可以得到 U_R 和 U_L之间的关系

$$U_R = U\cos\varphi,\ U_L = U\sin\varphi \tag{2-53}$$

由于串联电路的电流相等,故将图 2-25 所示电压三角形的三边同时除以电流 I,就得到电阻值 R、感抗 X_L 和阻抗 Z 组成的三角形,称为阻抗三角形,如图 2-26 所示。显然,阻抗三角形与电压三角形为相似三角形。

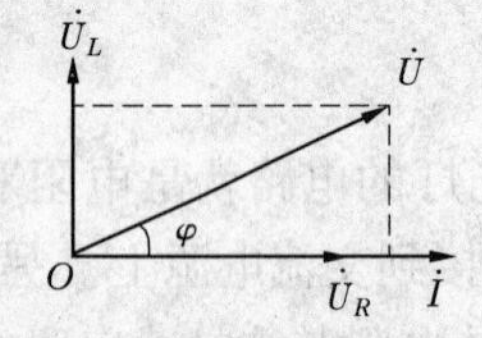

图 2-24　RL 串联电路相量图

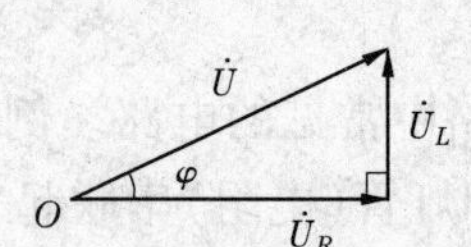

图 2-25　电压三角形

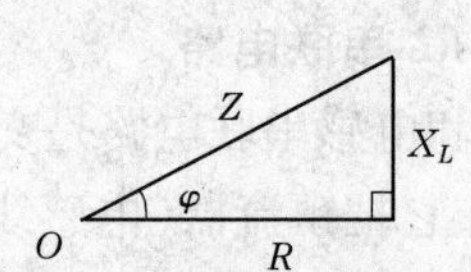

图 2-26　阻抗三角形

由图 2-26 可求出电路总阻抗 Z 的模为

$$|Z| = \sqrt{R^2 + X_L^2} \tag{2-54}$$

Z 的阻抗角为

$$\varphi = \arctan\frac{X_L}{R} \tag{2-55}$$

Z 也可以用复数表示为

$$Z = R + X_L\angle 90° = R + \mathrm{j}X_L \quad 或 \quad Z = |Z|\angle\varphi$$

所以 Z 称为复阻抗。

【例 2-8】　有一电阻 R 和一电感 L 串联接入交流电路,$R = 30\ \Omega$,$L = 0.127$ H,外接在 220 V 工频交流电源上,求电路中的电流。

解:设
$$\dot{U} = 220\angle 0°\ \mathrm{V}$$
$$X_L = 2\pi fL = 2 \times 3.14 \times 50 \times 0.127 = 40(\Omega)$$
$$Z = R + \mathrm{j}X_L = (30 + \mathrm{j}40)\ \Omega = 50\angle 53.1°(\Omega)$$
$$\dot{I} = \frac{\dot{U}}{Z} = \frac{220\angle 0°}{50\angle 53.1°} = 4.4\angle -53.1°(\mathrm{A})$$

则电路中的电流为4.4 A,其相位滞后电压相位53.1°。

(二)*RLC* 串联电路

1.*RLC* 串联电路的电压电流关系

如图2-27所示电路为*RLC*串联电路,图2-28所示为*RLC*串联电路电压电流相量图。根据KVL可列出

$$u = u_R + u_L + u_C$$

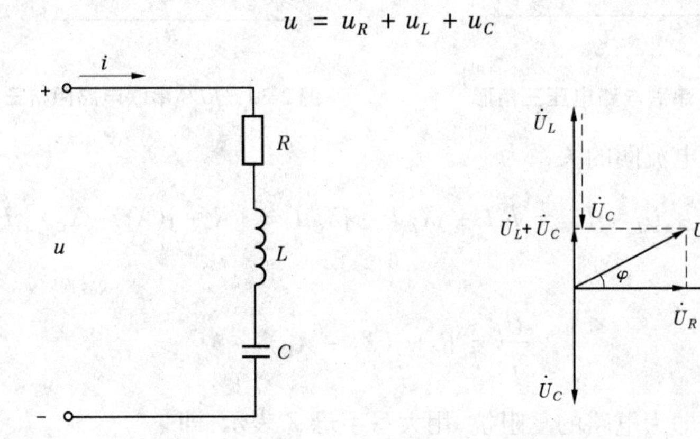

图2-27　*RLC* 串联电路　　　图2-28　*RLC* 串联电路电压电流相量图

设电路中的电流为

$$i = I_{\mathrm{m}}\sin\omega t$$

则电阻上的电压 u_R 与电流同相,即

$$u_R = RI_{\mathrm{m}}\sin\omega t = U_{R\mathrm{m}}\sin\omega t$$

电感上的电压 u_L 比电流超前90°,即

$$u_L = \omega LI_{\mathrm{m}}\sin(\omega t+90°) = U_{L\mathrm{m}}\sin(\omega t+90°)$$

电容上的电压 u_C 比电流滞后90°,即

$$u_C = \frac{I_{\mathrm{m}}}{\omega C}\sin(\omega t-90°) = U_{C\mathrm{m}}\sin(\omega t-90°)$$

电源电压为

$$u = u_R + u_L + u_C = U_{C\mathrm{m}}\sin(\omega t+\varphi)$$

由电压相量组成电压三角形如图2-29所示。利用此电压三角形可求出电源电压的有效值

$$U=\sqrt{U_R^2+(U_L-U_C)^2}=\sqrt{(RI)^2+(X_LI-X_CI)^2}=I\sqrt{R^2+(X_L-X_C)^2} \tag{2-56}$$

2.*RLC* 串联电路的阻抗

电路总电压与总电流有效值之比为电路总阻抗的模,即

$$|Z| = \sqrt{R^2+(X_L-X_C)^2} = \sqrt{R^2+(\omega L-\frac{1}{\omega C})^2} \tag{2-57}$$

$|Z|$、R、(X_L-X_C) 三者之间的关系可用阻抗三角形来表示,如图2-30所示。

电源电压 u 与电流 i 之间的相位差也可从电压三角形得出

$$\varphi = \arctan\frac{U_L-U_C}{U_R} = \arctan\frac{X_L-X_C}{R} \tag{2-58}$$

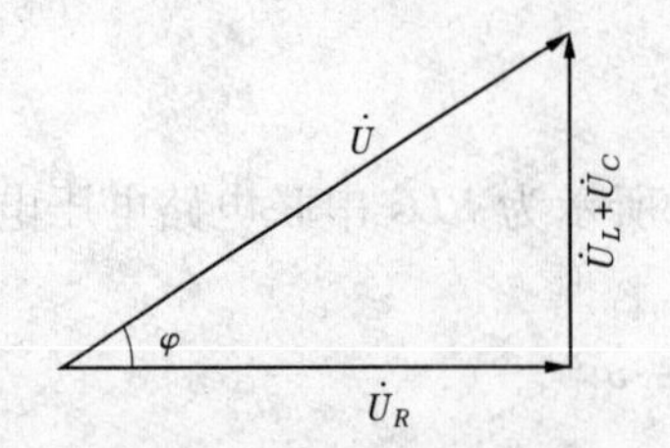

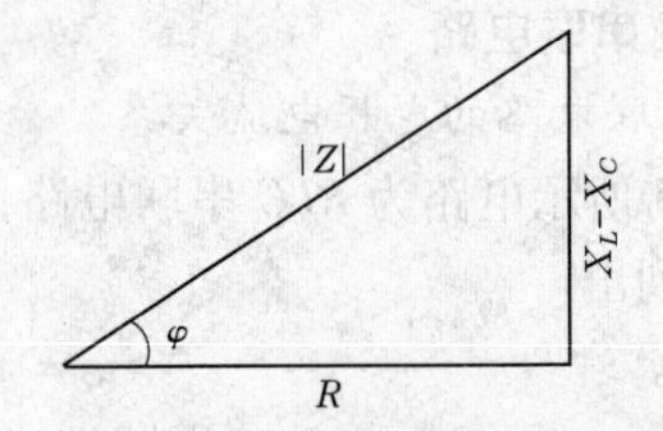

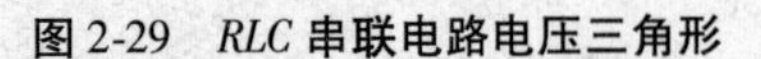

图 2-29 *RLC* 串联电路电压三角形　　　图 2-30 *RLC* 串联电路阻抗三角形

用相量表示电压电流间的关系为

$$\dot{U} = \dot{U}_R + \dot{U}_L + \dot{U}_C = R\dot{I} + jX_L\dot{I} - jX_C\dot{I} = [R + j(X_L - X_C)]\dot{I}$$

上式可变为

$$\frac{\dot{U}}{\dot{I}} = R + j(X_L - X_C) \tag{2-59}$$

式(2-59)表示的即为电路的复阻抗,用大写字母 Z 表示,即

$$Z = R + j(X_L - X_C) = \sqrt{R^2 + (X_L - X_C)^2}\angle\arctan\frac{X_L - X_C}{R} = |Z|\angle\varphi \tag{2-60}$$

复阻抗 Z 的实部为电路的电阻,虚部 $X = X_L - X_C$ 叫做电路的电抗,单位为 Ω。当 $X_L > X_C$ 时,X 为正,电路呈感性,为感性负载;当 $X_L < X_C$ 时,X 为负,电路呈容性,为容性负载。

阻抗的辐角即为电压与电流间的相位差。对于感性负载,电压超前电流一个角度,φ 为正;对于容性负载,电压滞后电流一个角度,φ 为负。

二、阻抗的并联

(一)*RLC* 并联电路电压电流的关系

由电阻、电感和电容相并联构成的电路叫 *RLC* 并联电路,如图 2-31 所示。

设电路中电压 $u = U_m\sin\omega t$,则根据 *RLC* 的基本特性可得各元件中的电流

$$i_R = \frac{U_m}{R}\sin\omega t \tag{2-61}$$

$$i_L = \frac{U_m}{X_L}\sin(\omega t - \frac{\pi}{2}) \tag{2-62}$$

$$i_C = \frac{U_m}{X_C}\sin(\omega t + \frac{\pi}{2}) \tag{2-63}$$

根据基尔霍夫电流定律(KCL),在任一时刻总电流 i 的瞬时值为

$$i = i_R + i_L + i_C \tag{2-64}$$

作出电流相量图,如图 2-32 所示,并得到各电流之间的大小关系。

从相量图中可看出各电流有效值间的关系为

$$I = \sqrt{I_R^2 + (I_C - I_L)^2} = \sqrt{I_R^2 + (I_L - I_C)^2} \tag{2-65}$$

式(2-65)称为电流三角形关系式。

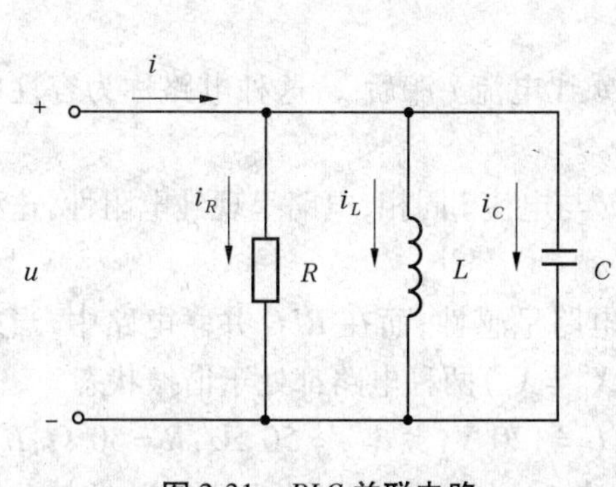

图 2-31 *RLC* 并联电路

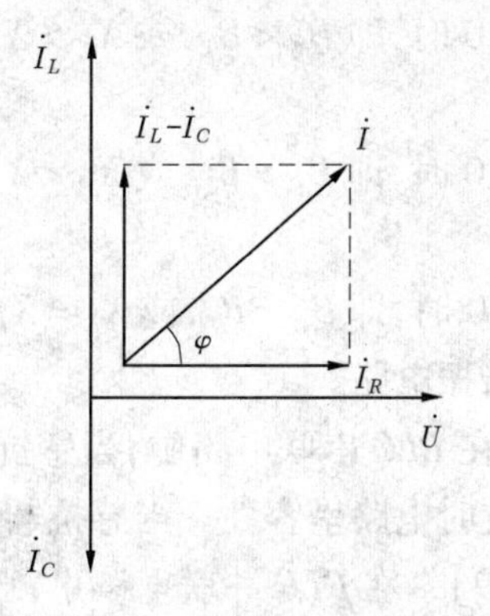

图 2-32 *RLC* 并联电路电流相量图

(二)*RLC* 并联电路的导纳

由于 *RLC* 并联交流电路各支路电流不相等,所以不能用阻抗三角形讨论阻抗,此时,可用导纳三角形讨论导纳。

根据欧姆定律,有

$$I_L = \frac{U}{X_L} = B_L U \tag{2-66}$$

$$I_C = \frac{U}{X_C} = B_C U \tag{2-67}$$

$$I_R = \frac{U}{R} = GU \tag{2-68}$$

其中,$B_L = \frac{1}{X_L}$叫做感纳,$B_C = \frac{1}{X_C}$叫做容纳,单位均为西门子(S)。于是

$$I = \sqrt{I_R^2 + (I_C - I_L)^2} = U\sqrt{G^2 + (B_C - B_L)^2} \tag{2-69}$$

令$|Y| = \frac{I}{U}$,则$|Y| = \sqrt{G^2 + (B_C - B_L)^2} = \sqrt{G^2 + B^2}$,该式称为导纳三角形关系式,其中$|Y|$叫做 *RLC* 并联电路的导纳,$B = B_C - B_L$叫做电纳,单位均是 S。导纳三角形的关系如图 2-33 所示。

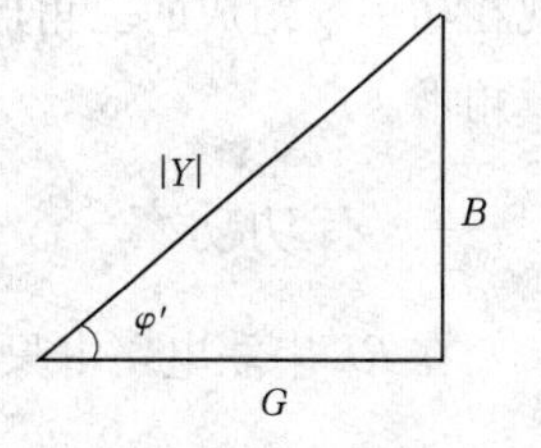

图 2-33 导纳三角形

电路的等效阻抗为

$$|Z| = \frac{U}{I} = \frac{1}{|Y|} = \frac{1}{\sqrt{G^2 + B^2}} \tag{2-70}$$

由相量图可以看出总电流 i 与电压 u 的相位差为

$$\varphi' = \arctan\frac{I_C - I_L}{I_R} = \arctan\frac{B_C - B_L}{G} = \arctan\frac{B}{G} \tag{2-71}$$

式(2-71)中 φ'叫做导纳角。

由于阻抗角 φ 是电压与电流的相位差,因此 $\varphi = -\varphi' = -\arctan\frac{B}{G}$ 。

RLC 并联电路的性质同样是根据电压与电流的相位差(即阻抗角 φ)为正、为负、为零三

种情况，将电路分为三种性质：

当 $B<0$ 时，即 $B_C<B_L$，或 $X_C>X_L$，$\varphi>0$，电压 u 比电流 i 超前 φ，这种电路称为感性电路；

当 $B>0$ 时，即 $B_C>B_L$，或 $X_C<X_L$，$\varphi<0$，电压 u 比电流 i 滞后 φ，这种电路称为容性电路；

当 $B=0$ 时，即 $B_C=B_L$，或 $X_C=X_L$，$\varphi=0$，电压 u 与电流 i 同相，电路呈现纯电阻性，这种电路称为谐振电路。

注意：在 RLC 串联电路中，当感抗大于容抗时电路呈感性；而在 RLC 并联电路中，当感抗大于容抗时电路呈容性。当感抗与容抗相等时（$X_C=X_L$）两种电路都处于谐振状态。

【例 2-9】 在 RLC 并联电路中，已知电源电压 $U=120$ V，频率 $f=50$ Hz，$R=50\ \Omega$，$L=0.19$ H，$C=80\ \mu$F。试求：(1) 各支路电流 I_R、I_L、I_C；(2) 总电流 I，并说明该电路成何种性质；(3) 等效阻抗 $|Z|$。

解：(1) $\omega=2\pi f=314$ rad/s，$X_L=\omega L=60\ \Omega$，$X_C=\dfrac{1}{\omega C}=40\ \Omega$，则

$$I_R=\frac{U}{R}=\frac{120}{50}=2.4(\text{A}),\ I_L=\frac{U}{X_L}=2\ \text{A},\ I_C=\frac{U}{X_C}=3\ \text{A}$$

(2) $I=\sqrt{I_R^2+(I_C-I_L)^2}=2.6$ A；因 $X_L>X_C$，则电路呈容性。

(3) $|Z|=\dfrac{U}{I}=\dfrac{120}{2.6}=46(\Omega)$。

第五节　正弦交流电路的功率

本节以 RL 串联电路的功率为例讲解有功功率、无功功率和视在功率。

把图 2-25 所示的电压三角形三边同乘以电流 I 就可得到由有功功率 P、无功功率 Q_L 和视在功率 S 组成的三角形，称为功率三角形，如图 2-34 所示。显然它与电压三角形是相似三角形。

一、有功功率

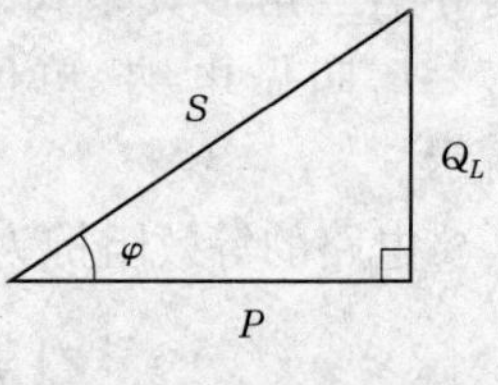

在 RL 串联电路中只有电阻消耗能量，其有功功率 P 为

$$P=P_R=U_RI=\frac{U_R^2}{R}=I^2R \tag{2-72}$$

又有
$$U_R=U\cos\varphi \tag{2-73}$$

则
$$P=UI\cos\varphi \tag{2-74}$$

图 2-34　功率三角形

式(2-74)表明，RL 串联电路中，有功功率的大小除与电压、电流的大小有关外，还与电压和电流相位差的余弦 $\cos\varphi$ 有关。

二、无功功率

RL 串联电路中既然有电感，就要与电源进行能量交换，即有无功功率 Q_L

$$Q_L = U_L I = \frac{U_L^2}{X_L} = I^2 X_L \tag{2-75}$$

又有

$$U_L = U\sin\varphi \tag{2-76}$$

则

$$Q_L = UI\sin\varphi \tag{2-77}$$

式(2-77)表明,RL 串联电路中,无功功率与总电压、电流和 $\sin\varphi$ 有关。

三、视在功率

把总电压与电流的乘积称为视在功率,记为 S,即

$$S = UI \tag{2-78}$$

视在功率表示电源提供总功率的能力,交流电源和变压器的容量常用视在功率表示。为与有功功率和无功功率相区别,视在功率的单位为伏·安(V·A),由功率三角形可得

$$S = \sqrt{P^2 + Q_L^2} \tag{2-79}$$

$$\varphi = \arctan\frac{Q_L}{P} \tag{2-80}$$

φ 又称为功率因数角,$\cos\varphi$ 是功率因数。

第六节　功率因数的提高

把有功功率与视在功率的比值定义为功率因数,用 λ 表示

$$\lambda = \frac{P}{S} = \cos\varphi \tag{2-81}$$

一、提高功率因数的意义

在工农业生产中,大量的用电负载是感性负载,感性负载的存在使功率因数降低,无功功率增加,使发电和输、配电设备的能力不能充分利用,为此必须提高功率因数。

提高功率因数的优点如下:

(1)提高电力系统供电能力。

在发电和输、配电设备的安装容量一定时,提高用户的功率因数,相应减少无功功率的供给,则在同样设备条件下,电力系统输出的有功功率可以增加,增大了电力系统的供电能力。

(2)降低输电线路中的功率损耗。

当线路额定电压和输送的有功功率均保持恒定时,功率因数降低,无功功率增大,视在功率增大。线路电流增大,线路损耗增大。

(3)减少电能传输过程中的电压损失,提高供电质量。

用户功率因数提高,可使网路中的电能损失减少,因此网路中的电压损失减少,网路末端用电设备的电压质量得到提高。

(4)降低发电成本。

由于从发电厂发出的电能有一定的总成本,提高功率因数可减少网路和变压器中的电能损耗,在发电设备容量不变的情况下,供给用户的电能就相应的增多了,每度电的总成本

就会降低。

综上所述,提高用户的功率因数对充分利用现有的输电、配电及电源设备,保证供电质量,减少电能损耗,降低发电成本,提高经济效益具有很大意义。所以,我国电力部门实行电力奖惩制度,对于功率因数高于 0.9 的给予奖励,对于功率因数低于 0.9 的进行处罚。

二、提高功率因数的方法

(一)正确选择电气设备

(1)选气隙小、磁阻 R_{μ} 小的电气设备。如选电动机时,若没有调速和启动条件的限制,则应尽量选择鼠笼式电动机。

(2)同容量下选择磁路体积小的电气设备。如高速开启式电机,在同容量下,体积小于低速封闭式和隔爆型电机。

(3)电机、变压器的容量选择要合适,尽量避免欠负载运行。因欠负载时 P 和 I 减小,虽然 $Q_2 = I_2 X_2$ 也减小,但总的来说,由于 P 的减小,$\frac{Q}{P} = \frac{Q_1 + Q_2}{P}$ 仍然是增加的,从而使功率因数减小。

(4)不需要调速、持续运行的大容量电机,如主要通风机等,有条件时可选择同步电机,使其过激磁运行,提供超前无功功率进行补偿,使电网总的无功功率减小。

(二)电气设备运行合理

(1)消除严重欠载运行的电机和变压器。对于负荷小于额定功率的 40% 的感应电动机,在能满足启动、工作稳定性等要求的条件下,应以小容量电机更换或将原为三角形接法的绕组改为星形连接,降低激磁电压。对于变压器,当其平均负荷小于额定容量的 30% 时,应更换变压器或调整负荷。

(2)合理调度安排生产工艺流程,限制电气设备空载运行。

(3)提高维护检修质量,保证电动机的电磁特性符合标准。

(4)进行技术改造,降低总的无功消耗。如改造电磁开关使之无压运行,即电磁开关吸合后,电磁铁合闸电源切除仍能维持开关合闸状态,减少运行中无功消耗;绕线式感应电动机同步化,使之提高超前无功功率等。

(三)人工补偿无功功率

企业为了使功率因数达到规定值以上,一般都采用并联电容器的方法进行人工补偿。电力电容器具有投资省、有功功率损失小、运行维护方便、故障范围小等优点。

电容器的缺点是当通风不良或因电网高次谐波造成电容器过负荷使运行温度过高时,易出现外壳鼓肚、漏油,甚至爆炸和引起火灾。因此,规定电容器组应独立设室。

若补偿前功率因数为 $\cos\varphi_1$,补偿后提高到 $\cos\varphi_2$,则补偿所用的电力电容器的无功功率和电容值的计算公式为

$$Q_C = P(\tan\varphi_1 - \tan\varphi_2)$$

$$C = \frac{Q_C}{\omega U^2} = \frac{P}{\omega U^2}(\tan\varphi_1 - \tan\varphi_2) \tag{2-82}$$

【例 2-10】 把一电阻和一电感串联后,接到 $u = 380\sqrt{2}\sin 314t$ V 的交流电源上,其中 $X_L = 15\ \Omega$,$R = 20\ \Omega$,求有功功率 P、无功功率 Q_L 及功率因数 λ。

解:

$$|Z| = \sqrt{R^2 + X_L^2} = \sqrt{20^2 + 15^2} = 25(\Omega)$$

因 $U = 380$ V,故

$$I = \frac{U}{|Z|} = \frac{380}{25} = 15.2(\text{A})$$

由功率的定义可得

$$P = I^2R = 15.2^2 \times 20 = 4\ 620.8(\text{W})$$

$$Q_L = I^2X_L = 15.2^2 \times 15 = 3\ 465.6(\text{var})$$

$$S = UI = 380 \times 15.2 = 5\ 776(\text{V} \cdot \text{A})$$

$$\lambda = \cos\varphi = \frac{P}{S} = \frac{4\ 620.8}{5\ 776} = 0.8$$

【例 2-11】 将一个有功功率为 5 kW、功率因数为 0.5 的感性负载接在电压为 220 V 的工频交流电源上。要想提高功率因数,可通过并联电容器的方式实现。如果想将功率因数提高到 0.9,求需并联电容器的容量及并联前后线路上的电流大小。

解:如图 2-35 所示,因有

$$\cos\varphi_1 = 0.5,\quad \cos\varphi_2 = 0.9$$

故

$$\tan\varphi_1 = 1.73,\quad \tan\varphi_2 = 0.48$$

电容并联前后

$$P = UI_1\cos\varphi_1 = UI_2\cos\varphi_2$$

则

$$I_1 = \frac{P}{U\cos\varphi_1} = \frac{5\ 000}{220 \times 0.5} = 45.5(\text{A})$$

$$I_2 = \frac{P}{U\cos\varphi_2} = \frac{5\ 000}{220 \times 0.9} = 25.3(\text{A})$$

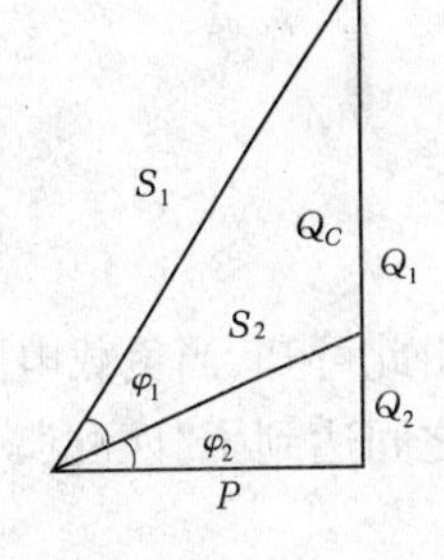

图 2-35 例 2-11 图

即电容并联前线路电流为 45.5 A,并联后线路电流为 25.3 A,电容并联前后

$$Q_1 = P\tan\varphi_1,\ Q_2 = P\tan\varphi_2$$

$$Q_C = Q_1 - Q_2 = P(\tan\varphi_1 - \tan\varphi_2)$$

又因

$$Q_C = \frac{U^2}{X_C} = \omega CU^2$$

所以

$$C = \frac{P}{\omega U^2}(\tan\varphi_1 - \tan\varphi_2) = \frac{5\ 000}{3.14 \times 220^2} \times (1.73 - 0.48) = 0.04(\text{F})$$

即需并联的电容器的容量为 0.04 F。

第七节 负载获得最大功率的条件

电源工作时所产生的功率,其中一部分为电源内阻所消耗,另一部分输出给负载。在自动控制和电工技术中,常常希望负载获得的功率最大。下面根据图 2-36 来讨论负载从电源获得最大功率的条件。

流过负载电阻 R 的电流为

$$I = \frac{U_s}{R_0 + R} \tag{2-83}$$

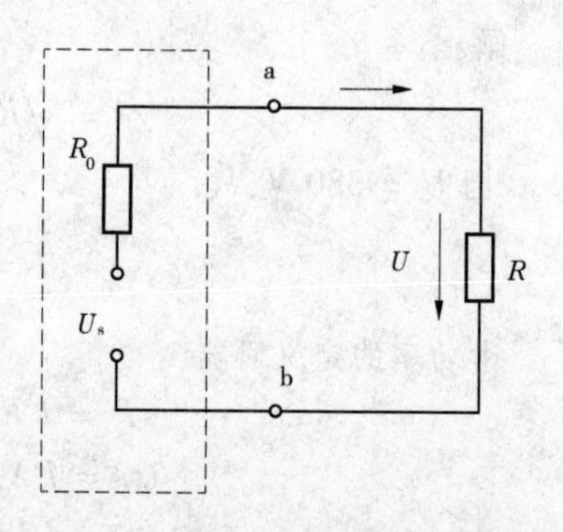

图 2-36　电源最大输出功率示意图

负载 R 所获得的功率为

$$P = I^2 R = \left(\frac{U_s}{R_0 + R}\right)^2 R \tag{2-84}$$

分析式(2-84)可以看出,对于一定的电源,当其内阻不变时,负载得到的功率 P 是负载电阻 R 的函数,即负载电阻 R 不同,它所获得的功率也不同,欲使负载获得最大功率,则必须满足下列条件

$$\frac{\mathrm{d}P}{\mathrm{d}R} = 0$$

则

$$\begin{aligned}\frac{\mathrm{d}P}{\mathrm{d}R} &= \frac{\mathrm{d}}{\mathrm{d}R}\left[\frac{U_s^2 R}{(R_0 + R)^2}\right] \\ &= U_s^2 \frac{(R + R_0)^2 - 2R(R + R_0)}{(R + R_0)^4} \\ &= 0\end{aligned}$$

解得

$$(R + R_0) - 2R = 0$$
$$R = R_0$$

由此可知,当负载电阻等于电源内阻时,负载可从电源获得最大的功率,这时称负载和电源之间达到了"匹配"。负载获得的最大功率为

$$P_{\max} = \frac{U_s^2}{4R_0^2} R_0 = \frac{U_s^2}{4R_0} \tag{2-85}$$

图 2-37 所示为负载功率 P 与负载电阻 R 之间的关系曲线。值得注意的是,负载获得最大功率时,电路的效率却较低。效率表示为

$$\eta = \frac{负载功率}{电源总功率} = \frac{RI^2}{(R + R_0)I^2} = \frac{R}{R + R_0} \tag{2-86}$$

由于 $R = R_0$,所以

$$\eta = \frac{R}{R + R_0} = 50\%$$

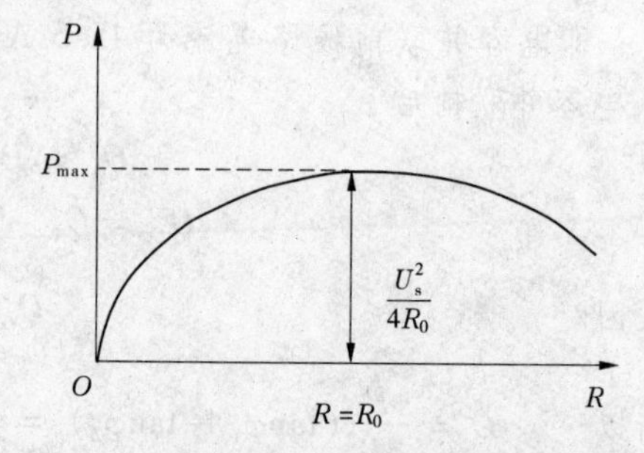

图 2-37　负载功率与负载电阻之间的关系

即负载电阻获得最大功率时,电源产生功率的一半要消化在电源内阻上。可见,负载的功率与效率是互相制约的,若要求负载获得功率最大,势必效率很低。对于传输强大功率的电力系统,主要考虑的是节约电能,减少损耗,所以不可以在最大传输功率条件下运行。否则,将有一半电能损失在传输线路和电源内阻上,这一损耗是相当可观的。然而,在自动控制系统和电子线路中,由于传输功率小,效率的高与低已属次要问题,而负载所获得的功率的大小又直接反映灵敏度等重要性能,所以希望负载获得尽可能大的功率,因此在这些电路中经常工作于"匹配"条件下。

本章小结

1. 正弦交流电的基本概念

(1)正弦量三要素:最大值(幅值)、频率(或周期、角频率)和初相位。

(2)要理解有效值、相位、相位差等概念及有效值与最大值的关系。

2. 相量和正弦量是一一对应关系,能够用相量分析计算正弦交流电路。

3. 正弦交流电路中电压与电流的关系

(1)电阻元件:$\dot{U}=R\dot{I}$。

(2)电感元件:$\dot{U}=\mathrm{j}X_L\dot{I}=\mathrm{j}\omega L\dot{I}$。

(3)电容元件:$\dot{U}=-\mathrm{j}X_C\dot{I}=-\mathrm{j}\dfrac{1}{\omega C}\dot{I}$。

(4)RLC 串联电路:$\dot{U}=Z\dot{I}$。

4. 正弦交流电路的功率计算

(1)电阻元件:有功功率 $P_R=U_RI_R=I_R^2R=\dfrac{U_R^2}{R}$。

(2)电感元件:有功功率为零,无功功率 $Q_L=U_LI_L=I_L^2X_L=\dfrac{U_L^2}{X_L}$。

(3)电容元件:有功功率为零,无功功率 $Q_C=U_CI_C=\dfrac{U_C^2}{X_C}=X_CI^2$。

(4)二端网络:有功功率 $P=UI\cos\varphi$,无功功率 $Q=UI\sin\varphi$,视在功率 $S=UI$,$S=\sqrt{P^2+Q^2}$,功率因数为 $\cos\varphi$,并联适当的电容可以提高感性负载的功率因数。

(5)在工农业生产中,负载多是感性负载,感性负载的存在使功率因数降低,无功功率增加,使发电和输、配电设备的能力不能充分利用,为此必须提高功率因数。电容器的无功功率和电容值的计算公式为

$$Q_C=P(\tan\varphi_1-\tan\varphi_2),\ C=\frac{Q_C}{\omega U^2}=\frac{P}{\omega U^2}(\tan\varphi_1-\tan\varphi_2)$$

5. 负载获得最大功率的条件

负载电阻等于电源内阻时,负载可从电源获得最大的功率,这时称负载和电源之间达到了"匹配"。负载获得的最大功率为 $P_{\max}=\dfrac{U_s^2}{4R_0^2}R_0=\dfrac{U_s^2}{4R_0}$。

习　题

2-1　某正弦电压 $u=220\sqrt{2}\sin(628t+30°)$ V,试指出它的最大值、有效值、频率、周期、初相位,并画出它的波形图。

2-2　某正弦电流的频率为 50 Hz,有效值为 $10\sqrt{2}$ A,在 $t=0$ 时的瞬时值为 10 A,试写出电流的瞬时值表达式。

2-3　已知 $u_1=30\sqrt{2}\sin\omega t$ V，$u_2=40\sqrt{2}\sin(\omega t-90°)$ V，试求 $u=u_1+u_2$。

2-4　已知 $u_1=30\sqrt{2}\sin(314t+30°)$ V，$u_2=20\sqrt{2}\sin(314t-90°)$ V，$u_3=20\sqrt{2}\sin314t$ V，试比较它们的相位关系，并说明计时起点变化时初相位及相位差是否变化。

2-5　试将下列各有效值相量用对应的瞬时值表达式来表达（频率为 50 Hz），并画出相量图。$\dot{I}_1=5\angle60°$ A，$\dot{I}_2=\mathrm{j}10$ A，$\dot{U}_1=30\angle30°$ V，$\dot{U}_2=(30+\mathrm{j}40)$ V。

2-6　已知正弦量 $u_1=100\sqrt{2}\sin(314t+30°)$ V，$u_2=200\sqrt{2}\sin314t$ V，计算 $\dot{U}=\dot{U}_1+\dot{U}_2$，并画出相量图。

2-7　一个 $R=200\ \Omega$ 的电阻接到最大值为 311 V 的交流电源上，求流过该电阻的电流及电阻两端的电压。

2-8　某线圈的电感为 0.2 H（电阻可忽略），接于 220 V 的工频电源上，试求：

(1) 写出电流的瞬时值表达式（以电压为参考值）；

(2) 画出电压与电流的相量图。

2-9　在 RL 串联电路中，已知 $\dot{U}_R=60\angle60°$ V，$\dot{U}_L=80\angle150°$ V，求总电压相量 $\dot{U}$。

2-10　如图 2-38 所示电路，已知灯管电阻 $R_1=200\ \Omega$，镇流器电阻 $R_2=20\ \Omega$，$L=1.45$ H，日光灯管和镇流器串联接到电压 $U=220$ V、$f=50$ Hz 的正弦交流电源上时，求电路中的电流 $\dot{I}$、灯管电压 $\dot{U}_1$ 和镇流器电压 $\dot{U}_2$。

2-11　如图 2-39 所示电路，已知 $R=30\ \Omega$，$X_L=40\ \Omega$，V_2 的读数为 10 V，求电压表 V_1 和 V 的读数。

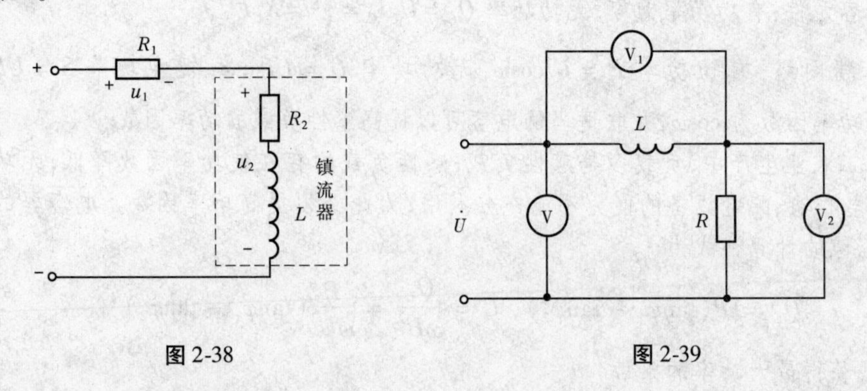

图 2-38　　　　图 2-39

2-12　在 RC 串联电路中，已知 $R=10\ \Omega$，$C=2.5\ \mu$F，电源电压为 $u=20\sqrt{2}\sin(314t+60°)$ V，试求：

(1) 电路的复阻抗；

(2) 电路中电流的瞬时值表达式；

(3) 电阻及电容两端电压的瞬时值表达式；

(4) 电路的有功功率和无功功率；

(5) 画出相量图。

2-13　将 $R=8\ \Omega$、$X_L=4\ \Omega$ 的线圈与 $X_C=10\ \Omega$ 的电容串联接在 220 V 的工频交流电源上，试求：

(1) 电路中的电流；

(2)电路的有功功率 P、无功功率 Q、视在功率 S 及功率因数 $\cos\varphi$；

(3)判断电路的性质。

2-14　在 RLC 串联电路中，已知 $R=20\ \Omega$，$L=0.01\ \text{H}$，$C=100\ \mu\text{F}$，电源电压 $u=200\sqrt{2}\cdot\sin314t\ \text{V}$，试计算电流 $\dot{I}$ 和电压 $\dot{U}_R$、$\dot{U}_L$、$\dot{U}_C$，并画出相量图。

2-15　求图 2-40 中电压表和电流表的读数。

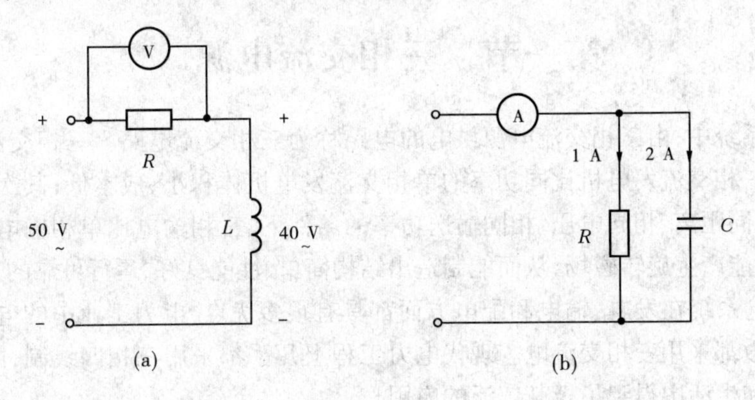

图 2-40

2-16　如图 2-41 所示，已知 $R_1=R_2=30\ \Omega$，$X_L=40\ \Omega$，$X_C=80\ \Omega$，$\dot{U}=220\angle30°\ \text{V}$，求电流相量 $\dot{I}$。

2-17　一个感性负载，接于 220 V、50 Hz 的交流电源上，已知 $P=1.2\ \text{kW}$，$I=10\ \text{A}$。试求：

(1)电路的功率因数；

(2)如将功率因数提高到 0.9，求并联的电容 C 值及线路上的电流。

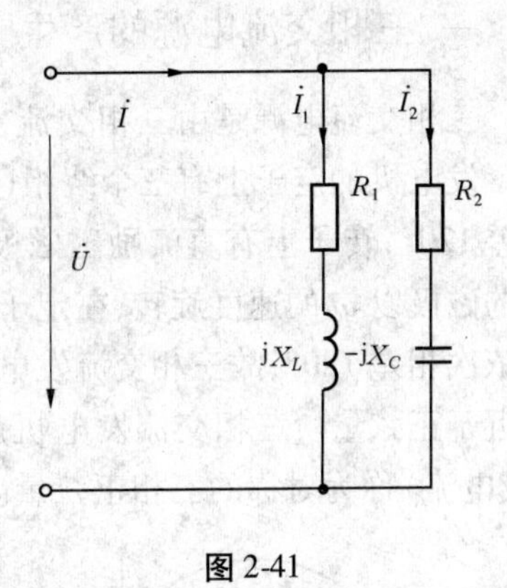

图 2-41

第三章　三相交流电路

第一节　三相交流电源

现代电力系统中，由三相交流电源供电的电路称为三相交流电路。三相交流电路有以下优点：首先，三相交流发电机比同功率的单相交流发电机体积小、成本低；其次，三相输电比较经济，在相同距离、相同电压、相同输送功率的条件下，三相输电比单相输电节省材料。另外，三相电流能产生旋转磁场，从而能制造出结构简单、性能良好、运行可靠的三相异步电动机。三相供电系统在发电、输电和配电方面都具有很多优点，电力工业中的电能产生、传输和分配大多数都采用三相交流电。现代电力工程上几乎都采用三相四线制，因此三相交流电源在生产和生活中得到了极其广泛的应用。

一、三相交流电源的产生

三相交流电源是由三相交流发电机产生的，图 3-1(a)所示是三相交流发电机的原理图。发电机的定子上有三个绕组（三相绕组），三相绕组的首端（或者末端）之间的空间位置互差 120°，转子上有直流励磁磁极，当转子由原动机（水轮机、汽轮机等）拖动旋转时，转子上的磁极以 ω 的速度旋转，在定子绕组中就会产生感应电动势 e_A、e_B、e_C。由于定子绕组空间依次相差 120°，故三相交流发电机产生的感应电动势和三相电压几乎总是对称的，而且趋近于正弦量。三相交流发电机产生的频率相同、幅值相同和相位互差 120°的正弦电压（或电流）称为对称的三相正弦量。

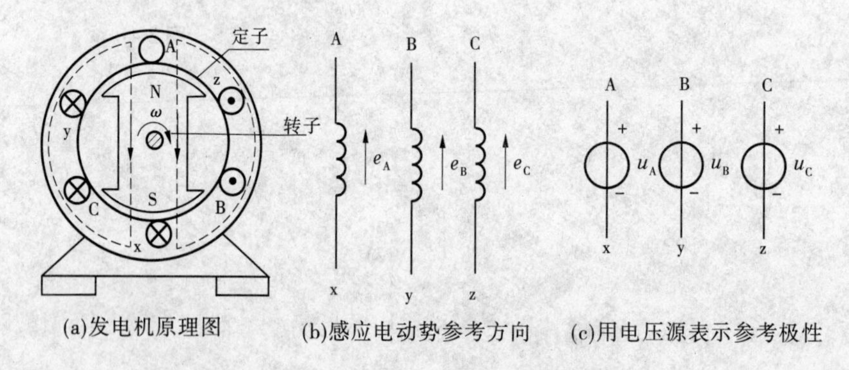

图 3-1　三相交流发电机

三相线圈产生的感应电动势的参考方向如图 3-1(b)所示，通常规定电动势的参考方向由线圈的末端指向始端。若用电压源表示三相电压，通常规定电压源的参考方向由线圈始端指向线圈末端，其参考极性如图 3-1(c)所示。每一相线圈中产生的感应电压称为电源的一相，依次称为 A 相、B 相、C 相，其电压分别记为 u_A、u_B、u_C。以对称三相电压（A 相为参考

正弦量)为例,三相交流电有以下三种表示方法:

(1)三相电压瞬时值表达式为

$$\left.\begin{aligned} u_A &= U_m \sin\omega t \\ u_B &= U_m \sin(\omega t - 120°) \\ u_C &= U_m \sin(\omega t - 240°) = U_m \sin(\omega t + 120°) \end{aligned}\right\} \tag{3-1}$$

(2)三相电压用相量可表示为

$$\left.\begin{aligned} \dot{U}_A &= U\angle 0° \\ \dot{U}_B &= U\angle -120° = U\left(-\frac{1}{2} - j\frac{\sqrt{3}}{2}\right) \\ \dot{U}_C &= U\angle 120° = U\left(-\frac{1}{2} + j\frac{\sqrt{3}}{2}\right) \end{aligned}\right\} \tag{3-2}$$

(3)三相电压瞬时值波形图及相量图如图 3-2 所示。

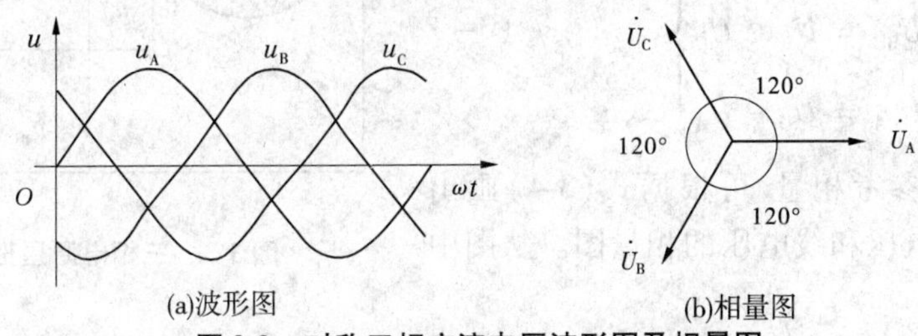

图 3-2　对称三相交流电压波形图及相量图

三个电压达最大值的先后次序叫相序,图 3-2 所示相序为 A→B→C→A,即相序为 A、B、C、A,当然也可以是 B、C、A、B 或者是 C、A、B、C,称为正相序或正序;若相序为 A→C→B→A,则称为负相序或负序。

通常 A 相是可以任意选定的,而一旦确定以后,比其滞后 120°的为 B 相,比其超前的 120°为 C 相。在输、配电系统中母线常用黄、绿、红三种颜色分别表示 A、B、C 三相。

为保证供电系统的可靠性与经济性,以及提高电源的利用率,发电厂提供的电能都要并入电网运行,要求并入电网必须是同名相连接。另外,一些电气设备(如三相异步电动机)的工作状态与电源的相序密切相关。因此,三相电源的相序问题应引起足够的重视。

由图 3-2 可见,任何时刻三个电动势的代数和等于零,即 $u_A + u_B + u_C = 0$,用相量表示则有

$$\dot{U}_A + \dot{U}_B + \dot{U}_C = 0 \tag{3-3}$$

由上可见,这三个正弦电动势具有相同的有效值和角频率,相位上互差 120°,故称为对称三相电动势。

二、三相交流电源的连接

三相电源有星形(Y)连接和三角形(△)连接两种连接方式。

(一)星形连接

将发电机定子绕组的三个首端与尾端分别记作 A、B、C 和 X、Y、Z。将三个尾端 x、y、z

连接在一起,构成中性点或者零点,用 N 表示,并由此引出一根线,称为中性线或零线。工程上常将其与大地相连,故此也称为地线。从首端 A、B、C 引出的三条输电线称为相线或端线(俗称火线),如图 3-3 所示,这种连接方式称为星形连接。端线与中性线之间的电压称为相电压,它们的参考方向选定为首端指向末端,分别记作$\dot{U}_{AN}$、$\dot{U}_{BN}$、$\dot{U}_{CN}$,简写为$\dot{U}_A$、$\dot{U}_B$、$\dot{U}_C$,其瞬时值用 u_A、u_B、u_C 表示,有效值一般用 U_p 表示。三根端线之间的电压称为线电压,分别记作$\dot{U}_{AB}$、$\dot{U}_{BC}$、$\dot{U}_{CA}$,也用下标字母的次序表示参考方向。以$\dot{U}_{BC}$为例,其参考方向由 B 指向 C。瞬时值用 u_{AB}、u_{BC}、u_{CA}表示,有效值用 U_l 表示。

三相电源连接成星形时,相电压和线电压是不相等的。根据图 3-3 所示的参考方向,应用 KVL 可得出相电压和线电压之间的关系为

$$\left.\begin{aligned}\dot{U}_{AB} &= \dot{U}_A - \dot{U}_B\\ \dot{U}_{BC} &= \dot{U}_B - \dot{U}_C\\ \dot{U}_{CA} &= \dot{U}_C - \dot{U}_A\end{aligned}\right\} \tag{3-4}$$

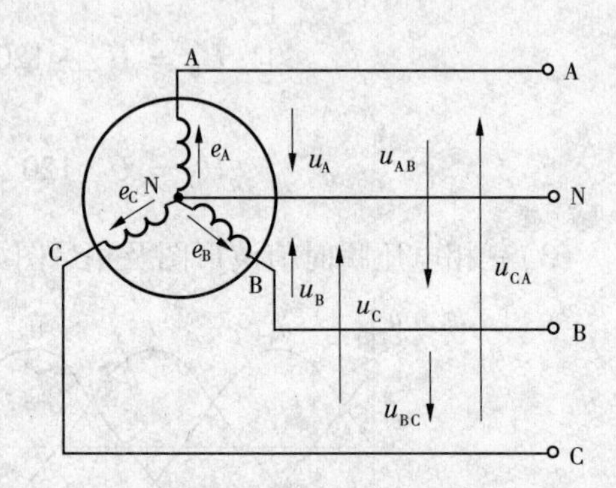

图 3-3　三相电源星形接法

若以$\dot{U}_A$ 为参考相量,可根据式(3-4)画出图 3-4所示各相电压和线电压的相量图。从图中可以看出:

(1)线电压$\dot{U}_{AB}$、$\dot{U}_{BC}$、$\dot{U}_{CA}$也是对称电压,它们分别比相电压$\dot{U}_A$、$\dot{U}_B$、$\dot{U}_C$ 相位超前 30°,即

$$\left.\begin{aligned}\dot{U}_{AB} &= \sqrt{3}\ \dot{U}_A\angle 30^\circ\\ \dot{U}_{BC} &= \sqrt{3}\ \dot{U}_B\angle 30^\circ\\ \dot{U}_{CA} &= \sqrt{3}\ \dot{U}_C\angle 30^\circ\end{aligned}\right\} \tag{3-5}$$

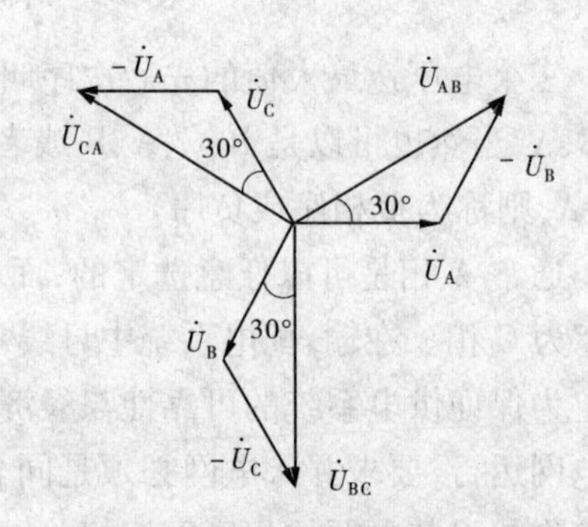

图 3-4　线电压和相电压的相量图

(2)由几何关系可知,因为相电压都相等,线电压也相等,线电压与相电压的有效值之间的数值关系是

$$U_l = 2U_p\cos 30^\circ = \sqrt{3}U_p \tag{3-6}$$

综上所述,在星形连接的对称三相电源中,线电压有效值是相电压有效值的$\sqrt{3}$倍;相位上,线电压超前相应的相电压 30°。各线电压之间相位互差 120°,所以三个线电压也是对称的。由此可见,这个三相四线制供电系统,可以向负载提供两种电压,一种是三相对称的相电压,另一种是三相对称的线电压。我国规定相电压 220 V、线电压 380 V 是三相四线制低压供电系统的标准电压值。

(二)三角形连接

三相电源也可以连接成三角形,即将一相绕组的末端和另一相的首端依次连接,形成一个闭合回路,再从三个连接端引出三条输电线,如图 3-5(a)所示。可见,三角形连接的电源只能采用三相三线制供电方式,三角形连接时,线电压等于相电压,即

$$\left.\begin{aligned}\dot{U}_{AB} &= \dot{U}_A \\ \dot{U}_{BC} &= \dot{U}_B \\ \dot{U}_{CA} &= \dot{U}_C\end{aligned}\right\} \tag{3-7}$$

三相交流发电机产生的感应电压是对称的。因而,在三角形连接的对称三相电源中,线电压的有效值等于相电压的有效值,即

$$U_l = U_p \tag{3-8}$$

三相电源作三角形连接时,要注意接线的正确性。当三相电源连接正确时,三角形闭合回路中总电压之和为零,即

$$\dot{U}_{AB} + \dot{U}_{BC} + \dot{U}_{CA} = \dot{U}_A + \dot{U}_B + \dot{U}_C = U_p(\angle 0° + \angle -120° + \angle 120°) = 0 \tag{3-9}$$

由于对称三相电压的相量和等于零,如图 3-5(b)所示。如果将某一相电压源接反(例如 A 相),此时闭合回路中总电压为

$$-\dot{U}_{AB} + \dot{U}_{BC} + \dot{U}_{CA} = -\dot{U}_A + \dot{U}_B + \dot{U}_C = U_p(\angle 180° + \angle -120° + \angle 120°) = -2\dot{U}_A \tag{3-10}$$

由相量图 3-5(c)可以看出,当 A 相接反时,闭合回路总电压为相电压的 2 倍。因为发电机每相绕组的阻抗一般都很小,将在绕组回路中引起很大的环形电流,这一环形电流有可能会使发电机绕组因过热而损坏。因此,三相电源作三角形连接时应严格按照绕组首尾依次连接。

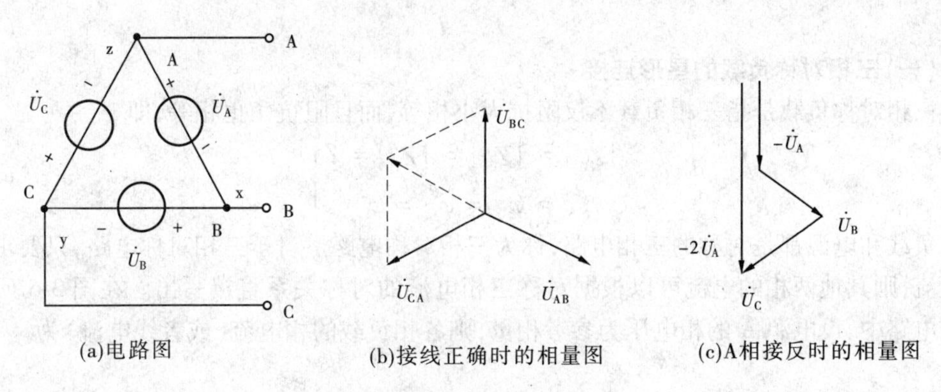

图 3-5　三相电源三角形连接

第二节　三相负载的连接

使用交流电的负载按它对电源的要求可分为单相负载和三相负载。单相负载是指需要单相电源供电的设备,如电灯、家用电器、电炉、单相电动机等。三相负载是指需要三相电源供电的设备,如三相异步电动机、三相电炉等。任何负载工作时,都要求负载本身的额定电压等于电源电压。由于三相四线制电源能够提供两种电压,所以三相负载与三相电源连接时,连接方法有两种:星形连接和三角形连接(Y 连接和△连接)。

一、三相负载星形连接及中线作用

三相负载的星形连接与三相电源的连接类似。对称负载的星形连接是将三个末端连在一起,三个首端分别接在三相电源上。在对称三相电压作用下,三相电路中将流过电流,各相负载中的电流称为相电流,分别用 I_A、I_B、I_C 表示,相电流一般用 I_p 表示。每条端线中的电流称线电流,一般用 I_l 表示,它的参考方向是从电源到负载。此外,流过中性点的电流称为中性线电流,用 I_N 表示,它的参考方向是从负载的中性点 n 到电源的中性点 N。如图 3-6 所示。

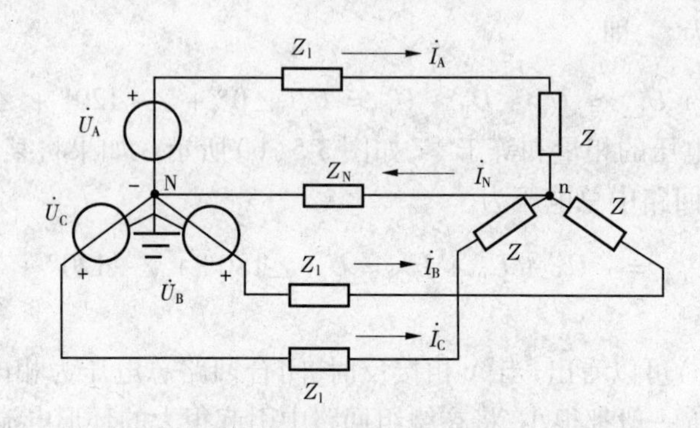

图 3-6　负载星形连接的三相四线制电路

在负载为星形连接的三相四线制电路中,线电流等于相电流,即

$$I_l = I_p \tag{3-11}$$

(一)三相对称负载的星形连接

三相对称负载是指三相负载不仅阻抗大小相等,而且阻抗角也相等,即

$$\left.\begin{aligned} |Z_A| = |Z_B| = |Z_C| = Z \\ \varphi_A = \varphi_B = \varphi_C = \varphi \end{aligned}\right\} \tag{3-12}$$

负载和电源都是对称的三相电路,称为三相对称电路。对于三相对称电路,只要求出一相电流,则其他两相的电流可以根据对称三相电流的对称关系直接写出。在图 3-6 所示的三相电路中,设电源 A 的相电压为参考相量,则各相负载的相电流(或者线电流)为

$$\left.\begin{aligned} \dot{I}_A = \frac{\dot{U}_A}{|Z_A|} \\ \dot{I}_B = \frac{\dot{U}_B}{|Z_B|} \\ \dot{I}_C = \frac{\dot{U}_C}{|Z_C|} \end{aligned}\right\} \tag{3-13}$$

流过中性线的电流为

$$\dot{I}_N = \dot{I}_A + \dot{I}_B + \dot{I}_C \tag{3-14}$$

三相对称电路的三相电流对称,即 $\dot{I}_A$、$\dot{I}_B$、$\dot{I}_C$ 大小相等,相位依次相差 120°,若以 $\dot{I}_A$ 为参考相量,则

$$\left.\begin{aligned}\dot{I}_A &= \frac{\dot{U}_A}{|Z_A|} = \frac{\dot{U}_A}{Z} \\ \dot{I}_B &= \frac{\dot{U}_B}{|Z_B|} = \frac{\dot{U}_B}{Z} = \frac{\dot{U}_A\angle -120^\circ}{Z} = \dot{I}_A\angle -120^\circ \\ \dot{I}_C &= \frac{\dot{U}_C}{|Z_C|} = \frac{\dot{U}_C}{Z} = \frac{\dot{U}_A\angle +120^\circ}{Z} = \dot{I}_A\angle +120^\circ\end{aligned}\right\} \tag{3-15}$$

由式(3-15)可知,三相电流也是一组对称的正弦量。其相量图如图 3-7 所示。此时,中线电流

$$\dot{I}_N = \dot{I}_A + \dot{I}_B + \dot{I}_C = \dot{I}_A + \dot{I}_A\angle -120^\circ + \dot{I}_A\angle 120^\circ = 0 \tag{3-16}$$

在三相对称的电路中,星形连接的三相负载和星形连接的电源,它们的线电压与相电压、线电流与相电流的有效值之间和相位之间的关系是相同的,即相位上,线电压超前相电压 30°,线电流与对应的相电流相位相同。

既然在对称三相电路中,线电流和相电流都是对称的,由相量图图 3-7 或者式(3-16)可得:对称三相电路中,中性线的电流为零。这一结论从图 3-8 所示对称三相电流的波形图中也可以看出。图 3-8 中电流 i_1、i_2 和 i_3 在任一瞬间总是有正有负,其瞬时值的代数和始终等于零。中性线中没有电流,中性线便可以省去,电路就变成如图 3-9 所示的三相三线制星形连接,而前面得到的线电压与相电压、线电流与相电流的关系仍然成立。

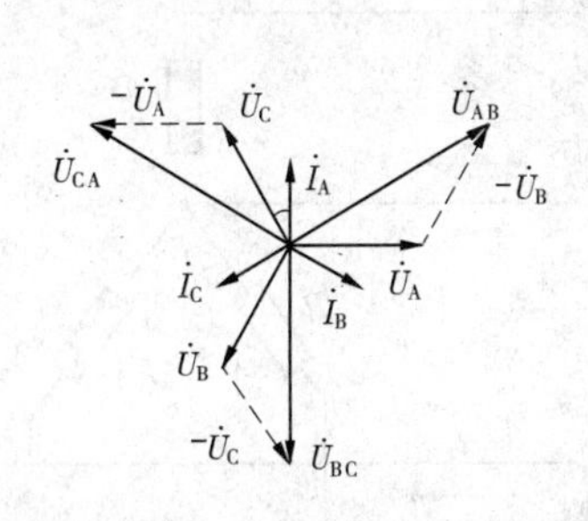

图 3-7 负载星形连接相量图

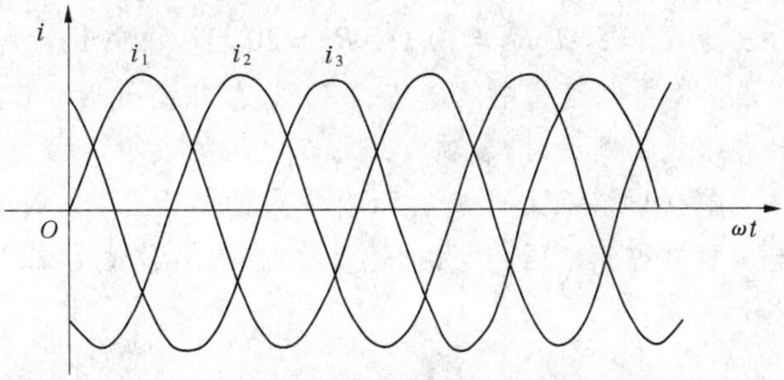

图 3-8 对称电流的波形

(二)负载不对称的三相电路

如果负载不对称,中性线的电流不等于零,中性线便不可省去。通过图 3-10 的例子可说明负载不对称,而又没有中性线的后果。通常居民楼照明线路是由线电压为 380 V 的三相四线制电源供电的,为了使三相电压的各相尽可能地均匀承担负载,将整座楼的负载分为三组,分别接到电源的三个相上。由于各组照明灯的功率和用电时间不可能完全相同,所以三相负载是不可能对称的。现在分别用一个或两个照明灯来代替三相的照明灯数,并且假设这些照明灯的功率是相同的,当 C 相已闭灯,即开关 S 已断开时,若接有中性线,虽然负载不对称,但 A 相和 B 相两相的相电压仍然是 220 V,正好也就是照明灯的额定电压,它们可以正常工作。但是,如果没有中性线,则变成了 A 相和 B 相两相的照明灯串联后加上 380 V 的线电压。由于 A 相两照明灯并联,等效电阻小于 B 相照明灯的电阻,380 V 的线电压的大部分由 B 相照明灯来承担,B 相照明灯电压将超过额定电压 220 V,不久就会烧坏;A 相的

照明灯开始因电压不足而发暗，当B相照明灯烧坏后，A相照明灯因电路不通而熄灭。这虽然是不对称情况的一个特例，但也反映了一个普遍存在的问题，即：当三相负载不对称而又没有中性线时，三相负载的相电压不会对称，势必使得有的相电压超过负载的额定相电压，有的低于负载的额定相电压，致使负载不能正常工作，甚至损坏。中性线的作用就是在于能保持负载中性点和电源中性点电位一致，从而在三相负载不对称时，负载的相电压仍然是对称的。因此，在三相四线制电路中，中性线不允许断开，也不允许安装开关熔断器等短路或者过流保护装置。

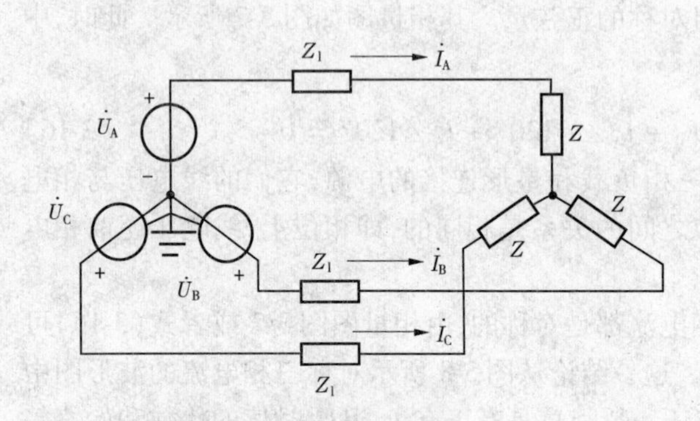

图3-9　去中性线星形连接

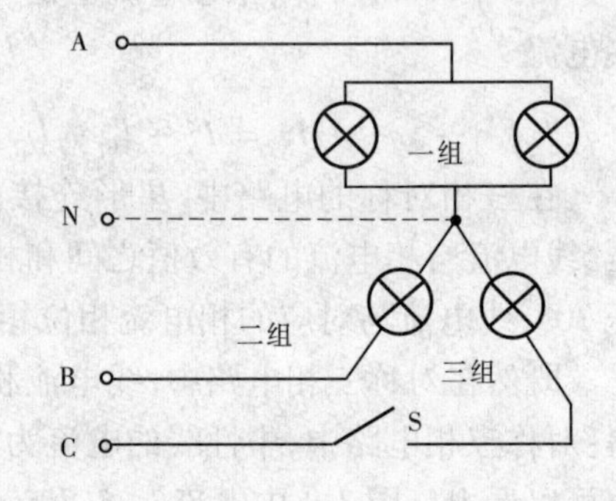

图3-10　中性线的作用

【例3-1】　在图3-11所示的三相四线制电路中，电源相电压为220 V，负载为电灯组，在额定电压下其电阻分别为 $R_A=5\ \Omega$，$R_B=10\ \Omega$，$R_C=20\ \Omega$。求：(1)负载相电压、负载电流及中线电流；(2)当A相断开时，或者A相和中线都断开时，各项负载的相电压的大小。

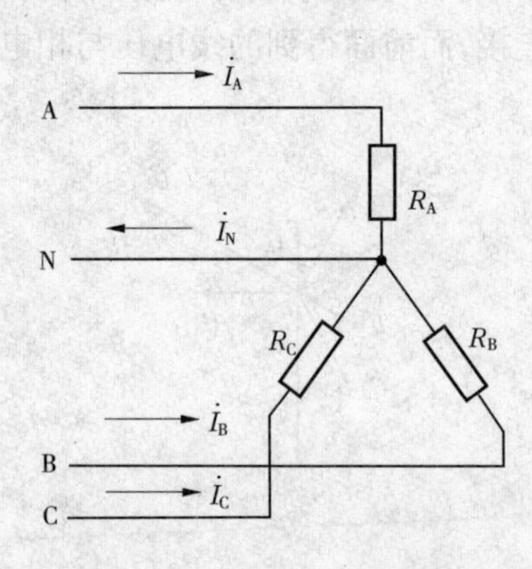

图3-11　例3-1电路图

解：(1)在负载不对称而有中线的情况下，负载的相电压和电源相电压相等，也是对称的，其有效值为220 V，则

$$\dot{I}_A=\frac{\dot{U}_A}{R_A}=\frac{220\angle 0°}{5}=44\angle 0°(\mathrm{A})$$

$$\dot{I}_B=\frac{\dot{U}_B}{R_B}=\frac{220\angle -120°}{10}=22\angle -120°(\mathrm{A})$$

$$\dot{I}_C=\frac{\dot{U}_C}{R_C}=\frac{220\angle 120°}{20}=11\angle 120°(\mathrm{A})$$

中线电流为

$$\dot{I}_N=\dot{I}_A+\dot{I}_B+\dot{I}_C=(44\angle 0°)+(22\angle -120°)+(11\angle 120°)=29.1\angle -19°(\mathrm{A})$$

(2)由于中线存在，虽然A相断开，但对B、C相都没有影响，B、C两相相电压仍为220 V。

在中线断开，A相也断开时，B、C相负载串联起来接在线电压 U_{BC} 上，此时B、C两相负载相电压分别为

$$U_{\mathrm{BN'}} = \frac{R_{\mathrm{B}}}{R_{\mathrm{B}} + R_{\mathrm{C}}} U_{\mathrm{BC}} = \frac{10}{10 + 20} \times 380 = 126.7(\mathrm{V}) < 220\ \mathrm{V}$$

$$\dot{U}_{\mathrm{CN''}} = \frac{R_{\mathrm{C}}}{R_{\mathrm{B}} + R_{\mathrm{C}}} U_{\mathrm{BC}} = \frac{20}{10 + 20} \times 380 = 253.3(\mathrm{V}) > 220\ \mathrm{V}$$

由以上计算结果可知,B 相和 C 相负载相电压都不等于它们的额定电压 220 V,故均不能正常工作。

二、三相对称负载的三角形连接

每相负载的首端都依次与另一相负载的末端连接在一起,形成闭合回路,然后,将三个连接点分别接到三相电源的三根相线上,如图 3-12 所示。显然,这种连接方法只能是三相三线制。

由图 3-13 可知,在图示参考方向下,线电压与相电压的关系及线电流与相电流的关系与三角形连接的三相电源中的公式相同。

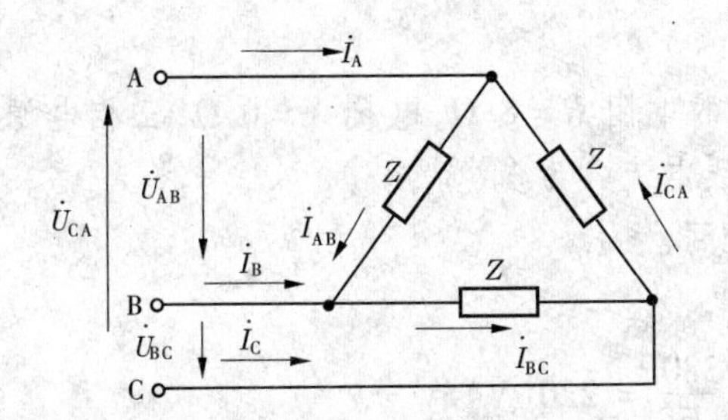

图 3-12 三相负载为三角形连接

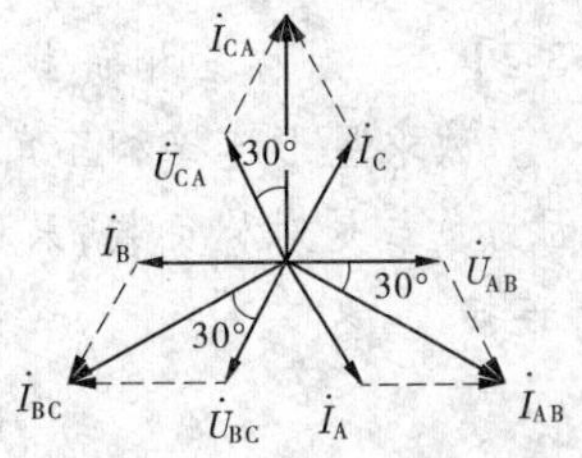

图 3-13 对称负载连接的电压与电流相量图

由图 3-12 可见,负载作三角形连接时,无论负载是否对称,各相负载受到的相电压均为对称的电源线电压。也就是说,负载的相电压等于电源的线电压。流过各相的电流为相电流,分别为

$$\left.\begin{aligned} \dot{I}_{\mathrm{AB}} &= \frac{\dot{U}_{\mathrm{AB}}}{Z_{\mathrm{AB}}} \\ \dot{I}_{\mathrm{BC}} &= \frac{\dot{U}_{\mathrm{BC}}}{Z_{\mathrm{BC}}} \\ \dot{I}_{\mathrm{CA}} &= \frac{\dot{U}_{\mathrm{CA}}}{Z_{\mathrm{CA}}} \end{aligned}\right\} \tag{3-17}$$

在图 3-13 所示参考方向下,根据 KCL,线电流与相电流的关系为

$$\left.\begin{aligned} \dot{I}_{\mathrm{A}} &= \dot{I}_{\mathrm{AB}} - \dot{I}_{\mathrm{CA}} \\ \dot{I}_{\mathrm{B}} &= \dot{I}_{\mathrm{BC}} - \dot{I}_{\mathrm{AB}} \\ \dot{I}_{\mathrm{C}} &= \dot{I}_{\mathrm{CA}} - \dot{I}_{\mathrm{BC}} \end{aligned}\right\} \tag{3-18}$$

前面讨论过,三相电源的线电压是对称的,因此当负载对称(即 $|Z_{\mathrm{A}}| = |Z_{\mathrm{B}}| = |Z_{\mathrm{C}}| = Z$ 和 $\varphi_{\mathrm{A}} = \varphi_{\mathrm{B}} = \varphi_{\mathrm{C}} = \varphi$)时,由相量图可求出三个线电流,即

$$\left.\begin{aligned}\dot{I}_{A} &= \sqrt{3}\,\dot{I}_{AB}\angle -30^{\circ}\\ \dot{I}_{B} &= \sqrt{3}\,\dot{I}_{BC}\angle -30^{\circ}\\ \dot{I}_{C} &= \sqrt{3}\,\dot{I}_{CA}\angle -30^{\circ}\end{aligned}\right\} \tag{3-19}$$

当线电流对称时,其相量图如图 3-13 所示。用几何方法由相量图可以求得线电流的有效值等于相电流有效值的$\sqrt{3}$倍,即

$$I_{l} = 2I_{p}\cos 30^{\circ} = \sqrt{3}I_{p} \tag{3-20}$$

在相位上,线电流滞后于与之相应的相电流 30°。

由于电源电压对称,因此三相负载的线电压和相电压也是对称的。若负载也对称,则负载和电源的相电流、线电流也一定是对称的,即连接为对称三相电路。

工作时,为了负载实际相电压等于其额定相电压,当负载的额定相电压等于电源线电压的$\frac{1}{\sqrt{3}}$时,负载应采用星形连接;当负载的额定相电压等于电源线电压时,负载应采用三角形连接。

【例 3-2】 一对称三相负载,每相负载的电阻 $R=8\ \Omega$,电抗 $X=6\ \Omega$,三相电源对称,$U_{l}=380$ V。试求星形连接和三角形连接时线电流各为多少?

解: 因为负载是对称负载,只计算一相即可。

星形连接

$$U_{p} = \frac{U_{l}}{\sqrt{3}} = \frac{380}{\sqrt{3}} = 220(\text{V})$$

$$I_{l} = I_{p} = \frac{U_{p}}{\sqrt{R^{2}+X^{2}}} = \frac{220}{\sqrt{8^{2}+6^{2}}} = 22(\text{A})$$

三角形连接

$$U_{p} = U_{l} = 380\ \text{V}$$

$$I_{p} = \frac{U_{p}}{\sqrt{R^{2}+X^{2}}} = \frac{380}{\sqrt{8^{2}+6^{2}}} = 38(\text{A})$$

$$I_{l} = \sqrt{3}I_{p} = 38\times\sqrt{3} = 65.818(\text{A})$$

第三节　三相电路的功率

一、三相电路的平均功率

三相负载无论是星形连接还是三角形连接,三相电路的有功功率为各相功率之和,即

$$P = P_{A} + P_{B} + P_{C} \tag{3-21}$$

对于不对称三相负载,需要分别计算每相负载的电压、电流和功率因数,才能计算三相总的有功功率,即

$$P = U_{A}I_{A}\cos\varphi_{A} + U_{B}I_{B}\cos\varphi_{B} + U_{C}I_{C}\cos\varphi_{C} \tag{3-22}$$

在三相对称电路中,由于三个相电压、相电流以及它们之间的相位差都是相等的,即

$$\left.\begin{aligned} U_A &= U_B = U_C = U_p \\ I_A &= I_B = I_C = I_p \\ \varphi_A &= \varphi_B = \varphi_C = \varphi \end{aligned}\right\} \tag{3-23}$$

故三相对称电路的有功功率为

$$P = 3U_pI_p\cos\varphi \tag{3-24}$$

式(3-24)中,$\cos\varphi$ 是功率因数,φ 是功率因数角,是相电压与相电流的相位差,等于负载的阻抗角。

二、三相电路的无功功率

三相对称电路的无功功率为

$$Q = Q_A + Q_B + Q_C = U_AI_A\sin\varphi_A + U_BI_B\sin\varphi_B + U_CI_C\sin\varphi_C \tag{3-25}$$

由于每相负载可能是感性负载,也可能是容性负载,即每相的无功功率可正可负,所以无功功率为各相无功功率的代数和。

在对称三相电路中,无论是星形连接或者三角形连接,总无功功率为

$$Q = 3U_pI_p\sin\varphi = \sqrt{3}U_lI_l\sin\varphi \tag{3-26}$$

三、三相电路的视在功率

三相电路的总视在功率一般不等于各相视在功率之和,通常用下列各式计算,即

$$S = \sqrt{P^2 + Q^2} \tag{3-27}$$

式中,$P = P_A + P_B + P_C$,$Q = Q_A + Q_B + Q_C$。

在对称三相电路中,视在功率为

$$\begin{aligned} S &= \sqrt{P^2 + Q^2} = \sqrt{(3U_pI_p\cos\varphi)^2 + (3U_pI_p\sin\varphi)^2} \\ &= 3U_pI_p = \sqrt{3}U_lI_l \end{aligned} \tag{3-28}$$

对称负载的三相电路功率通常用线电压和线电流表示,因为对于星形连接,有

$$U_p = \frac{U_l}{\sqrt{3}} \qquad I_p = I_l \tag{3-29}$$

对于三角形连接,有

$$U_p = U_l \qquad I_p = \frac{I_l}{\sqrt{3}} \tag{3-30}$$

不论将哪种连接的上述关系代入式(3-24)、式(3-26)、式(3-28)都可以得到

$$\left.\begin{aligned} P &= \sqrt{3}U_lI_l\cos\varphi \\ Q &= \sqrt{3}U_lI_l\sin\varphi \\ S &= \sqrt{3}U_lI_l \end{aligned}\right\} \tag{3-31}$$

三相负载的总的功率因数

$$\lambda = \frac{P}{S} \tag{3-32}$$

【例 3-3】 在三相对称负载电路中,每相的电阻和感抗分别为 $R_L = 80\ \Omega$,$X_L = 60\ \Omega$。

设接入三相三线制电源,电压 $U_l=380$ V。试比较在星形和三角形两种连接时的三相功率。

解:对于对称负载,每相阻抗为

$$|Z| = \sqrt{R_L^2 + X_L^2} = \sqrt{80^2 + 60^2} = 100(\Omega)$$

(1)负载星形连接时,每相电压为

$$U_p = \frac{U_l}{\sqrt{3}} = \frac{380}{\sqrt{3}} = 220(V)$$

相电流为

$$I_p = I_l = \frac{U_p}{|Z|} = \frac{220}{100} = 2.2(A)$$

功率因数为

$$\cos\varphi_Y = \frac{R}{|Z|} = \frac{80}{100} = 0.8$$

总功率为

$$P_Y = \sqrt{3}U_l I_l \cos\varphi_Y = \sqrt{3} \times 380 \times 2.2 \times 0.8 = 1.16(kW)$$

(2)负载三角形连接时,相电压和相电流分别为

$$U_p = U_l = 380 \text{ V}$$

$$I_p = \frac{U_p}{|Z|} = \frac{380}{100} = 3.8(A)$$

线电流和功率因数分别为

$$I_l = \sqrt{3}I_p = \sqrt{3} \times 3.8 = 6.58(A)$$

$$\cos\varphi_\triangle = \cos\varphi_Y = 0.8$$

总功率为

$$P_\triangle = \sqrt{3}U_l I_l \cos\varphi_Y = \sqrt{3} \times 380 \times 6.58 \times 0.8 = 3.47(kW)$$

所以

$$P_\triangle = 3P_Y$$

第四节　供电及安全用电

一、电力系统及供电质量

(一)电力系统

发电厂按被转换能源的不同,分为火力发电厂、水力发电厂、核能发电厂、风力发电厂等。

火力发电厂(火电站)是利用煤、石油、天然气等为燃料而生产电能的工厂。它是利用燃料在锅炉中燃烧加热,使之成为高温高压的水蒸气,将燃料的化学能转换成热能。蒸汽压力推动汽轮机旋转,将热能转换成机械能。汽轮机再带动发电机旋转,最终将机械能转换成电能。按燃料的不同,火力发电厂又分为燃煤发电厂、燃油发电厂、燃气发电厂、余热发电厂以及以垃圾和废料为燃料的发电厂等。火力发电厂的优点是技术成熟,投资较低,对地理环境的要求不高;缺点是污染大,能耗多,效率低。

水力发电厂(水电站)是利用水位能进行发电的工厂。它是利用水能的压力和流速推动水轮机,将水位能转换成机械能,然后再带动发电机旋转,将机械能再转换成电能。水力发电厂的优点是后期成本低、无污染、水能可再生;缺点是前期投资大,而且对上、下游的生态环境有一定影响。

核能发电厂(核电站)是利用核动力反应堆将核裂变时产生的巨大热能进行发电的工厂。原子能发电厂的优点是无污染,燃料费用在发电成本中所占比例较低,且发电成本较不易受国际经济形势的影响,故发电成本比其他发电方式稳定;缺点是初期投资很大,核废料有放射性,需慎重处理,热效率较低。

风力发电厂(风电站)是利用风能发电的工厂。风力发电的优点是无污染、可再生,资源总量大,装机规模灵活,建设周期短,后期成本低,因而风力发电已在世界形成一股热潮,我国也正在大力提倡;缺点是投资较高,地理的环境要求高,不是随时随地都有合适的风,风太大、太小都不可行。

为了提高发电效率,充分发掘能源,人们还在不断探索和研究新的发电方式,如太阳能发电、地热发电、潮汐发电、生物质发电等。

太阳能发电是利用太阳的光能或者热能进行发电。前者是通过太阳能电池将太阳的光能转换成直流电能,再经逆变器转换成交流电能。后者是将聚光得到的高温热能转换成电能。太阳能与风能一样是取之不尽、用之不竭的能源,而且这种方式无污染、无公害,与风能、水能都属于清洁能源。

地热发电是利用地下水和蒸汽的热能进行发电的一种新型发电技术。

潮汐发电是利用潮涨和潮落时产生的水位能来发电的一种水力发电方式。

生物质发电是利用木屑、玉米秸秆、谷壳、稻草以及农林业废弃物等除矿物燃料外的物质作燃料进行发电的一种与燃料原理相同的发电方式。不过,由于生物质发电的生产规模小,热效率低,目前利用廉价的生物质和煤共同发电是一种比较有效的利用生物质的方式。此外,利用生物提炼技术还可以从生物质中得到可供日常应用的能源,如乙醇和生物柴油等。

发电厂主要是利用三相同步发电机发电的。各个发电厂往往安装着多台同步发电机并联运行。这是因为发电厂的负载在每年以及在每一昼夜中的不同时候都在变动,如果只安装一台大容量的发电机,那么这台发电机多半时间都在轻载下运行,不甚经济,何况现代大型发电厂的容量都很大,制造这样大的发电机在技术上也有困难。

为了充分合理地利用动力资源,降低发电成本,并使工业建设的布局更为合理,水力和火力等发电厂一般都建设在储藏有大量动力资源的地方,发电厂往往离用电中心地区很远,因而必须进行长距离的输电。输电的方式有两种:交流输电和直流输电。

交流输电是目前应用最普遍的输电方式,一般采用三相三线制。由于在一定功率因数下,输送相同的功率,输电电压越高,输电电流越小,一方面可以减少输电线上的功率损耗,另一方面可以选用截面面积较小的输电导线,节省导电的材料,因此远距离输电需要用高压来进行。输电距离越远,输送功率越大,要求的输电电压就越高。

直流输电是在送电端用变压器将交流电压变换成适当的电压后,用整流器将其变换成直流,再经直流输电电线送至受电端,然后用逆变器将直流变换为交流。由于直流输电只需要两根输电线,可减少建设费用。直流没有无功功率,在相同的功率下,输电电流小,又不会产生电抗电压降,因此输电线路的功率损耗小,电压降小,适用于大功率、长距离的输电。我国已建成的长江三峡水电站就同时采用了这两种输电方式向各地区供电。

用于目前发电机的额定电压一般为 10 kV 左右,这就需要利用安装在变电所中的变压器将电压升高到输电所需要的数值,再进行远距离输电。当电能送到用电地区后,由于目前工、农业和民用建筑的动力用电,高压为 10 kV 和 6 kV,低压为 380 V 和 220 V, 这又需要通过变压所再将输送来的高电压降低,然后分配到各个用电地区,再视不同的要求,使用各种变压器来获得不同的电压。变电所中安装升压或降压用的变压器、控制开关、保护装置和测量仪表等,可以对电压进行变压、调压、控制和监制。

各个发电厂孤立地向用户供电,可靠性不高,一旦发生故障或需要停机检修时,容易造成该地区或部分地区停电。如果每个发电厂都设置一套备用机组,又不经济。因此,通常将用电量大的地区中所有发电厂、变电所、输电线、配电设备和用电设备联系起来,组成一个整体,这个整体称为电力系统。在电力系统中各种不同电压的输电线是通过各个变电所联系起来的。建立电力系统不仅可以提高供电的可靠性,不会因个别发电机出现故障或需要检修而导致用户停电,而且可以合理地调节各个发电厂的发电能力。

各种不同电压的输电线和变电所组成的电力系统的一部分称为电力网。我国国家标准规定的额定电压有 3 kV、6 kV、10 kV、35 kV 、110 kV、220 kV、330 kV、500 kV 等。

由于目前市区的输电电压一般为 10 kV 左右,因此一般的厂矿企业和居民建筑都必须设置降压变电所,经配电变压器将电压降为 380/220 V,再引出若干条供电线到各个用电点的配电箱上,由配电箱将电能分配到各用电设备。这种低压供电系统的连接方式主要有放射式和树干式。

放射式供电线路如图 3-14 所示。它的特点是从配电变压器低压侧引出若干条线,分别向各用电点直接供电。这种供电方式不会因其中某一支线发生故障而影响其他支线的供电,供电的可靠性高,而且也便于操作和维护。但配电导线用量大,投资费用高。在用电点比较分散,每个用电点的用电量较大,而变电所又居于各用电点的中央时,采用这种方式比较有利。

树干式供电线路如图 3-15 所示。它的特点是从配电变压器低压侧引出若干条干线,沿干线再引出若干条支线供电给用户。这种供电方式一旦某一干线出现故障或需要维修时,停电面积比较大,供电的可靠性差。但配电导线的用量小,投资费用低,接线灵活性大。在用电点比较集中,各用电点居于变电所同一侧时,采用这种供电方式还是比较合适的。

(二)供电质量

供电质量是指提供合格、可靠电能的能力和程度。它包括电能质量和供电可靠性两个方面。

供电质量对工业和公用事业用户的安全生产、经济效益和人民生活有着很大的影响。供电质量恶化会引起用电设备的效率和功率因数降低,损耗增加,寿命缩短,产品品质下降,电子和自动化设备失灵等。

电能质量指提供给用户的电能品质的优劣程度。通常以电压、频率和波形等指标来衡量。电压指电压偏差、电压波动和闪变、电压不平衡度等指标,频率指频率偏差,波形指电压正弦波形畸变率。

理想情况下,电力系统应以恒定的工业频率(50 Hz)和正弦波形,按规定的电压水平向

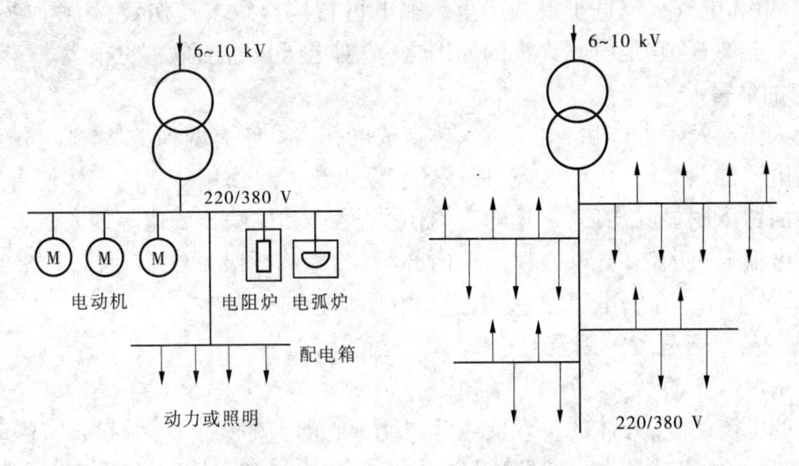

图 3-14　放射式供电线路　　　　**图 3-15　树干式供电线路**

用户供电。三相中,各相电压和电流应是幅值和相位差都相等的对称状态。工程上要使电力系统保持三相平衡的、稳定的正弦波形的供电压,则要求用户的负荷具有正弦电流和三相平衡分配,并能以恒功率供电,但实际上这些都难以保证。电能在输送过程中受到各处各种负荷用电特性的影响,出现正弦波的畸变、电压波动和闪变、三相不对称等不同程度的偏差,这些偏差在允许的限值范围内,才能保证电能质量,因此各先进工业国、国际电工组织或一些大的电力公司都制定了相应的电能质量标准,主要涉及谐波、电压波动和闪变及三相电压不平衡度等。

电网用电负荷中,异步电动机占得比例最大。电网频率的偏差、谐波含量、三相不平衡以及电压波动和闪变等,均会直接影响电机的力矩和发热,从而影响生产功效和产品质量;电网谐波含量的增加,将导致电气设备寿命缩短,网损加大,系统发生谐振的可能性增加,同时可能引起继电保护和自动装置误动,仪表指示和电度计量不准以及通信干扰等一系列问题;三相电压不平衡(即存在负序分量)会引起电机附加振动力矩和发热,绝缘寿命缩短,某些保护会因负序和谐波的干扰而发生动作;电压的快速波动会使电动机转速不均匀,不仅危及电动机的安全运行,而且还影响一些产品的质量,并引起照明的"闪变",使人眼疲劳而降低功效等。总之,改善供电质量(对用户来说,应减小自身对系统的干扰和恶化)对于电网的安全、经济运行,保障工业产品质量和科学实验的正常进行以及降低能耗等均有重要意义。电能质量直接关系到国民经济的总体效益。

二、安全用电常识

(一)概述

随着电能运用的不断拓展,以电能为介质的各种电气设备广泛进入企业、社会和家庭生活中。与此同时,使用电气设备所带来的危险也随处可见。为了实现电气安全,在对电网本身的安全进行保护的同时,更要重视用电的安全问题。因此,学习安全用电基本知识,掌握常规触电防护技术,是保证用电安全的有效途径。

电气危害有两个方面:一方面是对系统自身的危害,如短路、过电压、绝缘老化等;另一方面是对电气设备、环境和人员的危害,如触电、电气火灾、电压异常升高造成用电设备损坏等，其中尤以触电和电气火灾危害最为严重。触电可直接导致人员伤残、死亡。另外，静电产生的危害也不能忽视，它是电气火灾的原因之一，对电子设备的危害也很大。

（二）触电的危害

触电是指人体触及带电体后，电流对人体造成的伤害。它有两种类型，即电伤和电击。

电伤是指电流的热效应、化学效应、机械效应及电流本身作用造成的人体伤害。电伤会在人体皮肤表面留下明显的伤痕，常见的有灼伤、电烙伤和皮肤金属化等现象。

电击是指电流通过人体内部，破坏人体内部组织，影响呼吸系统、心脏及神经系统的正常功能，甚至危及生命。在触电事故中，电击和电伤常会同时发生。

（三）影响触电危害程度的因素

1. 电流大小对人体的影响

通过人体的电流越大，人体的生理反应就越明显，感应就越强烈，引起心室颤动所需的时间就越短，致命的危害就越大。按照通过人体电流的大小和人体所呈现的不同状态，工频交流电大致分为下列 3 种。

(1)感觉电流：指引起人的感觉的最小电流(1～3 mA)。

(2)摆脱电流：指人体接触后能自主摆脱电源的最大电流(10 mA)。

(3)致命电流：指在较短时间内危及生命的最小电流(30 mA)。

2. 电流的类型

工频交流电的危害性大于直流电，因为交流电主要是麻痹破坏神经系统，往往难以自主摆脱。一般认为 40～60 Hz 的交流电对人最危险。随着频率的增加，危害性将降低。当电源频率大于 2 000 Hz 时，所产生的损害明显减小，但高压高频电流对人体仍然是十分危险的。

3. 电流的作用时间

人体触电，通过电流的时间越长，越易造成心室颤动，生命危险性就越大。据统计，触电 1～5 s 内抢救，90% 有良好的效果，10 min 内有 60% 救生率，超过 15 min 希望甚微。

触电保护器的一个主要指标就是额定断开时间与电流乘积小于 30 mA · s。实际产品一般额定动作电流 30 mA，动作时间 0.1 s，故小于 30 mA · s，可有效防止触电事故。

4. 电流路径

电流通过头部可使人昏迷；通过脊髓可能导致瘫痪；通过心脏会造成心跳停止，血液循环中断；通过呼吸系统会造成窒息。因此，从左手到胸部是最危险的电流路径；从手到手，从手到脚也是很危险的电流路径；从脚到脚是危害性较小的电流路径。

5. 人体电阻

人体电阻是不确定的电阻，皮肤干燥时一般为 100 kΩ 左右，而一旦潮湿可降到 1 kΩ。人体不同，对电流的敏感程度也不一样。一般地说，儿童较成年人敏感，女性较男性敏感。患有心脏病者，触电后死亡的可能性就更大。

6. 安全电压

安全电压是人体不带任何防护设备时，触及带电体不受电击或电伤的电压。人体触电的本质是电流通过人体产生了有害效应，然而触电的形式通常都是人体的两部分同时触及了带电体，而且这两个带电体之间存在着电位差。因此，在电击防护措施中，要将流过人体的电流限制在无危险范围内，即将人体触及的电压限制在安全的范围内。国家标准制定了安全电压系列，称为安全电压等级或额定值，这些都指的是交流有效值，分别为 42 V、36 V、24 V、12 V、6 V 等几种。

（四）常见的触电原因

人体触电的主要原因有两种：直接或间接接触带电体以及跨步电压。直接接触又可分为单极触电和双极触电。

1. 单极触电

当人站在地面上或其他接地体上，人体的某一部位触及一相带电体时，电流通过人体流入大地（或中性线），称为单极（相）触电，如图 3-16（a）所示为电源中性点接地运行方式时，单相的触电电流途径。这时，人体处于相电压下，通过人体的电流主要由人体电阻（包括人与地面的绝缘情况）决定。因此，当人穿着绝缘防护靴，与地面构成良好绝缘时，通过人体的电流就很小；反之，赤脚触地是很危险的。

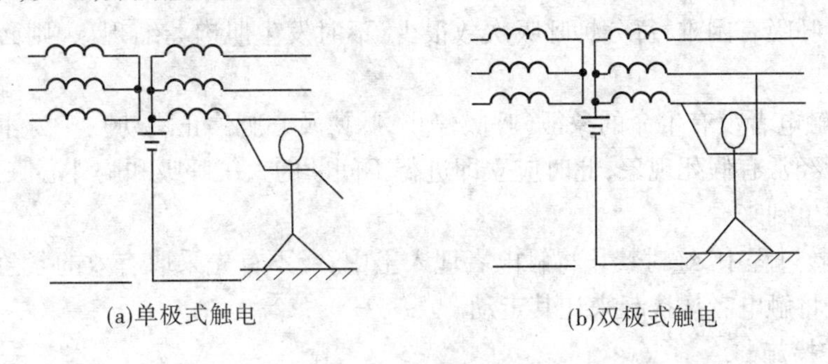
(a)单极式触电　　(b)双极式触电

图 3-16　触电方式

2. 双极触电

双极触电是指人体两处同时触及同一电源的两相带电体，以及在高压系统中，人体距离高压带电体小于规定的安全距离，造成电弧放电时，电流从一相导体流入另一相导体的触电方式，也称为双相触电，如图 3-16（b）所示。两相触电加在人体上的电压为线电压，显然，双极触电比单极触电更危险，后果也更严重。因此，不论电网的中性点接地与否，其触电的危险性都很大。

间接接触带电体触电事故是指人体在接触到正常情况下不带电、仅在事故情况下才会带电的部分而发生的触电事故。例如，电气设备外露金属部分，在正常的情况下是不带电的，但是当设备内部绝缘老化、破损时，内部带电部分就会向外部本来不带电的金属部分“漏电”，在这种情况下，人体触及外露金属部分便可能触电。近年来，随着家用电器使用的日益增多，间接接触触电事故所占比例正在上升。

（五）触电急救

当发生触电时，应根据触电者的具体情况迅速进行现场紧急抢救。现场急救是抢救触电者生命的关键步骤，其包括两个基本环节。

1. 迅速使触电者脱离电源，并及时切断流过触电者身体的电流

（1）如果触电者与电源开关或插座距离较近，应立即将电源开关断开或将插座拔掉。

（2）如果触电者与电源开关或插座距离较远，可用绝缘物体（如干燥的衣服、木棒、竹竿或其他不导电材料等）迅速拨开触电者身上的导线或带电体；或站在绝缘物体上（如干燥木板、木凳等），用单手抓住触电者衣服，将其脱离电源；也可用干燥的衣服、围巾包缠起手，将

低电压线路拨开或将触电者拉开。

(3)如果是高压系统触电,抢救者千万不要在未断开电源的情况下走近触电者。应首先断开电源开关,或在安全距离之外用长绝缘工具使触电者脱离电源,然后用单脚跳近,并用绝缘工具将触电者拖至安全距离之外。

(4)如果触电者在高空作业时触电,应避免触电者脱离电源后从高处摔下来,增加外伤。

2. 脱离电源后的现场急救

(1)如果触电者还没有失去知觉,只在触电后一度昏迷,则应使触电者在医生到来之前保持安静,观察呼吸、脉搏,或者立即送医院检查治疗。

(2)伤势较重者,或者虽失去知觉但仍有呼吸,脉搏尚存在者,应使其舒适地平卧,解开衣服(天冷时注意保暖),给触电者闻氨水,用冷水洒身上(不要用口喷),摩擦全身,使之发热。若触电者呼吸有困难,每分钟呼吸次数很少,不时发生肌肉萎缩现象,则必须进行人工呼吸。

(3)如果触电者没有生命的象征(呼吸停止,脉搏及心脏停止跳动),千万不可认为已经死去。触电者经常有假死现象,此时应立即进行不间断的人工呼吸和胸外心脏挤压,直到其恢复生命或医生到来。

(4)在急救过程中,绝对禁止将触电者埋入土中,或不首先采取有效的紧急抢救措施而乱打强心针或将触电者搀扶起来让其走动。

(六)防护措施

发生触电事故的原因很多,而触电都是由于触及带电体引起的。因此,预防电气事故除加强安全教育外,还必须有完善的保安措施,做到防患于未然。

对高压系统应设围栏,挂警告牌,阻止非工作人员接近。工作人员在高压系统作业时需有工作票,并指定监护人进行安全监护。

正常情况下不带电的部分,因电气设备的绝缘破损或老化而带电时,最易引起触电。消除这种事故的办法是加强检测维修工作和采取保护接地或保护接零。下列电力设备的金属导电部分,除另有规定外均应接地或接零。有关接地和接零保护问题,后面将作较详细的分析。

(1)电机、变压器、电器、携带式及移动式用电器具等的底座和外壳;

(2)电力设备的传动设备;

(3)仪表互感器的副绕组;

(4)配电盘、控制盘的框架和室内外配电装置的金属构架,钢筋混凝土构架及靠近带电部分的金属围栏与金属门;

(5)电力电缆接线盘、终端盘、电缆的外皮和穿线的钢管等。

以上设备禁止带电操作。必须带电操作时,应使用安全工具,穿绝缘鞋,戴绝缘手套,站在绝缘工作台上工作。

安装在机床或金属质的平台上的照明灯具、手携式电筒最好采用12/36 V的安全电压。安全电压应用双绕组的降压变压器供电,变压器外壳、铁芯和副绕组均应接地。

切断大电流负载应使用具有灭弧装置的负荷开关,以免发生电弧灼伤和电弧短路事故。

各种电气设备的选型、安装施工等必须严格按有关的安全规程进行。

三、电气火灾的防范及扑救常识

(一)电气防火和防爆

在使用电气的过程中,引起火灾和爆炸的主要原因,一是电气设备使用不当,例如不适当地过载、通风冷却条件欠佳引起电器过热;导体之间接触不良、接触电阻过大造成局部高温;电烙铁、电熨斗之类高温设备使用不注意,烤燃了周围易燃物质等。二是电气设备发生故障,例如绝缘损坏,引起短路而造成高温,因断路而引起火花或电弧等。电器防火和防爆的主要措施如下:

(1)合理选用电气设备。不仅要合理选择电气设备的容量和电压,还要根据工作环境的不同,选用合适的结构形式,尤其是在易燃易爆场所,必须选用合理的防爆型电气设备。我国的防爆型电气设备分为以下两类:Ⅰ类是煤矿井下使用的电气设备,Ⅱ类是工厂使用的电气设备。每一类又分为隔爆型(d)、增安型(e)、本质安全性(j_a、j_b)、正压型(p)、充油型(o)、充砂型(q)、无火花型(n)、特殊型(s)等八种。使用时应根据危险场所的等级、性质和使用条件来选择防爆电器的种类。

(2)保持电气设备的正常运行。

(3)保持必要的安全间距。

(4)保持良好的通风。

(5)装设可靠的接地装置。

(6)采取完善的组织措施。

(二)电气火灾的扑救常识

1. 电气火灾的特点

电气火灾与一般火灾相比,有两个突出的特点:

(1)电气设备着火后可能仍然带电,并且在一定范围内存在触电危险。

(2)充油电气设备如变压器等受热后可能会喷油,甚至爆炸,造成火灾蔓延且危及救火人员的安全。

所以,扑救电气火灾必须根据现场火灾情况,采取适当的方法,以保证灭火人员的安全。

2. 断电灭火

电气设备发生火灾或引燃周围可燃物时,首先应设法切断电源,必须注意以下事项:

(1)处于火灾区的电气设备因受潮或烟熏,绝缘能力降低,所以拉开关断电时,要使用绝缘工具。

(2)剪断电线时,不同相电线应错位剪断,防止线路发生短路。

(3)应在电源侧的电线支持点附近剪断电线,防止电线剪断后跌落在地上,造成电击或短路。

(4)如果火势已威胁到邻近电气设备,应迅速拉开相应的开关。

(5)夜间发生电气火灾,切断电源时,要考虑临时照明问题,以利扑救。如需要供电部门切断电源,应及时联系。

3. 带电灭火

如果无法及时切断电源,而需要带电灭火,要注意以下几点:

(1)应选用不导电的灭火器材灭火,如干粉灭火器、二氧化碳灭火器、1211 灭火器,不得使用泡沫灭火器带电灭火。

(2)要保持人及所使用的导电消防器材与带电体之间有足够的安全距离，扑救人员应戴绝缘手套。

(3)对架空线路等空中设备进行灭火时，人与带电体之间的仰角不应超过45°，而且应站在线路外侧，防止电线断落后触及人体。如带电体已断落地面，应划出一定警戒区，以防跨步电压伤人。

4. 充油电气设备灭火

(1)充油电气设备着火时，应立即切断电源，若外部局部着火，可用二氧化碳灭火器、1211灭火器、干粉灭火器等灭火器材灭火。

(2)如设备内部着火，且火势较大，切断电源后可用水灭火，有事故储油池的，应设法将油放入池中，再进行扑救。

四、节约用电

(一)节约用电

在党和政府的正确领导下，我国的电力行业有了长足的发展，为促进国家经济和社会持续发展护航。1949年全国只有不到1.9 GW(吉瓦)的总装机容量和分别位于东北、京津唐地区和上海地区的三个电网。到2009年底，已经发展到拥有8.74亿kW的总装机容量和12个区域性电网。以总装机容量和发电量计算，我国的电力行业在全球名列第二，仅次于美国。但2009年我国人均装机容量为0.655 kW，人均发电量只有1 278 kW·h，均不到世界平均水平的1/2，仅为发达国家的1/6~1/10，与先进国家水平相比，仍有一段距离。

近年来，为实现全面建设小康社会，党和国家做出了大力发展核电、兴建三峡工程、西电东送等许多重大决策。尽管我国的发电量有了很大的增长，但还必须注意节约用电，这样才能充分发挥最大效益，以实际行动支援我国的现代化建设事业。

(二)节约用电的措施

节约用电的措施主要有以下几个方面：

(1)充分发挥用电设备(如变压器、电动机等)在运行时的效率，即根据负载正确选用电气设备的功率。

(2)提高线路和用电设备的功率因数，充分发挥发电设备的潜力并减少输电线路的损耗。

(3)选择合理线路导线截面面积，适当缩短大电流负载的连接。连接点要求紧接，以降低线路损耗。

(4)尽可能对用电设备和系统进行技术更新。

(5)加强用电管理制度，尤其是照明用电管理。

本章小结

(1)对称三相电源的三相电压频率相同、大小相等、相位依次互差120°，它们满足瞬时值之和(或相量之和)为零。三相电源一般都是对称的，而且多用三相四线制接法。在三相四线制电路中，可为用户提供380 V的线电压和220 V的相电压。

(2)三相负载连接分为星形连接和三角形连接。负载连接为星形时,则线电流等于相电流,即

$$\dot{I}_1 = \dot{I}_p$$

对于对称或不对称负载,若采用三相四线制

$$U_1 = \sqrt{3}U_p$$

且线电压超前相电压30°。

负载三角形连接时

$$\dot{U}_1 = \dot{U}_p$$

当负载对称时

$$I_1 = \sqrt{3}I_p$$

线电流滞后相电流30°。

当负载不对称时

$$I_1 \neq \sqrt{3}I_p$$

(3)三相电路如果负载对称,分析计算是只要分析计算其中一相,其他各相可由对称关系得出。如果不对称,则应逐相分析计算。

(4)对称负载的三相电路,不管采用星形连接还是三角形连接,它们的功率分别为

$$P = \sqrt{3}U_1I_1\cos\varphi = 3U_pI_p\cos\varphi$$

$$Q = \sqrt{3}U_1I_1\sin\varphi = 3U_pI_p\sin\varphi$$

$$S = \sqrt{3}U_1I_1 = 3U_pI_p$$

式中:$\cos\varphi$ 是功率因数;φ 是功率因数角,是相电压与相电流的相位差。

(5)另外,了解一般情况下对人体的安全电流和电压,触电事故的发生和安全用电的原则,节约用电的措施。

习　题

3-1　填空题

(1)对称三相负载作三角形连接,接在380 V的三相四线制电源上。此时负载端的相电压等于______倍的线电压,相电流等于_____倍的线电流,中线电路等于_______。

(2)有一对称三相负载呈星形连接,每相阻抗均为44 Ω,功率因数为0.6,又测出负载中的电流为5 A,那么三相电路的有功功率为______,无功功率为_______,视在功率为______。假如负载为感性设备,则等效电阻是_______,等效电感量为________。

3-2　判断题

(1)中线的作用就是使不对称Y连接负载的端电压保持对称。　(　　)

(2)三相电路的有功功率在任何情况下都可以用二瓦计法进行测量。　(　　)

(3)三相负载作三角形连接时,总有 $I_1 = I_p$ 成立。　(　　)

(4)负载作星形连接时,必有线电流等于相电流。　(　　)

(5)三相不对称负载越接近对称,中线上通过的电流就越小。　(　　)

(6)中线不允许断开,因此不能安装保险丝和开关,并且中线截面比火线粗。 ( )

3-3 对于三相异步电动机三相绕组,每相绕组的额定电压为 220 V,每相绕组复阻抗 $Z=(29.6+j20.6)\ \Omega$。试求:

(1)电动机星形连接于线电压 380 V 时和三角形连接于线电压 220 V 时的线电流和输入功率。

(2)画出电压和电流的相量图。

3-4 一台三相交流电动机,定子绕组星形连接于 $U_1=380$ V 的对称三相电源上,其线电流 $I_1=2.2$ A, $\cos\varphi=0.8$,试求每相绕组的阻抗 Z。

3-5 三相对称负载作三角形连接,其线电流为 $I_1=5.5$ A,有功功率为 $P=7\ 760$ W,功率因数 $\cos\varphi=0.8$,求电源的线电压 U_1、电路的无功功率 Q 和每相阻抗 Z。

3-6 对称三相电阻炉作三角形连接,每相电阻为 38 Ω,接于线电压为 380 V 的对称三相电源上,试求负载相电流 I_p、线电流 I_1 和三相有功功率 P,并绘制出各电压、电流的相量图。

3-7 对称三相电源,线电压 $U_1=380$ V,对称三相感性负载作三角形连接,若测得线电流 $I_1=17.3$ A,三相功率 $P=9.12$ kW,试求每相负载的电阻和感抗。

3-8 对称三相电源,线电压 $U_1=380$ V,对称三相感性负载作星形连接,若测得线电流 $I_1=17.3$ A,三相功率 $P=9.12$ kW,试求每相负载的电阻和感抗。

3-9 三相异步电动机的三个阻抗相同的绕组连接成三角形,接于线电压 $U_1=380$ V 的对称三相电源上,若每相阻抗 $Z=(8+j6)\Omega$,试求此电动机工作时的相电流 I_p、线电流 I_1 和三相功率 P。

3-10 对称三相负载 $Z=(17.32+j10)\Omega$,额定电压 $U_N=220$ V,三相四线制电源线电压 $U_{AB}=380\sqrt{2}\sin(\omega t+30°)$ V。试求:

(1)该三相负载应如何接入三相电源。

(2)计算线电流。

(3)画相量图。

3-11 有日光灯 120 只,每只功率 $P_N=40$ W,额定电压 $U_N=220$ V,$\cos\varphi=0.5$,电源是三相四线制,电压 380/220 V。问日光灯应如何连接?当日光灯全部点亮时,相电流、线电流各是多少?

3-12 三相交流电动机的三相绕组为三角形连接,其线电压 $U_1=380$ V,线电流 $I_1=84.2$ A,三相负载的总功率 $P=48.75$ kW,计算电动机每相绕组的等效复阻抗 Z。

第四章　磁路和变压器

第一节　磁场的基本物理量

一、磁场和磁感线

根据电磁场理论，磁场是由电流产生的，它与电流在空间的分布和周围空间磁介质的性质密切相关。在工程中，常把载流导体制成的线圈绕在由磁性材料制成的(闭合)铁芯上。由于磁性材料的磁导率比周围空气的磁导率大很多，因此铁芯中的磁场比周围空气中的磁场强度大得多，磁场的磁感线大部分汇聚于铁芯中，工程上把这种由磁性材料组成的、能使磁感线集中通过的整体，称为磁路，如图 4-1 所示。

磁路这种形式，可以用相对较小的电流，在其限定的区域内获得较强的磁场。在工程上，凡是需要强磁场的场合，都广泛使用磁路实现，如各种型号的电机、变压器、电磁铁和电磁仪表等电气设备中，都有由磁性材料制成的磁路。

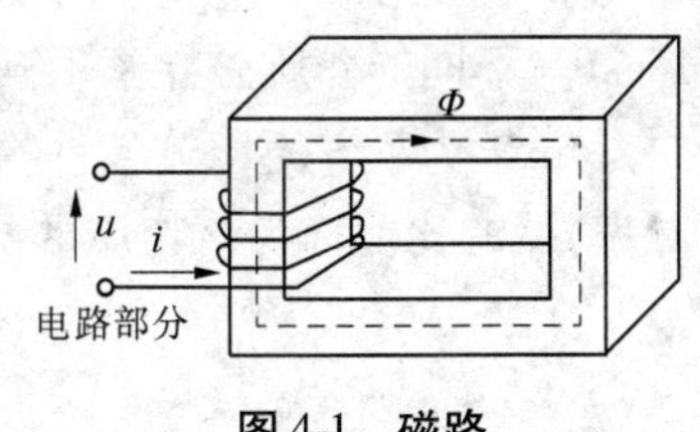

图 4-1　磁路

人们用以形象地描绘磁场分布的一些曲线叫做磁感线，将磁感线定义为处处与磁感应强度相切的线，磁感应强度的方向与磁感线的方向相同，其大小与磁感线的密度成正比。

二、磁感应强度 B

磁感应强度 B 是表示磁场中某点磁场强弱和方向的物理量，它是一个矢量。磁感应强度的方向与产生该磁场的电流(也称为励磁电流)方向之间符合右手螺旋定则，其大小可以表示为

$$B = \frac{F}{Il} \tag{4-1}$$

磁场中某点的磁感应强度 B 的大小，在数值上等于该点磁场作用于长为 1 m、通过的电流为 1 A，并且垂直于磁场方向的导体的电磁力。

在国际单位制(SI)中，磁感应强度的单位是特(斯拉)，用 T 表示，也就是韦伯每平方米($\mathrm{Wb/m^2}$)。

如果磁场内各点的磁感应强度大小相等、方向相同，则这样的磁场称为均匀磁场。在均匀磁场中，磁感应强度的大小也可以用通过垂直于磁场方向的单位面积的磁力线条数表示。

三、磁通 Φ

在均匀磁场中，磁感应强度 B 与垂直磁场方向的面积 S 的乘积，称为通过该面积的磁

通量,简称磁通,用 Φ 表示,即

$$\Phi = BS \quad 或 \quad B = \frac{\Phi}{S} \tag{4-2}$$

由此可见,磁感应强度 B 在数值上等于磁场方向垂直的单位面积上通过的磁通 Φ,故 B 又称为磁通密度。

在国际单位制(SI)中,磁通的单位是韦伯(Wb)。

四、磁场强度 H

磁场强度是表示磁场中与媒介质无关的磁场大小和方向的物理量,它的定义为磁场中某点的磁感应强度 B 与媒介质磁导率 μ 之比,即

$$H = \frac{B}{\mu} \tag{4-3}$$

在国际单位制(SI)中,磁场强度的单位是安/米(A/m)。

五、磁导率

磁导率是用来衡量物质导磁能力大小的物理量,用 μ 表示,单位是亨利/米,符号为(H/m)。不同的介质磁导率不同。通过实验测得真空中的磁导率为一常数,即 $\mu_0 = 4\pi \times 10^{-7}$ H/m。为了方便比较各种物质的导磁性能,通常将任意一种物质的磁导率 μ 与真空的磁导率 μ_0 的比值称为该物质的相对磁导率,用 μ_r 来表示,即

$$\mu_r = \frac{\mu}{\mu_0} \tag{4-4}$$

μ_r 无量纲。有些物质,例如空气、水、木材、金、银、铜、铝、汞等导磁能力很差,$\mu \approx \mu_0$,其相对导磁系数 $\mu_r \approx 1$,这些物质称为非磁性材料或者非磁性物质;另一些物质,如铁、硅钢、铸铁、钴、镍及其合金、铁氧体等,导磁能力很强,$\mu \gg \mu_r$,其相对磁导率 $\mu_r \gg 1$,这些物质称为磁性材料或铁磁材料。不同材料的相对磁导率如表 4-1 所示。

表 4-1　不同材料的相对磁导率

<table>
<tr><th>磁性材料</th><th>相对磁导率 μ_r</th><th>磁性材料</th><th>相对磁导率 μ_r</th></tr>
<tr><td>铸铁</td><td>200 ~ 400</td><td>铝硅铁磁粉</td><td>2.5 ~ 7</td></tr>
<tr><td>铸钢</td><td>200 ~ 2 000</td><td>镍锌铁氧体
(用于 1 MHz 以上)</td><td>10 ~ 1 000</td></tr>
<tr><td>硅钢片</td><td>7 000 ~ 10 000</td><td rowspan="2">锰锌铁氧体
(用于 1 MHz 以下)</td><td rowspan="2">300 ~ 5 000</td></tr>
<tr><td>坡莫合金</td><td>$10 \times 10^4 \sim 2 \times 10^5$</td></tr>
</table>

第二节　磁路和磁路定律

一、磁路的基本概念

磁路中铁芯线圈匝数 N 与通过的励磁电流 i 的乘积称为磁通势,用字母 F_m 表示,有

$$F_m = Ni \tag{4-5}$$

磁通势的方向用右手螺旋法则确定,即四指代表电流的方向,大拇指指向为磁通势的方向。在国际单位制(SI)中,磁通势的单位是安[培],用符号 A 表示。

二、磁路定律

为了便于分析磁路,通常将磁路情况模拟成电路分析,并且利用电路欧姆定律,找出与它对应的磁路欧姆定律。使磁路分析更加简便。

以图 4-2 所示的环形螺管线圈为例,由安培环路定律(或者称全电流定律)得

$$\oint \vec{H}d\vec{l} = \sum I \tag{4-6}$$

由于线圈为密绕,铁芯中心线上的各点磁场强度大小相等,其方向与 dl 一致,故磁场强度 H 沿铁芯中心线闭合线积分可表示为

$$\oint \vec{H}d\vec{l} = Hl \tag{4-7}$$

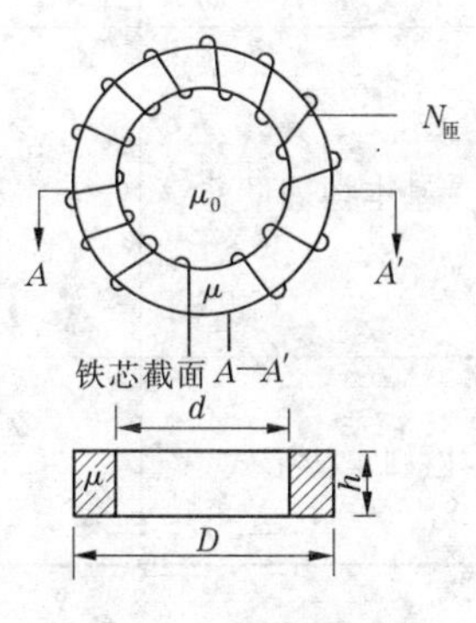

图 4-2　环形螺管线圈

电流的代数和等于电流 I 与线圈匝数 N 的乘积,即

$$\sum I = NI \tag{4-8}$$

将式(4-7)和式(4-8)代入式(4-6)可得

$$Hl = IN = \frac{B}{\mu}l = \frac{\Phi}{\mu S}l \tag{4-9}$$

或

$$\Phi = \frac{IN}{\dfrac{l}{\mu S}} = \frac{F_m}{R_m} \tag{4-10}$$

式中:$R_m = \dfrac{l}{\mu S}$称为磁阻,它是对磁通具有阻碍作用的物理量;l 为磁路的平均长度;S 为磁路的截面面积。式(4-10)与电路的欧姆定律在形式上相似,称为磁路的欧姆定律。

由于铁磁材料的磁导率 μ 不是常数,所以其磁阻 R_m 也不是个常数,不能直接用磁路欧姆定律来计算磁路。但对磁路进行定性分析时,磁路的欧姆定律还是能提供一些方便的。比如:通过公式(4-10)可以看出,磁导率 μ 大的材料磁阻 R_m 小;截面面积 S 小的材料磁阻 R_m 大;在一定的磁通势 F_m 下磁通 Φ 与磁阻 R_m 成反比等定性关系。

尽管磁路和电路在形式上非常相似,但是二者之间却有着本质上的区别。表 4-2 将简单的直流电路和磁路进行比较,目的在于方便大家理解和记忆。

三、铁磁材料的磁性能

(一)高导磁性

铁磁材料具有强烈的磁化(呈现磁性)特性。我们知道电流产生磁场,在物质的分子中,由于电子环绕原子核运动和本身自转而形成分子流,分子流也要产生磁场,每个分子相当于一个基本小磁铁。同时,在铁磁材料内部还分成许多小区域,每个区域内的分子间相互

表 4-2　磁路和电路比较

项目	路别	
	磁路	电路
模型形式	i　Φ　+　u　−　Hl	I　+　U　−　R　U_s
基本物理量	磁通势 F_m 磁通 Φ 磁感应强度 B 磁阻 $R_m=\dfrac{l}{\mu S}$	电动势 E 电流 I 电流密度 J 电阻 $R=\rho\dfrac{l}{S}$
欧姆定律形式	$\Phi=\dfrac{IN}{\dfrac{l}{\mu S}}=\dfrac{F_m}{R_m}$	$I=\dfrac{U_s}{R}=\dfrac{U_s}{\rho\dfrac{l}{S}}$

作用,使其分子磁铁整齐排列,显示出磁性,这些小的区域称为磁畴。在没有外界磁场的作用时,磁畴排列十分混乱,磁场互相抵消,对外不显示磁性,如图 4-3(a)所示。但是,在外磁场(例如在铁芯线圈中的电流所产生的磁场)的作用之下,磁畴就会顺着外磁场的方向转向,显示出磁性来。随着外磁场增强(线圈电流增大),磁畴逐渐转到与外磁场相同的方向上,如图 4-3(b)所示。这样便产生了一个很强的与外磁场方向相同的磁化磁场,使铁磁材料内的磁感应强度大大增强,所以铁磁材料具有很高的导磁性。

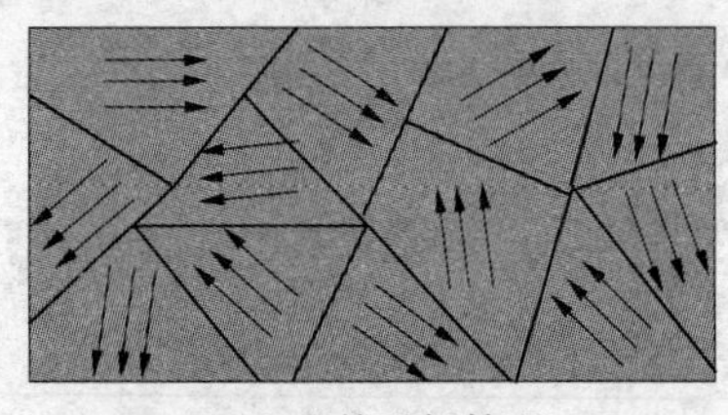
(a)无外磁场情况

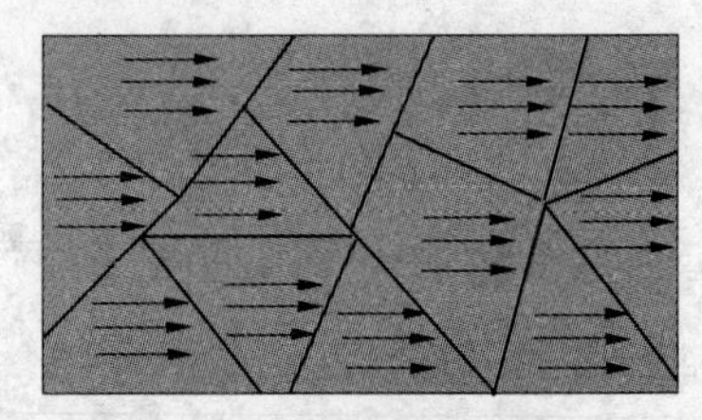
(b)有外磁场情况

图 4-3　铁磁材料的磁化

非铁磁材料的内部没有磁畴结构,所以不具有磁化的特性。同时,铁磁材料的磁化过程具有磁饱和性和磁滞性。

(二)磁饱和性

通过实验可以测出铁磁材料的磁感应强度 B 与磁场强度 H 的变化曲线,称 $B=f(H)$ 为磁化曲线,如图 4-4 中的曲线 B 所示。从图中看出,曲线分为四段:Oa 段的曲线变化较缓,这是由于磁畴有惯性,H 增加时 B 不能很快上升;ab 段上升曲线较陡,近似直线,表明磁畴在不太大的外磁场作用下,就能转向外磁场方向,所以 B 随着 H 增加很多;bc 段曲线变化缓慢,说明大部分磁畴都已转向外磁场方向,B 的增加缓慢;c 点以后的曲线变得几乎平坦,表明磁畴已全部转向外磁场方向,即使外磁场 H 再增加,磁感应强度 B 增加的也很少,达到饱和状态。

由于磁场内含有铁磁材料，B 与 H 不成正比，所以铁磁材料的磁导率 μ 不是常数，它随着 H 的变化而变化，如图 4-4 中的 μ 曲线所示。图 4-4 中的 B_0 曲线是磁场内不存在铁磁材料的磁化曲线，B_0 与 H 成正比，所以非铁磁材料的磁导率 μ 是常数，有 $\mu \approx \mu_0$。

(三)磁滞性

铁磁材料在交变磁场 H 的作用下，将受到交变磁化，其磁化曲线如图 4-5 所示。由图可见，B 的变化滞后于 H 的变化，这就是铁磁材料的磁滞性。当 H 增加到 H_m 时，使 B 沿着磁化曲线增加到 B_m，H 减小，B 随之减小，当 $H=0$ 时，B 并不等于零，而是等于 B_r，还保留一定的磁性，B_r 称为剩磁。人造永久磁铁的磁性就是剩磁产生的。在生产中，有时剩磁是不需要的，为了消除剩磁，必须外加一个反向磁场 $H=H_c$，使 $B=0$，H_c 称为矫顽磁力。铁磁材料在反复交变磁化下，所得到的闭合磁化曲线，称为磁滞回线。

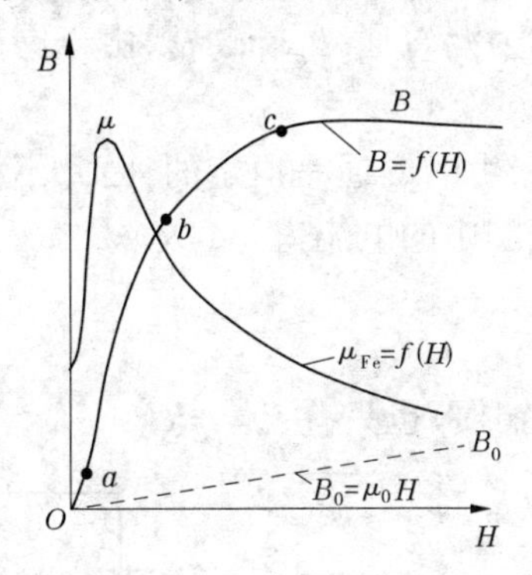

图 4-4　铁磁材料的磁化曲线

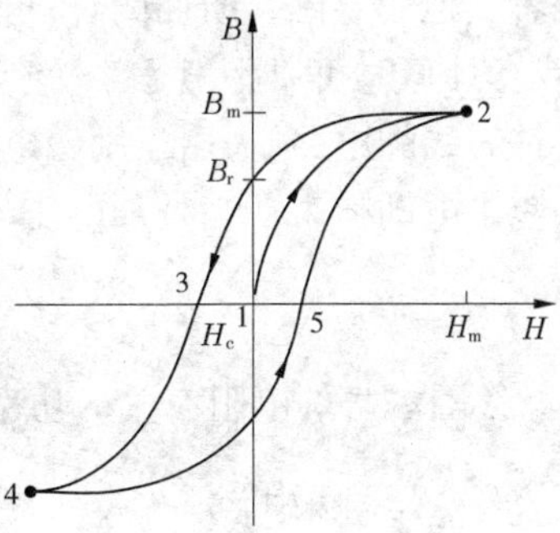

图 4-5　磁滞回线

铁磁材料按照其磁滞回线形状不同，可以分为三种基本类型：

(1)软磁材料。它具有较小的剩磁和矫顽磁力，磁滞回线较窄，磁导率很高，一般用来制造变压器、电机和电器等的铁芯。属于软磁材料的有硅钢、铸钢、坡莫合金及铁氧体等。软磁材料的磁滞回线如图 4-6(a)所示。

(2)硬磁材料。与软磁材料相反，硬磁材料具有较大的剩磁和矫顽磁力，磁滞回线较宽，一般用来制造永久磁铁，应用于电磁式仪表、永磁扬声器、耳机、小型直流电机等。属于硬磁材料的有钢、钴钢及镍铝钴合金等。硬磁材料的磁滞回线如图 4-6(b)所示。

(3)矩磁材料。具有较小的矫顽磁力和较大的剩磁，磁滞回线近似于矩形，稳定性良好。常在计算机和控制系统中作为记忆元件、开关元件和逻辑元件等，如镁锰铁氧体及 1J51 型镍合金等。矩磁材料的磁滞回线如图 4-6(c)所示。

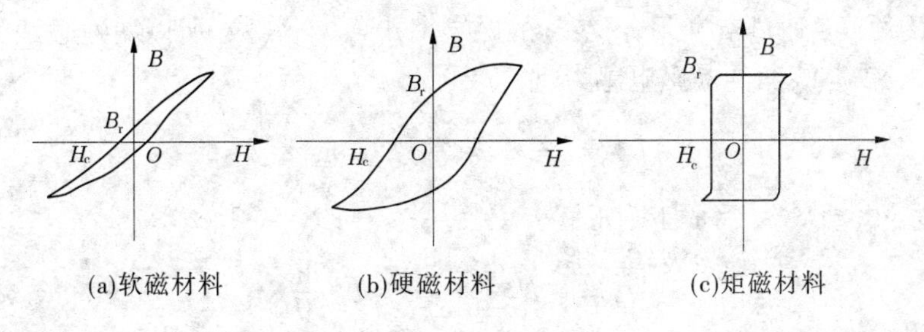

图 4-6　不同材料的磁滞回线

第三节　铁芯线圈电路

一、直流铁芯线圈电路

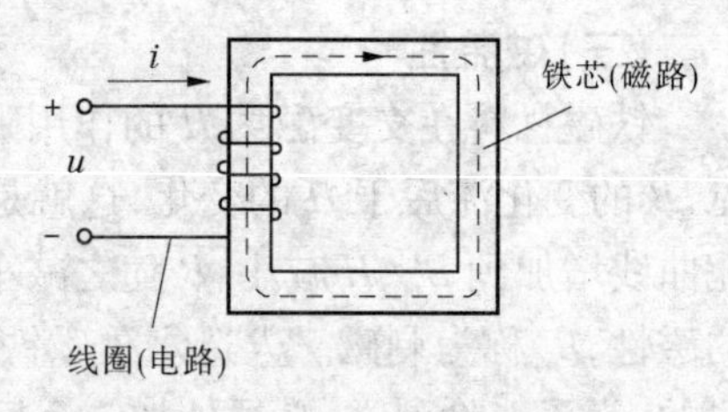

图 4-7　直流铁芯线圈电路

直流铁芯线圈电路中的励磁电流是直流,如直流电机的励磁线圈、电磁吸盘、各种直流电器线圈等,如图 4-7 所示。

由磁通势 $F = NI$ 所产生的磁通,绝大部分通过铁芯闭合,这部分磁通称为主磁通 Φ;还有少部分磁通通过空气或者其他非导磁媒质而闭合,这部分磁通称为漏磁通 Φ_σ。通常,由于漏磁通数值很小,分析或者计算时可以不考虑。

在直流铁芯线圈电路中,由于励磁电流是直流,产生的磁通是恒定的,因此不会在线圈和铁芯中感应出电动势来。当外加电压 U 一定时,线圈中的电流为

$$I = \frac{U}{R} \tag{4-11}$$

即电流 I 仅与线圈本身的电阻有关。功率损耗(称为铜损)也只有 $P = I^2R$。

二、交流铁芯线圈电路

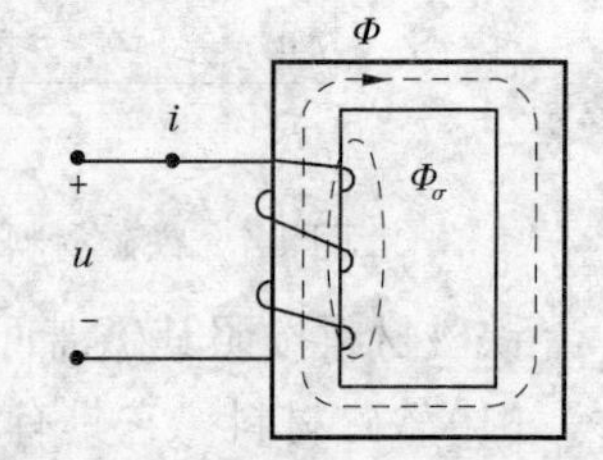

图 4-8　交流铁芯线圈原理图

具有铁芯的电感线圈接交流电源励磁,就构成了交流铁芯线圈电路。它在电磁关系、电压电流关系及功率损耗等几个方面比直流铁芯线圈线电路要复杂得多。

如图 4-8 所示交流铁芯线圈原理图,外加交流电压 u,则交流电流 i(或磁通势 iN)产生的主磁通 Φ 和漏磁通 Φ_σ 也是交变的,它们将分别在线圈中感应产生主磁电动势 e 和漏磁电动势 e_σ。

上述的电磁关系表示如下

$$\begin{aligned} &\nearrow \Phi \rightarrow e = -N\frac{\mathrm{d}\Phi}{\mathrm{d}t} \\ u \rightarrow i(iN) & \\ &\searrow \Phi_\sigma \rightarrow e_\sigma = -N\frac{\mathrm{d}\Phi_\sigma}{\mathrm{d}t} = -L_\sigma\frac{\mathrm{d}i}{\mathrm{d}t} \end{aligned} \tag{4-12}$$

因为漏磁通 Φ_σ 通过空气闭合,空气的磁导率 $\mu \approx \mu_0$ = 常数,所以漏磁通 Φ_σ 与电流 i 之间呈线性关系,铁芯线圈的漏磁电感为

$$L_\sigma = \frac{N\Phi_\sigma}{i} = \text{常数(const)} \tag{4-13}$$

因此,漏磁电动势 e_σ 写成下列形式

$$e_\sigma = -N\frac{\mathrm{d}\Phi_\sigma}{\mathrm{d}t} = -L_\sigma\frac{\mathrm{d}i}{\mathrm{d}t} \tag{4-14}$$

而主磁通通过铁芯闭合。由于铁磁材料的磁导率 μ 不是常数,随着励磁电流变化,所以主磁通 Φ 与电流 i 不存在线性关系,铁芯线圈的主磁电感是非线性的,因此主磁电动势表示

为

$$e = -N\frac{d\Phi}{dt} \tag{4-15}$$

在图 4-8 所示的参考方向下，可由基尔霍夫电压定律列出铁芯线圈的电压方程为

$$u = -e - e_\sigma + iR = N\frac{d\Phi}{dt} + L_\sigma\frac{di}{dt} + iR \tag{4-16}$$

通常由于线圈的电阻 R 和漏磁通 Φ_σ 都很小，因此它们的电压降也很小，与主磁电动势相比，可以忽略不计，式(4-15)可以近似表示为

$$u \approx -e = N\frac{d\Phi}{dt} \tag{4-17}$$

设主磁通 $\Phi = \Phi_m \sin\omega t$，则

$$e = -\frac{d\Phi}{dt} = -N\omega\Phi_m\cos\omega t = 2\pi fN\Phi_m\sin(\omega t - 90°) = E_m\sin(\omega t - 90°) \tag{4-18}$$

式中，$E_m = 2\pi fN\Phi_m$ 是主磁电动势的最大值，其有效值为

$$U \approx E = \frac{E_m}{\sqrt{2}} = 4.44fN\Phi_m \tag{4-19}$$

式(4-19)说明，当线圈的匝数 N 和电源频率 f 一定时，主磁通最大值 Φ_m 的大小仅取决于外加电压有效值 U。这个结论对分析交流电磁铁、变压器、交流电机等交流电器与设备是非常重要的。

三、交流铁芯线圈的能量损耗

交流铁芯线圈中的功率损耗 ΔP 包括铜损和铁损两部分，即 $\Delta P = \Delta P_{Cu} + \Delta P_{Fe} = I^2R + \Delta P_{Fe}$。线圈电阻 R 上的损耗，称为铜损 ΔP_{Cu}，$\Delta P_{Cu} = I^2R$；铁芯中的损耗，称为铁损 ΔP_{Fe}。铁损又包括以下两部分：

(1)磁滞损耗 ΔP_h。铁芯在交变磁场作用下反复磁化，需要克服磁畴间的阻碍而消耗能量，这就是磁滞损耗。可以证明，交变磁化一周在铁芯的单位体积中所产生的磁滞损耗能量与磁滞回线所包围的面积成正比。

为了减小磁滞损耗，应选用磁滞回线窄小的软磁材料制造铁芯，通常多采用硅钢片叠加而成。

(2)涡流损耗 ΔP_e。铁磁材料不仅是导磁材料，而且又是导电材料。因此，交变磁通在铁芯中也会产生感应电动势，从而在垂直交变磁通方向的平面产生图 4-9(a)所示的旋涡式的感应电流，称为涡流。涡流在铁芯中所产生的能量损耗称为涡流损耗。

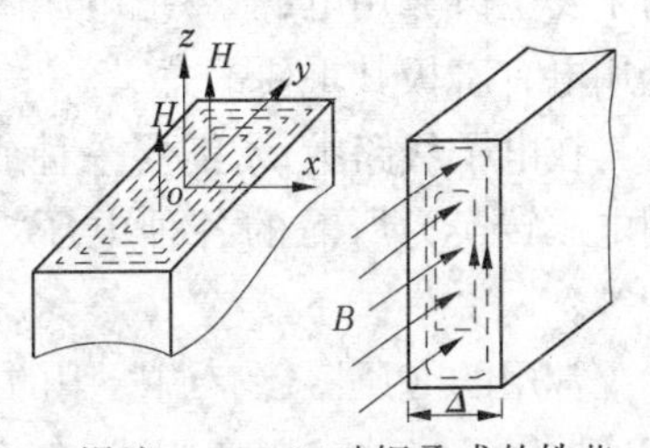

(a)涡流　　(b)硅钢叠成的铁芯

图 4-9　涡流损耗

为了减小涡流损耗，在顺磁场方向铁芯可由彼此绝缘的钢片叠成图 4-9(b)所示形式，这样就可以限制涡流只能在较小的截面内流通。此外，硅钢片中还有少量的硅，因而电阻率较大，这样也可以致使涡流减小。

铜损和铁损都要消耗电能，并转化为热能而使铁芯发热。因此，大容量的交流电工设备

(如发电机、电力变压器等)要采取相应的冷却措施,如风冷、油冷等。在运行过程中,要注意监测铁芯温度,以防过热。

在铁芯线圈电路中,不论励磁电流是交流还是直流,铁芯的物理性质都是一样的,但在电磁关系上,交流励磁的磁路和直流励磁的磁路却有很大的不同。具体表现在如下各个方面:

(1)在直流励磁时,磁通势、磁通、磁感应强度等都是恒定不变的。而在交流励磁的磁路中,这些量都是交变的,由于电磁感应作用,交流励磁的铁芯线圈电路便出现了一系列与直流励磁的铁芯线圈电路不同的特点。

(2)直流励磁电流的大小仅取决于线圈端电压和电阻,而与磁路特性(如材料、几何尺寸、有无气隙及气隙大小等)无关。交流励磁电流的大小则主要取决于磁路性质。

(3)交流磁路中的磁通基本上由线圈端电压决定,与磁路性质无关。而在直流磁路中,磁通的大小不仅与线圈端电压有关(端电压决定励磁电流的大小),而且与磁路的磁阻有关。

(4)在交流磁路中,铁芯中有涡流损耗、磁滞损耗及铁损,而直流磁路中显然没有这种损耗。

由于直流和交流铁芯线圈电路的这些区别,直流和交流电磁设备在使用时要特别注意,即便额定值相同,也不能互换使用。因为若将交流电磁设备(如电磁继电器、接触器等)接在与其额定电压相等的直流电压上,线圈中不会产生感应电动势,限制电流的因素只有电阻,产生的线圈电流将超过额定电流许多倍而将线圈烧坏;若将直流电磁设备接在有效值与其额定电压相同的交流电压上,则在线圈中将产生感应电动势,对电流具有限制作用,使得线圈电流比额定值小得多,磁通势和磁通也减小很多,设备将无法正常工作。

第四节　变压器的基本结构和原理

变压器具有变换电压、电流及阻抗的功能,在电力系统和电子电路中有很广泛的应用。

在电力系统中,传输电能的变压器称为电力变压器。它是电力系统中的重要设备,在远距离输电中,当输送一定功率时,输电电压越高,则电流越小,输电导线截面、线路的能量损耗及电压损失越小,为此大功率远距离输电,都将输出电压升高,而用电设备的电压又较低,为了安全可靠用电,需要把电压降下来,因此变压器对电力系统的经济输送、灵活分配及安全用电有着极其重要的意义。

在电子线路中,常需要一种或几种不同电压的交流电,因此变压器作为电源变压器将电网电压转换为所需的各种电压。此外,变压器还用来耦合电路、传送信号和实现阻抗匹配等。

常用的变压器还有调压用的自耦变压器,用于仪表测量进行改变电压、电流量程的仪用互感器以及一些专用变压器(如电炉变压器、电焊变压器、整流变压器等)。

一、变压器的基本结构

变压器的结构由于它的使用场合、工作要求及制造等原因有所不同,结构形式多种多样,但其基本结构都相类似,均由线圈(或称绕组)和铁芯组成,如图 4-10 所示。

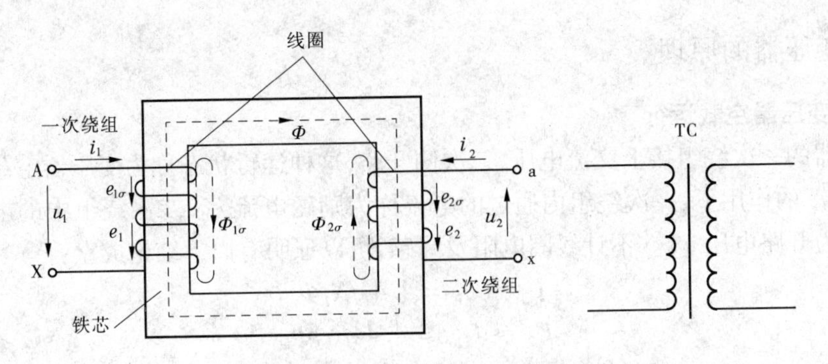

图 4-10　变压器原理图和符号

(一)绕组

绕组构成变压器的电路部分,为降低电阻值,多用导电性能良好的铜线缠绕而成。与电源连接的绕组称为一次绕组(或称为初级绕组、原绕组);与负载连接的绕组称为二次绕组(或称为次级绕组、副绕组)。绕组通常同心地套在铁芯柱上,初级绕组承受电源的电能,经过磁场耦合传送给次级绕组,给负载提供电能。一台变压器可以只有一个绕组(如自耦变压器),也可以有两个或者多个绕组。绕组通常用绝缘的铜线和铝线绕制,铝的导电性能虽比铜稍差一些,但由于其具有资源丰富、价格便宜、质量轻的特点,在实际中被广泛采用。

(二)铁芯

铁芯是构成变压器的磁路部分。为减小涡流损耗与磁滞损耗,一般由 0. 35 mm 或 0. 5 mm 两面涂有绝缘漆的硅钢片叠压而成。要求耦合性能好,铁芯都做成闭合形状,其线圈缠绕在铁芯柱上;对高频范围使用的变压器(数百千赫以上),要求耦合弱一点,绕组就缠绕在"棒形"(不闭合)铁芯上,或制成空心变压器(没有铁芯)。按线圈套装铁芯的情况不同,可分为芯式和壳式两种,如图 4-11 所示。电力变压器多采用芯式铁芯结构。

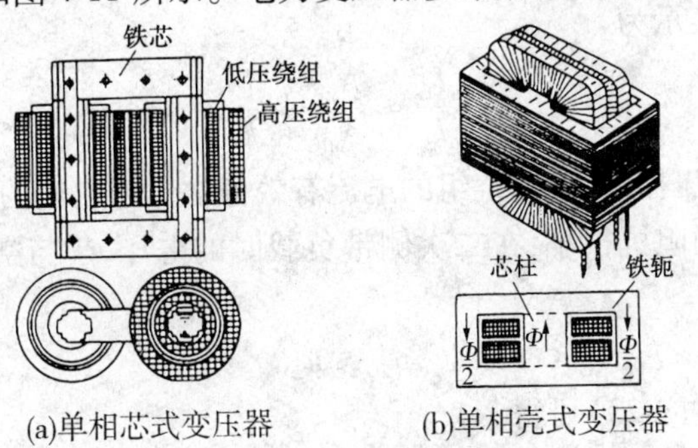

图 4-11　芯式和壳式变压器

(三)其他

由于变压器在工作时铁芯和线圈都要发热,为了不使变压器因过热而损坏绝缘材料,故需考虑散热问题,通常小容量的变压器采用自冷式;大中容量的变压器采用油冷式,把铁芯和绕组装入有散热管的油箱中,以增大散热面积。油既有散热作用,又起绝缘作用。此外,为保证大容量三相电力变压器安全可靠运行,还装有油枕(储油柜)、安全通道(防爆管)、分接头开关和气体继电器等部件。

二、变压器的原理

(一)变压器空载运行

变压器的一次绕组接上交流电压,二次侧开路,这种运行状态称为变压器空载运行。在外加电压 u_1 的作用下,一次绕组内通过的电流称为励磁电流 i_{10},二次绕组中的电流 $i_2=0$,二次电压为开路电压 u_{20}。不计线圈电阻及漏感,可以证明有以下结论成立:

$$U_1 \approx e_1 = 4.44fN_1\Phi_m$$
$$U_2 \approx U_{20} = 4.44fN_2\Phi_m \tag{4-20}$$

因此
$$k = \frac{U_1}{U_{20}} \approx \frac{N_1}{N_2} \tag{4-21}$$

式中 k 为变压器的变比。式(4-21)表明,变压器空载运行时,一、二次绕组的电压有效值之比等于一、二次绕组的匝数比。当变压器一、二次绕组匝数不同时,可以把某一数值的交流电压变换为同频率的另一数值交流电压,这就是变压器的电压变换作用。当变压器的 $N_1>N_2$,即 $k>1$ 时,称为降压变压器;反之,当 $N_1<N_2$,即 $k<1$ 时,称为升压变压器。

(二)变压器负载运行

变压器的一次绕组接上交流电源,二次绕组接有负载的运行状态称为负载运行。由于二次绕组接有负载,二次绕组中就有电流 i_2 流过。因当电源电压 U_1 和电源频率 f 一定时,Φ_m 近似为常数。因此,空载时的磁通势 N_1i_{10} 和负载状态下铁芯中的合成磁通势($N_1i_1+N_2i_2$)应近似相等。即 $N_1i_{10}=N_1i_1+N_2i_2$。

在额定状态下可以将 i_{10} 忽略不计,则有

$$\frac{i_1}{i_2} \approx -\frac{N_2}{N_1} \tag{4-22}$$

用其有效值可以表示为

$$\frac{I_1}{I_2} \approx \frac{N_2}{N_1} \approx \frac{1}{k} \tag{4-23}$$

式(4-22)表明,变压器一、二次绕组的电流有效值之比与它们的匝数成反比。

由于二次绕组的内阻抗很小,在二次侧带负载时的电压 u_2 与空载时的电压基本相等,即

$$u_2 \approx u_{20} \tag{4-24}$$

根据式(4-21)和式(4-23)可得

$$\frac{U_1}{U_{20}} \approx \frac{U_1}{U_2} = \frac{I_2}{I_1} \tag{4-25}$$

即

$$U_1I_1 = U_2I_2 \tag{4-26}$$

由式(4-26)可以看出,变压器一、二次绕组中电压高的一边电流小,而电压低的一边电流大。变压器可以把一次侧绕组的能量通过 Φ_m 的联系传到二次侧,从而实现能量的传输。

【例4-1】 一台220/36 V的行灯变压器,已知一次线圈匝数 $N_1=1\ 100$ 匝,试求二次线圈匝数。若在二次线圈侧接一盏36 V、100 W的白炽灯,问一次电流为多少?(忽略空载电流和漏阻抗压降)

解:由变压器的变压比公式可得

$$\frac{220}{36}=\frac{1\ 100}{N_2}$$

故 $N_2=180$ 匝。

二次侧通过白炽灯的电流为

$$I_2=\frac{P_2}{U_2}=\frac{100}{36}=2.78(\mathrm{A})$$

根据变压器变流规律可得

$$I_1=\frac{N_2}{N_1}I_2=\frac{36}{220}\times\frac{25}{9}=0.455(\mathrm{A})$$

(三)变压器的阻抗变换

变压器除变换电压和电流外,还可以进行阻抗变换,以实现"匹配"。如图 4-12(a)所示,负载阻抗 $|Z_2|$ 接在变压器二次侧绕组,二次侧绕组反映到一次侧绕组的等效阻抗为 $|Z_1|$,如图 4-12(b)所示。

$$|Z_1|=\frac{U_1}{I_1}=\frac{\frac{N_1}{N_2}U_2}{\frac{N_2}{N_1}I_2}=\left(\frac{N_1}{N_2}\right)^2|Z_2| \tag{4-27}$$

即

$$|Z_1|=\left(\frac{N_1}{N_2}\right)^2|Z_2|=K^2|Z_2| \tag{4-28}$$

$|Z_1|$ 又称折算阻抗。式(4-28)表明,在忽略漏抗的情况下,只要改变变压器的匝数比,就可以把负载阻抗等效变换为合适的值,负载阻抗性质保持不变,这种变换就称为阻抗变换。

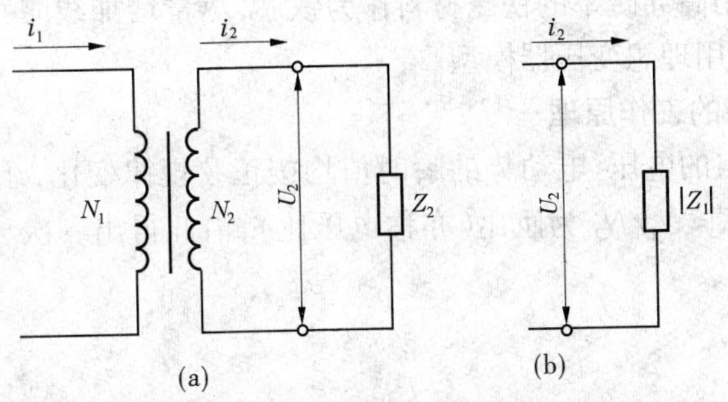

图 4-12 变压器阻抗匹配图

【例 4-2】 设交流信号源电压 $U=100$ V,内阻 $R_0=800\ \Omega$,负载 $R_L=8\ \Omega$。

(1)将负载直接接至信号源上,求负载获得多大功率。

(2)经变压器进行阻抗匹配,负载获得的最大功率是多大?变压器的变比为多少?

解:(1)将负载直接接至信号源上,负载获得的功率为

$$P=I^2R_L=\left(\frac{U}{R_0+R_L}\right)^2R_L=\left(\frac{100}{800+8}\right)^2\times 8=0.123(\mathrm{W})$$

(2)负载获得最大功率时,R_L 折算到一次的等效阻抗为 800 Ω,负载获得的最大功率为

$$P_{max} = I^2R'_L = \left(\frac{U}{R_0 + R'_L}\right)^2 R'_L = \left(\frac{100}{800 + 800}\right)^2 \times 800 = 3.125(\mathrm{W})$$

变压器的变比为

$$k = \frac{N_1}{N_2} = \sqrt{\frac{R_0}{R_L}} = \sqrt{\frac{800}{8}} = 10$$

三、理想变压器

(一)理想变压器

理想变压器是不计一次、二次绕组的电阻和铁耗,其间耦合系数 $k=1$ 的变压器。

描述理想变压器的电动势平衡方程式为

$$e_1(t) = -\frac{N_1 \mathrm{d}\Phi}{\mathrm{d}t}$$

$$e_2(t) = -\frac{N_2 \mathrm{d}\Phi}{\mathrm{d}t} \tag{4-29}$$

定义变压器的原副线圈的匝数比为变比

$$K = \frac{N_1}{N_2} \tag{4-30}$$

(二)理想变压器的条件

理想变压器是空心变压器在一定理想条件下的抽象,从理论上来说,条件有三个:

(1)变压器无损耗。

(2)全耦合——耦合系数 $k = \frac{M}{\sqrt{L_1 L_2}} = 1$。

(3)L_1、L_2、M 为无穷大,但是 $\sqrt{L_1/L_2}$ 为常数且等于变比,即 $\sqrt{L_1/L_2} = K$。

从实际上讲,采用高导磁率的铁磁材料作为铁芯,尽量增加线圈匝数,且线圈尽量紧密耦合的变压器可以使用理想变压器模型。

(三)理想变压器的工作原理

若一次、二次绕组的电压、电动势的瞬时值均按正弦规律变化,且不计铁芯损失,根据能量守恒原理,并令 $K = N_1/N_2$ 为匝比(亦称电压比),由此得出一次、二次绕组电压和电流有效值的关系:

(1)电压关系为

$$\frac{U_1}{U_2} = K \tag{4-31}$$

应用变压关系——供配电系统中的变压器,如三相变压器、调压器(实验中,实际上是一种自耦变压器)。

(2)电流关系为

$$\frac{I_1}{I_2} = \frac{1}{K} \tag{4-32}$$

应用变流关系——测量中常常用到的电流互感器(测大电流,保证安全)和测流钳(不必断开电路,且可以不必固定在一处)。

(3)阻抗关系为

$$\frac{|Z_1|}{|Z_2|} = K^2 \tag{4-33}$$

应用变阻抗关系——电子技术中常用它进行阻抗匹配。

第五节　特殊变压器

一、自耦变压器

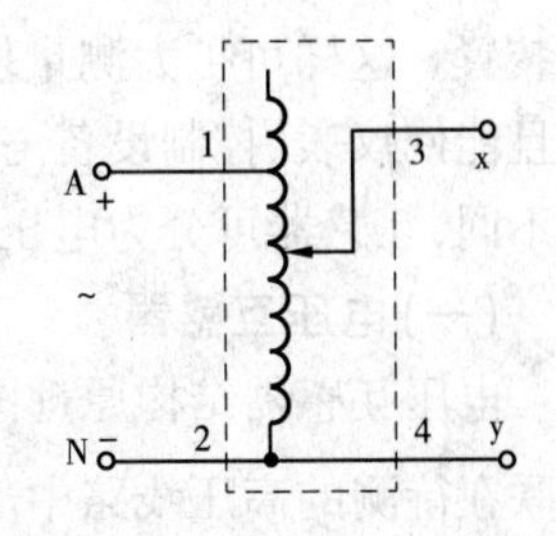

图 4-13　自耦变压器原理图

前面介绍的双绕组变压器,其原、副绕组是相互绝缘而绕在同一铁芯上的,两绕组之间仅有磁的耦合而无电的联系。而自耦变压器是将原绕组的一部分兼作副绕组用,其结构如图 4-13所示。自耦变压器原、副绕组之间既有磁的耦合,又有电的联系。

自耦变压器工作原理和普通的双绕组变压器相同。由于同一主磁通穿过绕组,所以原、副边电压仍然近似与匝数成正比,即

$$\frac{U_1}{U_2} \approx \frac{E_1}{E_2} \approx \frac{N_1}{N_2} = K \tag{4-34}$$

在电源电压 U_1 一定时,主磁通最大值 Φ_m 基本不变,同样存在着磁通势平衡关系。略去空载电流,则原、副边电流之比为

$$\frac{\dot{I}_1}{\dot{I}_2} \approx \frac{1}{K} \tag{4-35}$$

由于$\dot{I}_1$ 与$\dot{I}_2$ 近似反相位,因此自耦变压器线圈中原、副绕组公共部分的电流大小为

$$I = I_2 - I_1 \tag{4-36}$$

当变比 k 接近于 1 时,I_1 与 I_2 的数值相差不大,公共部分的电流 I 很小。这部分线圈可用截面较小的导线,以节省铜材,若不减小导线截面,这部分的铜损减小,能提高变压器的效率。此优点在变比较大时不显著。自耦变压器的变比一般为 1.5 ~2。

自耦变压器的低压绕组与高压绕组直接有电的联系,要采用同样的绝缘,并有使用不够安全的缺点。因此,一般变比要求很大的电力变压器和输出电压为 12 V、36 V 的安全灯变压器都不采用自耦变压器。

有的自耦变压器利用滑动触头均匀改变副绕组的匝数,从而能改变输出电压。这种可以平滑地调节输出电压的自耦变压器称为调压器。它常用于实验室中,如图 4-14 所示。

自耦变压器也可做成三相的,为三相调压器。电力网中也常用三相自耦变压器。如图 4-15 所示。

二、互感器

交流互感器是供测量、自动控制及保护用的一种特殊用途变压器。使用互感器,可将交流高电压变换成低电压或将交流大电流变换为小电流,然后送给测量仪表或控制、保护和自

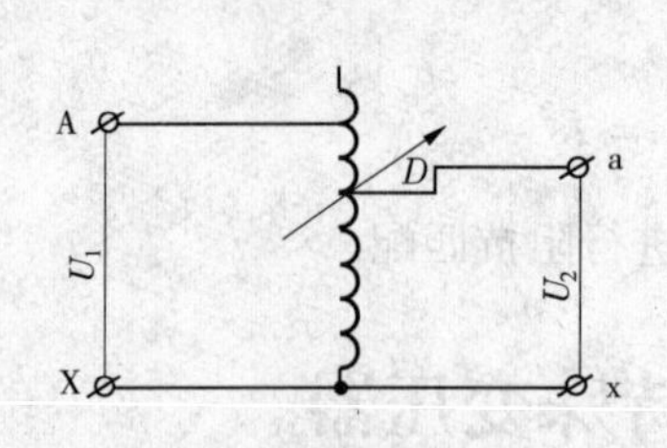

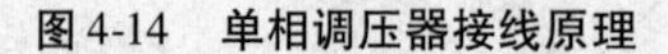

图 4-14　单相调压器接线原理

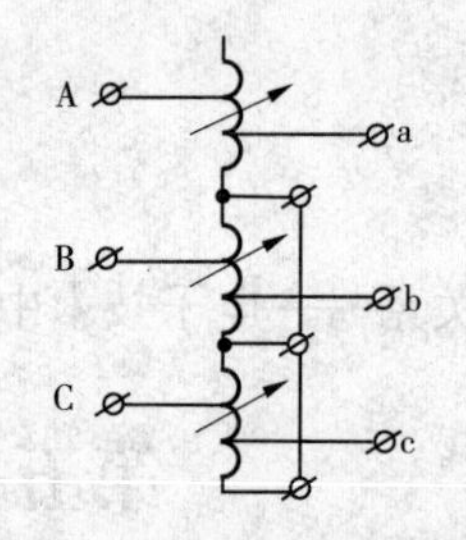

图 4-15　三相调压器接线原理

动装置。这样可扩大测量仪表的量程，满足自动控制和保护装置对电压、电流信号的要求，并且能使仪表、控制设备与高压电路相隔离，以保证仪表控制设备及工作人员的安全。按用途不同，互感器可分为电压互感器和电流互感器两类。

(一)电压互感器

电压互感器结构原理图和接线图如图 4-16 所示。原绕组为高压绕组，其匝数 N_1 很多，并联在待测的高压线路中。副绕组为低压绕组，匝数 N_2 较少，各种仪表(如电压表、功率表等)的电压线圈或控制保护电气的电压线圈并联在副绕组的两端。

各种仪表、电器的电压线圈阻抗都很大，故电压互感的运行与电力变压器的空载运行情况相似。原、副绕组电压比为

$$\frac{U_1}{U_2} \approx \frac{N_1}{N_2} = K_u \quad 或 \quad U_1 \approx K_u U_2 \tag{4-37}$$

式中，K_u 为电压互感器的变压比。

这样通过测量 U_2，再乘上变压比 K_u 可得出 U_1。如果电压互感器与电压表是配套的，就可以从表盘上直接读出 U_1 的数值。电压互感器的型号、规格很多，其原边额定电压 U_{1N} 按被测高压线路的电压等级选取，副边额定电压通常为标准值 100 V。

在运行中，电压互感器副边不允许短路，以防烧毁线圈。为了工作安全，电压互感器的铁芯、金属外壳及低压绕组的一端都必须接地，避免高、低压绕组间的绝缘损坏，低压侧将出现高电压，这对工作人员是非常危险的。

(二)电流互感器

电流互感器的结构原理和接线图如图 4-17 所示。其原绕组匝数很少(有的只有一匝)，导

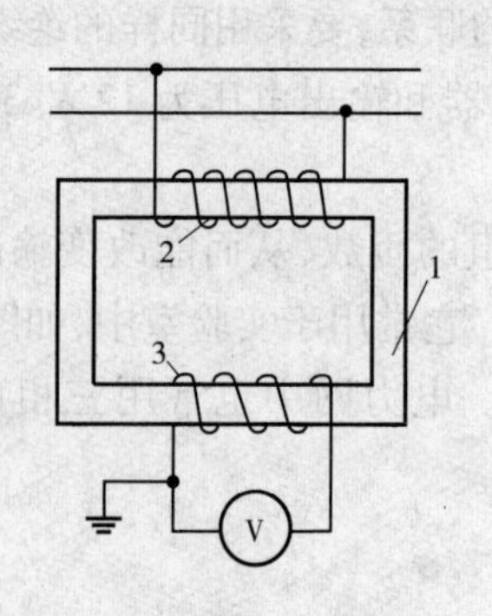

1—铁芯；2—一次绕组；3—二次绕组

图 4-16　电压互感器

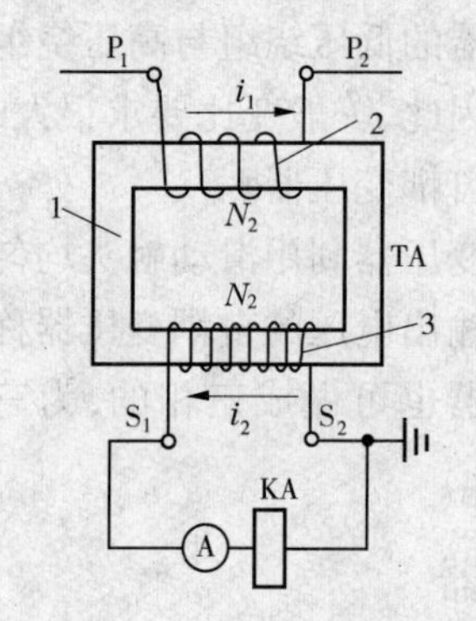

1—铁芯；2—一次绕组；3—二次绕组

图 4-17　电流互感器

线粗，串联于待测电流的线路中，使待测电流流过原绕组。副绕组匝数多，导线细，电流表、功率表和控制、保护装置的电流线圈与它串连接成闭合回路。因为变压器有电流变换作用

$$\frac{I_1}{I_2} \approx \frac{N_2}{N_1} = \frac{1}{K}$$

故

$$I_1 \approx \frac{1}{K}I_2 = K_i I_2 \tag{4-38}$$

式中，K_i 为电流互感器的变流比。

因此，测量时只要将电流表的读数乘上变流比 K_i 就等于被测电流 I_1。若电流互感器与电流表是匹配的，就可直接从表盘上读出 I_1。电流互感器副边额定电流通常为标准值 5 A。

与电力变压器不同，电流互感器的原绕组是串联在待测电流的电路中，其原边电流的大小并不随副边电流的变化而变化。由于各种仪表电流线圈的阻抗都很小，电流互感器在运行时，其副绕组工作在接近短路状态。正常工作时原、副绕组的磁通势相互抵消，铁芯中磁通很小。如果副边开路，则副边电流为零，副边不能产生与原边相抵消的磁通势，在原边磁通势的作用下铁芯中的磁通将大增，匝数多的副绕组上要感应出上千伏的高电压，这样将会击穿绕组绝缘，损坏设备和危及工作人员的安全，同时铁损大增，铁芯急剧发热，会使电流互感器烧毁。因此，在运行中，电流互感器的副边严禁开路。在副边电路中拆装仪表时，必须先将副绕组短接。电流互感器副边电路中不允许接熔断器（俗称保险丝）。

为了人身安全，电流互感器副绕组的一端和铁芯都必须接地。

当测量高电压、大电流负载的功率时，可同时使用电压互感器和电流互感器来扩大功率表的量程。功率表的电流线圈串入电流互感器副边电路，电压线圈并联在电压互感器副边上。如功率表的读数为 P_2，则被测功率为

$$P_i = K_u K_i P_2 \tag{4-39}$$

用电流互感器和电流表还可以制成使用方便的钳形电流表，如图 4-18 所示。测量时先放下把手，使可动铁芯张开，将待测电流的导线套进钳形铁芯内，放开把手使铁芯闭合。这样，被套入的载流导线成为电流互感器的原绕组，而绕在铁芯上的副边绕组与电流表构成闭合回路，从电流表上就可直接读出被测电流的大小。

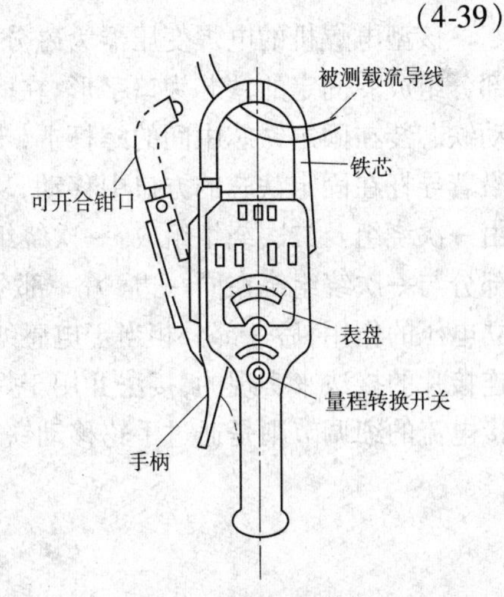

图 4-18　钳形电流表

（三）电焊变压器

交流弧焊机由于结构简单、成本低廉、制造容易和维护方便而被广泛采用。电焊变压器是交流弧焊机的主要组成部分，它实质上是一台特殊的降压变压器。在焊接中，为了保证焊接质量和电弧的稳定燃烧，对电焊变压器提出了如下要求：

（1）电焊变压器在空载时，应有一定的空载电压，通常 U_0 = 60 ~ 75 V，以保证起弧容易，另一方面，为了操作者的安全，空载起弧电压又不能太高，最高不宜超过 85 V。

（2）在负载时，电压应随着负载的增大而急剧下降，即应有陡降的外特性，如图 4-19 所

示。通常在额定负载时的输出电压为 30 V 左右。

(3)在短路时,短路电流 I_{sc} 不应过大,以免损坏电焊机。

(4)为了适应不同焊接工件和不同焊条的需要,要求电焊变压器输出的电流能够在一定范围内进行调节。

为了满足上述要求,电焊变压器必须具有较大的漏抗,而且可以进行调节。因此,电焊变压器的结构特点是:铁芯的气隙比较大,一次、二次绕组不是同心地套在一个铁芯柱上,而是分别装在不同的铁芯柱上,再用磁分路法、串联可变电抗器法及改变二次绕组的接法等来调节焊接电流。工业上使用的交流弧焊机的类型很多,如抽头式、可动铁芯式、可动线圈式和综合式等,都是依据上述原理制造的。

磁分路动铁芯式弧焊机是较具有代表的一类交流弧焊机。BX1 系列磁分路动铁芯式弧焊机的示意图如图 4-20 所示,其基本结构及工作原理如下:

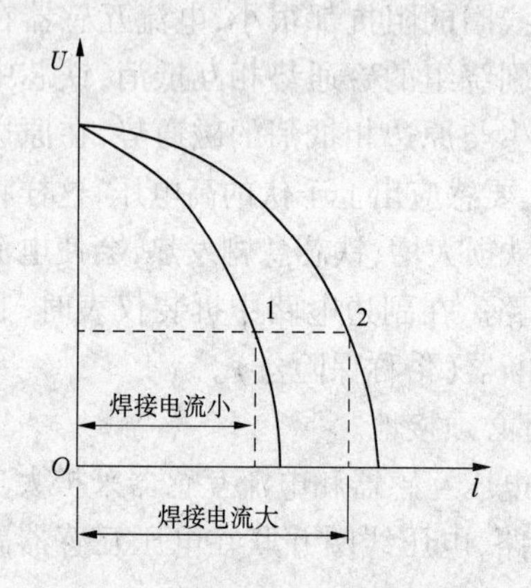

图 4-19　电焊变压器的外特性

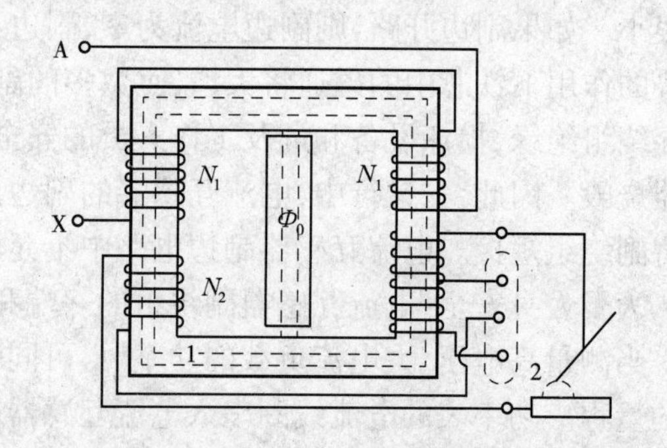

图 4-20　BX1 系列磁分路动铁芯式弧焊机示意图

该型电焊机的电焊变压器为磁分路动铁芯式结构,它的铁芯由固定铁芯和活动铁芯两部分组成。固定的铁芯为口字形,在固定铁芯两边的方柱上绕有一次线圈和二次线圈。活动铁芯装在固定铁芯中间的螺杆上,当摇动铁芯调节装置的手轮时,螺杆转动,活动铁芯就沿着导杆在固定铁芯的方口中移动,从而改变固定铁芯中的磁通,调节焊接电流。它的绕组由一次绕组及二次绕组组成,一次绕组绕在固定铁芯的一边。二次绕组由两个部分组成,一部分与一次绕组绕在同一边,另一部分绕在铁芯的另一侧,如图 4-20 所示。前一部分起建立电压的作用,后一部分相当于电感线圈。焊接电流的粗调是靠变更二次绕组接线板上的连接片的接法来实现的,接法Ⅱ用于焊接大电流的场合,接法Ⅰ用于焊接小电流的场合。焊接电流的细调节则是通过手轮移动铁芯的位置,改变漏抗,从而得到均匀的电流调节。

本章小结

(1)在变压器、电动机、发电机和许多电器中都有磁路。磁路主要由磁铁材料构成,往往还有很小的空隙存在。磁铁材料具有高导磁性、磁饱和性和磁滞性。由于铁磁材料的磁导率不是常数,故磁路是非线性的。由于空气的磁导率很低,故空隙虽小,但对磁路的工作状况影响很大。磁路中的磁通与磁动力成正比,与磁路的磁阻成反比。

(2)变压器是利用电磁感应原理,将原边电路的交流电能或信号变换传递至副边电路。

其主要构成部分是铁芯和原、副绕组。

(3)变压器的基本作用是变换交流电压。变换电压的原因是由于主磁通同时交链着匝数不同的原绕组,使原、副绕组上感应电动势(电压)不同。原、副绕组的电压比等于匝数比(即变比 K)。对于三相变压器,原、副边线电压之比还与绕组接法有关。

(4)变压器原边电压与铁芯中主磁通的关系为

$$U_1 \approx E_1 = 4.44 f N_1 \Phi_m$$

当外加电压 U 不变时,其主磁通也基本不变。为了维持磁通势的平衡关系,单副边电流变化时,原边电流会随之改变。除空载和轻载情况外,原、副绕组的电流大小近似与匝数成反比。变压器具有变换电流的作用。

(5)自耦变压器的特点是铁芯上只有一个绕组,副绕组是原绕组的一部分,因此两边既有电的联系,又有磁的联系。自耦变压器的副绕组匝数可以通过滑动触头随意改变,因此副边电压可以根据需要平滑地调节。

(6)电压互感器用于测量高电压,原绕组并联于待测电路,使用时副边不允许短路;电流互感器用于测量大电流,原绕组串联于被测电路,使用时副边不允许开路。

习 题

4-1 变压器能否变换直流电压?为什么?若不慎将一台额定电压为110/36 V的小容量变压器的原边接到110 V直流电源上,副边会产生什么情况?原边会出现什么后果?

4-2 某单相变压器的数据如下:容量为1 000 kVA,原边额定电压为3 300 V,副边额定电压为220 V,电源频率为50 Hz。

(1)试求原、副边额定电流;

(2)若已知铁芯截面面积为67.4 cm^2,最大磁感应强度为1 Wb/m^2,设磁通均匀分布,试求原、副绕组匝数。(忽略内阻抗电压)

(3)在负载为额定值、功率因数 $\cos\varphi_2 = 0.7$ 的情况下,该变压器的输出功率是多少?

(4)在(3)的情况下,若负载所需功率为800 kW,变压器是否过载?

*4-3 三相变压器 $S_N = 50$ kVA,$U_{1N}/U_{2N} = 6/0.4$ kV,Y/Y(Y,yn0)连接。求:

(1)变比;

(2)I_{1N}、I_{2N}各为何值?

(3)若改为Y/△(Y,d11)连接,I_{1N}、I_{2N}又各为何值?额定容量 S 有无改变?

*4-4 三相变压器S—100/10的主要数据:$S_N = 100$ kVA,$U_{1N} = 10$ kV,$U_{2N} = 400$ V,空载损耗 $P_0 = 600$ W,额定负载时的短路损耗 $P_k = 2\ 400$ W,Yyn0接法。试求:

(1)额定电流 I_{1N}、I_{2N}。

(2)负载为75 kVA、$\cos\varphi_2 = 0.8$ 时的效率。

4-5 什么情况下需要应用电压互感器和电流互感器?为什么在运行中电压互感器副边严禁短路、电流互感器副边严禁开路?

第五章　异步电动机

电动机,英文称为 Motor,它是利用通电线圈在磁场中受力转动的现象制成的,是将电能转换为机械能的一种装置,电动机能提供毫瓦级到上万千瓦级的功率范围。电动机的使用很方便,它的控制特点是具有自启动、加速、反转、制动等工作能力,能满足各种工艺的运行要求。同时电动机的工作效率也比较高,没有烟尘,安装方便,不污染环境,噪声也较小,所以电动机在工农业生产、生活、交通运输、国防、商业及家用电器、医疗电气设备等领域中得到广泛的应用。

随着科技的发展,技术的不断成熟,电动机的原理和制造已经趋于成熟,根据不同的工艺要求,现已研制开发了适用于不同工作场合的电动机。从不同的角度出发,电动机有不同的分类方法,按其工作原理和结构不同,可把交流电动机分为异步电动机和同步电动机。将学习到的是生活里最常见的异步电动机。

本章的主要内容是:①异步电动机的基本构造和工作原理;②表示转速与转矩之间关系的机械特性;③启动、调速及制动的基本原理和基本方法;④异步电动机的应用场合和使用方法。

第一节　三相异步电动机的结构和工作原理

交流异步电动机在我们的生活中随处可见,如电梯的升降、水泵等都可以选择三相异步电动机作为执行部件。在我们使用它之前要充分地了解它的各方面的性能,下面我们来了解一下异步电动机的结构和工作原理。

一、三相异步电动机的结构

三相异步电动机的两个基本组成部分为定子(固定部分)和转子(旋转部分)。此外,还有端盖、风扇等附属部分,如图 5-1 所示。

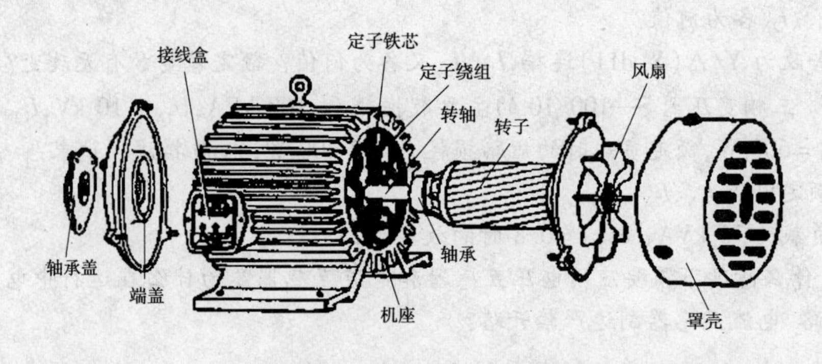

图 5-1　三相电动机的结构示意图

（一）定子

三相异步电动机的定子由三部分组成：

定子	定子铁芯	由厚度为0.5 mm的相互绝缘的硅钢片叠成，硅钢片内圆上有均匀分布的槽，其作用是嵌放定子三相绕组AX、BY、CZ
	定子绕组	三组用漆包线绕制好的，对称地嵌入定子铁芯槽内的相同的线圈。这三相绕组可接成星形或三角形
	机座	机座用铸铁或铸钢制成，其作用是固定铁芯和绕组

（二）转子

三相异步电动机的转子由三部分组成：

转子	转子铁芯	由厚度为0.5 mm的相互绝缘的硅钢片叠成，硅钢片外圆上有均匀分布的槽，其作用是嵌放转子三相绕组
	转子绕组	转子绕组有两种形式： 鼠笼式——鼠笼式异步电动机 绕线式——绕线式异步电动机
	转轴	转轴上加机械负载

鼠笼式电动机由于构造简单，价格低廉，工作可靠，使用方便，成为了生产上应用得最广泛的一种电动机。为了保证转子能够自由旋转，在定子与转子之间必须留有一定的空隙，中小型电动机的空隙为0.2～1.0 mm。

二、三相异步电动机的工作原理

（一）基本原理

为了说明三相异步电动机的工作原理，做如下演示实验，如图5-2所示。

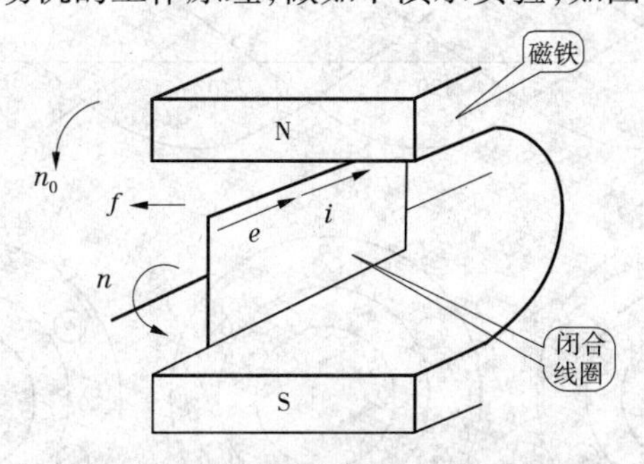

图5-2　三相异步电动机工作原理

（1）演示实验：在装有手柄的蹄形磁铁的两极间放置一个闭合导体，当转动手柄带动蹄形磁铁旋转时，将发现导体也跟着旋转；若改变磁铁的转向，则导体的转向也跟着改变。

（2）现象解释：当磁铁旋转时，磁铁与闭合的导体发生相对运动，鼠笼式导体切割磁力线而在其内部产生感应电动势和感应电流。感应电流又使导体受到一个电磁力的作用，于是导体就沿磁铁的旋转方向转动起来，这就是异步电动机的基本原理。

(3)结论:欲使异步电动机旋转,必须有旋转的磁场和闭合的转子绕组。

(二)旋转磁场

1. 旋转磁场的产生

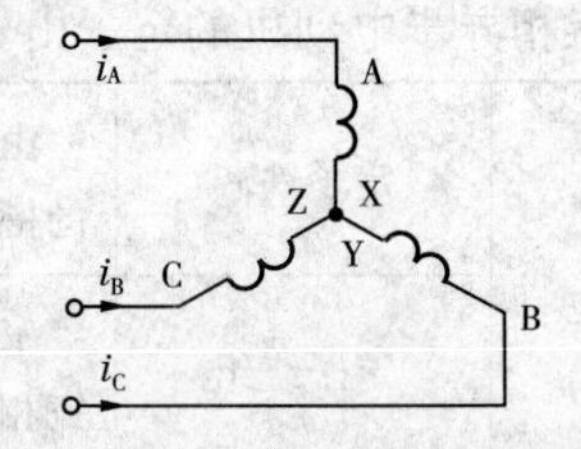

图 5-3　三相异步电动机定子接线

图 5-3 表示最简单的三相定子绕组 AX、BY、CZ,它们在空间按互差 120°的规律对称排列,并接成星形与三相电源 A、B、C 相连,则三相定子绕组便通过三相对称电流。随着电流在定子绕组中通过,在三相定子绕组中就会产生旋转磁场。

$$\left.\begin{aligned} i_A &= I_m \sin\omega t \\ i_B &= I_m \sin(\omega t - 120°) \\ i_C &= I_m \sin(\omega t + 120°) \end{aligned}\right\} \tag{5-1}$$

当 $\omega t = 0°$时,$i_A = 0$,AX 绕组中无电流;i_B 为负,BY 绕组中的电流从 Y 流入从 B 流出;i_C 为正,CZ 绕组中的电流从 C 流入从 Z 流出;由右手螺旋定则可得合成磁场的方向如图 5-4(a)所示。

当 $\omega t = 120°$时,$i_B = 0$,BY 绕组中无电流;i_A 为正,AX 绕组中的电流从 A 流入从 X 流出;i_C 为负,CZ 绕组中的电流从 Z 流入从 C 流出;由右手螺旋定则可得合成磁场的方向如图 5-4(b)所示。

当 $\omega t = 240°$时,$i_C = 0$,CZ 绕组中无电流;i_A 为负,AX 绕组中的电流从 X 流入从 A 流出;i_B 为正,BY 绕组中的电流从 B 流入从 Y 流出;由右手螺旋定则可得合成磁场的方向如图 5-4(c)所示。

可见,当定子绕组中的电流变化一个周期时,合成磁场也按电流的相序方向在空间旋转一周。随着定子绕组中的三相电流不断地作周期性变化,产生的合成磁场也不断地旋转,因此称为旋转磁场。

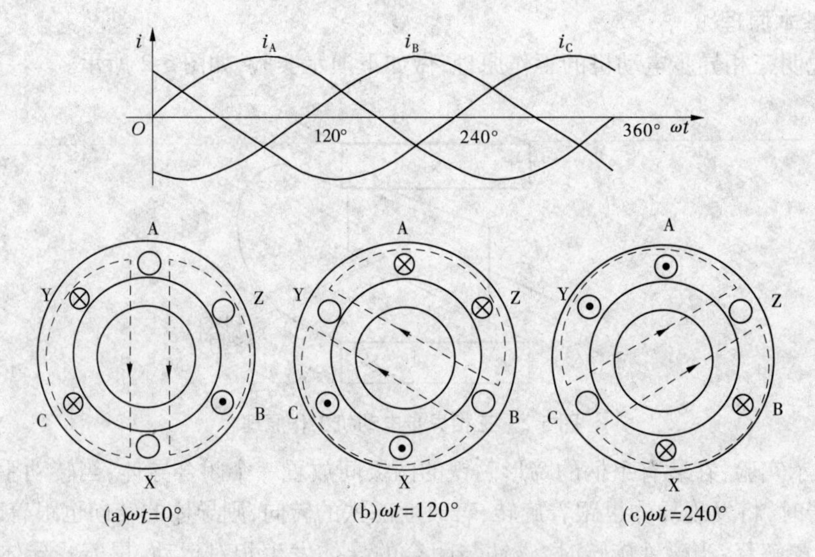

图 5-4　旋转磁场的形成

2. *旋转磁场的方向*

旋转磁场的方向是由三相绕组中电流的相序决定的,若想改变旋转磁场的方向,只要改变通入定子绕组的电流相序,即将三根电源线中的任意两根对调即可。这时,转子的旋转方向也跟着改变。

3. *三相异步电动机的极数与转速*

1)极数(磁极对数 p)

三相异步电动机的极数就是旋转磁场的极数。旋转磁场的极数和三相绕组的安排有关。

当每相绕组只有一个线圈,绕组的始端之间相差 120°空间角时,产生的旋转磁场具有一对极,即 $p=1$。

当每相绕组为两个线圈串联,绕组的始端之间相差 60°空间角时,产生的旋转磁场具有两对极,即 $p=2$。

同理,如果要产生三对极,即 $p=3$ 的旋转磁场,则每相绕组必须有均匀安排在空间的串联的三个线圈,绕组的始端之间相差 40°(120°/p)空间角。极数 p 与绕组的始端之间的空间角 θ 的关系为:$\theta=\frac{120°}{p}$。

2)转速 n_0

三相异步电动机旋转磁场的转速 n_0 与电动机磁极对数 p 有关,它们的关系是

$$n_0=\frac{60f_1}{p} \tag{5-2}$$

由式(5-2)可知,旋转磁场的转速 n_0 取决于电流频率 f_1 和磁场的极数 p。对某一异步电动机而言,f_1 和 p 通常是一定的,所以磁场转速 n_0 是个常数。

在我国,工频 $f_1=50$ Hz,对应于不同磁极对数 p 的旋转磁场的转速 n_0 见表 5-1。

表 5-1　工频 50 Hz 时对应不同磁极对数的旋转磁场转速

p	1	2	3	4	5	6
n_0(r/min)	3 000	1 500	1 000	750	600	500

3)转差率 s

电动机转子转动方向与磁场旋转的方向相同,但转子的转速 n 不可能达到与旋转磁场的转速 n_0 相等,否则转子与旋转磁场之间就没有相对运动,因而磁力线就不切割转子导体,转子电动势、转子电流以及转矩也就都不存在。也就是说,旋转磁场与转子之间存在转速差,因此把这种电动机称为异步电动机,又因为这种电动机的转动原理是建立在电磁感应基础上的,故又称为感应电动机。

旋转磁场的转速 n_0 常称为同步转速。

转差率 s 是用来表示转子转速 n 与磁场转速 n_0 相差的程度的物理量,即

$$s=\frac{n_0-n}{n_0}=\frac{\Delta n}{n_0} \tag{5-3}$$

转差率是异步电动机的一个重要的物理量。

当旋转磁场以同步转速 n_0 开始旋转时，转子则因机械惯性尚未转动，转子的瞬间转速 $n=0$，这时转差率 $s=1$。转子转动起来之后，$n>0$，(n_0-n) 的值减小，电动机的转差率 $s<1$。但是在电动机超过额定负载的情况下，转轴上的阻转矩加大，则转子转速 n 降低，即异步程度加大，才能产生足够大的感应电动势和电流，产生足够大的电磁转矩，这时的转差率 s 增大。异步电动机运行时，转速与同步转速一般很接近，转差率很小。在额定工作状态下约为 0.015 ~ 0.06。

根据式(5-3)，可以得到电动机的转速常用公式

$$n = (1-s)n_0 \tag{5-4}$$

【例 5-1】 有一台三相异步电动机，其额定转速 $n=975$ r/min，电源频率 $f=50$ Hz，求电动机的极数和额定负载时的转差率 s。

解：由于电动机的额定转速接近而略小于同步转速，而同步转速对应于不同的极数有一系列固定的数值。显然，与 975 r/min 最相近的同步转速 $n_0=1\ 000$ r/min，与此相应的磁极对数 $p=3$。因此，额定负载时的转差率为

$$s = \frac{n_0-n}{n_0}\times 100\% = \frac{1\ 000-975}{1\ 000}\times 100\% = 2.5\%$$

4) 三相异步电动机的定子电路与转子电路

三相异步电动机中的电磁关系同变压器类似，定子绕组相当于变压器的原绕组，转子绕组(一般是短接的)相当于副绕组。给定子绕组接上三相电源电压，则定子中就有三相电流通过，此三相电流产生旋转磁场，其磁力线通过定子和转子铁芯而闭合，这个磁场在转子和定子的每相绕组中都要感应出电动势。

第二节　异步电动机的电磁转矩和机械特性

一、三相异步电动机的电磁转矩

异步电动机的转矩 T 是由旋转磁场的每极磁通 Φ 与转子电流 I_2 相互作用而产生的。电磁转矩的大小与转子绕组中的电流 I 及旋转磁场的强弱有关。

经实验证明，它们的关系是

$$T = K_T \Phi I_2 \cos\varphi_2 \tag{5-5}$$

式中：T 为电磁转矩；K_T 为与电机结构有关的常数；Φ 为旋转磁场每个极的磁通量；I_2 为转子绕组电流的有效值；φ 为转子电流滞后于转子电势的相位角。

若考虑电源电压及电机的一些参数与电磁转矩的关系，式(5-5)修正为

$$T = K'_T \frac{sR_2U_1^2}{R_2^2+(sX_{20})^2} \tag{5-6}$$

式中：K'_T 为常数；U_1 为定子绕组的相电压；s 为转差率；R_2 为转子每相绕组的电阻；X_{20} 为转子静止时每相绕组的感抗。

由式(5-6)可知，转矩 T 还与定子每相电压 U_1 的平方成比例，所以当电源电压有所变动时，对转矩的影响很大。此外，转矩 T 还受转子电阻 R_2 的影响。

二、三相异步电动机的机械特性

在一定的电源电压 U_1 和转子电阻 R_2 下，电动机的转矩 T 与转差率 s 之间的关系曲线 $T=f(s)$ 或转速与转矩的关系曲线 $n=f(T)$，称为电动机的机械特性曲线，它可根据式(5-6)得出，如图 5-5 所示。

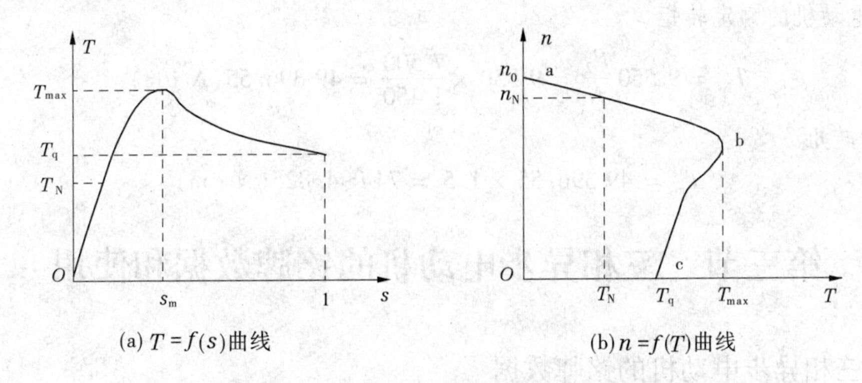

(a) $T=f(s)$ 曲线　　(b) $n=f(T)$ 曲线

图 5-5　三相异步电动机的机械特性曲线

在机械特性曲线上我们要讨论三个转矩：额定转矩、最大转矩与启动转矩。

(一) 额定转矩 T_N

额定转矩 T_N 是异步电动机带额定负载时，转轴上的输出转矩。

$$T_N = 9\,550\frac{P_2}{N} \tag{5-7}$$

式中 P_2 是电动机轴上输出的机械功率，其单位是 W，N 的单位是 r/min，T_N 的单位是 N·m。

当忽略电动机本身机械摩擦转矩 T_0 时，阻转矩近似为负载转矩 T_L，电动机作等速旋转时，电磁转矩 T 必与阻转矩 T_L 相等，即 $T=T_L$，当额定负载时，则有 $T_N=T_L$。

(二) 最大转矩 T_m

T_m 又称为临界转矩，是电动机可能产生的最大电磁转矩。它反映了电动机的过载能力。

最大转矩的转差率为 s_m，此时的 s_m 叫做临界转差率，见图 5-5(a)。

最大转矩 T_m 与额定转矩 T_N 之比称为电动机的过载系数 λ，即

$$\lambda = \frac{T_m}{T_N}$$

一般三相异步电动机的过载系数都在 1.8～2.2，在选用电动机时，必须考虑可能出现的最大负载转矩，而后根据所选电动机的过载系数算出电动机的最大转矩，它必须大于最大负载转矩。否则，就要重选电动机。

(三) 启动转矩 T_{st}

T_{st} 为电动机启动初始瞬间的转矩，即 $n=0$、$s=1$ 时的转矩。

为确保电动机能够带额定负载启动，必须满足 $T_{st}>T_N$，一般的三相异步电动机有 $T_{st}/T_N=1\sim2.2$。

(四) 电动机的负载能力自适应分析

电动机在工作时，它所产生的电磁转矩 T 的大小能够在一定的范围内自动调整，以适

应负载的变化,这种特性称为自适应负载能力。

$T_L\uparrow\Rightarrow n\downarrow\Rightarrow s\uparrow\Rightarrow I_2\uparrow\Rightarrow T\uparrow$ 直至新的平衡。此过程中,$I_2\uparrow$ 时,$I_1\uparrow\Rightarrow$ 电源提供的功率自动增加。

【例 5-2】 有一台三相异步电动机,其额定输出功率为 7.5 kW,转速为 1 450 r/min,求其额定转矩 T_N。当其过载系数为 1.5 时,它的最大转矩又是多少?

解:电动机的额定转矩

$$T_N = 9\ 550\frac{P_2}{N} = 9\ 550\times\frac{7\ 500}{1\ 450} = 49\ 396.55(\mathrm{N\cdot m})$$

最大转矩

$$T_m = 49\ 396.55\times 1.5 = 74\ 094.825(\mathrm{N\cdot m})$$

第三节　三相异步电动机的铭牌数据和使用

一、三相异步电动机的铭牌数据

与任何电气设备相同,异步电动机的机座上也都装有一个铭牌,铭牌上标有电动机的型号、绕组的接法、功率、电压、电流和转速等额定数据,这些数据是正确选择和使用电动机的依据。

以下以 Y160L-4 型电动机为例,来说明铭牌上各个数据的意义。

三相异步电动机

型号	Y160L-4	功率	15 kW	频率	50 Hz
电压	380 V	电流	30.3 A	接法	△
转速	1 400 r/min	温升	80 ℃	绝缘等级	B
工作方式	连续	重量	45 kg		
		年　月　日	编号	××电机厂	

(一)型号

为了适应不同用途和不同工作环境的需要,电动机制成不同的系列,每种系列用各种型号表示。以 Y160L-4 型电动机为例,型号说明如下:

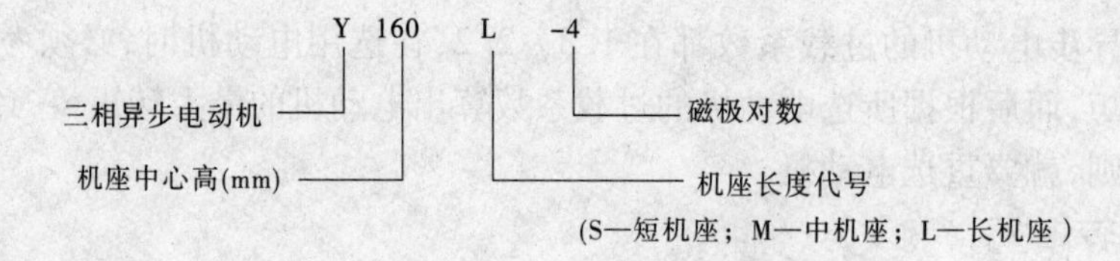

(二)铭牌上的数值

(1)型号。

(2)额定功率(P_N):指电动机在额定方式下运行时,转轴上输出的机械功率,单位为 W 和 kW。

(3)额定电压(U_N):指电动机在额定方式下运行时,定子绕组应加的线电压,单位为 V 和 kV。

(4)额定电流(I_N):指电动机在额定电压和额定功率状态下运行时,流入定子绕组的线电流,单位为 A。

(5)额定频率(f_N):指额定状态下电源的交变频率。我国的电网频率为 50 Hz。

(6)额定转速(n_N):指在额定状态下运行时的转子转速,单位为 rpm。

除上述数据外,还标出额定运行时电机的功率因数以及相数、接线法、防护等级、绝缘等级与温升、工作方式等有关项目。

二、三相异步电动机的使用

三相异步电动机在使用时一般采用的保护技术有过热保护、过流保护和断相保护。

(一)过热保护

部分观点认为无论什么原因造成的故障最终都将导致电机定子绕组过热而烧毁。因此,只要防止电机绕组过热,也就保护了电机。但事实上,电机本身有绝缘耐热等级不同的区别。最高允许温升 A 级 105 ℃、E 级 120 ℃、B 级 130 ℃、F 级 155 ℃、H 级 180 ℃,在同样的环境温度、工作条件、温升的情况下,有的电机会损坏,有的却不会损坏。同时,对于造成电机过热原因中的轴承损坏、定转子相擦、通风不畅等,属电工定期检查和巡视检查必须发现解决的,不属保护技术主要的讨论范围。另外,电机升温与降温是个缓慢变化的过程,因此我们认为只有对大中型、重要岗位工作的电机加装温升监视和过热保护装置才是必要的。并应根据不同耐热等级,在电机内部设置超温报警而后跳闸的装置。至于小型电机采用过热保护装置并不一定合算。

(二)过流保护

对于负载几乎恒定不变的电机,过流保护是没有必要的。但有的电机负载经常变化,经常发生过载、堵转以致烧毁电机绕组的现象。对于这样运行的电机必须加装过流保护装置。三相异步电动机虽有较强的过载能力,但对电机过载实行反时限特性保护是必要的,也是公众认可的。

(三)断相保护

电动机损坏大多数是断相运行造成的,而人们对断相运行给电机造成什么样的危害,采取什么样的保护方式合适,至今尚没有比较一致的意见。很长一段时间比较普遍的观点认为,断相运行将导致电机绕组过热而损坏,认为“利用温度传感器监视电动机绕组温升,是当前最直接和最可靠的断相保护方案”。另一种观点认为电机断相运行将导致断相瞬间在断相绕组两端产生高于额定电压数倍的反电动势,极易使电机绕组间击穿而损坏。实际调查中,不少维修电工抱怨电机质量欠佳,匝间短路造成电机损坏。我们认为断相瞬间在断相绕组两端产生高于额定电压数倍的反电动势给电机造成的危害远大于过热给电机造成的危害,况且断相故障又不能自动排除,因此对电机的断相保护应瞬时动作保护而不是反时限特性保护和过热保护。电动机保护器(电机保护器)应采取动作灵敏的电子式而不是动作缓慢的机电式。至于断相后延时几秒跳闸的做法是无积极意义的。

(四)对电动机保护器(电机保护器)的要求

实践证明,结合用户的需求,在设计电动机保护器(电机保护器)时应符合下列要求:

(1)采用电流取样。这既可兼顾过流和断相保护的不同特点，又可充分反映不管哪里断相都要在供电线路电流上反映出来的事实；避免了其他取样方案的缺点和局限性。采用电压取样虽造价低廉，但只能保护电源到取样接入处之间的断相，保护不了取样接入处到电机之间的断相。采用中性点或人造中性点对零线电流或电压取样，由于单相负载的投入或切除，必然会使中性点电压或零线电流变化，这将使保护整定值难以确定。

(2)选用反应灵敏的电子式保护器方案。确保断相启动时拒绝合闸，运行断相时瞬时跳闸。至于对断相实行延时保护和过热保护的观点是陈旧的、片面的。

(3)用保护器的常闭触点动作实行保护。这就是要求保护器在主回路不工作和正常工作时执行继电器不动作，而在电机启动和工作中发生故障时动作。这样的保护器适宜于计算机输出和逻辑群控电路、多速及正反转电机以及与各种主开关接口，使用无局限性。

(4)有较宽的电流适应范围。电机空载电流约为额定电流的0.3倍，启动电流约为额定电流的7倍。对于综合电动机保护器(电机保护器)应有从低到高至少20倍或30倍的电流容许范围，对于单一断相保护器，电流适应范围应更大。

(5)不使用供电电源电动机保护器(电机保护器)。不使用供电电源，可使其通用于任何场合。因世界各国供电电压不尽相同，同时可防止电动机保护器(电机保护器)一旦本身电源故障将导致电动机保护器(电机保护器)处于无电状态，而造成继电器不会动作，起不到保护作用。

(6)电动机保护器(电机保护器)内对断相和过流应分别控制，以免互相牵扯拒动或误动。

第四节 单相异步电动机

单相异步电动机是利用单相交流电源供电的一种小容量交流电动机，功率为8~750 W。单相异步电动机具有结构简单、成本低廉、维修方便等特点，被广泛应用于冰箱、电扇、洗衣机等家用电器及医疗器械中。与同容量的三相异步电动机相比，单相异步电动机的体积较大，运行性能较差，效率较低，因此一般只做成小容量的。

单相异步电动机有多种类型，目前应用最多的是电容分相的单相异步电动机，这实际上是一种两相运行的电动机，下面仅就这种电动机进行介绍。

单相异步电动机的运行原理和普通三相异步电动机基本相同，但有其自身的特点。单相异步电动机通常在定子上有两相绕组，转子是普通鼠笼型的。两相绕组在定子上的分布以及供电情况的不同，可以产生不同的启动特性和运行特性。

一、单相异步电动机结构

单相异步电动机在结构上与三相鼠笼型异步电动机类似，转子绕组也为一鼠笼型转子。定子上有一个单相工作绕组和一个启动绕组，为了能产生旋转磁场，在启动绕组中还串联了一个电容器，其结构如图5-6所示。

二、单相异步电动机工作原理

为了能产生旋转磁场，利用启动绕组中串联电容实现分相，其接线原理如图5-7(a)所示。只要合理选择参数，便能使工作绕组中的电流与启动绕组中的电流相位相差90°，如

图 5-7(b)所示,分相后两相电流波形如图 5-8 所示。

设
$$i_A = I_{Am}\sin\omega t$$
则
$$i_B = I_{Bm}\sin(\omega t + 90°)$$

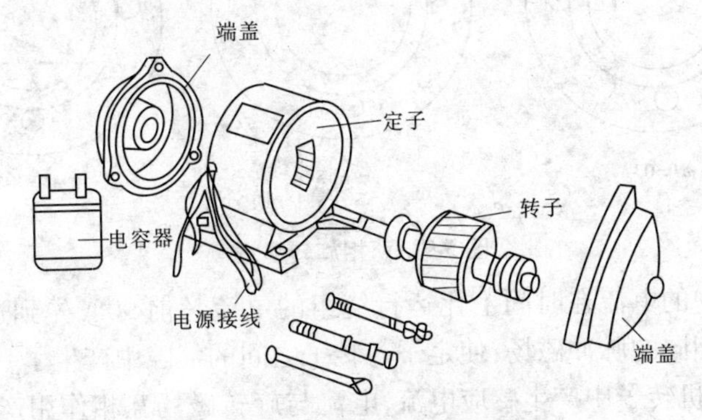

图 5-6 单相异步电动机结构图

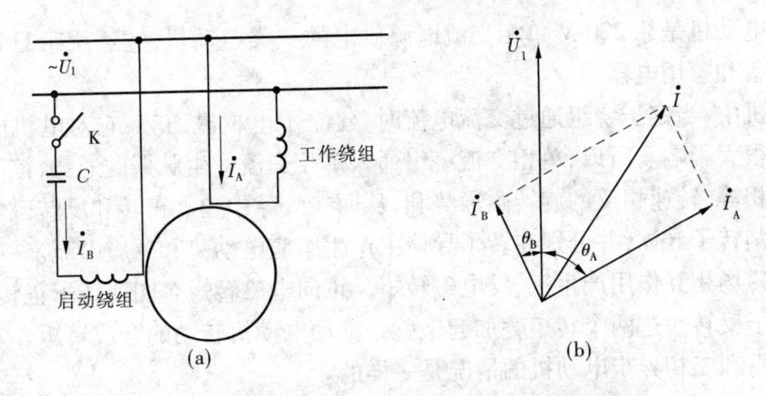

图 5-7 电容分相单相电动机接线图及相量图

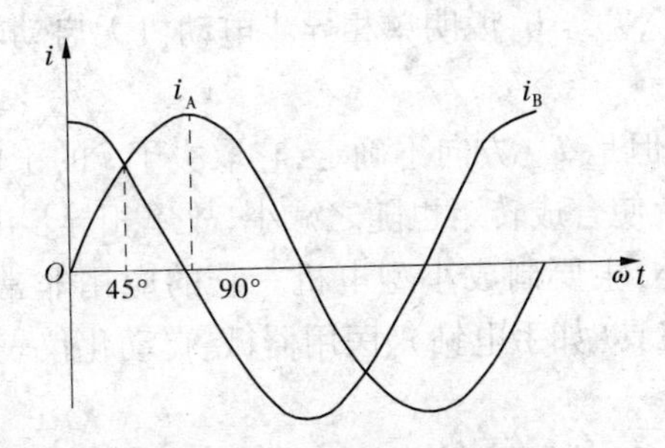

图 5-8 两相电流波形图

如同分析三相绕组旋转磁场一样,将正交的两相交流电流通入在空间位置上互差 90°的两相绕组中,同样能产生旋转磁场,如图 5-9 所示。

与三相异步电动机相似,只要交换启动绕组或工作绕组两端与电源的连接,便可改变旋转磁场的方向。

三、单相异步电动机启动

单相电机有两个绕组,即启动绕组和运行绕组。两个绕组在空间上相差 90°。在启动绕组上串联了一个容量较大的电容器,当运行绕组和启动绕组通过单相交流电时,由于电容

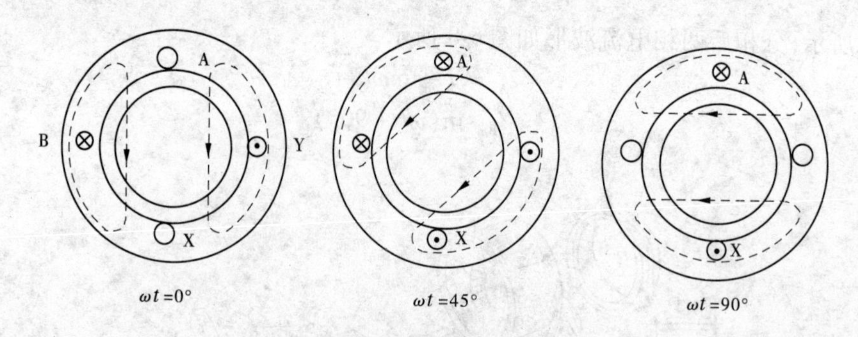

图 5-9　两相旋转磁场

器作用使启动绕组中的电流在时间上比运行绕组的电流超前 90°，先到达最大值。在时间和空间上形成两个相同的脉冲磁场，使定子与转子之间的气隙中产生了一个旋转磁场，在旋转磁场的作用下，电机转子中产生感应电流，电流与旋转磁场互相作用产生电磁场转矩，使电机旋转起来。

单相异步电动机是靠 220 V 单相交流电源供电的一类电动机，它适用于只有单相电源的小型工业设备和家用电器中。

在交流电机中，当定子绕组通过交流电流时，建立了电枢磁通势，它对电机能量转换和运行性能都有很大影响。所以，单相交流绕组通入单相交流产生脉振磁通势，该磁通势可分解为两个幅值相等、转速相反的旋转磁通势和，从而在气隙中建立正转和反转磁场和。这两个旋转磁场切割转子导体，并分别在转子导体中产生感应电动势和感应电流。

该电流与磁场相互作用产生正、反电磁转矩。正向电磁转矩企图使转子正转，反向电磁转矩企图使转子反转。这两个转矩叠加起来就是推动电动机转动的合成转矩。它们的大小与转差率的关系和三相异步电动机的情况是一样的。

单相异步电动机的主要特点有：

(1) $n=0, s=1, T_{正}=T_{反}, T_{合}=0$，说明单相异步电动机无启动转矩，如不采取其他措施，电动机不能启动。

(2) 当 $s \neq 1$ 时，$T_{合} \neq 0$，但是 $T_{合}$ 方向不确定，它取决于 s 的正负。

(3) 由于反向转矩存在，使合成转矩也随之减小，故单相异步电动机的过载能力较低。

单相异步电动机功率小，主要制成小型电机。它的应用非常广泛，如家用电器（洗衣机、电冰箱、电风扇）、电动工具（如手电钻）、医用器械、自动化仪表等。

* 第五节　特殊电动机

一、伺服电机

（一）概述

伺服电机是在伺服系统中控制机械元件运转的发动机，是一种补助马达间接变速装置，使伺服系统的控制速度、位置精度非常准确。它将电压信号转化为转矩和转速，以驱动控制对象。伺服电机可分为直流伺服电机和交流伺服电机。

直流伺服电机分为有刷电机和无刷电机。有刷电机成本低，结构简单，启动转矩大，调速范围宽,容易控制,需要维护,但维护方便(换碳刷),产生电磁干扰,对环境有要求。因此,它可以用于对成本敏感的普通工业和民用场合。

无刷电机体积小,质量轻,出力大,响应快,速度高,惯量小,转动平滑,力矩稳定,控制复杂,容易实现智能化,其电子换相方式灵活,可以方波换相或正弦波换相。电机免维护,效率很高,运行温度低,电磁辐射很小,寿命长,可用于各种环境。

交流伺服电机也是无刷电机,分为同步电机和异步电机,目前运动控制中一般都用同步电机,它的功率范围大,可以做到很大的功率。惯量大,最高转动速度低,且随着功率增大而最高转动速度快速降低,因而适合作低速平稳运行的应用。

工作原理:伺服电机内部的转子是永磁铁,驱动器控制的 U/V/W 三相电形成电磁场,转子在此磁场的作用下转动,同时电机自带的编码器反馈信号给驱动器,驱动器根据反馈值与目标值进行比较,调整转子转动的角度。伺服电机的精度决定于编码器的精度。

(二)基本结构

交流伺服电机的结构主要可分为两部分,即定子和转子。其中定子的结构与旋转变压器的定子基本相同,在定子铁芯中也安放着空间互成 90°电角度的两相绕组,其中一组为励磁绕组,另一组为控制绕组。交流伺服电动机是一种两相的交流电动机,而直流伺服电机的结构主要包括三大部分:定子、转子、电刷与换向片,图 5-10 就是一个直流伺服电机的结构示意图。

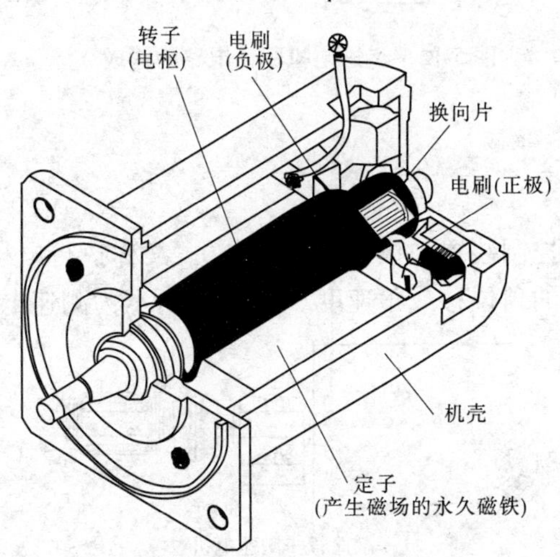

图 5-10　伺服电机结构示意图

二、步进电机

(一)概述

步进电机是一种把电脉冲信号转换成机械角位移的控制电机,常作为数字控制系统中的执行元件。由于其输入信号是脉冲电压,输出角位移是断续的,即每输入一个电脉冲信号,转子就前进一步,因此叫做步进电机,也称为脉冲电机。

(二)基本结构

步进电机从结构上来说,主要包括反应式、永磁式和复合式三种。反应式步进电机依靠变化的磁阻产生磁阻转矩,又称为磁阻式步进电动机,如图 5-11 所示;复合式步进电机则是反应式和永磁式的结合。目前应用最多的是反应式步进电机。步进电机驱动电路的构成如图 5-12 所示。

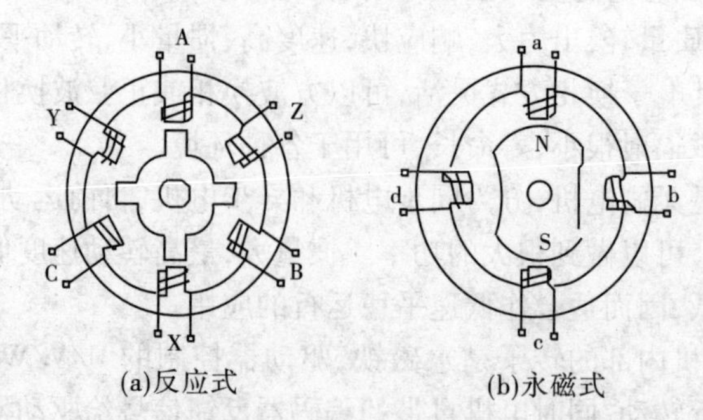

(a)反应式　　(b)永磁式

图 5-11　步进电机基本结构

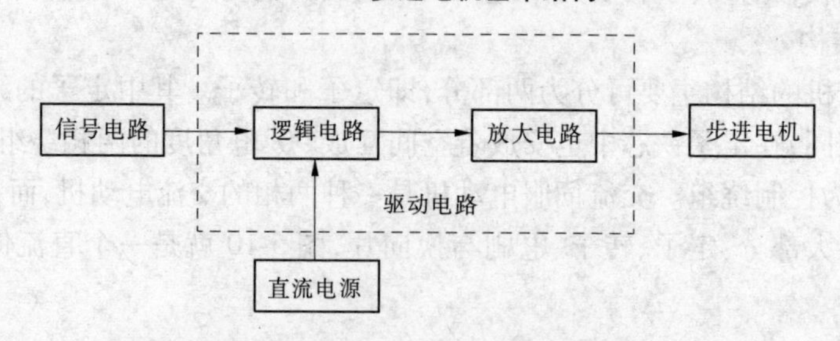

图 5-12　步进电机驱动电路的构成

三、测速电机

(一)概述

测速电机是用做自动控制装置中执行元件的电机,又称执行电机或速度传感器。其功能是将电信号转换成转轴的角位移或角速度。图 5-13 所示为测速电机的工作示意图。

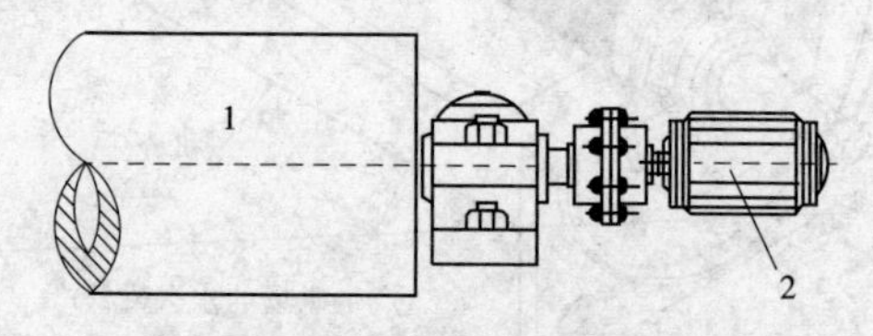

1—滚筒;2—测速电机

图 5-13　测速电机工作示意图

测速电机广泛用于各种速度或位置控制系统。在自动控制系统中作为检测速度的元件,以调节电动机转速或通过反馈来提高系统的稳定性和精度;在解算装置中可作为微分、积分元件,也可作加速或延迟信号用或用来测量各种运动机械在摆动或转动以及直线运动时的速度。测速电机分为直流和交流两种。

交流测速电机有空心杯转子异步测速电机、笼式转子异步测速电机和同步测速电机三种。

直流测速电机有永磁式和电磁式两种,其结构与直流电机相近。永磁式采用高性能永久磁钢励磁,受温度变化的影响较小,输出变化小,斜率高,线性误差小。这种电机在 20 世纪 80 年代因新型永磁材料的出现而发展较快。电磁式采用他励式,不仅复杂且因励磁受电源、环境等因素的影响,输出电压变化较大,用得不多。

用永磁材料制成的直流测速电机还分有限转角测速电机和直线测速电机。它们分别用于测量旋转或直线运动速度,其性能要求与直流测速电机相近,但结构有些差别。

(二)基本结构

测速电机的结构与通用直流电机相似,但其外圈为固定磁极,即磁场是恒定的,同过芯子(由被测速件带动)缠绕的线圈切割磁场,线圈两端产生的电压(或连接某一电阻,测其电流)来对应转速大小,如图 5-14 所示。

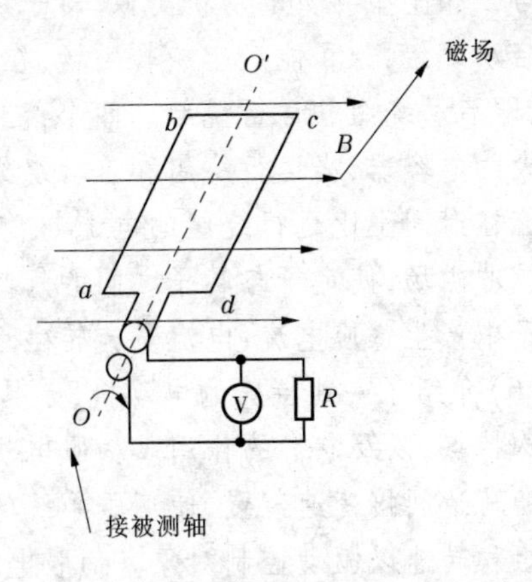

图 5-14　测速电机结构示意图

本章小结

本章介绍了各种形式的异步电动机的基本原理和构造,以及各种形式的异步电动机的机械特性,主要内容有:

(1)介绍了电动机的工作原理、分类、优点及在生活生产中的应用。电动机就是把电能转换成机械能的设备,它是根据变化的电流能产生磁场这一原理,再利用磁极的排斥力和引力来转动的。它有很多种类,按电能种类分为直流电动机和交流电动机;从电动机的转速与电网电源频率之间的关系来分类,可分为同步电动机与异步电动机;按电源相数来分类,可分为单相电动机和三相电动机;等等。

(2)介绍了三相异步电动机的工作原理和基本结构。三相绕组接通三相电源产生的磁场在空间旋转,称为旋转磁场,转速的大小由电动机极数和电源频率而定,转子在磁场中相对定子有相对运动,切割磁场,形成感应电动势,转子铜条是短路的,有感应电流产生,转子铜条有电流,在磁场中受到力的作用,转子就会旋转起来。三相异步电动机的两个基本组成部分为定子(固定部分)和转子(旋转部分)。此外,还有端盖、风扇等附属部分。

(3)介绍了三相异步电动机的电磁转矩和机械特性以及转差率的概念和计算方法。三相异步电动机的电磁转矩 T 的大小与转子绕组中的电流 I 及旋转磁场的强弱有关,转矩 T 还与定子每相电压 U_1 的平方成比例,所以当电源电压有所变动时,对转矩的影响很大。转差率是用来表示转子转速 n 与磁场转速 n_0 相差的程度的物理量。额定转矩 T_N 是异步电动机带额定负载时,转轴上的输出转矩。T_m 又称为临界转矩,是电动机可能产生的最大电磁转矩,它反映了电动机的过载能力。T_{st} 为电动机启动初始瞬间的转矩,即 $n=0$、$s=1$ 时的转矩。

(4)介绍了三相异步电动机上的铭牌数据,以及三相异步电动机的使用方法。与任何电气设备相同,在异步电动机的机座上也都装有一个铭牌,铭牌上标有电动机的型号、绕组的接法、功率、电压、电流和转速等额定数据,这些数据是正确选择和使用电动机的依据。三相异步电动机在使用时一般采用的保护技术有过热保护、过流保护和断相保护。

(5)介绍了单相异步电动机的结构、工作原理和其启动的方法。单相异步电动机在结构上与三相笼型异步电动机类似，转子绕组也为一笼型转子，定子上有一个单相工作绕组和一个启动绕组，为了能产生旋转磁场，在启动绕组中还串联了一个电容器。单相电机有两个绕组，即启动绕组和运行绕组。两个绕组在空间上相差 90°。在启动绕组上串联了一个容量较大的电容器，当运行绕组和启动绕组通过单相交流电时，由于电容器作用使启动绕组中的电流在时间上比运行绕组的电流超前 90°，先达到最大值。在时间和空间上形成两个相同的脉冲磁场，使定子与转子之间的气隙中产生了一个旋转磁场，在旋转磁场的作用下，电机转子中产生感应电流，电流与旋转磁场互相作用产生电磁场转矩，使电机旋转起来。

(6)介绍了一些特殊的电动机，尤其介绍了伺服电机、步进电机和测速电机的工作原理和结构特点，以及它们的作用。伺服电机是在伺服系统中控制机械元件运转的发动机，是一种补助马达间接变速装置，使伺服系统的控制速度、位置精度非常准确。它将电压信号转化为转矩和转速以驱动控制对象。伺服电机可分为直流伺服电机和交流伺服电机。步进电机是一种把电脉冲信号转换成机械角位移的控制电机，常作为数字控制系统中的执行元件。由于其输入信号是脉冲电压，输出角位移是断续的，即每输入一个电脉冲信号，转子就前进一步，因此叫做步进电机，也称为脉冲电机。测速电机是用做自动控制装置中执行元件的电机，又称执行电机或速度传感器，其功能是将电信号转换成转轴的角位移或角速度。

习　题

5-1　有一台四极三相异步电动机，电源电压的频率为 50 Hz，满载时电动机的转差率为 0.02。求电动机的同步转速、转子转速和转子电流频率。

5-2　稳定运行的三相异步电动机，当负载转矩增加时，为什么电磁转矩相应增大？当负载转矩超过电动机的最大磁转矩时，会产生什么现象？

5-3　已知某三相异步电动机的技术数据为：$P_N = 2.8$ kW，$U_N = 220$ V/380 V，$I_N = 10$ A/5.8 A，$n_N = 2\ 890$ r/min，$\cos\varphi_N = 0.89$，$f = 50$ Hz。求：

(1)电动机的磁极对数 p。

(2)额定转矩 T_N 和额定效率 η_N。

5-4　一台三相交流电动机，额定相电压为 220 V，工作时每相负载 $Z = (50 + j25)\ \Omega$。

(1)当电源线电压为 380 V 时，绕组应如何连接？

(2)当电源线电压为 220 V 时，绕组应如何连接？

(3)分别求上述两种情况下的负载相电流和线电流。

5-5　查阅资料，了解一下异步电动机与同步电动机用途几个方面的性能，以及现在有关精密数控机床里使用的电主轴的原理。

第六章 继电接触控制系统

普通机床及其他大多数机械都采用电动机进行拖动。对于设备的控制部分，主要采用继电器、接触器和按钮等低压电器，称为继电－接触器控制电路。本章主要介绍常用的低压控制电器和保护电器的结构和原理，然后讨论几个基本的控制电路。

第一节 常用控制电器

控制电器是电气控制中的基本组成元件，控制系统的优劣和控制电器的性能有直接的关系。因此，应该熟悉低压电器的结构、工作原理和使用方法。在电气控制设备中，采用的基本上都是低压电器。低压电器是指额定电压等级在交流 1 200 V、直流 1 500 V 以下的电器。在我国工业控制电路中最常用的三相交流电压等级为 380 V。

低压电器种类繁多，功能各样，构造各异，用途广泛，工作原理各不相同，分类方法也很多。低压电器按动作性质分为手动电器和自动电器两类。手动电器是用手动操作来进行切换的电器，如刀开关、转换开关、按钮等。自动电器依靠自身参数的变化或外来信号的作用，自动完成接通或分断等动作，如接触器、继电器、行程开关和熔断器等。

一、组合开关

组合开关又称转换开关，控制容量比较小，结构紧凑，常用于空间比较狭小的场所，如机床和配电箱等。组合开关一般用于电源的引入开关、电气设备的非频繁操作以及控制小容量电动机和小型电器。

组合开关的种类很多，常用的产品有 HZ5 系列、HZ10 系列和 HZ15 系列。HZ5 系列是类似万能转换开关的产品，其结构与一般转换开关有所不同；组合开关有单极、双极、三极和四极之分，额定电流有 10 A、25 A、60 A 和 100 A 等多种，适用于交流 380 V 以下、直流 220 V 以下的电气设备。

组合开关由动触头、静触头、绝缘连杆转轴、手柄、定位机构及外壳等部分组成。其动、静触头分别叠装于数层绝缘壳内，当转动手柄时，每层的动触片随转轴一起转动。组合开关的结构示意图和图形符号如图 6-1 所示。

二、按钮

按钮通常用来短时间接通和断开小电流的控制电路，从而控制较大电流的电动机或其他设备的运行。

（一）按钮的结构、种类及常用类型

按钮由按钮帽、复位弹簧、桥式触点和外壳等组成，其结构示意图及图形符号如图 6-2 所示。触点采用桥式触点，额定电流在 5 A 以下。触点又分常开触点（动合触点）和常闭触点（动断触点）两种。

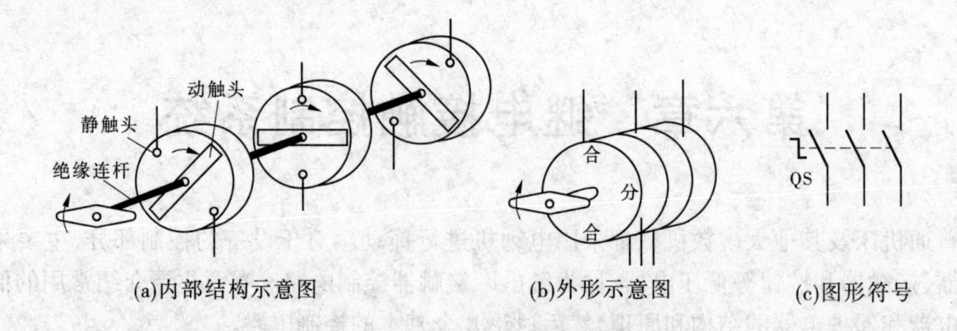

图 6-1　组合开关的结构示意图和图形符号

按钮从外形和操作方式上可以分为平钮和急停按钮,急停按钮也叫蘑菇头按钮,如图 6-2(c)所示,此外,还有钥匙钮、旋钮、拉式钮、万向操纵杆式、带灯式等多种类型。

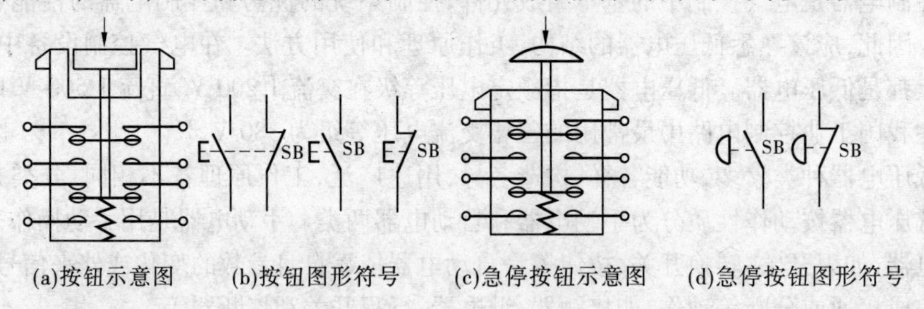

图 6-2　按钮结构示意图及图形符号

(二)按钮的颜色规定

"停止"和"急停"按钮必须是红色。

"启动"按钮的颜色是绿色。

"点动"按钮必须是黑色。

"启动"与"停止"交替动作的按钮必须是黑白、白色或灰色。

"复位"按钮必须是蓝色。复位按钮兼有停止的作用时,则必须是红色。

三、接触器

接触器是一种自动控制电器,它可以用来频繁地远距离接通或断开大容量的交直流负载电路。接触器按其主触点通过电流的种类不同可分为直流接触器和交流接触器两种,目前在控制电路中多数采用交流接触器。

(一)交流接触器的结构示意图及图形符号

如图 6-3 所示,图(a)为接触器的结构示意图,图(b)为接触器的图形符号。

(二)交流接触器的组成部分

(1)电磁机构:由线圈、动铁芯(衔铁)和静铁芯组成。

(2)触头系统:包括主触头和辅助触头。主触头用于通断主电路,有 3 对或 4 对常开触头;辅助触头用于控制电路,起电气联锁或控制作用,通常有 2 对常开触头和 2 对常闭触头。

(3)灭弧装置:容量在 10 A 以上的接触器都有灭弧装置。对于小容量的接触器,常采

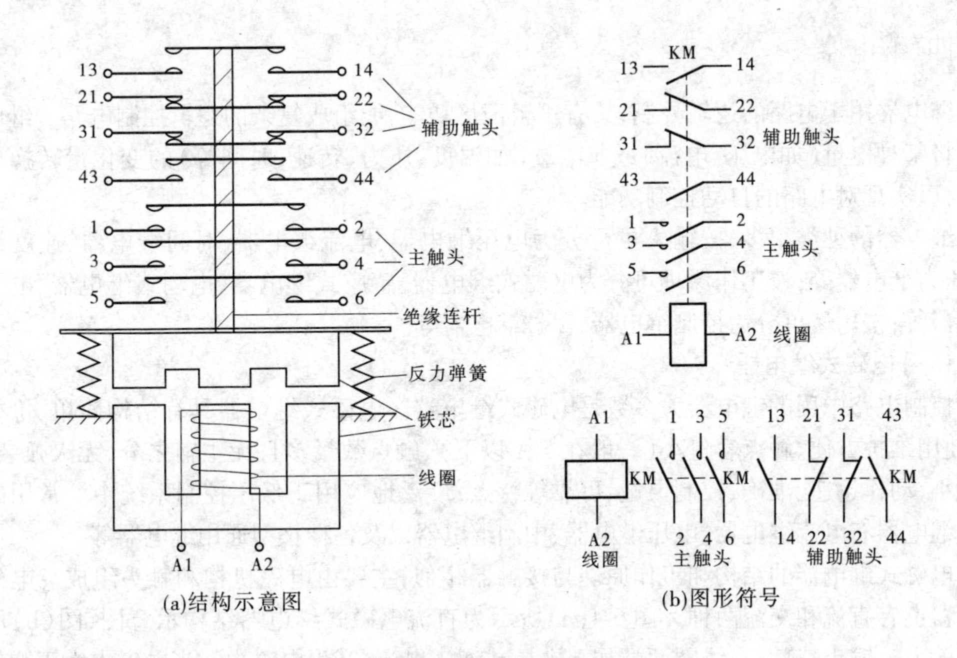

图 6-3　交流接触器的结构示意图及图形符号

用双断口桥形触头,以利于灭弧;对于大容量的接触器,常采用纵缝灭弧罩及栅片灭弧结构。

(4)其他部件:包括反作用弹簧、缓冲弹簧、触头压力弹簧、传动机构及外壳等。

接触器上标有端子标号,线圈为 A1、A2,主触头 1、3、5 接电源侧,2、4、6 接负荷侧。辅助触头用两位数表示,前一位为辅助触头顺序号,后一位的 3、4 表示常开触头,1、2 表示常闭触头。

接触器的控制原理很简单,当线圈接通额定电压时,产生电磁力,克服弹簧反力,吸引动铁芯向下运动,动铁芯带动绝缘连杆和动触头向下运动使常开触头闭合、常闭触头断开。当线圈失电或电压低于释放电压时,电磁力小于弹簧反力,常开触头断开,常闭触头闭合。

(三)接触器的主要技术参数和类型

(1)额定电压:指主触头的额定电压。交流有 220 V、380 V 和 660 V,在特殊场合应用的额定电压高达 1 140 V,直流主要有 110 V、220 V 和 440 V。

(2)额定电流:指主触头的额定工作电流。它是在一定的条件(额定电压、使用类别和操作频率等)下规定的,目前常用的电流等级为 10 ~ 800 A。

(3)吸引线圈的额定电压:交流有 36 V、127 V、220 V 和 380 V,直流有 24 V、48 V、220 V 和 440 V。

(4)机械寿命和电气寿命:接触器是频繁操作电器,应有较高的机械寿命和电气寿命,该指标是产品质量的重要指标之一。

(5)额定操作频率:指每小时允许的操作次数,一般为 300 次/h、600 次/h 和 1 200 次/h。

(6)动作值:指接触器的吸合电压和释放电压。规定接触器的吸合电压大于线圈额定电压的 85% 时应可靠吸合,释放电压不高于线圈额定电压的 70%。

常用的交流接触器有 CJ10、CJ12、CJ10X、CJ20、CJX1、CJX2、3TB 和 3TD 等系列。

四、继电器

继电器用于电路的逻辑控制，具有逻辑记忆功能，能组成复杂的逻辑控制电路。继电器用于将某种电量（如电压、电流）或非电量（如温度、压力、转速、时间等）的变化量转换为开关量，以实现对电路的自动控制功能。

继电器的种类很多，按输入量可分为电压继电器、电流继电器、时间继电器、速度继电器、压力继电器等；按工作原理可分为电磁式继电器、感应式继电器、电动式继电器、电子式继电器等；按用途可分为控制继电器、保护继电器等。

（一）电磁式继电器

控制电路中用的继电器大多数是电磁式继电器。电磁式继电器具有结构简单、价格低廉、使用维护方便、触点容量小（一般在 5 A 以下）、触点数量多且无主辅之分、无灭弧装置、体积小、动作迅速、准确、控制灵敏、可靠等特点，广泛地应用于低压控制系统中。常用的电磁式继电器有电流继电器、电压继电器、中间继电器以及各种小型通用继电器等。

电磁式继电器的结构和工作原理与接触器相似，主要由电磁机构和触头组成。电磁式继电器也有直流和交流两种。图 6-4（a）所示为直流电磁式继电器结构示意图，图（b）所示为其输入—输出特性，在线圈两端加上电压或通入电流，产生电磁力。当电磁力大于弹簧反力时，吸动衔铁使常开、常闭触头动作；当线圈的电压或电流下降或消失时，衔铁释放，触头复位。

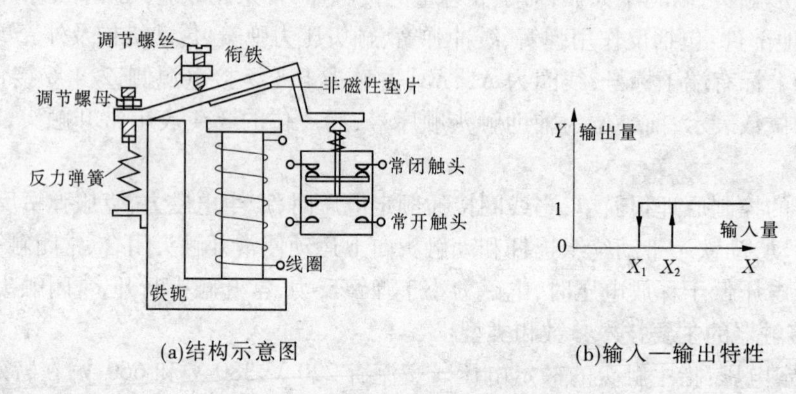

(a)结构示意图 (b)输入—输出特性

图 6-4 直流电磁式继电器结构示意图

（二）中间继电器

中间继电器是最常用的继电器之一，它的结构和接触器基本相同，如图 6-5（a）所示，其图形符号如图 6-5（b）所示。

中间继电器在控制电路中起逻辑变换和状态记忆的作用，也可用于扩展触头的容量和数量。另外，中间继电器在控制电路中还可以调节各继电器、开关之间的动作时间，防止电路误动作。中间继电器实质上是一种电压继电器，它是根据输入电压的有或无而动作的，一般触头对数多，触头容量额定电流为 5 ~ 10 A。中间继电器体积小，动作灵敏度高，一般不用于直接控制电路的负荷，但当电路的负荷电流在 5 ~ 10 A 以下时，也可代替接触器起控制负荷的作用。中间继电器的工作原理和接触器一样，触头较多，一般为四常开触头和四常闭触头。

常用的中间继电器型号有 JZ7、JZ14 等。

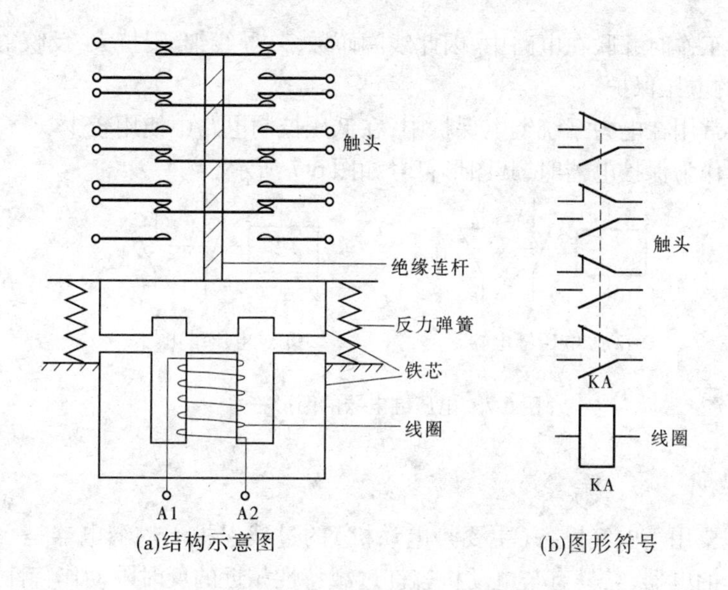

(a)结构示意图 (b)图形符号

图 6-5 中间继电器的结构示意图及图形符号

(三)电流继电器

电流继电器的输入量是电流，它是根据输入电流的大小而动作的继电器。电流继电器的线圈串入电路中，以反映电路电流的变化，其线圈匝数少、导线粗、阻抗小。电流继电器可分为欠电流继电器和过电流继电器。

欠电流继电器用于欠电流保护或控制，如直流电动机励磁绕组的弱磁保护、电磁吸盘中的欠电流保护、绕线式异步电动机启动时电阻的切换控制等。欠电流继电器的动作电流整定范围为线圈额定电流的 30% ~65%。需要注意的是，在电路正常工作，电流正常不欠电流时，欠电流继电器处于吸合动作状态，常开触头处于闭合状态，常闭触头处于断开状态；当电路出现不正常现象或故障现象导致电流下降或消失时，欠电流继电器中流过的电流小于释放电流而动作，所以欠电流继电器的动作电流为释放电流而不是吸合电流。

过电流继电器用于过电流保护或控制，如起重机电路中的过电流保护。过电流继电器在电路正常工作时流过正常工作电流，正常工作电流小于继电器所整定的动作电流，继电器不动作，当电流超过动作电流整定值时才动作。过电流继电器动作时其常开触头闭合，常闭触头断开。常用的电流继电器的型号有 JL12、JL15 等。

电流继电器作为保护电器时，其图形符号如图 6-6 所示。

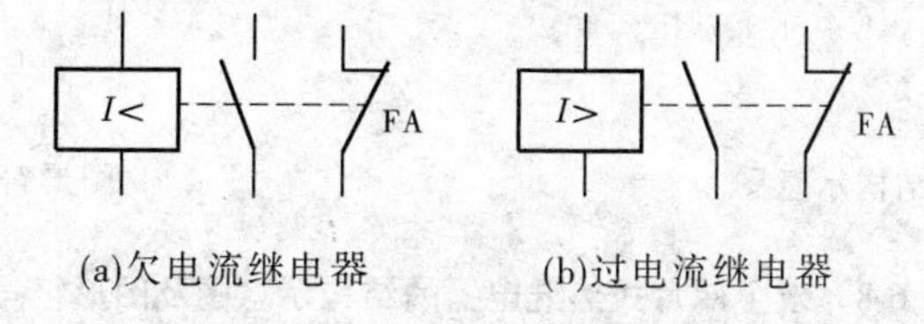

(a)欠电流继电器 (b)过电流继电器

图 6-6 电流继电器的图形符号

(四)电压继电器

电压继电器的输入量是电路的电压，它根据输入电压的大小而动作。与电流继电器类似，电压继电器也分为欠电压继电器和过电压继电器两种。

电压继电器工作时并联在电路中，因此线圈匝数多、导线细、阻抗大，反映电路中电压的变化，用于电路的电压保护。

电压继电器常用在电力系统继电保护中，在低压控制电路中使用较少。

电压继电器作为保护电器时，其图形符号如图 6-7 所示。

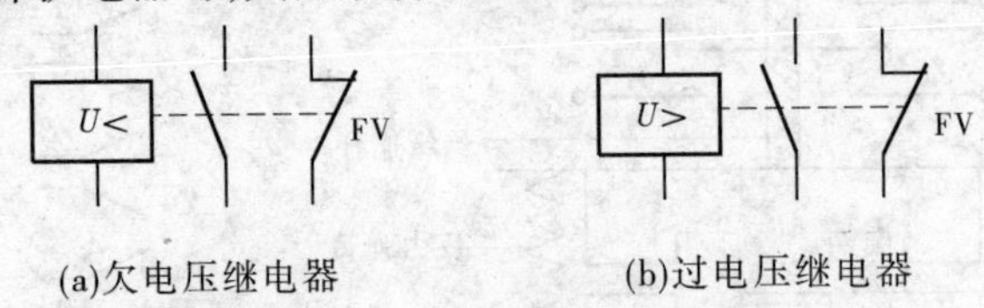

(a)欠电压继电器 (b)过电压继电器

图 6-7 电压继电器的图形符号

五、热继电器

热继电器主要用于电气设备（主要是电动机）的过载保护。热继电器是一种利用电流热效应原理工作的电器，它具有与电动机容许过载特性相近的反时限动作特性，主要与接触器配合使用，用于对三相异步电动机的过载和断相保护。

三相异步电动机在实际运行中，常会遇到由电气或机械原因等引起的过电流（过载和断相）现象。如果过电流不严重，持续时间短，绕组不超过允许温升，这种过电流是允许的；如果过电流情况严重，持续时间较长，则会加快电动机绝缘老化，甚至烧毁电动机，因此在电动机回路中应设置电动机保护装置。常用的电动机保护装置种类很多，使用最多、最普遍的是双金属片式热继电器。目前，双金属片式热继电器均为三相式，有带断相保护和不带断相保护两种。

图 6-8（a）所示是双金属片式热继电器的结构示意图，图 6-8（b）所示是其图形符号。由图可见，热继电器主要由双金属片、热元件、复位按钮、传动杆、拉簧、调节旋钮、复位螺丝、触头和接线端子等组成。

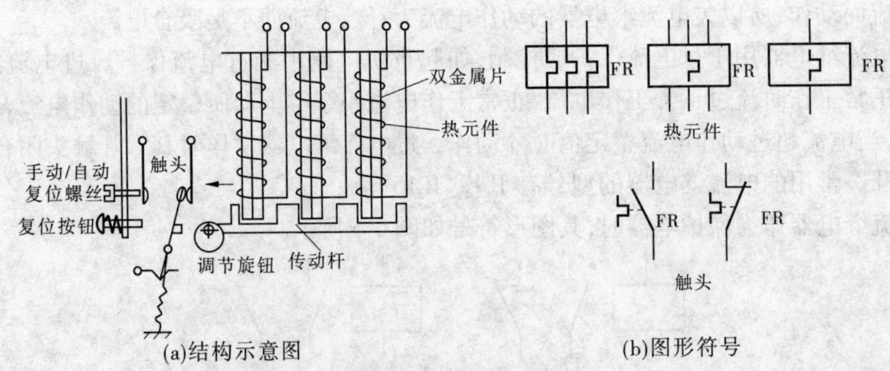

(a)结构示意图 (b)图形符号

图 6-8 双金属片式热继电器的结构示意图及图形符号

六、熔断器

熔断器在电路中主要起短路保护作用。熔断器的熔体串接于被保护的电路中，熔断器以其自身产生的热量使熔体熔断，从而自动切断电路，实现短路保护及过载保护。熔断器具有结构简单、体积小、质量轻、使用维护方便、价格低廉、分断能力较高、限流能力强等优点，因此在电路中得到广泛应用。

熔断器种类很多,按结构分为开启式、半封闭式和封闭式;按有无填料分为有填料式和无填料式;按用途分为工业用熔断器、保护半导体器件熔断器及自复式熔断器等。

(一)插入式熔断器

插入式熔断器如图 6-9(a)所示。常用的产品有 RC1A 系列,主要用于低压分支电路的短路保护,因其分断能力较弱,多用于照明电路和小型动力电路中。

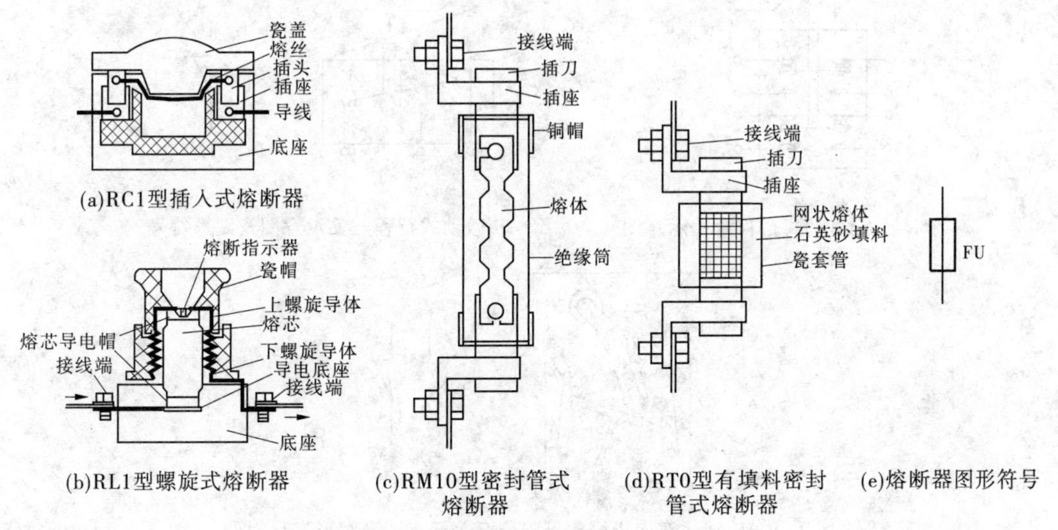

图 6-9　熔断器的类型及图形符号

(二)螺旋式熔断器

螺旋式熔断器如图 6-9(b)所示。熔芯内装有熔丝,并填充石英砂,用于熄灭电弧,分断能力强。熔体上的上端盖有一熔断指示器,一旦熔体熔断,指示器马上弹出,可透过瓷帽上的玻璃孔观察到。常用的产品有 RL6、RL7 和 RLS2 等系列,其中 RL6 和 RL7 多用于机床配电电路中;RLS2 为快速熔断器,主要用于保护半导体元件。

(三)RM10 型密封管式熔断器

RM10 型密封管式熔断器为无填料管式熔断器,如图 6-9(c)所示。主要用于供配电系统作为线路的短路保护及过载保护,它采用变截面片状熔体和密封纤维管。由于熔体较窄处的电阻小,在短路电流通过时产生的热量最大,先熔断,因而可产生多个熔断点,使电弧分散,以利于灭弧。短路时其电弧燃烧密封纤维管产生高压气体,以便将电弧迅速熄灭。

(四)RT 型有填料密封管式熔断器

RT0 型有填料密封管式熔断器如图 6-9(d)所示。熔断器中装有石英砂,用来冷却和熄灭电弧,熔体为网状,短路时可使电弧分散,由石英砂将电弧冷却熄灭,可将电弧在短路电流达到最大值之前迅速熄灭,以限制短路电流。此为限流式熔断器,常用于大容量电力网或配电设备中。常用的产品有 RT12、RT14、RT15 和 RS3 等系列,RS2 系列为快速熔断器,主要用于保护半导体元件。

七、行程开关

行程开关又叫限位开关,它的种类很多,按运动形式可分为直动式、微动式、转动式等;

按触头的性质可分为有触头式和无触头式。

行程开关的工作原理和按钮相同,区别在于它不是靠手的按压,而是利用生产机械运动的部件碰压而使触头动作来发出控制指令的主令电器。它用于控制生产机械的运动方向、速度、行程大小或位置等,其结构形式多种多样。

图 6-10 所示为几种操作类型的行程开关动作原理示意图及图形符号。

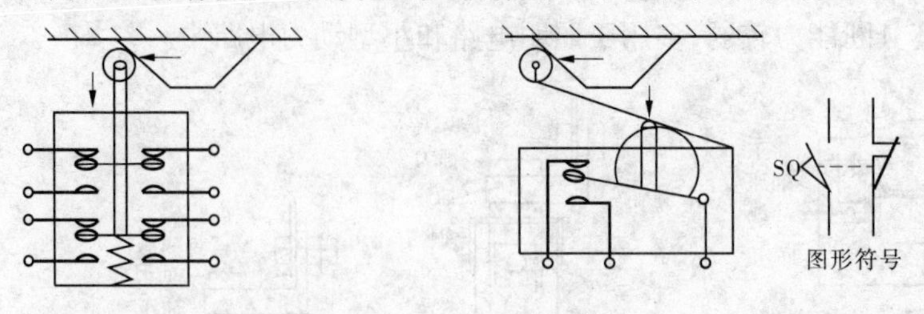

(a)直动式行程开关示意图　　(b)微动式行程开关示意图及图形符号

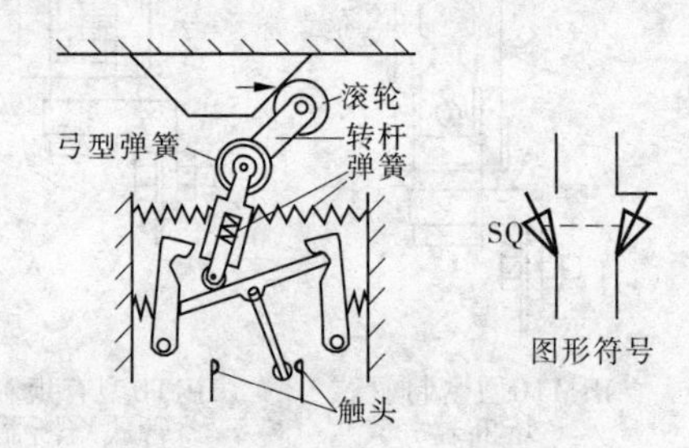

(c)旋转式双向机械碰压限位开关示意图及图形符号

图 6-10　行程开关结构示意图及图形符号

行程开关的主要参数有型号、动作行程、工作电压及触头的电流容量。目前,国内生产的行程开关有 LXK3、3SE3、LX19、LXW 和 LX 等系列。

常用的行程开关有 LX19、LXW5、LXK3、LX32 和 LX33 等系列。

八、自动空气断路器

低压断路器俗称自动开关或空气开关,用于低压配电电路中不频繁的通断控制。在电路发生短路、过载或欠电压等故障时能自动分断故障电路,是一种控制兼保护电器。

断路器的种类繁多,按其用途和结构特点可分为 DW 型框架式断路器、DZ 型塑料外壳式断路器、DS 型直流快速断路器和 DWX 型、DWZ 型限流式断路器等。框架式断路器主要用做配电线路的保护开关,而塑料外壳式断路器除可用做配电线路的保护开关外,还可用做电动机、照明电路及电热电路的控制开关。

断路器主要由 3 个基本部分组成,即触头、灭弧系统和各种脱扣器,包括过电流脱扣器、失压(欠电压)脱扣器、热脱扣器、分励脱扣器和自由脱扣器。

图 6-11 所示是断路器工作原理示意图及图形符号。断路器开关是靠操作机构手动或电动合闸的,触头闭合后,自由脱扣机构将触头锁在合闸位置上。当电路发生上述故障时,通过各自的脱扣器使自由脱扣机构动作,自动跳闸,以起到保护作用。分励脱扣器则作为远距离控制分断电路之用。

过电流脱扣器用于线路的短路和过电流保护,当线路的电流大于整定的电流值时,过电

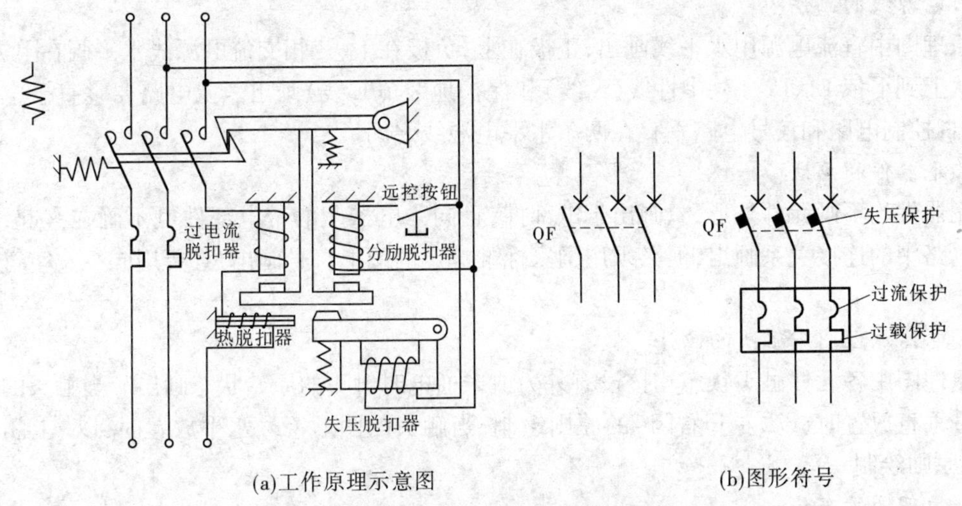

图 6-11　断路器工作原理示意图及图形符号

流脱扣器所产生的电磁力使挂钩脱扣,动触头在弹簧的拉力下迅速断开,实现短路器的跳闸功能。

热脱扣器用于线路的过负荷保护,工作原理与热继电器相同。

失压(欠电压)脱扣器用于失压保护,如图 6-11 所示,失压脱扣器的线圈直接接在电源上,处于吸合状态,断路器可以正常合闸;当停电或电压很低时,失压脱扣器的吸力小于弹簧的反力,弹簧使动铁芯向上使挂钩脱扣,实现短路器的跳闸功能。

分励脱扣器用于远方跳闸,当在远方按下按钮时,分励脱扣器得电产生电磁力,使其脱扣跳闸。

不同断路器的保护功能是不同的,使用时应根据需要选用。在图形符号中也可以标注其保护方式,如图 6-11 所示,断路器图形符号中标注了失压、过载、过流三种保护方式。

第二节　鼠笼式电动机直接启动的控制线路

一、电气原理图

电气原理图是用来表示电路各电气元件中导电部件的连接关系和工作原理的电路图。电路图不反映元器件的实际位置、大小,只反映元器件之间的连接关系。

(一)绘制电路图的原则

1. 电气原理图的组成

电气原理图可分为主电路和辅助电路。主电路是从电源到电动机或线路末端的电路,是强电流通过的电路,其内有刀开关、熔断器、接触器主触头热继电器和电动机等。辅助电路包括控制电路、照明电路、信号电路及保护电路等,是小电流通过的电路。绘制电路图时,主电路用粗线条绘制在原理图的左侧或上方,辅助电路用细线条绘制在原理图的右侧或下方。

2. 电气原理图中电器元件的画法

电气原理图中电器元件的图形符号、文字符号及标号必须采用最新国家标准。

3. 电源线的画法

原理图中直流电源用水平线画出，正极在上，负极在下；三相交流电源线水平画在上方，相序从上到下依 L1、L2、L3、中性线（N 线）和保护地线（PE 线）画出。主电路要垂直于电源线画出，控制电路和信号电路垂直在两条水平电源线之间。

4. 元器件的画法

元器件均不画元件外形，只画出带电部件，且同一电器上的带电部件可不画在一起，而是按电路中的连接关系画出，但必须用国家标准规定的图形符号画出，且要用同一文字符号标明。

5. 电器原理图中触头的画法

原理图中各元件触头状态均按没有外力或未通电时触头的原始状态画出。当触头的图形符号垂直放置时，以“左开右闭”的原则绘制；当触头的图形符号水平放置时，以“上闭下开”的原则绘制。

6. 原理图的布局

同一功能的元器件要集中在一起且按动作先后顺序排列。

7. 连接点、交叉点的绘制

对需要拆卸的外部引线端子，用空心圆表示；交叉连接的交叉点用小黑点表示。

8. 原理图中数据和型号的标注

原理图中数据和型号用小写字体标注在符号附近，导线用截面标注，必要时可标出导线的颜色。

9. 绘制要求

电气原理图的绘制要求为：布局合理，层次分明，排列均匀，便于读图。

（二）电气原理图图面的划分

电气原理图每个分区内竖边用大写字母编号，横边用数字编号。编号的顺序应从左上角开始。

（三）接触器、继电器触头位置的检索

在接触器、继电器电磁线圈的下方注有相应触头所在图中位置的检索代号，其中左栏为常开触头所在区号，右栏为常闭触头所在区号。

二、控制原理图

最基本的鼠笼式电动机直接启动的控制线路有点动控制线路和长动控制线路。

（一）点动控制线路

点动控制是指按下按钮，电动机就得电运转，松开按钮，电动机就失电停转。电气设备工作时常常需要进行点动调整，如车刀与工件位置的调整，因此需要用点动控制来完成。点动正转控制线路是由按钮、接触器来控制电动机运转的最简单的正转控制线路，电气原理图如图 6-12 所示。

点动控制线路中，组合开关 QS 作电源隔离开关；熔断器 FU1、FU2 分别作主电路、控制电路的短路保护；由于电动机只有点动控制，运行时间较短，主电路不需要热继电器，启动按钮 SB 控制接触器 KM 的线圈得、失电；接触器 KM 的主触头控制电动机 M 的启动与停止。

电路工作原理：先合上电源开关 QS，再按下面的提示完成。

启动:按下启动按钮 SB→接触器 KM 线圈得电→KM 主触头闭合→电动机启动运行。

停止:松开按钮 SB→接触器 KM 线圈失电→KM 主触头断开→电动机 M 失电停转。

(二)长动控制线路

在要求电动机启动后连续运转时,采用点动正转控制线路显然是不行的。为实现连续运转,可采用如图 6-13 所示的接触器自锁控制电路。它与点动控制线路相比较,主电路由于电动机连续运行,因此要添加热继电器进行过载保护,而在控制电路中又多串接了一个停止按钮 SB1,并在启动按钮 SB2 的两端并接了接触器 KM 的一对常开辅助触头。电路的工作原理:先合上电源开关 QS,再按下面的提示完成。

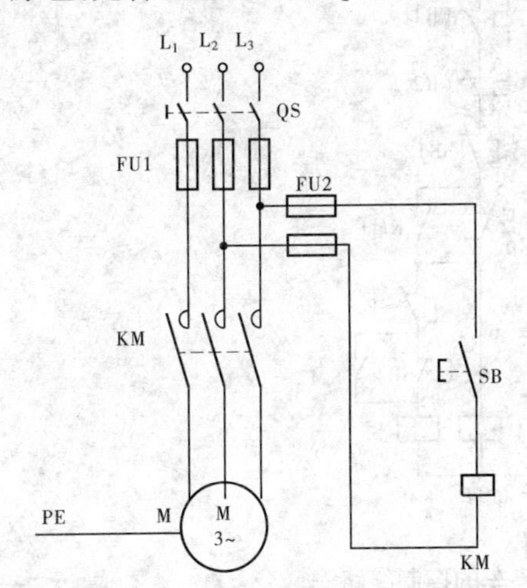

图 6-12　点动控制电气原理图

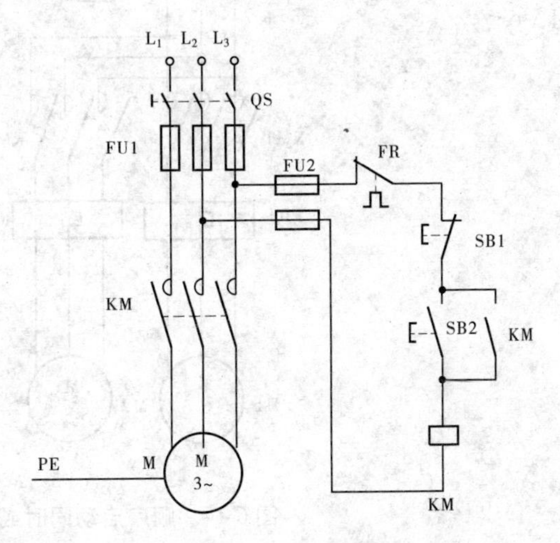

图 6-13　接触器控制的电动机单向连续控制电路

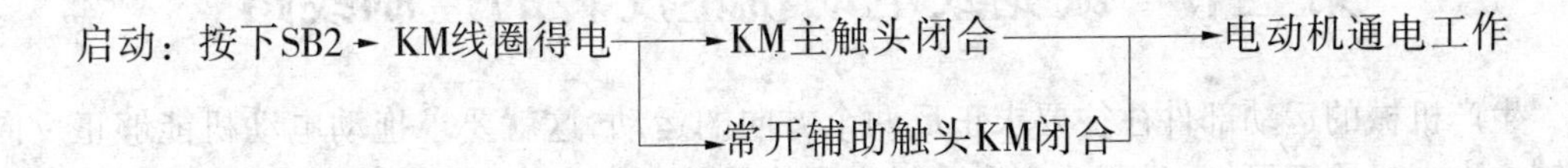

当松开 SB2 时,由于 KM 的常开辅助触头闭合,控制电路仍然保持接通,KM 线圈继续得电,电动机 M 实现连续运转。这种利用接触器 KM 本身常开辅助触头而使线圈保持得电的控制方式叫自锁。与启动按钮 SB2 并联起来实现自锁作用的常开辅助触头称为自锁触头。

停止：按下SB1→KM线圈断电→KM主触头断开→电动机停止

　　　　　　　　　　　　　→常开辅助触头KM断开

当松开 SB1 时,其常闭触头恢复闭合,因接触器 KM 的自锁触头在切断控制电路时已断开,接触自锁,SB2 也是断开的,所以接触器 KM 不能得电,电动机 M 也不会工作。

三、电机的顺序控制

顺序控制是指生产机械中多台电动机按预先设计好的次序先后启动或停止的控制。

顺序控制线路包括顺序启动同时停车、同时启动顺序停车、顺序启动顺序停车等几种控制线路。

顺序启动同时或顺序停车的控制线路如图6-14所示。电动机M1启动运行之后电动机M2才允许动作。控制线路是通过接触器KM1的自锁触头来制约接触器KM2的线圈。只有在KM1动作后,KM2才允许动作。对于此控制方式线路还可以利用KM1的联锁触头来实现控制。

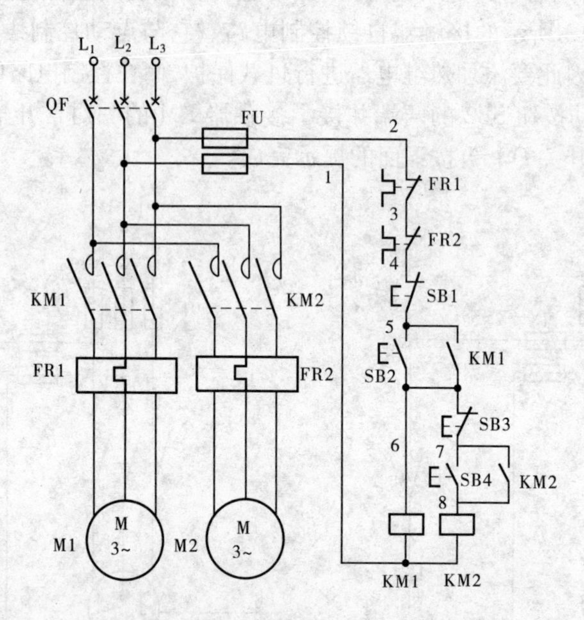

图6-14　顺序启动同时或顺序停车的控制线路

第三节　鼠笼式电动机正反转的控制线路

生产机械的运动部件往往要求正反两个方向的运动,这就要求拖动电动机能够正反向旋转。由电机原理可知,只要改变电动机定子绕组的三相交流电源相序,就可实现电动机的正反转。因此,可采用两个接触器来实现不同相序的转换。

图6-15所示为接触器联锁的正反转控制线路。主电路由正转接触器KM1和反转接触器KM2来改变电动机的电源相序,实现电动机的正反转。显然,KM1接通时,电动机正转;KM2接通时,电动机反转。假若两个接触器同时接通,那么主电路将有两根电源线通过它们的主触头使电源出现相间短路事故。因此,对正反转控制电路的最基本的要求是:必须保证两个接触器不能同时得电。

两个接触器在同一时间里利用各自的常闭触头锁住对方的控制电路,只允许一个线圈通电的控制方式称为互锁或联锁。将正反转接触器KM1和KM2的常闭触头串接在对方的线圈中,形成相互制约的控制。这样,当正转接触器KM1工作时,其常闭互锁触头KM1断开了反转线圈KM2的线圈电路,即使再误按下SB3也不可能使KM2线圈通电。同理,当反转接触器KM2通电时,正转接触器KM1也不可能动作。

这种电路的优点是安全可靠,不会出现误操作。缺点是在正转过程中若要反转时,必须先按停车按钮SB1,使KM1失电,互锁触点KM1闭合后,再按反转启动按钮SB3才能使KM2得电,电动机反转;反之亦然。

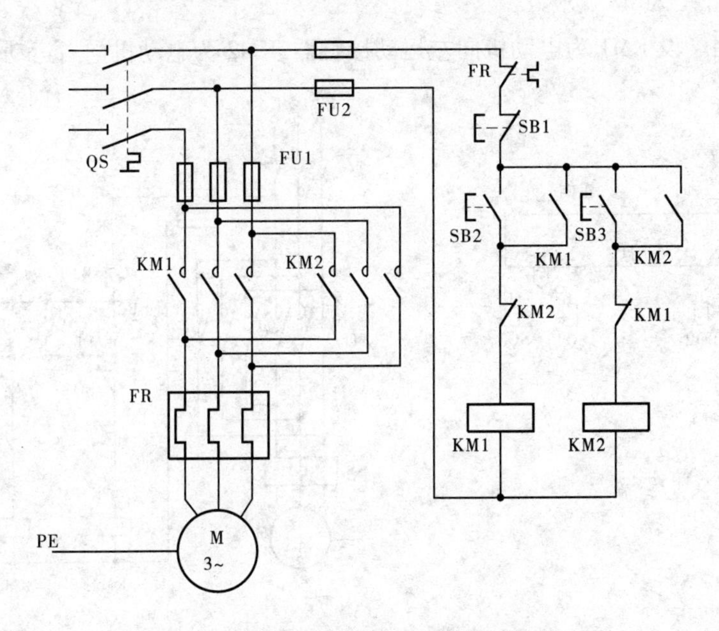

图 6-15　接触器联锁的正反转控制线路

对于要求电动机直接由正转变反转，或者反转直接变正转，可以采用双重联锁电路，如图 6-16 所示，它增设了启动按钮的常闭触头作为互锁，构成具有电气、按钮互锁的控制电路。

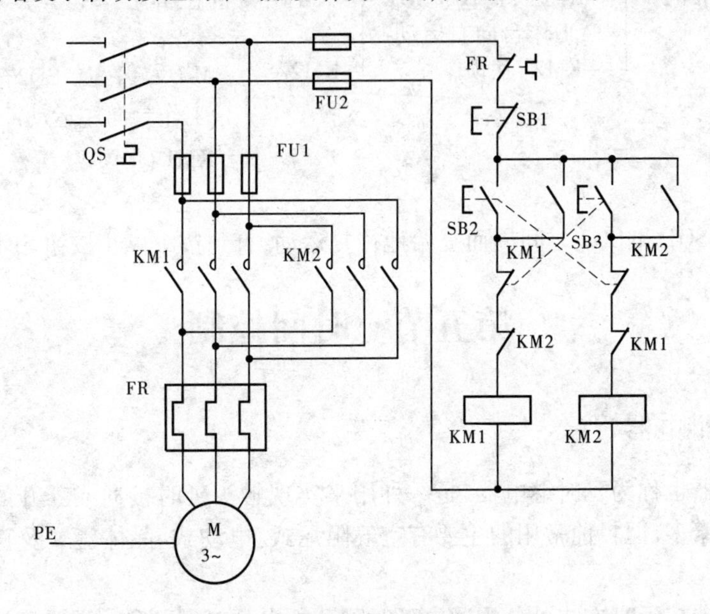

图 6-16　双重联锁的正反转控制线路

第四节　行程控制

行程控制是以行程开关代替按钮，用以实现对电动机的启动和停止控制，可分为限位断电、限位通电和自动往复循环等控制。

如图 6-17 所示，工作台在行程开关 SQ1 和 SQ2 之间自动往复运动，其中 SQ3 和 SQ4 起位置保护作用。设 KM1 为电动机向左运动接触器,KM2 为电动机向右运动接触器。

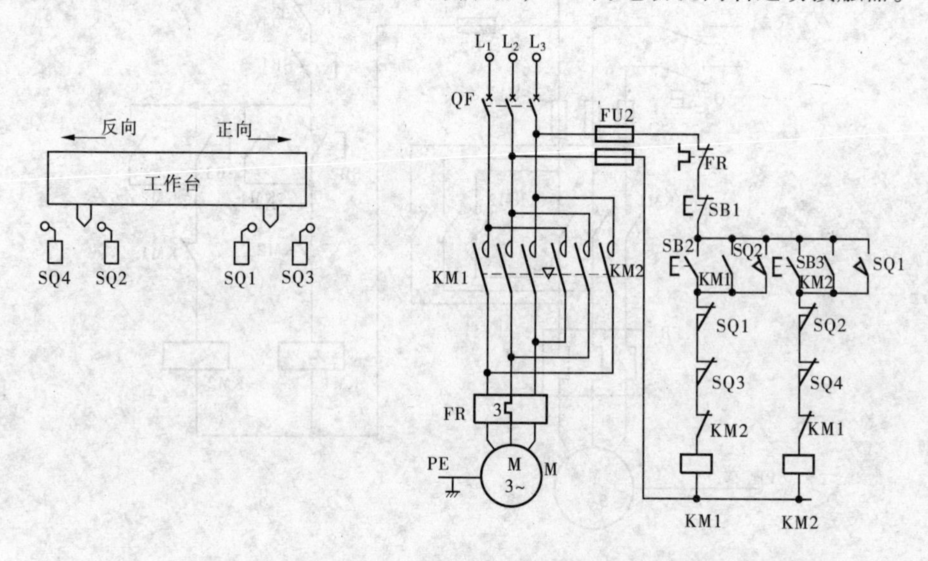

图 6-17 行程开关控制的自动循环正反转控制线路

线路动作原理为:

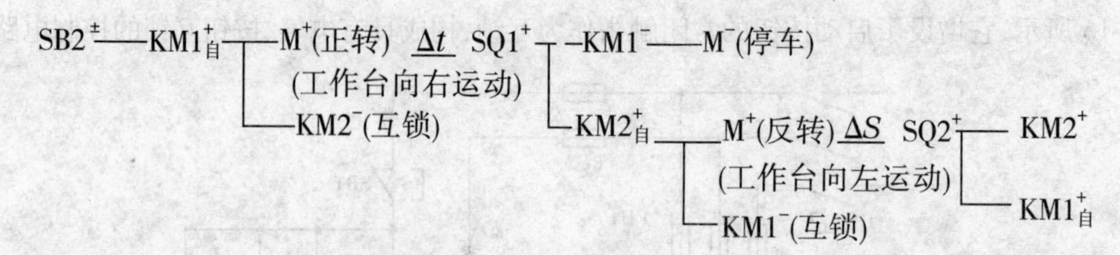

工作台在 SQ1 和 SQ2 之间周而复始地往复运动,直到按下停止按钮 SB1。

第五节 时间控制

一、时间继电器

时间继电器也称为延时继电器,是一种用来实现触头延时接通或断开的控制电器。时间继电器种类繁多,但目前常用的主要有空气阻尼式、电动式、晶体管式及直流电磁式等几大类。

时间继电器按延时方式可分为通电延时型和断电延时型两种。通电延时型时间继电器在其感测部分接收信号后开始延时,一旦延时完毕,就通过执行部分输出信号,以操纵控制电路,当输入信号消失时,继电器就立即恢复到动作前的状态(复位)。断电延时型与通电延时型相反,它是在其感测部分接收输入信号后,执行部分立即动作,但当输入信号消失后,继电器必须经过一定的延时,才能恢复到原来(即动作前)的状态(复位),并且有信号输出。

(一)外形结构

空气阻尼式时间继电器的外形结构如图 6-18 所示。它由电磁系统、延时机构和工作触点三部分组成。将电磁机构翻转 180°安装后,通电延时型可以改换成断电延时型。同理,断电延时型也可改换成通电延时型。

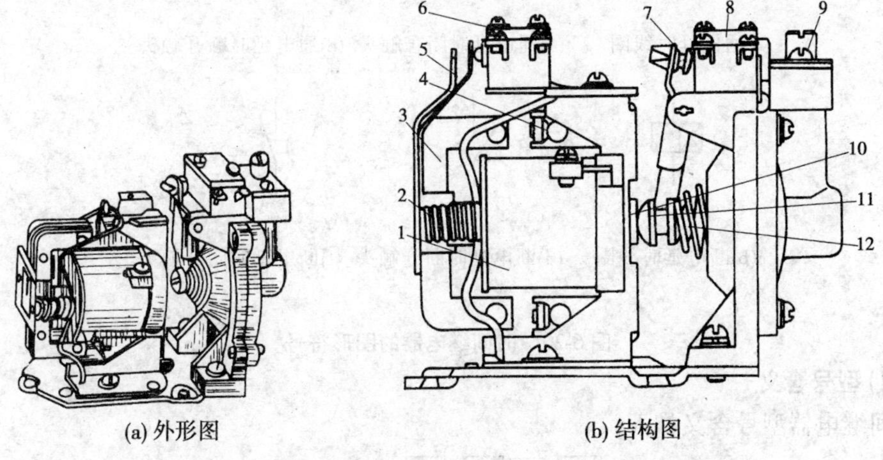

(a) 外形图　　(b) 结构图

1—线圈;2—反力弹簧;3—衔铁;4—静铁芯;5—弹簧片;6、8—微动开关;

7—杠杆;9—调节螺旋;10—推杆;11—活塞杆;12—宝塔弹簧

图 6-18　空气阻尼式时间继电器的外形结构

(二)动作原理

图 6-19 所示为 JST－A 系列时间继电器(空气阻尼式)的动作原理示意图。

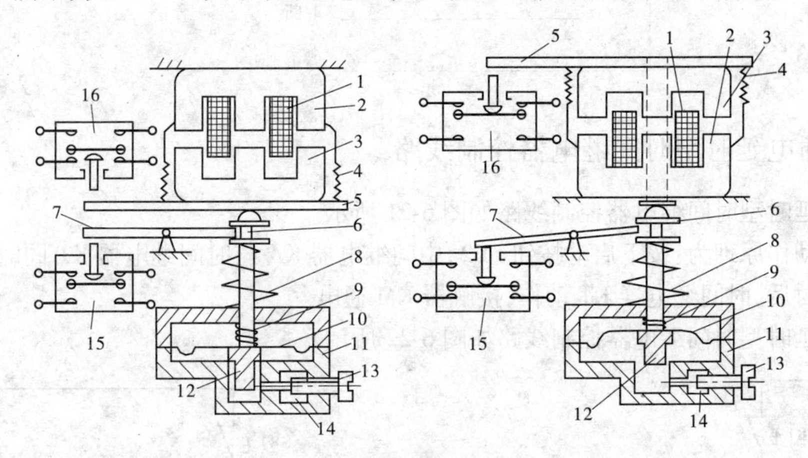

图 6-19　JST－A 系列时间继电器的动作原理示意图

通电延时时间继电器:通电时,电磁线圈 1 产生电磁,电磁力大于弹簧拉力,动铁芯 3 被静铁芯 2 吸引,推板 5 迅速顶到微动开关,触头进行动作,由于橡皮膜 10 内有空气,形成负压,弱弹簧 9 的移动受到空气阻尼作用,活塞杆 6 缓慢向上移动,到达设定的时间,杆杠 7 顶到触头微动开关 15,触头进行动作,微动开关 15 的动作相对于通电时间而言有一个延时,断电时,微动开关 15 及 16 迅速复位。

断电延时时间继电器的动作原理自行分析。

(三)符号

时间继电器的符号分通电延时型和断电延时型两种,如图 6-20 所示,其文字符号为 KT。

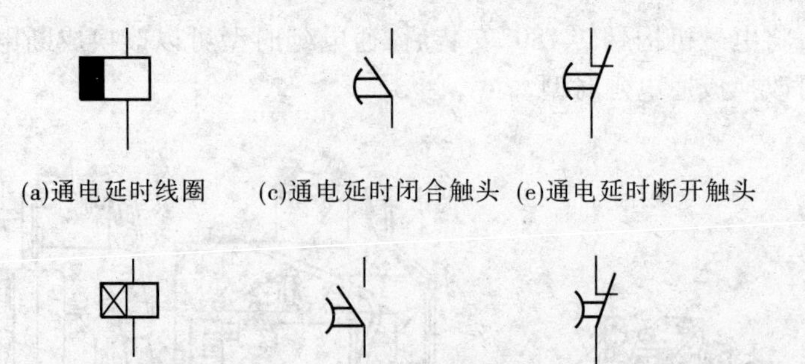

图 6-20　时间继电器的图形符号

(四) 型号含义

时间继电器型号含义如下：

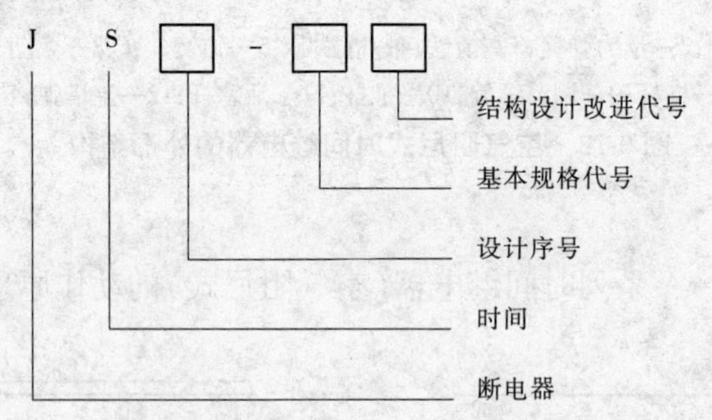

二、通电延时型时间继电器控制线路

通电延时型时间继电器控制线路如图 6-21 所示。

线路动作原理为：按下启动按钮 SB2，中间继电器 KA 与时间继电器 KT 同时通电，经过一定的延时后，时间继电器 KT 动作，接触器 KM 通电。

断电延时型时间继电器控制线路如图 6-22 所示。

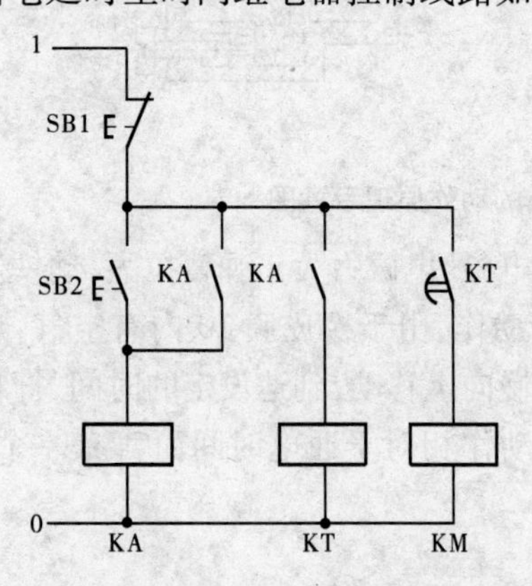

图 6-21　通电延时型时间继电器控制线路

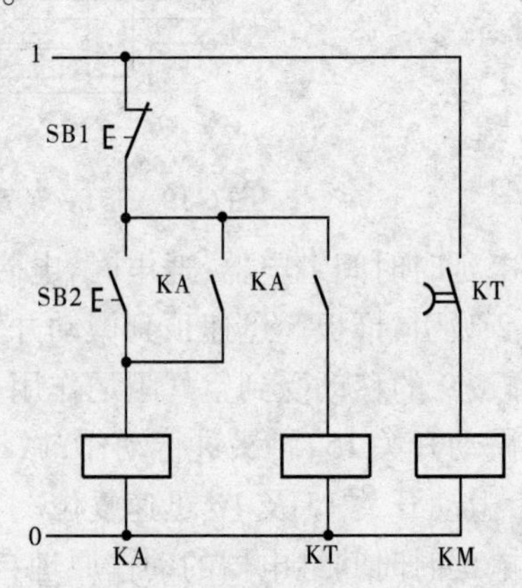

图 6-22　断电延时型时间继电器控制线路

本章小结

(1)继电接触器控制是一种有触头的控制系统。常用的继电接触控制电器分为控制电器与保护电器两大类。其中,组合开关、按钮和接触器等属于控制电器,用来控制电动机的通断;熔断器和热继电器等属于保护电器,用来保护电路或电机的安全。

(2)电动机控制线路分为主电路和控制电路两大部分。主电路是从电源到电动机的供电电路,其中有较大的电流通过,主电路一般画在线路图的左边或上边,用粗实线表示,主电路应设隔离开关、短路保护和过载保护等;控制电路用来控制主电路的电路,保证主电路安全正确地按照要求工作,控制电路以及信号、照明等辅助电路通过的是小电流,一般画在线路图的右边或下边,用细实线表示。同一个电器的线圈、触头分开画出,并用同一文字符号标明。控制电路应具有短路保护、欠压和失压保护等功能。

(3)三相笼型异步电动机单向连续运转控制电路正常工作的关键是自锁的实现。而电动机正反转控制电路的关键则是改变电源相序,但必须设置互锁,使得换向时避免电源短路并能正常工作。行程控制和时间控制则主要利用行程开关和时间继电器来实现。

习　题

6-1　电气控制中,熔断器和热继电器的保护作用有什么不同?为什么?

6-2　试说出交流接触器与中间继电器的相同及不同之处。

6-3　试说出中间继电器的作用。

6-4　电动机点动控制和长动控制的关键环节是什么?

6-5　试设计一个既能点动又能长动的电动机控制线路。

6-6　试设计一个单向连续运行的电动机控制电路,但是按下停止按钮后电动机需要延时一段时间后停止。

第七章　现代控制技术

在第五章里我们已经学习了异步电动机的原理及其应用,在这一章里我们要学习变频器的原理及其控制方式和传感器的应用。

在现代的机械工业领域,不再以复杂的电路连接来实现机器的动作。因为在现在的工厂流水线里,特别是汽车制造业里,不再是烦琐的人工操作,取而代之的是一系列工业机器人的工作。另外,在现代的机床领域里、数控里应用广泛的伺服电动机的控制和其应用给现代工业带来了新的生机。那么,这些工业机器人还有数控机床是靠什么来为它提供动力,并对其控制的?这就离不开本章要讲的变频器和传感器的应用。

第一节　变频器

变频器的英文译名是 VFD(Variable-Frequency Drive),变频技术诞生的背景是交流电机无级调速的广泛需求。

变频器与节能变频器产生的最初用途是速度控制,但目前在国内应用较多的是节能。中国是能耗大国,能源利用率很低,而能源储备不足。在 2003 年的中国电力消耗中,60% ~ 70% 为动力电,而在总容量为 5.8 亿 kW 的电动机总容量中,只有不到 2 000 万 kW 的电动机是带变频控制的。市场研究报告分析,在中国带变动负载、具有节能潜力的电机至少有 1.8 亿 kW。

一、变频器的基本结构与工作原理

现在使用的变频器主要采用交—直—交方式,先把工频交流电源通过整流器转换成直流电源,然后再把直流电源转换成频率、电压均可控制的交流电源,以供给电动机。

变频器广泛用于交流电机的调速中。变频调速技术是现代电力传动技术发展的重要方向,随着电力电子技术的发展,交流变频技术从理论到实际逐渐走向成熟。变频器不仅调速平滑,范围大,效率高,启动电流小,运行平稳,而且节能效果明显。因此,交流变频调速已逐渐取代了过去的滑差调速、变极调速、直流调速等调速系统,越来越广泛地应用于冶金、纺织、印染、空调、烟机生产线及楼宇、供水等领域。

(一)变频器的构成

变频器一般分为整流电路、滤波电路、制动电路及逆变电路等几大部分。图 7-1 所示为变频器结构示意图。

1. 整流电路

整流电路的功能是把交流电源转换成直流电源。整流电路一般都是单独的一块整流模块。

2. 滤波电路

平波电路在整流器、整流后的直流电压中含有电源 6 倍频率脉动电压,此外,逆变器产

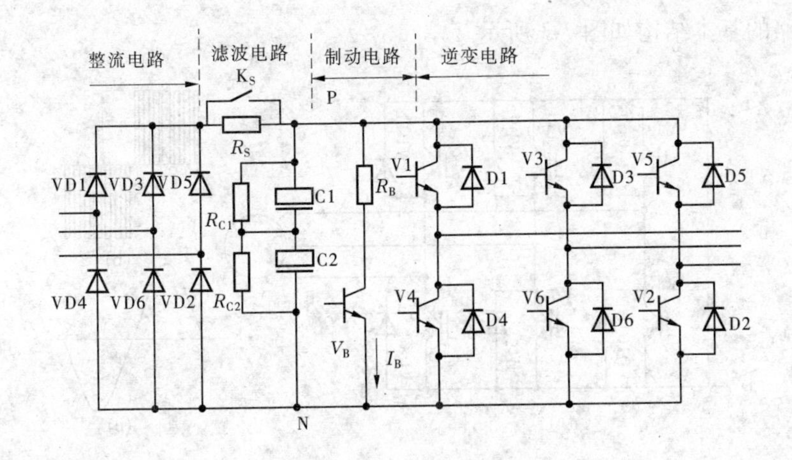

图 7-1 变频器结构示意图

生的脉动电流也使直流电压变动。为了抑制电压波动,采用电感和电容吸收脉动电压(电流),一般通用变频器电源的直流部分对主电路而言有余量,故省去电感而采用简单电容滤波平波电路。

整流和滤波电路如图 7-2 所示。

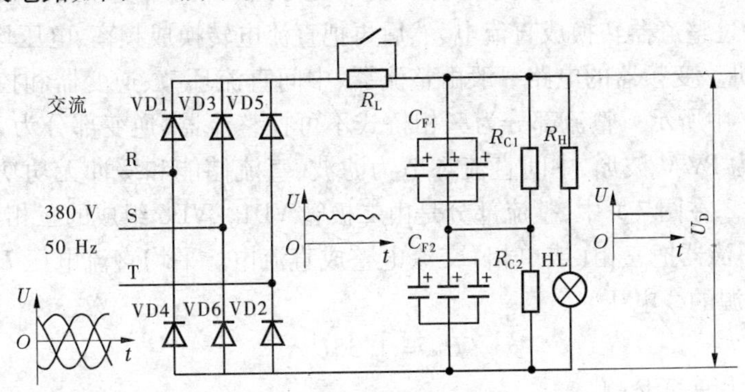

图 7-2 整流和滤波电路

3. 制动电路

现在变频调速器基本是用 16 位、32 位单片机或 DSP 为控制核心,从而实现全数字化控制。

变频器是输出电压和频率可调的调速装置。提供控制信号的回路称为主控制电路,控制电路由以下电路构成:频率、电压的运算电路,主电路的电压、电流检测电路,电动机的速度检测电路。运算电路的控制信号送至驱动电路以及逆变器和电动机的保护电路。

变频器采取的控制方式有速度控制、转矩控制、PID 控制或其他方式。

4. 逆变电路

逆变电路同整流电路相反,是将直流电压变换为所需频率的交流电压,以所确定的时间使上桥、下桥的功率开关器件导通和关断,从而可以在输出端 U、V、W 三相上得到相位互差 120°电角度的三相交流电压。

逆变电路的基本结构如图 7-3 所示。

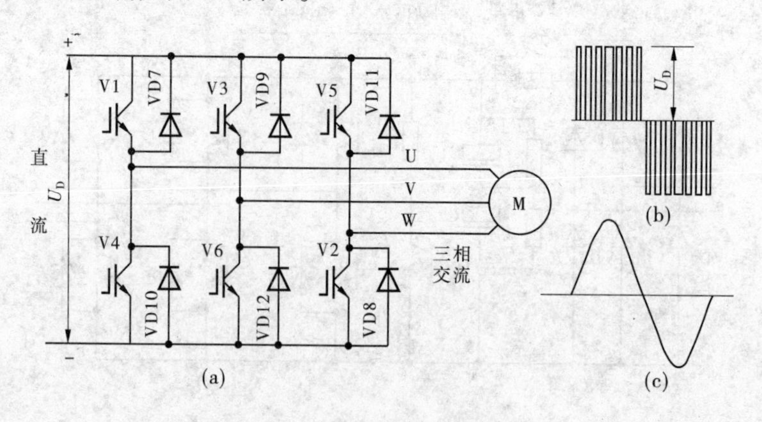

图 7-3　逆变电路的基本结构

(二)变频器的工作原理

变频器的装置有两大类:一类是由工频直接转接成可变频率的,称为交—直变频;另一类是交—直—交变频。

变频器的主要任务是把工频电源变换为另一频率的交流电,以满足交流电动机变频调速的需要。现在使用的变频器主要采用交—直—交方式(VVVF,变频或矢量控制变频),先把工频交流电通过整流器转换成直流电,然后再把直流电转换成频率、电压均可控制的交流电,以供给电动机。变频器的电路一般由整流器、中间直流环节、逆变器和控制电路 4 个部分组成,如图 7-1 中所示。整流部分为三相桥式不可控整流器,逆变部分为 IGBT 三相桥式逆变器,且输出为 PWM 波形,中间直流环节为滤波、直流储能和缓冲无功功率。整流器也称为网侧变流器。在图 7-1 中,整流部分是由二极管 VD1 ~ VD6 组成的三相整流桥,其输入量为交流电源,整流器把三相(或单相)交流电整成直流电。平均直流电压 U_d 按式(7-1)计算,其中 U_{sl} 为电源的线电压。

$$U_d = 1.35U_{sl} \tag{7-1}$$

1. 电压控制与电流控制

主电路方式分为电压型及电流型两类,控制方式也分为电压控制及电流控制两种。这两种控制方式,不管主电路方式是电压型还是电流型都可以适用。

通用变频器等采用电压控制方式,与输出频率成比例地控制输出电压。对于需要快速响应的应用场合,则必须控制输出电流,可采用电流控制方式。

通用变频器适用于电压型的电压控制。输出电压的大小,可以利用半导体开关的导通率将输出电压控制成为正弦波。

对于要求类似直流电动机快速响应性的应用场合,为了快速控制异步电动机的转矩,适用电流控制。

2. PWM(Pulse Width Modulation)

在异步电动机恒转矩的变频调速系统中,随着变频器输出频率的变化,必须相应地调节其输出电压。另外,在变频器输出频率不变的情况下,为了补偿电网电压和负载变化所引起的输出电压波动,也应适当地调节其输出电压。具体实现调压和调频的方法有很多种,但总的来说,从变频器的输出电压和频率的控制方法来看,基本上按前所述分为 PAM 和 PWM

(PAM 前已介绍,此处讨论 PWM)。

PWM 型变频器靠改变脉冲宽度来控制输出电压,通过改变调制周期来控制其输出频率,所以脉冲调制方法对 PWM 型变频器的性能具有根本性的影响。脉宽调制的方法很多,从调制脉冲的极性上看,可以分为单极性和双极性两种;从载频信号和参考信号(基准信号)频率之间的关系来看,又可以分为同步式和非同步式两种。

1)单极性调制

单极性直流参考电压调制方法,以图 7-4 所示电压型三相桥式变频器的原理电路为例,大功率晶体管变频器的基极驱动信号在控制电路中一般常采用载频信号电压 U_c 与参考信号电压 U_r 相比较产生,这里 U_c 采用单极性等腰三角形锯齿波电压,而 U_r 采用直流电压。在一个周期内有 12 个三角形,即载频三角波的频率 $f_\triangle$ 为输出频率 f_o 的 12 倍($f_\triangle$ 可以是 f_o 的任意 6 的整数倍)。输出波形正负半周对称,主电路中的 6 个开关器件以 1—2—3—4—5—6—1 的顺序轮流工作,每个开关器件都是半周工作,通、断 6 次输出 6 个等幅、等宽、等距脉冲列,另半周总处于阻断状态。

输出的相电压波形每半个周期出现 6 个等宽、等距脉冲,中间两个脉幅高($2E/3$),两边 4 个脉幅低($E/3$),正负半周对称,这个脉冲波形可以分解为基波电压 U_1 和一系列谐波电压,基波电压就是要求输出的交流电压,而谐波电压分量愈小愈好。

从波形图可以看出:当三角波幅值一定,改变参考直流信号电压 U_r 的大小时,输出脉冲的宽度即将随之改变,从而改变输出基波电压的大小;改变载频三角波的频率并保持每周的输出脉冲数不变,就可以实现输出电压频率的调节。显然,同时改变三角波的频率和参考直流信号电压 U_r 的大小,就可以使变频器的输出在变频的同时相应地改变电压的大小。

上述调制方式是在改变输出频率的同时改变三角波的频率,使每半周包含的三角波数和相位不变,正、负半周波形始终保持完全对称。这种调制方式叫做同步脉冲调制方式。同步调制方式虽然由于输出波形正、负半周完全对称,只有奇次谐波,没有偶次谐波,但是每周的输出脉冲数不变,低频输出时谐波影响大。

单极性正弦波脉宽调制方式及参考信号电压 U_r 为正弦波的脉宽调制,一般叫做正弦波脉宽调制,简称 SPWM。正弦波脉宽调制产生的调制波是一系列等幅、等距而不等宽的脉冲列,如图 7-4 所示。

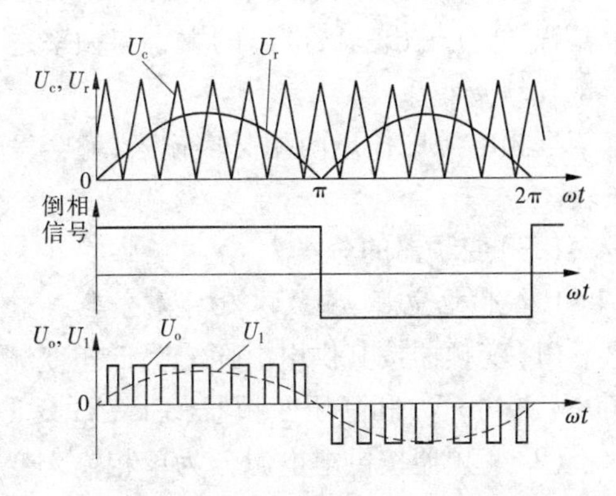

图 7-4　正弦波脉宽调制波形

SPWM 的基本特点是在半个周期内,中间的脉冲宽,两边的脉冲窄,各脉冲之间等距,脉宽与正弦曲线下的积分面积成正比,脉宽基本上呈正弦分布。经倒相后正半周输出正脉冲列,负半周输出负脉冲列。由波形可见,SPWM 比 PWM 的调制波形更接近于正弦波,谐波分量大为减小。

输出电压的大小和频率均由正弦参考电压 U_r 来控制。当改变 U_r 的幅值时,脉宽即随之改变,从而改变输出电压的大小;当改变 U_r 的频率时,输出电压频率即随之改变。但要注意正弦波的幅值 U_{rm} 必须小于等腰三角形的幅值 U_{cm},否则就得不到脉宽与其对应正弦波下的积分面积成正比这一关系。输出电压的大小和频率就将失去所要求的配合关系。

图7-4只画出单相脉宽调制波形。对于三相变频器,必须产生相位差为120°的三相调制波。载频三角波三相可以共用,但必须有一个可变频变幅的三相正弦波发生器,产生可变频变幅的三相正弦参考信号,然后分别比较产生三相输出脉冲调制波。

若三角波和正弦波的频率成比例地改变,不论输出频率高低,每半周的输出脉波数不变,即为同步调制式。

若三角波频率一定,只改变正弦参考信号的频率,正、负半周的脉波数和相位在不同输出频率下就不是完全对称的了,这种方式叫非同步脉宽调制方式。非同步虽然正、负半周输出波形不能完全对称,会出现偶次谐波,但是每周的输出的调制脉波数将随输出频率的降低而增多,有利于改善低频输出特性。

2)双极性调制

上述单极性脉宽调制,脉冲的极性不改变,要正、负半周输出不同极性的脉冲,必须另加倒相电路。与此相对应,若在调制过程中,载频信号和参考信号的极性交替地不断改变,则称为双极性调制。其调制波形如图7-5所示,图中画出三相调制波形。与上述单极性SPWM的情况相同,输出电压的大小和频率也是由改变正弦参考信号 U_r 的幅值大小和频率调制的。参考信号也可以采用阶梯式准正弦波。

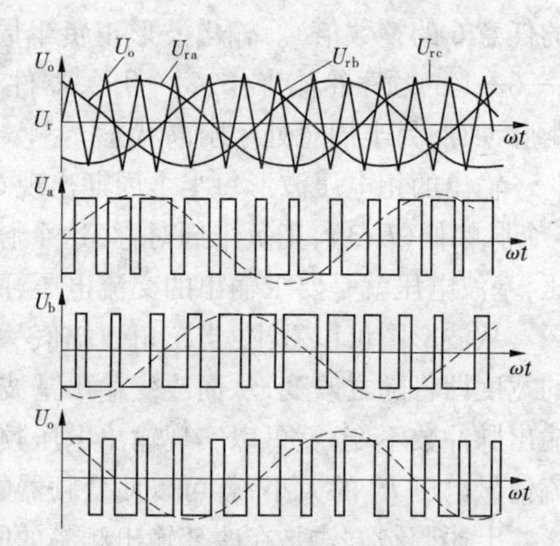

图7-5　三相正弦波脉宽调制波形

这种正弦波脉宽调制方式,当然也可以采用同步式和非同步式的调制方式。但SPWM型变频器带异步电动机负载时,在脉宽调制过程中,要根据异步电动机变频调速控制特性的要求,在调节正弦参考信号频率的同时,要相应地适当调节其幅值,使输出基波电压的大小与频率之比为恒值,即保持 U_1/f_1 = 常数。

3. 正转和反转

三相电源中任意两相交换输入,就会发生反转。变频器可以用电子回路改变相序实现反转。

(三)变频器的分类

1. 按供电电压、相数以及功率分类

(1)变频器按其供电电压分为低压变频器(110 V\220 V\380 V)、中压变频器(500 V\660 V\1 140 V)和高压变频器(3 kW\3.3 kW\6 kW\6.6 kW及10 kW);

(2)变频器按供电电源分为单相输入变频器和三相输入变频器;

(3)变频器按其输出功率的大小分为小功率变频器、中功率变频器和大功率变频器。

2. 按变频器功能分类

变频器按其功能分为横转矩(恒功率)通用型变频器、平方转矩风机水泵节能型变频器、简易型变频器、迷你型变频调速器、通用型变频器、纺织专用型变频器、高频电主轴变频器、电梯专用变频器、直流输入型矿山电力机车用变频器、防爆变频器等。

3. 按直流电源的性质分类

变频器按直流电源的性质分为电流型变频器和电压型变频器。电流型变频器直流环节的储能元件是电感线圈,而电压型变频器直流环节的储能元件是电容器。

4. 按电压的调制方式分类

变频器按输出电压的调节方式分为PAM(脉幅调制)、PWM(脉宽调制)和高载频PWM控制变频器。PAM方式下的变频器输出电压的大小通过改变直流电压的大小来进行调制,而PWM方式下的变频器输出电压的大小通过改变输出脉冲的占空比来进行调制。

5. 按变换环节分类

变频器按变换环节可以分为交—交变频器和交—直—交变频器。

交—交变频是早期变频的主要形式,适应于低转速大容量的电动机负载。交—交变频把频率固定的交流电源直接变换成频率连续可调的直流电源。

6. 按控制方式分类

变频器按控制方式分为 U/f 控制变频器、转差频率控制变频器和矢量控制变频器。

7. 按主开关器件分类

变频器按主开关器件分类,有IGBT、GOT和BJT三种。

8. 变频器按机壳外形分类

变频器按机壳外形分类,有塑料壳变频器、铁壳变频器和柜式变频器。

另外,变频器按照用途可以分为通用变频器、高性能专用变频器、高频变频器和高压变频器等。

二、变频器的安装与接线

(一)变频器的安装环境

1. 周围温度、湿度

周围温度:变频器的工作环境温度范围一般为 -10 ~ +40 ℃,当环境温度大于变频器规定的温度时,变频器要降额使用或采取相应的通风冷却措施。

湿度:变频器工作环境的相对湿度为5% ~90%(无结露现象)。

2. 周围环境

变频器应安装在不受阳光直射、无灰尘、无腐蚀性气体、无可燃气体、无油污、无蒸汽滴水等环境中。安装场所的周围振动加速度应小于 $0.6g$ ($g=9.8\ m/s^2$)。

(二)安装方法

变频器的安装方法如下:

(1)把变频器用螺栓垂直安装到坚固的物体上。

(2)变频器在运行中会发热,要确保冷却风道畅通。

(3)变频器背面要使用耐温材料。

(4)变频器安装在控制箱内时,要充分注意换气,不要将变频器放在散热不良的小密闭箱内。

注意事项:

(1)变频器和电动机外壳与电缆屏蔽层之间必须保证高频等电位接地,同时每台装置也必须与PE(黄绿色)保护接地端子一起连接到接地装置上。

(2)如果使用附加的输入滤波器,则应将其安装在变频器的后面,且要通过非屏蔽电缆直接与主电源相连。

(3)裸露安装:用螺栓垂直安装在坚固的物体上。正面是变频器文字键盘,请勿上下颠倒或平放安装。周围要留有一定空间,上下 10 cm 以上。图 7-6 所示为变频器的周围空间示意图。

(4)控制柜中安装:变频器的上方柜顶要安装排风扇。图 7-7 所示为通风口开设位置示意图。

(5)控制柜中安装多台:要横向安装,且排风扇安装位置要正确。图 7-8 所示为安装位置示意图。

图 7-6 变频器的周围空间示意图

(三)变频器在多粉尘现场的安装

在多粉尘(特别是多金属粉尘、絮状物)的场所使用变频器时,正确合理的防尘措施是保证变频器正常工作的必要条件。

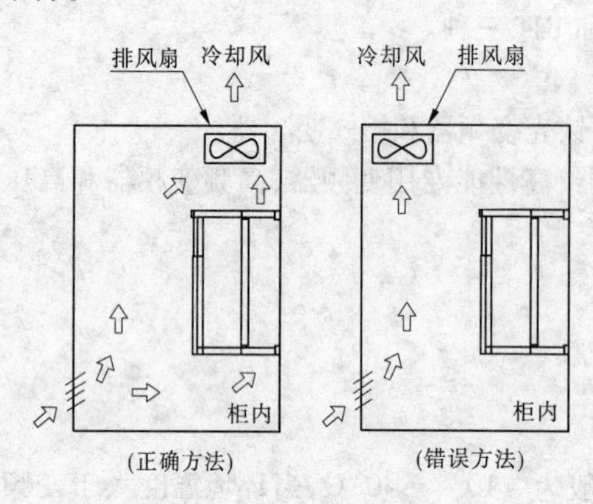

图 7-7 通风口开设位置示意图

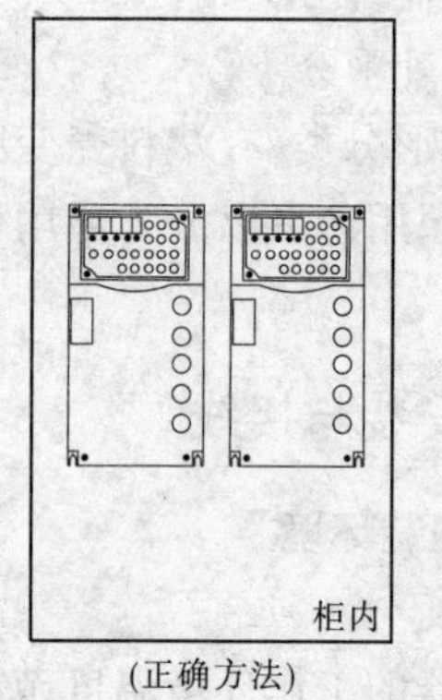

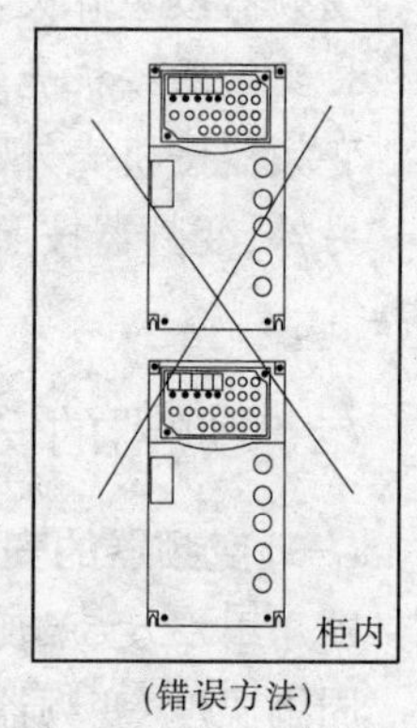

图 7-8 安装位置示意图

1. 安装设计要求

在控制柜中安装变频器,最好安装在控制柜的中部或下部。要求垂直安装,其正上方和正下方要避免安装可能阻挡进风、出风的大部件;变频器四周距控制柜顶部、底部、隔板或其他部件的距离不应小于 300 mm,如图 7-9 所示。

2. 控制柜通风、防尘、维护要求

(1)总体要求:控制柜应密封,使用专门设计的进风口和出风口进行通风散热。控制柜顶部应设有出风口、防风网和防护盖;底部应设有底板、进线孔、进风口和防尘网。

(2)风道要设计合理,使排风通畅,不易产生积尘。

(3)控制柜内的轴流风机的风口需设防尘网,并在运行时向外抽风。

(4)对控制柜要定期维护,及时清理内部和外部的粉尘、絮毛等杂物。对于粉尘严重的场所,维护周期在 1 个月左右。

(四)安装布线

合理选择安装位置及布线是变频器安装的重要环节。电磁选件的安装位置、各连接导线是否屏蔽、接地点是否正确等，都直接影响到变频器对外干扰的大小及自身工作情况。

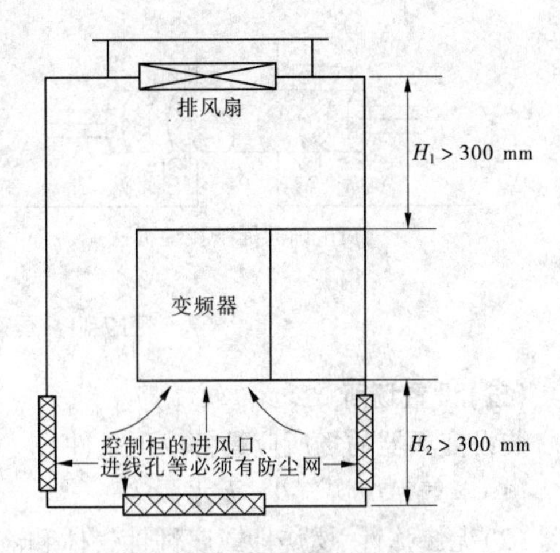

图 7-9 变频器安装示意图

1. 布线原则

变频器与外围设备之间布线时应采取以下措施：

(1) 当外围设备与变频器共用一供电系统时，要在输入端安装噪声滤波器，或将其他设备用隔离变压器或电源滤波器进行噪声隔离。

(2) 当外围设备与变频器装入同一控制柜中且布线又很接近变频器时，可采取以下方法抑制变频器干扰：

①将易受变频器干扰的外围设备及信号线远离变频器安装；信号线使用屏蔽电缆线，屏蔽层接地。亦可将信号电缆线套入金属管中。信号线穿越主电源线时确保正交。

②在变频器的输入、输出侧安装无线电噪声滤波器或线性噪声滤波器(铁氧体共模扼流圈)。滤波器的安装位置要尽可能靠近电源线的入口处，并且滤波器的电源输入线在控制柜内要尽量短。

③变频器到电动机的电缆要采用 4 芯电缆并将电缆套入金属管，其中一根的两端分别接到电动机外壳和变频器的接地侧。

(3) 避免信号线与动力线平行布线或捆扎成束布线，易受影响的外围设备应尽量远离变频器安装，易受影响的信号线尽量远离变频器的输入、输出电缆。

(4) 当操作台与控制柜不在一处或具有远方控制信号线时，要对导线进行屏蔽，并特别注意各连接环节，以避免干扰信号串入。

2. 变频器安装区域划分及注意事项

1) 安装区域划分

变频器安装时依据各外围设备的电磁特性，分别安装在不同的区域，以抑制变频器工作时的电磁干扰。

2) 安装注意事项

电动机电缆的地线应在变频器侧接地，但最好电动机与变频器分别接地。在处理接地时，如采用公共接地端，不能经过其他装置的接地线接地，要独立走线，如图 7-10 所示。

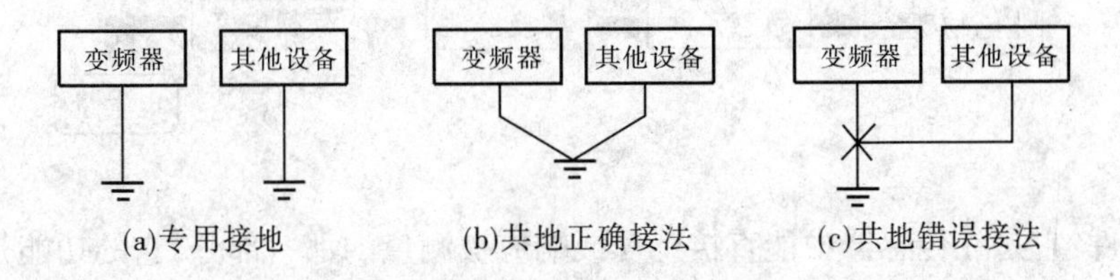

图 7-10 变频器接地方法图

电动机电缆和控制电缆应使用屏蔽电缆，机柜内为强制要求，将屏蔽金属丝网与地线两端连接起来，连接方法如图 7-11 所示。

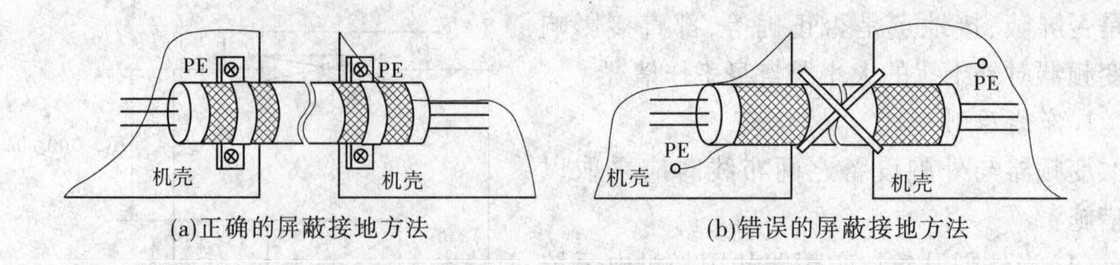

图7-11　屏蔽线接线示意图

(五)设置场所

装设变频器的场所应具备以下条件:

(1)电气室应湿气少,无水浸入;

(2)无爆炸性、燃烧性或腐蚀性气体和液体,粉尘少;

(3)装置容易安装;

(4)应有足够的空间,便于维修检查;

(5)应备有通风口或换气装置,以排出变频器产生的热量;

(6)应与易受变频器产生的高次谐波和无线电干扰影响的装置隔离;

(7)安装在室外的变频器必须单独按照户外配电装置设置。

第二节　传感器

传感器是能感受规定的被测量,并按一定的规律将其转换成可用输出信号的器件或装置。传感器的特性是指传感器所特有性质的总称。而传感器的输入—输出特性是其基本特性,一般把传感器作为二端网络研究时,输入—输出特性是二端网络的外部特性,即输入量和输出量的对应关系。

一、传感器的组成与分类

(一)传感器的组成

传感器(Transducer)是把非电学物理量(如位移、速度、压力、温度、湿度、流量、声强、光照度等)转换成易于测量、传输、处理的电学量(如电压、电流、电容等)的一种组件,起自动控制作用。传感器一般由敏感元件、转换器件、转换电路三个部分组成,如:

敏感元件:它是在传感器中能直接感受或响应被测量的那一部分,它的功能是直接感受被测量并输出与之成确定关系的某一另类物理量,例如温度传感器的敏感元件的输入是温度,它的输出则应为温度以外的某类物理量。

转换器件:敏感元件的输出有时需要将之转换为电参量(电压、电流、电阻、电容、电感),以便于进一步处理,转换器件是传感器中将敏感元件的输出转换为电参量的那一部分。

转换电路:如果转换元件的输出信号很微弱,或者不是易于处理的电压或电流信号,则需要相应的转换电路将其调理和放大成便于传输、转换、处理和显示的形式(一般为电压或电流信号)。转换电路的功能就是把转换元件的输出变为易于处理、显示、记录、控制的信号。有的传感器将转换电路作在敏感元件和转换元件一起,有些则分开。

辅助电源:有些传感器需外加电源才能工作,辅助电源就是提供传感器正常工作所需能量的电源部分。它有内部供电和外部供电两种形式。

(二)传感器的分类

按照传感器的工作原理,可分为物理传感器、化学传感器和生物传感器三类:

(1)物理类,基于力、热、光、电、磁和声等物理效应。

(2)化学类,基于化学反应的原理。

(3)生物类,基于酶、抗体和激素等分子识别功能。

通常传感器据其基本感知功能可分为热敏元件、光敏元件、气敏元件、力敏元件、磁敏元件、湿敏元件、声敏元件、放射线敏感元件、色敏元件和味敏元件等十类。

按其输出信号为标准可将传感器分为:模拟传感器,将被测量的非电学量转换成模拟电信号;数字传感器,将被测量的非电学量转换成数字输出信号(包括直接和间接转换);开关传感器,当一个被测量的信号达到某个特定的阈值时,传感器相应地输出一个设定的低电平信号或高电平信号。

二、常用的传感器

(一)温度传感器及热敏元件

温度传感器主要由热敏元件组成。热敏元件品种较多,市场上销售的有双金属片、铜热电阻、铂热电阻、热电偶及半导体热敏电阻等。以半导体热敏电阻为探测元件的温度传感器应用广泛,这是因为在元件允许工作条件范围内,半导体热敏电阻器具有体积小、灵敏度高、精度高的特点,而且制造工艺简单、价格低廉。

(二)半导体热敏电阻的工作原理

热电传感器是利用热敏电阻的阻值会随温度的变化而变化的原理制成的,如各种家用电器(空调、冰箱、热水器、饮水机、电饭煲等)的温度控制、火警报警器、恒温箱等。

按温度特性热敏电阻可分为两类:随温度上升电阻增加的为正温度系数热敏电阻,反之为负温度系数热敏电阻。

1. 正温度系数热敏电阻的工作原理

此种热敏电阻以钛酸钡($BaTiO_3$)为基本材料,再掺入适量的稀土元素,利用陶瓷工艺高温烧结而成。纯钛酸钡是一种绝缘材料,但掺入适量的稀土元素如镧(La)和铌(Nb)等以后,变成了半导体材料,被称为半导体化钛酸钡。它是一种多晶体材料,晶粒之间存在着晶粒界面,对于导电电子而言,晶粒间界面相当于一个位垒。当温度低时,由于半导体化钛酸钡内电场的作用,导电电子可以很容易越过位垒,所以电阻值较小;当温度升高到居里点(即临界温度,此元件的温度控制点,一般钛酸钡的居里点为 120 ℃)时,内电场受到破坏,不能帮助导电电子越过位垒,所以表现为电阻值的急剧增加。因为这种元件未达居里点前电阻随温度变化非常缓慢,具有恒温、调温和自动控温的功能,只发热,不发红,无明火,不易燃烧,电压交、直流 3 ~440 V 均可,使用寿命长,非常适用于电动机等电器装置的过热探测。

2. 负温度系数热敏电阻的工作原理

负温度系数热敏电阻是以氧化锰、氧化钴、氧化镍、氧化铜和氧化铝等金属氧化物为主要原料,采用陶瓷工艺制造而成的。这些金属氧化物材料都具有半导体性质,完全类似于锗、硅晶体材料,体内的载流子(电子和空穴)数目少,电阻值较高;温度升高,体内载流子数目增加,自然电阻值降低。负温度系数热敏电阻类型很多,使用区分低温(-60~300 ℃)、中温(300~600 ℃)、高温(>600 ℃)三种,有灵敏度高、稳定性好、响应快、寿命长、价格低等优点,广泛应用于需要定点测温的温度自动控制电路,如冰箱、空调、温室等的温控系统。

热敏电阻与简单的放大电路结合,就可检测千分之一度的温度变化,所以和电子仪表组成测温计,能完成高精度的温度测量。普通用途热敏电阻工作温度为-55~+315 ℃,特殊低温热敏电阻的工作温度低于-55 ℃,可达-273 ℃。

3. 热敏电阻的型号

国产热敏电阻是按部颁标准 SJ 1155—82 来制定型号的,由四部分组成。

第一部分:主称,用字母 M 表示敏感元件。

第二部分:类别,用字母 Z 表示正温度系数热敏电阻器,或者用字母 F 表示负温度系数热敏电阻器。

第三部分:用途或特征,用一位数字(0~9)表示。一般数字 1 表示普通用途,2 表示稳压用途(负温度系数热敏电阻器),3 表示微波测量用途(负温度系数热敏电阻器),4 表示旁热式(负温度系数热敏电阻器),5 表示测温用途,6 表示控温用途,7 表示消磁用途(正温度系数热敏电阻器),8 表示线性型(负温度系数热敏电阻器),9 表示恒温型(正温度系数热敏电阻器),0 表示特殊型(负温度系数热敏电阻器)。

第四部分:序号,也由数字表示,代表规格、性能。

往往厂家出于区别本系列产品的特殊需要,在序号后增加派生序号,由字母、数字和'-'号组合而成。

4. 热敏电阻器的主要参数

各种热敏电阻器的工作条件一定要在其出厂参数允许范围之内。热敏电阻的主要参数有十余项:标称电阻值、使用环境温度(最高工作温度)、测量功率、额定功率、标称电压(最大工作电压)、工作电流、温度系数、材料常数、时间常数等。其中标称电阻值是在 25 ℃零功率时的电阻值,实际上总有一定误差,应在±10%之内。普通热敏电阻的工作温度范围较大,可根据需要从-55 ℃到+315 ℃选择。值得注意的是,不同型号热敏电阻的最高工作温度差异很大,如 MF11 片状负温度系数热敏电阻器为+125 ℃,而 MF53-1 仅为+70 ℃,学生实验时应注意(一般不要超过 50 ℃)。

(三)光传感器及光敏元件

光传感器主要由光敏元件组成。目前光敏元件发展迅速、品种繁多、应用广泛。市场出售的有光敏电阻器、光电二极管、光电三极管、光电耦合器和光电池等。

1. 光敏电阻器

光敏电阻器由能透光的半导体光电晶体构成,因半导体光电晶体成分不同,又分为可见光光敏电阻(硫化镉晶体)、红外光光敏电阻(砷化镓晶体)和紫外光光敏电阻(硫化锌晶体)。当敏感波长的光照射半导体光电晶体表面时,晶体内载流子增加,使其电导率增加(即电阻减小)。

光敏电阻的主要参数：

(1)光电流、亮阻：在一定外加电压下，当有光(100 lx 照度)照射时，流过光敏电阻的电流称光电流；外加电压与该电流之比为亮阻，一般为几千欧到几十千欧。

(2)暗电流、暗阻：在一定外加电压下，当无光照射时，流过光敏电阻的电流称暗电流；外加电压与该电流之比为暗阻，一般为几百千欧到几千千欧以上。

(3)最大工作电压：一般为几十伏至上百伏。

(4)环境温度：一般为 -25 ~ +55 ℃，有的型号可为 -40 ~ +70 ℃。

(5)额定功率(功耗)：光敏电阻的光电流与外电压的乘积，可有 5 ~ 300 mW 多种规格选择。

(6)光敏电阻的主要参数还有响应时间、灵敏度、光谱响应、光照特性、温度系数、伏安特性等。

值得注意的是，光照特性(随光照强度变化的特性)、温度系数(随温度变化的特性)、伏安特性不是线性的，如 CdS(硫化镉)光敏电阻的光阻有时随温度的增加而增大，有时随温度的增加又变小。

CdS 光敏电阻器的参数如表 7-1 所示。

表 7-1　GdS 光敏电阻器的参数

型号	环境温度(℃)	额定功率(mW)	亮阻，100 lx (kΩ)	暗阻，0 lx (MΩ)	响应时间(ms)	最高工作电压(V)
MG41 - 22	-40 ~ +60	20	≤2	≥1	≤20	100
MG42 - 16	-25 ~ +55	10	≤50	≥10	≤20	50
MG44 - 02	-40 ~ +70	5	≤2	≥0.2	≤20	20
MG45 - 52	-40 ~ +70	200	≤2	≥1	≤20	250

2. 光电二极管

与普通二极管相比，除光电二极管的管芯也是一个 PN 结、具有单向导电性能外，其他均差异很大。第一，光电二极管管芯内的 PN 结结深比较浅(小于 1 μm)，以提高光电转换能力；第二，光电二极管 PN 结面积比较大，电极面积则很小，以有利于光敏面多收集光线；第三，光电二极管在外观上都有一个用有机玻璃透镜密封、能汇聚光线于光敏面的“窗口”。所以，光电二极管的灵敏度和响应时间远远优于光敏电阻。

光电二极管有前极、后极、环极三个极。其中环极是为了减小光电二极管的暗电流和增加工作稳定性而设计增加的，应用时需要接电源正极。光电二极管的主要参数有最高工作电压(10 ~ 50 V)、暗电流(≤0.05 ~ 1 μA)、光电流(>6 ~ 80 μA)、光电灵敏度、响应时间(几十 ns 至几十 μs)、结电容和正向压降等。

光电二极管的优点是线性好，响应速度快，对宽范围波长的光具有较高的灵敏度，噪声低；缺点是单独使用输出电流(或电压)很小，需要加放大电路。适用于通信及光电控制等电路。

光电二极管的检测可用万用表 R ×1 k 挡，避光测正向电阻应为 10 ~ 200 kΩ，反向电阻应为∞,去掉遮光物后向右偏转角越大,灵敏度越高。

光电三极管可以视为一个光电二极管和一个三极管的组合元件,由于具有放大功能,所以其暗电流、光电流和光电灵敏度比光电二极管要高得多,但结构原因使结电容加大,响应特性变坏。光电二极管广泛应用于低频的光电控制电路。

半导体光电器件还有 MOS 结构,如扫描仪、摄像头中常用的 CCD(电荷耦合器件)就是集成的光电二极管或 MOS 结构的阵列。

(四)气敏传感器及气敏元件

教材仅要求简单的热敏电阻和光敏电阻特性实验。由于气体与人类的日常生活密切相关,因此对气体的检测已经是保护和改善生态居住环境不可缺少的手段。气敏传感器在气体检测中发挥着极其重要的作用。例如生活环境中的 CO 浓度达 0.8 ~1.15 mol/L 时,就会出现呼吸急促,脉搏加快,甚至晕厥等状态,达 1.84 mol/L 时则有在几分钟内死亡的危险,因此对 CO 的检测必须快而准。利用 SnO_2 金属氧化物半导体气敏材料,通过颗粒超微细化和掺杂工艺制备 SnO_2 纳米颗粒,并以此为基体掺杂一定催化剂,经适当烧结工艺进行表面修饰,制成旁热式烧结型 CO 敏感元件,能够探测 0.005% ~0.5% 范围的 CO 气体。还有许多对易爆可燃气体、酒精气体、汽车尾气等有毒气体进行探测的传感器。常用的主要有接触燃烧式气体传感器、电化学气敏传感器和半导体气敏传感器等。接触燃烧式气体传感器的检测元件一般为铂金属丝(也可表面涂铂、钯等稀有金属催化层),使用时对铂丝通以电流,保持 300 ~400 ℃的高温,此时若与可燃性气体接触,可燃性气体就会在稀有金属催化层上燃烧,因此铂丝的温度会上升,铂丝的电阻值也上升,通过测量铂丝的电阻值变化的大小,就可知道可燃性气体的浓度。电化学气敏传感器一般利用液体(或固体、有机凝胶等)电解质,其输出形式可以是气体直接氧化或还原产生的电流,也可以是离子作用于离子电极产生的电动势。半导体气敏传感器具有灵敏度高、响应快、稳定性好、使用简单的特点,应用极其广泛。下面重点介绍半导体气敏传感器及其气敏元件。

半导体气敏元件有 N 型和 P 型之分。N 型在检测时阻值随气体浓度的增大而减小,P 型阻值随气体浓度的增大而增大。SnO_2 金属氧化物半导体气敏材料,属于 N 型半导体,在 200 ~300 ℃温度时吸附空气中的氧,形成氧的负离子吸附,使半导体中的电子密度减小,从而使其电阻值增加。当遇到有能供给电子的可燃气体(如 CO 等)时,原来吸附的氧脱附,而由可燃气体以正离子状态吸附在金属氧化物半导体表面;氧脱附放出电子,可燃性气体以正离子状态吸附也要放出电子,从而使氧化物半导体导带电子密度增加,电阻值下降。可燃性气体不存在后,金属氧化物半导体又会自动恢复氧的负离子吸附,使电阻值升高到初始状态。这就是半导体气敏元件检测可燃气体的基本原理。

目前国产的气敏元件有两种:一种是直热式,加热丝和测量电极一同烧结在金属氧化物半导体管芯内;另一种是旁热式,以陶瓷管为基底,管内穿加热丝,管外侧有两个测量极,测量极之间为金属氧化物气敏材料,经高温烧结而成。

气敏元件的参数主要有加热电压、电流,测量回路电压,灵敏度,响应时间,恢复时间,标定气体(0.1% 丁烷气体)中电压,负载电阻值等。QM – N5 型气敏元件适用于天然气、煤气、氢气、烷类气体、烯类气体、汽油、煤油、乙炔、氨气、烟雾等的检测,属于 N 型半导体元件,灵敏度较高,稳定性较好,响应和恢复时间短,市场上应用广泛。QM – N5 型气敏元件参数如下:标定气体(0.1% 丁烷气体,最佳工作条件)中电压≥2 V,响应时间≤10 s,恢复时间≤30

s，最佳工作条件加热电压5 V、测量回路电压10 V、负载电阻R_L为2 kΩ，允许工作条件加热电压4.5～5.5 V、测量回路电压5～15 V、负载电阻0.5～2.2 kΩ。常见的气敏元件还有MQ－31（专用于检测CO）、QM－J1（酒敏元件）等。

（五）力敏传感器和力敏元件

力敏传感器的种类甚多，传统的测量方法是利用弹性材料的形变和位移来表示。随着微电子技术的发展，利用半导体材料的压阻效应（即对其某一方向施加压力，其电阻率就发生变化）和良好的弹性，已经研制出体积小、质量轻、灵敏度高的力敏传感器，广泛用于压力、加速度等物理力学量的测量。

（六）磁敏传感器和磁敏元件

目前磁敏元件有霍尔器件（基于霍尔效应）、磁阻器件（基于磁阻效应：外加磁场使半导体的电阻随磁场的增大而增加）、磁敏二极管和三极管等。以磁敏元件为基础的磁敏传感器在一些电、磁学量和力学量的测量中广泛应用。

在一定意义上，传感器与人的感官有对应的关系，其感知能力已远超过人的感官。例如，利用目标自身红外辐射进行观察的红外成像系统（夜像仪），黑夜中可在1 000 m内发现人，在2 000 m内发现车辆；热像仪的核心部件是红外传感器。1991年海湾战争中，伊拉克的坦克配置的夜视仪探测距离仅800 m，还不及美英联军的一半，黑暗中被打得惨败是必然的。目前，世界各国都将传感器技术列为优先发展的高新技术的重点。为了大幅度提高传感器的性能，将不断采用新结构、新材料和新工艺，向小型化、集成化和智能化的方向发展。

本章小结

本章主要介绍了现代控制技术中的变频器和传感器，主要内容有：

（1）变频器利用电力半导体器件的通断作用将工频电源变换成另一频率的电能装置。工作原理也可理解成是调整电的频率来达到所需的转速。变频器的作用是改变交流电机供电的频率和幅值，因而改变其运动磁场的周期，达到平滑控制电动机转速的目的。

（2）变频器主要由整流（交流变直流）、滤波、再次整流（直流变交流）、制动单元、驱动单元、检测单元、微处理单元等组成。变频器通常分为4部分：整流单元、高容量电容、逆变器和控制器。

整流单元：将工作频率固定的交流电转换为直流电。

高容量电容：存储转换后的电能。

逆变器：由大功率开关晶体管阵列组成电子开关，将直流电转换成不同频率、宽度、幅度的方波。

控制器：按设定的程序工作，控制输出方波的幅度与脉宽，使叠加为近似正弦波的交流电，驱动交流电动机。

（3）变频器的安装环境与安装方法以及接线方法。安装对周围温度、湿度和环境的要求。安装的方法和注意事项。

（4）传感器是指一个能将被测的非电量变换成电量的器件。常用传感器的输出信号多为易于处理的电量，如电压、电流、频率等。传感器主要由敏感元件、传感元件及测量转换电路三部分组成。常用的传感器有热敏元件、光敏元件、气敏元件、力敏元件、磁敏元件、湿敏元件、声敏元件、放射线敏感元件、色敏元件和味敏元件等十类。

习 题

7-1 变频器的干扰有哪些？采取什么措施进行抑制？

7-2 变频器的布线原则是什么？简单介绍主电路和控制电路的布线。

7-3 常用的传感器有哪些？介绍其工作原理。

7-4 以汽车为例，说明其中所用的传感器有哪些。

第八章 半导体器件

第一节 半导体二极管

一、PN 结及其单向导电性

(一)PN 结的形成

半导体器件一般是用硅(Si)和锗(Ge)材料制成的。半导体的导电能力介于导体和绝缘体之间,同时,人们发现某些条件改变以后,其导电性能可以有很大的变化。人们通过研究半导体的结构和特有的导电机理,制成了各种各样的电子器件。

如果在纯净的四价半导体晶体材料硅或锗中掺入微量的五价元素(例如磷)或三价元素(例如硼),半导体的导电能力就会大大增强。掺入五价元素的半导体中,磷原子和硅原子组成共价键时多出一个价电子,成为自由电子。这种半导体中自由电子是多数载流子,称为电子型半导体或 N 型半导体。同理,掺入三价硼元素的半导体中,硼原子和硅原子组成共价键时缺少一个价电子,就由附近共价键中的电子来填补,于是,附近的共价键中就产生一个空位,称为空穴。这种半导体中多数载流子是空穴,自由电子是少数载流子,称为空穴半导体或 P 型半导体。N 型半导体中少数载流子是空穴。P 型半导体和 N 型半导体统称为杂质半导体。

如果采取工艺措施,在一块纯净半导体的一边形成 P 型半导体,另一边形成 N 型半导体,则在 P 型半导体和 N 型半导体的交界面附近形成 PN 结。

(二)PN 结的单向导电性

PN 结具有单向导电性。在 PN 结两端外加电压,若电压的极性 P 端为正、N 端为负,称为正向偏置,反之为反向偏置。

PN 结正向偏置时,如图 8-1 所示,PN 结会变窄,多数载流子会相互扩散形成电流 I_F,由 P 区流向 N 区,称为正向电流。PN 结正向导通,其正向导通电阻很小。

PN 结反向偏置时,如图 8-2 所示,PN 结会变宽,使多数载流子的扩散运动难以进行,只有少数载流子漂移形成的反向电流 I_R,反映出其反向电阻很大,这种情况称为 PN 结反偏截止。

二、二极管的外形、符号和结构

(一)二极管的外形和符号

半导体二极管是半导体器件中最基本的一种。一个 PN 结加上相应的电极引线并用管壳封装起来,就构成了半导体二极管,简称二极管。二极管具有单向导电性能。从 P 型半导体引出的电极为正极(阳极),从 N 型半导体引出的电极为负极(阴极)。

二极管的电路符号用图 8-3(a)来表示,二极管常见外形如图 8-3(b)所示。

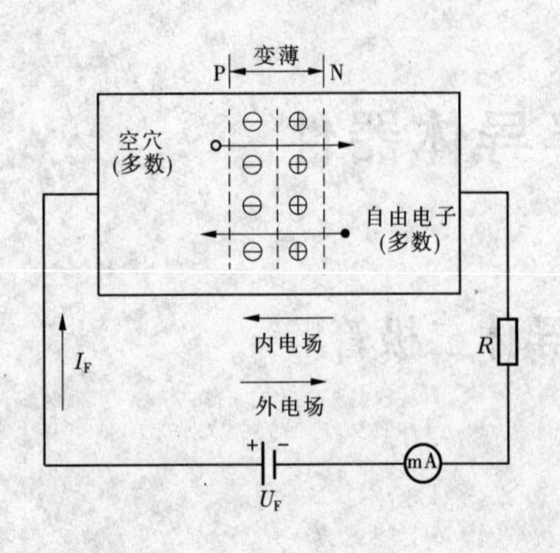

图 8-1　PN 结的正向偏置

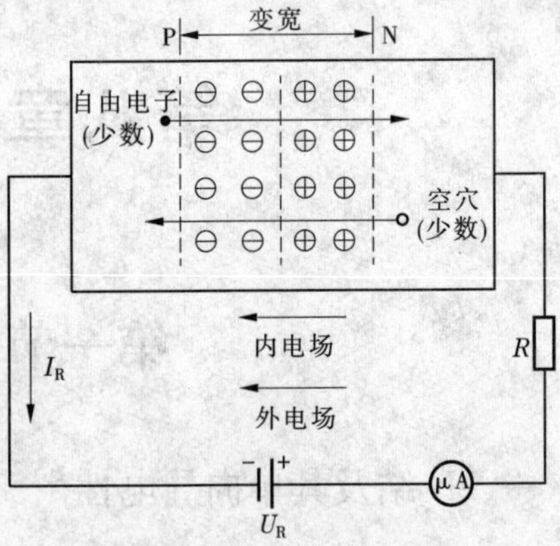

图 8-2　PN 结的反向偏置

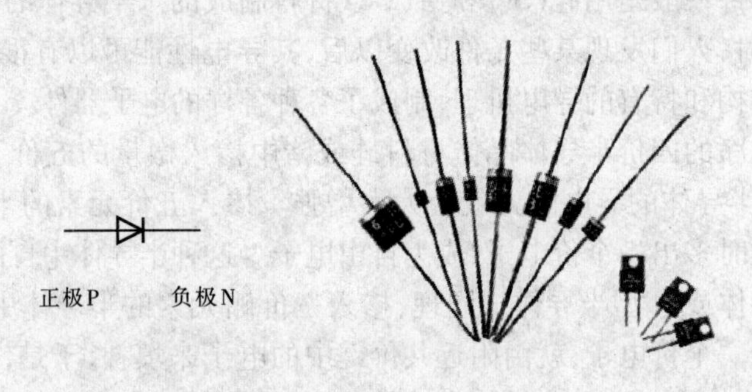

(a)二极管的电路符号　　(b)二极管的外形

图 8-3　二极管的电路符号和外形

(二)二极管的结构

二极管按结构分有点接触型、面接触型和平面型三大类。它们的结构示意图如图 8-4 所示。

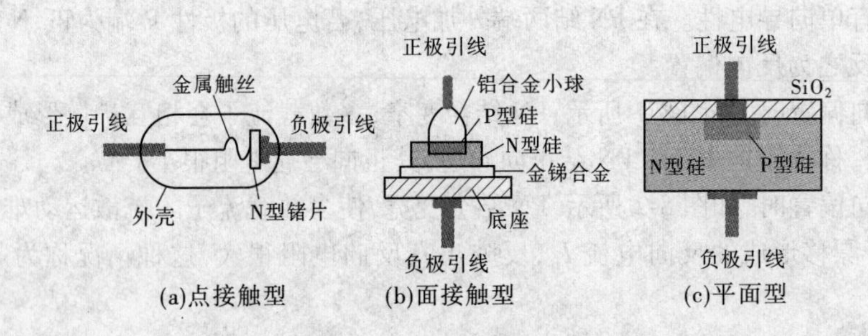

(a)点接触型　(b)面接触型　(c)平面型

图 8-4　二极管的结构示意图

点接触型二极管:PN 结面积小,结电容小,用于检波和变频等高频电路。

面接触型二极管:又称面结型二极管。PN 结面积大,用于工频大电流整流电路。

平面型二极管:往往用于集成电路制造工艺中。PN 结面积可大可小,用于高频整流和开关电路。

三、二极管的伏安特性曲线

(一)伏安特性

如图8-5所示电路,可以说明二极管具有单向导电特性和反向击穿特性,这两种特性可用伏安特性曲线进行描述。

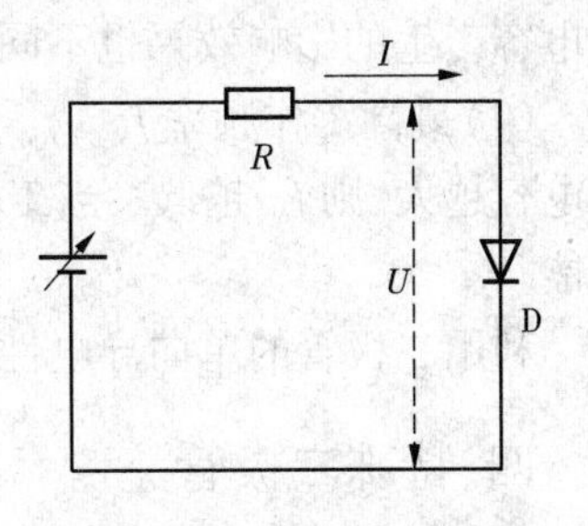

图8-5　二极管简单电路

伏安特性是指流过元器件的电流与其两端电压之间的关系,用曲线表示如图8-6所示。当二极管承受较低的正偏电压时,外加电压还不足以克服内电场的作用,二极管不能导通,此时二极管中几乎没有电流,如图8-6中的OA段,该段称为PN结的死区。若正偏电压继续增大,达到某一数值,PN结内电场被抵消,正向电流急剧增大,二极管导通。一般硅管的导通压降约为0.7 V,锗管的导通压降约为0.3 V。二极管外加正向电压所得到的电压电流关系称为正向特性。

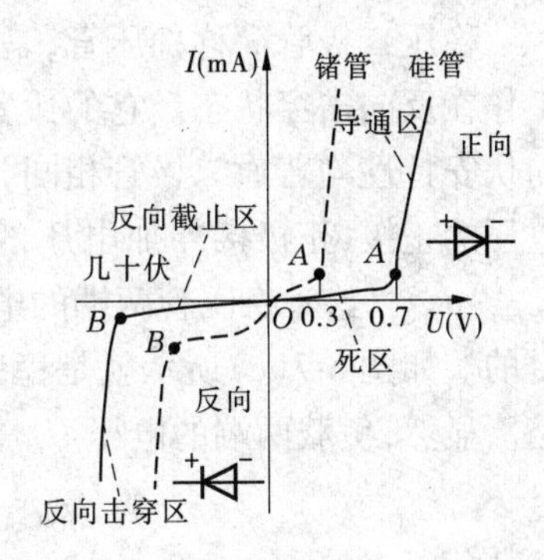

图8-6　二极管的伏安特性曲线

如果二极管外加反向电压,二极管内部的PN结被加宽,只有少数载流子漂移形成很微弱的反向电流,其最大值称为反向饱和电流,硅管为几微安,锗管为几百微安,一般情况下可忽略不计,二极管反偏截止。但当反偏电压超过某一数值时,二极管就会产生急剧增大的反向电流,如图8-6中的B点。原因是外加反向电场过强,使半导体内被共价键束缚的电子被强行拉出,形成可导电的载流子,大量的载流子高速运动又会碰撞出更多的载流子,这种反偏导通的现象称为反向击穿,对应的电压称为反向击穿电压。除一些特殊的二极管外,普通二极管反向击穿都可能导致二极管损坏。

(二)主要参数

参数是选择和使用二极管的依据,主要有:

(1)最大整流电流I_F。I_F是指二极管长时间使用时,允许流过二极管的最大正向平均电流。使用时电流超过I_F,二极管的PN结将因过热而烧断,测其阻值正、反向均为无穷大。

(2)反向击穿电压U_{BR}和最高反向工作电压U_{RM}。U_{BR}是指二极管两端允许施加的最高反向电压,为了安全,一般取反向击穿电压值的1/2,作为最高反向工作电压U_{RM}。二极管一旦过压击穿损坏,测其阻值正、反向均为零,失去单向导电性。

(3)最大反向电流I_{RM}。I_{RM}是指二极管承受最高反向工作电压时的反向电流。这个电流越小,二极管的单向导电性就越好。当温度升高时,I_{RM}会增大。同一型号的二极管,其反向阻值越大,则其反向电流I_{RM}就越小。硅二极管的反向电流一般在纳安(nA)数量级,锗二极管一般在微安(μA)数量级。

(4)正向压降U_D。在规定的正向电流下,二极管两端的正向电压。小电流硅二极管的正向压降在中等电流水平下,约为0.7 V,锗二极管约为0.3 V。

(5)动态电阻r_d。动态电阻又称为交流电阻,它反映了二极管正向特性曲线某点斜率的倒数,即$r_d = \Delta U_D / \Delta I_D$。显然,$r_d$与工作电流的大小有关。

(6)极间电容 C_j。PN 结也具有电容效应,二极管的极间电容就是 PN 结的结电容,包括势垒电容和扩散电容,在高频运用时必须考虑结电容的影响。二极管不同的工作状态,其极间电容产生的影响效果也不同。

(7)最高工作频率 f_M。f_M 是指保证二极管具有良好的单向导电性能的最高工作频率。结电容越大,则 f_M 越低。当工作频率过高时,由于结电容的存在,二极管就会失去单向导电性能。

利用二极管的单向导电性,可实现整流、限幅、钳位、保护、开关等功能。

四、特殊二极管

(一)稳压二极管

稳压二极管简称稳压管,是一种在规定反向电流范围内可以重复击穿的硅平面二极管,工作在反向击穿状态。它的伏安特性曲线、电路符号及稳压管电路如图 8-7 所示。它的正向伏安特性与普通二极管相同,反向击穿区的伏安特性非常陡直。使用时,它的负极接外加电压的正极,正极接外加电压的负极,用电阻 R 将流过稳压管的反向击穿电流 I_Z 限制在 $I_{Zmin} \sim I_{Zmax}$,这时稳压管两端的电压 U_Z 几乎不变。利用稳压管的这种特性,就能达到稳压的目的。如图 8-7(c)所示就是稳压管的稳压电路。稳压管 D_Z 与负载 R_L 并联,属并联稳压电路。显然,负载两端的电压 U_o 等于稳压管的稳定电压 U_Z。

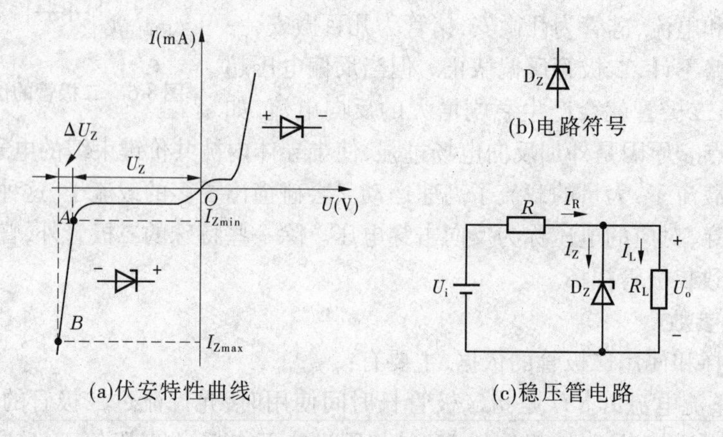

图 8-7　稳压二极管伏安特性曲线和电路符号

(二)发光二极管

发光二极管是一种将电能直接转换成光能的半导体固体显示器件,简称 LED(Light Emitting Diode)。和普通二极管相似,发光二极管也是由一个 PN 结构成。发光二极管的 PN 结封装在透明塑料壳内,外形有方形和圆形等。发光二极管的驱动电压低、工作电流小,具有体积小、可靠性高、耗电少、寿命长及抗振动能力强等优点,广泛用于信号指示、显示等电路中。在电子技术中常见的数码管、显示屏等就是用发光二极管排列组成的。

发光二极管正向偏置通过电流时会发光,这是 PN 结内载流子复合时放出能量的结果。它的光谱范围比较窄,其波长由所使用的材料决定。不同半导体材料制作的发光二极管会发出不同颜色的光,如磷砷化镓(GaAsP)材料发红光或黄光,磷化镓(GaP)材料发红光或绿光,氮化镓(GaN)材料发蓝光,碳化硅(SiC)材料发黄光,砷化镓(GaAs)材料发不可见的红外线。

发光二极管的外形和电路符号如图 8-8 所示。它的伏安特性和普通二极管相似,死区电压为 0.9 ~1.1 V,其正向工作电压为 1.5 ~2.5 V,工作电流为 5 ~15 mA。反向击穿电压较低,一般小于 10 V。

(三)光电二极管

光电二极管又称光敏二极管,是一种能将光信号转换为电信号的特殊二极管,电路中常作为感光器件使用。光电二极管的基本结构也是一个 PN 结,它的管壳上开有一个嵌着玻璃的窗口,以便光线射入。光电二极管的外形及电路符号如图 8-9 所示。

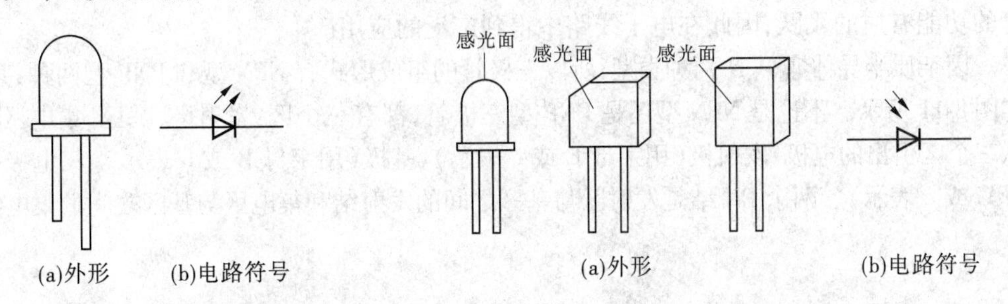

图 8-8　发光二极管外形和电路符号　　图 8-9　光电二极管外形和电路符号

光电二极管工作在反向偏置状态,无光照时,流过光电二极管的电流(称暗电流)很小。受到光照时,产生载流子,流过光电二极管的电流明显增强(称光电流)。利用光电二极管制成光电传感器,可以把非电信号转换为电信号,实现控制或测量等。

如果把发光二极管和光电二极管组合并封装在一起,则构成二极管型光电耦合器件。光电耦合器可以实现输入和输出电路的电气隔离,实现信号的单方向传递。它常用在数/模转换电路或计算机控制系统中做接口电路。

(四)变容二极管

变容二极管是利用 PN 结的结电容可随反偏电压的变化而变化的原理制成的半导体器件,它工作在反向偏置状态,主要用在电视机、收录机的调谐电路和自动微调电路中,其电路符号及压控特性曲线如图 8-10 所示。

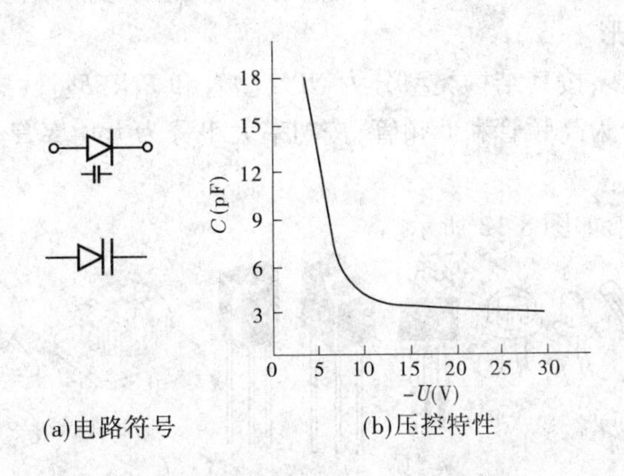

图 8-10　变容二极管电路符号和压控特性曲线

第二节　半导体三极管

一、三极管的结构、符号和外形

(一)三极管的结构和符号

半导体三极管由两个 PN 结、三个杂质半导体区域组成。这两个 PN 结靠得很近,工作时相互联系、相互影响,表现出与两个单独的 PN 结完全不同的特性。与二极管相比,三极管的功能有质的飞跃,因此在电子线路中得到广泛的应用。

因杂质半导体有 P、N 两种类型,所以三极管的组成形式有 NPN 型和 PNP 型两种,其结构如图 8-11 所示。不论是 NPN 型还是 PNP 型三极管,都有三个区:发射区、基区、集电区,以及从三个区引出的电极:发射极(用字母 E 或 e 表示)、基极(用字母 B 或 b 表示)、集电极(用字母 C 或 c 表示)。两个 PN 结是发射区与基区之间的发射结和集电区与基区之间的集电结。

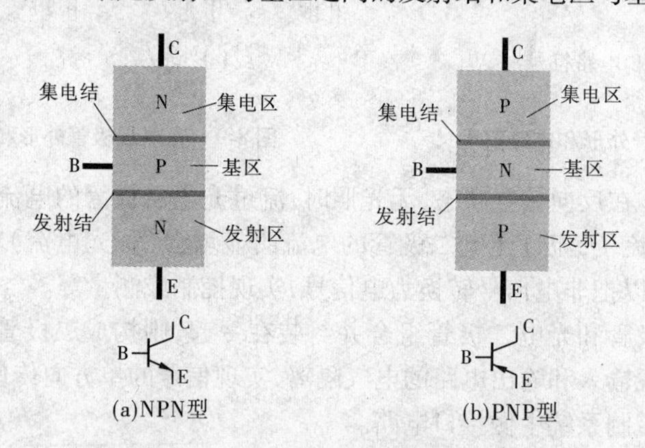

图 8-11　三极管的结构和电路符号

三极管基区很薄,一般仅有 1 μm 至几十微米厚,发射区浓度很高,集电结截面面积大于发射结截面面积。常说的晶体管一般就是指三极管。

三极管的电路符号如图 8-11 所示,符号中的箭头方向表示发射结正向偏置时电流的方向。

(二)三极管的外形

三极管的种类很多,按其结构类型分为 NPN 型管和 PNP 型管,按其制作材料分为硅管和锗管,按工作频率分为高频管和低频管;按功率大小分为大功率管、中功率管和小功率管,等等。

常见三极管的外形如图 8-12 所示。

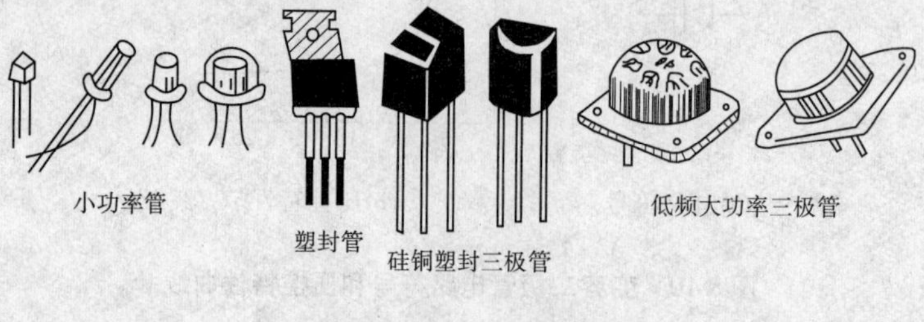

图 8-12　常见三极管的外形

(三)三极管的命名规则

根据我国的国家标准,三极管型号命名主要由 4 部分组成:

第一部分是阿拉伯数字 3,表示有三个电极。

第二部分是用汉语拼音字母表示三极管的材料和极性:A—PNP 型锗材料;B—NPN 型锗材料;C—PNP 型硅材料;D—NPN 型硅材料。

第三部分是用汉语拼音字母表示三极管的类别:X 表示低频小功率管;G 表示高频小功率管;D 表示低频大功率管;A 表示高频大功率管。

第四部分是用阿拉伯数字表示该三极管的序号。

二、三极管的工作状态

(一)三极管的电流放大作用

1. 三极管电流放大的条件

为使三极管具有电流放大作用,在制造过程中必须满足实现放大的内部结构条件,即:①发射区掺杂浓度远大于基区的掺杂浓度,以便于有足够的载流子可以向基区“发射”;②基区很薄,掺杂浓度很低,以减少载流子在基区的复合机会,这是三极管具有放大作用的关键所在;③集电区体积大、掺杂少,且集电结面积大于发射结,以利于收集载流子。

三极管要实现放大作用还必须满足一定的外部条件:①发射结加正向电压;②集电结加反向电压。即发射结正偏,集电结反偏。如图 8-13 所示,其中 T 为三极管,U_{CC} 为集电极电源电压,U_{BB} 为基极电源电压(两类管子外部电路所接电源极性正好相反),R_B 为基极电阻,R_C 为集电极电阻。

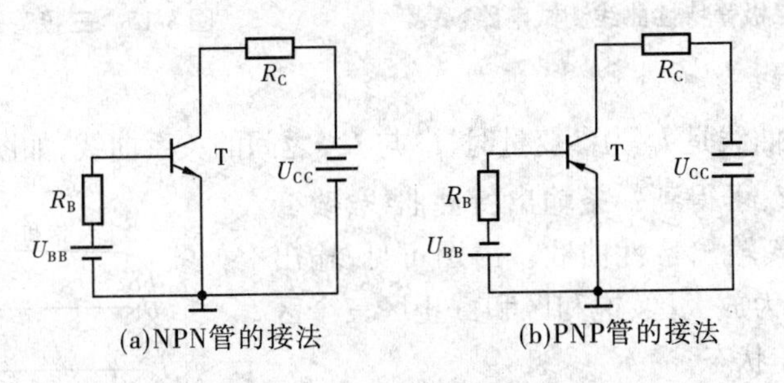

图 8-13　三极管电源接法

在放大电路中,对于 NPN 型管,三个电极的电位分布是 $U_C > U_B > U_E$;对于 PNP 型管,则是 $U_E > U_B > U_C$。

2. 电流分配关系

三极管三个电极上的电流之间的关系为

$$I_E = I_B + I_C$$

把集电极电流与基极电流之比定义为三极管共发射极的直流电流放大系数,其表达式为

$$\bar{\beta} = \frac{I_C}{I_B}$$

三极管的电流放大作用,实质上是用较小的基极电流去控制集电极较大的电流。

（二）三极管的特性曲线

三极管的特性曲线是指各极电压与电流之间的关系曲线，它是三极管内部载流子运动的外部表现。从使用角度来看，外部特性显得更为重要。由于三极管有三个电极，它的伏安特性曲线比二极管更复杂一些，工程上常用到的是它的输入特性和输出特性。由于三极管的共发射极（简称共射）接法应用最广，故常以 NPN 管共射接法为例来分析三极管的特性曲线。可以用图 8-14 所示电路逐点测绘出输入特性曲线和输出特性曲线。

1. 输入特性曲线

共发射极输入特性曲线是 U_{CE} 为参变量时，I_B 与 U_{BE} 之间的关系曲线，如图 8-15 所示。由图可知：①当 $U_{CE}=0$ 时，从输入端看进去，相当于两个 PN 结并联且正向偏置，此时的特性曲线类似于二极管的正向伏安特性曲线；②当 $U_{CE}\geqslant 1$ V 时，从图中可见，此时的曲线比 $U_{CE}=0$ 时的曲线稍向右移，不同的 U_{CE} 有不同的输入特性曲线。但 $U_{CE}>1$ V 以后，所有曲线基本重合在一起，分析时看做一条曲线。

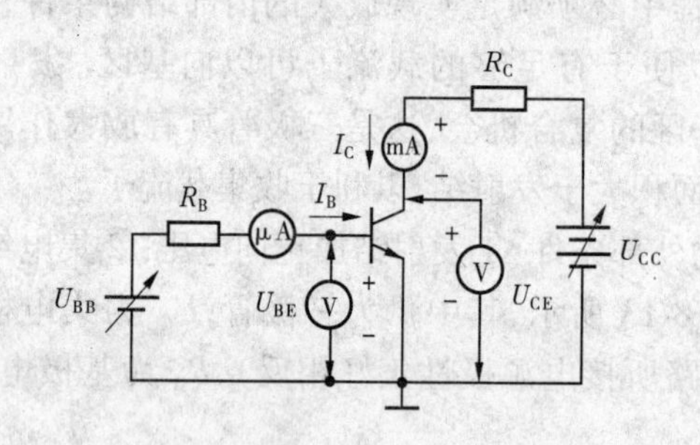

图 8-14　三极管特性曲线测试电路

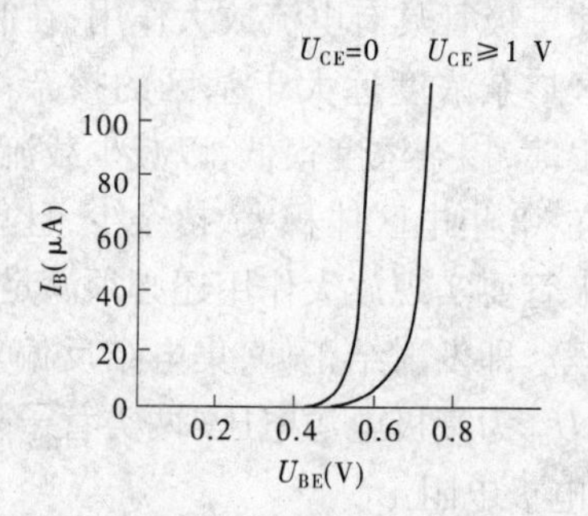

图 8-15　三极管输入特性曲线

2. 输出特性曲线

共射输出特性曲线是 I_B 为参变量时，I_C 与 U_{CE} 之间的关系曲线，如图 8-16 所示。

固定一个 I_B 值，可得到一条输出特性曲线，改变 I_B 的值，可得到一簇输出特性曲线。由图可见，输出特性曲线可以划分为放大区、饱和区和截止区三个区域，对应于三种工作状态。

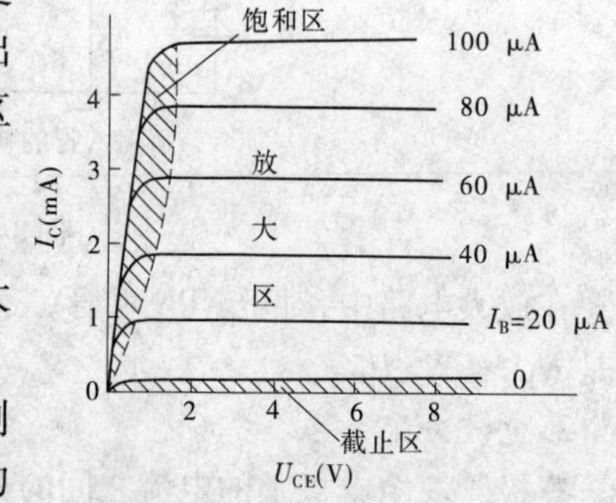

图 8-16　三极管输出特性曲线

1）放大区

发射结正偏，集电结反偏时的工作区域为放大区。由图 8-16 可以看出，放大区有两个特点：

一是基极电流 I_B 对集电极电流 I_C 有很强的控制作用，即 I_B 有很小的变化量 ΔI_B 时，I_C 就会有很大的变化量 ΔI_C。为此，可用共发射极交流电流放大系数 β 来表示这种控制能力。

$$\beta=\left.\frac{\Delta I_C}{\Delta I_B}\right|_{U_{CE}=\text{常数}}$$

通常情况下，三极管直流放大系数 $\bar{\beta}$ 与交流放大系数 β 数值相差不大，因此常用 β 取代 $\bar{\beta}$ 进行分析计算。

二是 U_{CE}的变化对 I_C 的影响很小,在特性曲线上表现为 I_B 一定而 U_{CE}在很大范围内变化时 I_C 基本不变。因此,当 I_B 一定时,集电极电流具有恒流特性。

2)饱和区

发射结和集电结均处于正偏状态的区域为饱和区。通常把 $U_{CE}=U_{BE}$(即集电结零偏)的情况称为临界饱和,对应点的轨迹为临界饱和线。当 $U_{CE}<U_{BE}$时,I_C 与 I_B 不成比例变化,它随 U_{CE}的增加而迅速上升。此时,三极管工作在饱和状态,三极管的集电极和发射极间呈现低阻,相当于开关闭合。

3)截止区

发射结和集电结均处于反偏状态的区域为截止区。在特性曲线上,通常把 $I_B=0$ 那条输出特性曲线以下的区域称为截止区。此时,三极管因不满足放大条件而没有电流放大作用,各电极电流几乎全为零,相当于三极管内部各极开路,即相当于开关断开。

三、三极管的主要参数

三极管各极施加电压后,若各点电压恒定,各极流过稳定的直流电流,对应于此状态下的参数叫直流参数;若各极电流或电压是一个随时间而变化的数值,则对应的状态为交流状态,针对变化量呈现出的参数叫交流参数。为保证三极管安全工作,允许某些量出现的最大值称为极限参数。

(一)直流参数

集电极—基极反向饱和电流 I_{CBO}:是指发射极开路($I_E=0$)时,基极和集电极之间加上规定的反向电压 U_{CB},对应的集电极反向电流。它只与温度有关,在一定温度下是个常数。良好的三极管 I_{CBO}很小,小功率锗管的 I_{CBO}为1~10 μA,大功率锗管的 I_{CBO}可达数毫安,而硅管的 I_{CBO}则是毫微安级。

集电极—发射极反向电流 I_{CEO}(穿透电流):是指基极开路($I_B=0$)的情况下,集电极和发射极之间加上规定反向电压 U_{CE}时的集电极电流。I_{CEO}大约是 I_{CBO}的 β 倍,即 $I_{CEO}=(1+\beta)I_{CBO}$,I_{CBO}和 I_{CEO}受温度影响较大,它们是衡量管子热稳定性的重要参数,其值越小,性能越稳定,小功率锗管的 I_{CEO}比硅管大。

发射极—基极反向电流 I_{EBO}:是指集电极开路时,在发射极与基极之间加上规定的反向电压时发射极的电流,它实际上是发射结的反向饱和电流。

直流电流放大系数 $\bar{\beta}$(或 h_{FE}):是指三极管在共发射接法状态下,没有交流信号输入时,集电极流过的直流电流与基极流过的直流电流的比值,即 $\bar{\beta}=I_C/I_B$。

(二)交流参数

交流电流放大系数 β(或 h_{fe}):指共发射极接法状态下,集电极电流的变化量 ΔI_C 与基极电流的变化量 ΔI_B 之比,即 $\beta=\Delta I_C/\Delta I_B$。一般晶体管的 β 为 10~200,如果 β 太小,电流放大作用弱;如果 β 太大,电流放大作用虽然强,但性能往往不稳定。

共基极交流放大系数 α(或 h_{fb}):是指三极管共基状态下,集电极电流的变化量 ΔI_C 与发射极电流的变化量 ΔI_E 之比,即 $\alpha=\Delta I_C/\Delta I_E$,因为 $\Delta I_C \leqslant \Delta I_E$,故 $\alpha \leqslant 1$。高频三极管的 $\alpha>0.90$。α 与 β 之间的关系:$\alpha=\beta/(1+\beta)$,$\beta=\alpha/(1-\alpha)\approx 1/(1-\alpha)$。

截止频率 f_β、f_α:晶体三极管放大交流信号时,由于结电容的影响,其放大倍数会随频率的升高有所下降，特别是频率过高时，放大倍数会明显下降，将放大倍数下降为中频的0.707倍时所对应的频率称为三极管的截止频率。共射状态下用 f_β 表示，共基状态下用 f_α 表示。f_α 是表明管子频率特性的重要参数，它们之间的关系为 $f_\beta \approx (1-\alpha) f_\alpha$，显然三极管共基连接状态下的频率特性好。

特征频率 f_T：在共射状态下随着频率 f 上升，β 就下降，当 β 下降到 1 时，对应的频率称为特征频率，特征频率是全面反映晶体管的高频放大性能的重要参数。

（三）极限参数

集电极最大允许电流 I_{CM}：当集电极电流 I_C 增加到某一数值，引起 β 值下降到额定值的 2/3 或 1/2，这时的 I_C 值称为 I_{CM}。所以，当 I_C 超过 I_{CM} 时，虽然不致使管子损坏，但 β 值显著下降，影响放大能力。

集电极—基极击穿电压 U_{CBO}：当发射极开路时，集电结的反向击穿电压。

发射极—基极反向击穿电压 U_{EBO}：当集电极开路时，发射结的反向击穿电压。

集电极—发射极击穿电压 U_{CEO}：当基极开路时，加在集电极和发射极之间的最大允许电压，使用时如果 $U_{CE} > U_{CEO}$，管子就会被击穿。

集电极最大允许耗散功率 P_{CM}：集电结有压降 U_{CE}，当流过 I_C 时，集电结就有一定的功耗转换为热量，温度会升高，管子因受热而引起参数的变化不超过允许值时的最大集电极耗散功率。管子实际的耗散功率等于集电结上的直流电压和电流的乘积，即 $P_C = U_{CE} I_C$，使用时应使 $P_C < P_{CM}$。P_{CM} 与三极管的散热条件有关，增加散热片可提高 P_{CM}。

第三节　场效应管

场效应管（英文为 Field Effect Transistor，缩写成 FET），也是一种具有 PN 结结构的半导体器件。由于只有多数载流子参与导电，又称为单极型晶体管。三极管是利用输入电流控制输出电流的器件，属于电流控制器件。而场效应管则是利用输入电压产生的电场效应来控制输出电流的器件，属于电压控制器件。与三极管相比，场效应管具有输入阻抗高、噪声低、热稳定性好、耗电省、制造工艺简单等优点，便于实现集成化，已广泛应用于各种电子电路中。

场效应管按其结构的不同分为结型场效应管和绝缘栅型场效应管。而结型场效应管又分为 N 沟道和 P 沟道两种。绝缘栅型场效应管由金属、氧化物、半导体所组成，故又称为 MOS（Metal-Oxide-Semiconductor）管，MOS 管有增强型和耗尽型两类，每类又有 N 沟道和 P 沟道两种。

一、结型场效应管

（一）结型场效应管的基本结构和符号

结型场效应管的基本结构如图 8-17 所示。它是在一块 N 型硅棒的两侧制作出两个高浓度的 P 区，用导线连在一起称为栅极，用 G 表示。在中间的 N 型硅棒的上下两端各制作一个电极，一个称为漏极，用 D 表示；另一个称为源极，用 S 表示。从内部结构来看，源极和漏极是没有区别的。

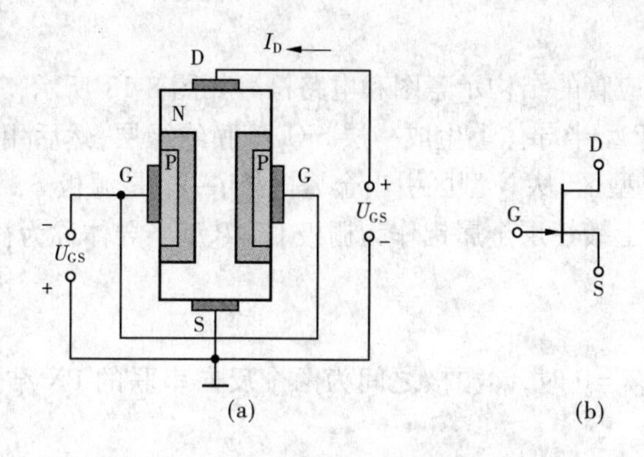

图 8-17　结型场效应管的结构和电路符号

(二)结型场效应管的工作原理

在栅极和源极之间加上一个反向电压 U_{GS},使栅源之间的 PN 结反偏,栅源之间的 PN 结的宽度,即空间电荷区的宽度就要受 U_{GS}的控制。U_{GS}越负,PN 结越宽,中间 N 型硅部分的宽度就越窄。如果在漏极和源极之间加一个电压,就会有漏极电流 I_D 流通,漏极和源极之间 N 型半导体形成的通道称为沟道。U_{GS}越负,PN 结越宽,中间 N 型硅部分的宽度就越窄,即沟道越窄;反之沟道越宽。沟道宽电阻小,I_D 大;沟道窄电阻大,I_D 小。于是 U_{GS}会对 I_D 产生控制作用,这样就实现了输入电压 U_{GS}对输出电流 I_D 的控制。可以看出,场效应管的工作原理上与三极管是不同的。由于结型场效应管工作时,栅源之间是反偏的,栅极电流十分微小,因此结型场效应管的输入电阻很大。

上述场效应管的导电沟道是 N 型半导体,称为 N 沟道结型场效应管。如果中间的半导体是 P 型半导体,就叫 P 沟道结型场效应管,它工作时 U_{GS}应是正电压,电路符号同 N 沟道相似,只不过栅极 G 的箭头指向应反过来。

二、绝缘栅型场效应管

绝缘栅型场效应管(MOSFET)是在集成电路中广泛使用的场效应管,绝缘栅型场效应管分为增强型和耗尽型两大类,每类中又有 N 沟道和 P 沟道之分。这样绝缘栅场效应管就有四种。它们的工作原理基本相同,下面以增强型 N 沟道和耗尽型 N 沟道场效应管为例来进行说明。

(一)N 沟道增强型场效应管

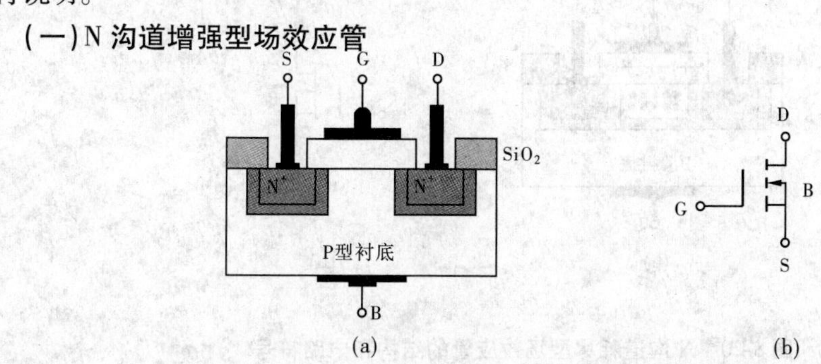

图 8-18　N 沟道增强型场效应管的结构和电路符号

1. 结构和电路符号

N 沟道增强型场效应管的结构示意图和电路符号如图 8-18 所示,其结构基本上是左右对称的,它是在低浓度 P 型半导体上生成一层 SiO_2 薄膜绝缘层,然后用光刻工艺刻两个孔,扩散出两个高掺杂的 N 型区,从 N 型区引出金属电极,一个是源极 S,一个是漏极 D。在源极和漏极之间的绝缘层上镀一层金属铝作为栅极 G。P 型半导体称为衬底,用 B 表示,它一般与源极 S 相连。

2. 工作原理

当栅源极间电压 $U_{GS}=0$ 时,漏源极之间为两个反向串联的 PN 结,漏极电流 $I_D=0$,漏源极之间不导通。

当栅源极间加上电压 U_{GS} 时,在 U_{GS} 作用下,产生了垂直于衬底表面的电场,P 型硅衬底中的少子(自由电子)受到电场力的作用到达表层,除填补空穴形成负离子耗尽层外,还在靠近绝缘层那一面形成一个 N 型层,称为反型层。反型层是沟通源极 S 和漏极 D 之间的导电沟道。U_{GS} 越大,导电沟道越宽。形成导电沟道后,在漏源极电压 U_{DS} 作用下将产生漏极电流 I_D,管子导通,如图 8-19 所示。把管子由不导通转为导通的电压称为开启电压,用 U_T 表示。由此可见,这种 MOS 管是一个受栅源极电压 U_{GS} 控制的器件。

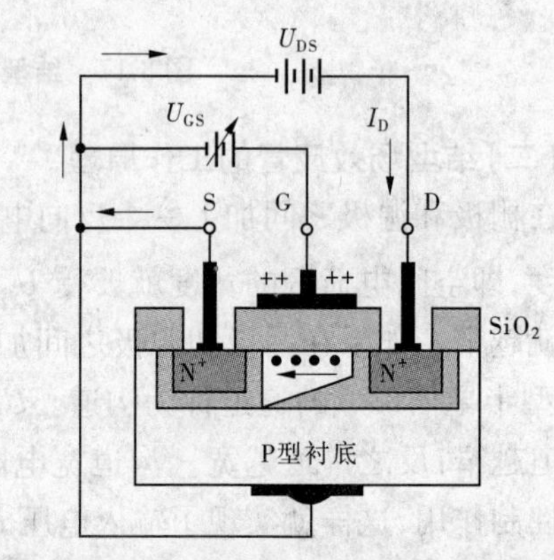

图 8-19　N 沟道增强型场效应管的工作原理

(二) N 沟道耗尽型场效应管

N 沟道耗尽型场效应管的结构和电路符号如图 8-20(a)、(b)所示,它是在栅极下方的 SiO_2 绝缘层中掺入了一定量的金属正离子。所以,当 $U_{GS}=0$ 时,这些正离子已经感应出电子,形成导电沟道。于是,只要有漏源电压,就有漏极电流存在。当 $U_{GS}=0$ 时,对应的漏极电流用 I_{DSS} 表示。当 $U_{GS}>0$ 时,沟道加宽,将使 I_D 进一步增加。$U_{GS}<0$ 时,随着 U_{GS} 绝对值的增大,沟道变窄,漏极电流逐渐减小,直至 $I_D=0$。对应 $I_D=0$ 的 U_{GS} 称为夹断电压,用符号 $U_{GS(off)}$ 表示,有时也用 U_P 表示。

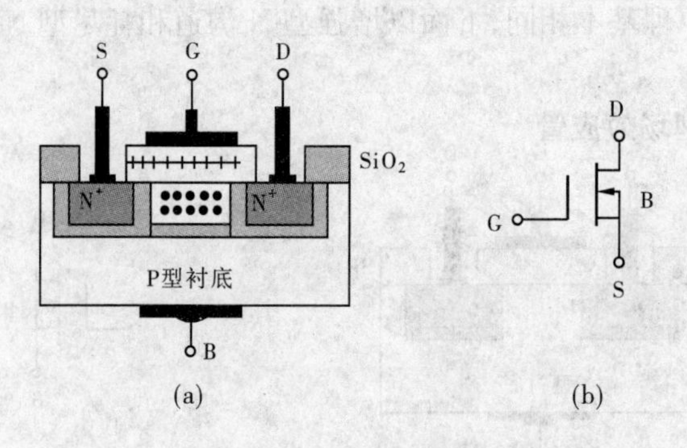

图 8-20　N 沟道耗尽型场效应管的结构和电路符号

不论是 N 沟道增强型场效应管,还是 N 沟道耗尽型场效应管,都有对应的 P 沟道类型的场效应管,P 沟道场效应管的工作原理与 N 沟道场效应管完全相同,只不过导电的载流子不同,供电电压极性不同而已,这如同三极管有 NPN 型和 PNP 型一样。

第四节　晶闸管

晶闸管即晶体闸流管,也称为可控硅,是一种能控制强电的半导体器件。常用的晶闸管有单向和双向两大类。由于晶闸管具有体积小、质量轻、效率高、寿命长、使用方便等优点,已被广泛应用于各种无触点开关电路及可控整流设备中。

一、单向晶闸管

(一)单向晶闸管的外形和电路符号

单向晶闸管从外形上分,主要有螺栓式、平板式、塑封式等几种,如图 8-21 所示。它们都有三个电极:阳极 a(或 A)、阴极 k(或 K)、控制极 g(或 G)。螺栓式晶闸管的阳极是一个螺栓,使用时把它拧紧在散热器上,另一端有两根引线,其中较粗的一根叫阴极,较细的一根叫控制极。平板式晶闸管的中间金属环是控制极,上面是阴极,区分的方法是阴极距控制极比阳极距控制极近。晶闸管的电路符号见图 8-21(d),文字符号常用 SCR 或 V 表示。

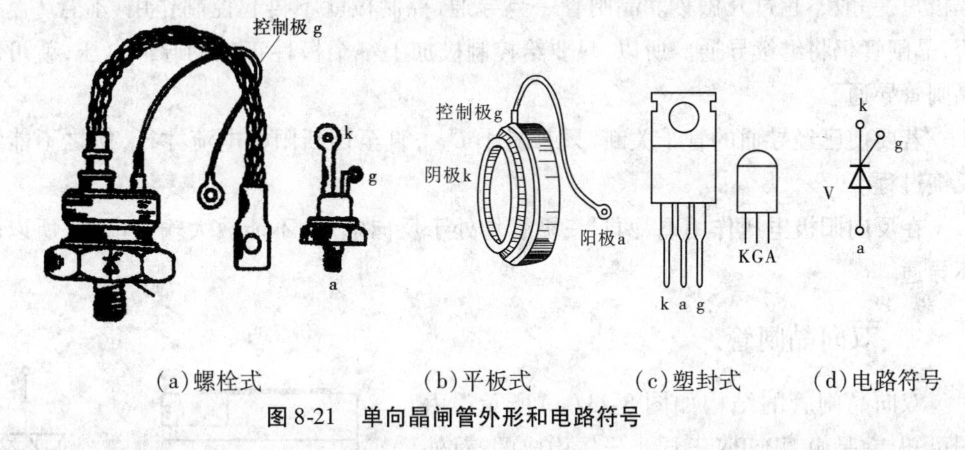

(a)螺栓式　　(b)平板式　　(c)塑封式　　(d)电路符号

图 8-21　单向晶闸管外形和电路符号

(二)单向晶闸管的结构和工作原理

单向晶闸管的内部结构如图 8-22(a)所示。由图可知,它由 PNPN 四层半导体构成,中间形成三个 PN 结:J_1、J_2、J_3,由最外层的 P_1、N_2 分别引出两个电极称为阳极 a 和阴极 k,由中间的 P_2 引出控制极 g。

为了说明晶闸管的工作原理,可把四层 PNPN 半导体分成两部分,如图 8-22(b)所示。P_1、N_1、P_2 组成 PNP 型管,N_1、P_2、N_2 组成 NPN 型管。这样,晶闸管就好像是由一对互补复合的三极管构成的,其等效电路如图 8-22(c)所示。

如果在控制极不加电压,无论在阳极与阴极之间加上何种极性的电压,管内的三个 PN 结中,至少有一个结是反偏的,因而阳极没有电流产生。

如果在晶闸管 a、k 之间接入正向阳极电压 U_{AA}后,在控制极加入正向控制电压 U_{GG},V_1 管基极便产生输入电流 I_G,经 V_1 管放大,形成集电极电流 $I_{C1}=\beta_1 I_G$,I_{C1}又是 V_2 管的基极电

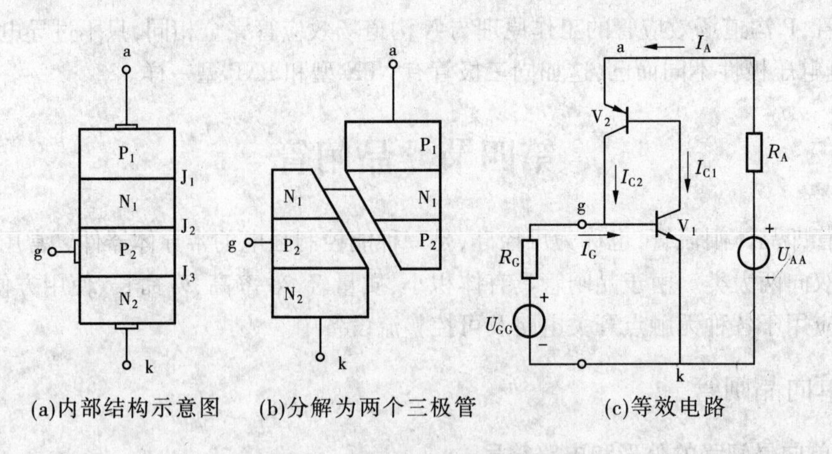

(a)内部结构示意图　(b)分解为两个三极管　(c)等效电路

图 8-22　单向晶闸管内部结构

流，同样经过 V_2 的放大，产生集电极电流 $I_{C2}=\beta_1\beta_2I_G$，I_{C2} 又作为 V_1 的基极电流再进行放大。如此循环往复，形成正反馈过程，晶闸管的电流越来越大，内阻急剧下降，管压降减小，直至晶闸管完全导通。这时晶闸管 a、k 之间的正向压降为 0.6～1.2 V。因此，流过晶闸管的电流 I_A 由外加电源 U_{AA} 和负载电阻 R_A 决定，即 $I_A\approx U_{AA}/R_A$。由于管内的正反馈，管子导通过程极短，一般不超过几微秒。晶闸管一旦导通，控制极就不再起控制作用，不管 U_{GG} 存在与否，晶闸管仍将继续导通。所以，只要给控制极加上一个极性正确的脉冲电压，就可以触发晶闸管导通。

若要使已经导通的管子关断，只有减小 U_{AA}，直至切断阳极电流才行，使之不能维持正反馈过程。

在反向阳极电压作用下，两只三极管均处于反向电压，不能放大输入电流，所以晶闸管不导通。

二、双向晶闸管

双向晶闸管的结构如图 8-23(a)所示。由图可知，它是由 NPNPN 五层半导体构成的，对外引出三个电极，分别是 G、T_1 和 T_2。因该器件可以双向导通，故控制极 G 以外的两个电极统称为主端子，用 T_1、T_2 表示，不再区分阳极和阴极。其特点是，当 G 极和 T_2 极相对于 T_1 的电压均为正时，T_2 是阳极，T_1 是阴极；反之，当 G 极和 T_2 极相对于 T_1 的电压均为负时，T_1 变为阳极，T_2 变为阴极。双向晶闸管的电路符号如图 8-23(b)所示，文字符号常用 TLC、SCR、CT、KS、KG、V 等表示。

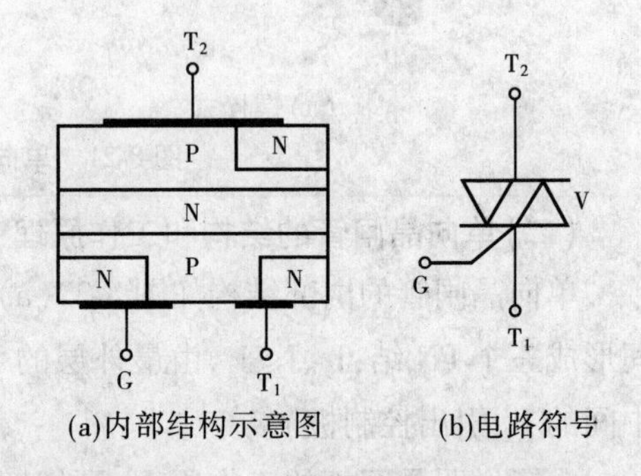

(a)内部结构示意图　(b)电路符号

图 8-23　双向晶闸管的结构和电路符号

双向晶闸管只用一个控制极，就可以控制它的正向导通和反向导通了。对于双向晶闸管，不管其控制极脉冲电压极性如何，它都可以被触发导通，这个特点是单向晶闸管所没有的。

三、双向触发二极管

双向触发二极管简称为触发二极管，亦称二端交流器件，它与双向晶闸管同时问世。双向触发二极管如图 8-24 所示。可以看出，双向触发二极管是由 NPN 三层半导体构成的，且两端具有对称性。当器件两端的电压 u 小于正向转折电压 U_{BO}时，呈高阻态；当 $u > U_{BO}$时，管子进入负阻区；当 u 超过反向转折电压 U_{BR}时，管子也能进入负阻区。双向触发二极管的耐压值 U_{BO}大致分为三个等级：20 ~ 60 V、100 ~ 150 V、200 ~ 250 V。

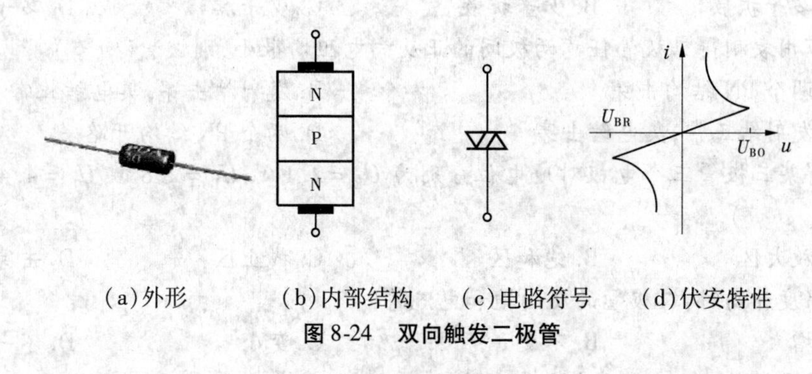

(a)外形　(b)内部结构　(c)电路符号　(d)伏安特性

图 8-24　双向触发二极管

本章小结

(1)晶体二极管具有单向导电性，即加正向偏压时导通，加反向偏压时截止。二极管有一个死区电压，正向导通时，二极管正向压降，硅管约为 0.7 V，锗管约为 0.3 V。理想二极管正向电阻为零，反向电阻视为无穷大。

(2)稳压管工作于反向击穿区，在工作范围内，反向工作电流有较大变化时，其反向电压基本不变，体现其稳压性能。

(3)晶体三极管是电流控制型器件，由两个 PN 结构成。它以小电流控制较大电流，具有电流放大的作用。三极管有三个极，即基极 B、集电极 C 和发射极 E，各电极的电流分配关系是：$I_E = I_C + I_B$。其输出特性曲线可以分为三个区域。应当注意管子工作在放大状态的条件，即发射结正向偏置，集电结反向偏置。

(4)场效应管是一种电压控制型器件，用电场效应实现对电流的控制。其输入端只需要控制电压，而不需要电流。场效应管有三个极，分别为源极 S、栅极 G 和漏极 D。场效应管按照结构的不同，分为结型场效应管和绝缘栅场效应管。

(5)晶闸管是一种大功率开关器件，具有通过的电流大、反向耐压高、触发导通后自行维持导通状态等特点。

习　题

8-1　选择题

(1)二极管的主要特点是(　　)。

A. 单向导电性　　B. 电流放大作用　　C. 限幅作用　　D. 稳压作用

(2)稳压管的稳压区工作在(　　)。

A. 正向导通状态　　B. 反向截止状态　　C. 反向击穿状态　　D. 不一定

(3)三极管的主要特点是具有(　　)。

A. 单向导电性　　B. 电流放大作用　　C. 限幅作用　　D. 稳压作用

(4)P 型半导体是在纯净半导体中加入微量的(　　)元素构成的。

A. 三价　　B. 四价　　C. 五价　　D. 六价

(5)PN 结两端加正向电压时,其正向电流是(　　)而形成的。

A. 多子扩散　　B. 少子扩散　　C. 少子漂移　　D. 多子漂移

(6)用万用表测得三极管任意两极间的正反向电阻均很小,则该管(　　)。

A. 两个 PN 结均击穿　　B. 发射结击穿,集电结正常

C. 发射结正常,集电结击穿　　D. 两个 PN 结均开路

(7)测得某三极管三个电极对地电位分别为 $U_E = 2.1$ V、$U_B = 2.8$ V、$U_C = 4.4$ V,则三极管工作在(　　)。

A. 放大区　　B. 饱和区　　C. 截止区　　D. 击穿区

(8)当温度升高时,二极管的反向饱和电流将(　　)。

A. 增大　　B. 不变　　C. 变小　　D. 不一定

(9)如图 8-25 所示,三极管各电极电流为 $I_1 = -2.05$ mA、$I_2 = 2$ mA、$I_3 = 0.05$ mA,则 A 是三极管的(　　)。

A. 集电极　　B. 发射极　　C. 基极　　D. 无法判断

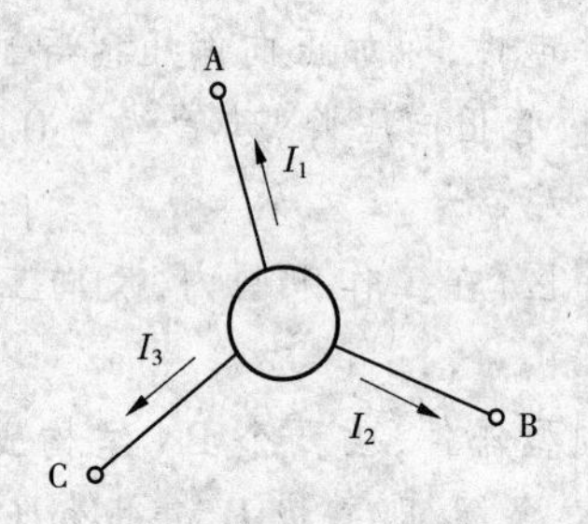

图 8-25

(10)工作在放大区的某三极管,如果当 I_B 从 20 μA 增大到 30 μA 时,I_C 从 1 mA 变为 1.5 mA,那么它的 β 值约为(　　)。

A. 83　　B. 91　　C. 100　　D. 50

8-2　写出图 8-26 所示各电路的输出电压值,设二极管导通电压 $U_D = 0.7$ V。

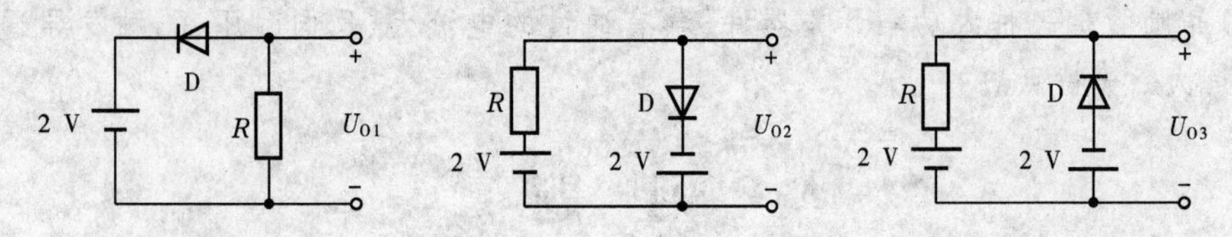

图 8-26

8-3　有两只晶体三极管,一只的 $\beta = 200$、$I_{CEO} = 200$ μA,另一只的 $\beta = 100$、$I_{CEO} = 10$ μA,

其他参数大致相同。你认为应选用哪只管子？为什么？

8-4　已知两只三极管的电流放大系数β分别为50和100，现测得放大电路中这两只管子两个电极的电流如图8-27所示。分别求另一电极的电流，标出其实际方向，并在圆圈中画出相应的三极管。

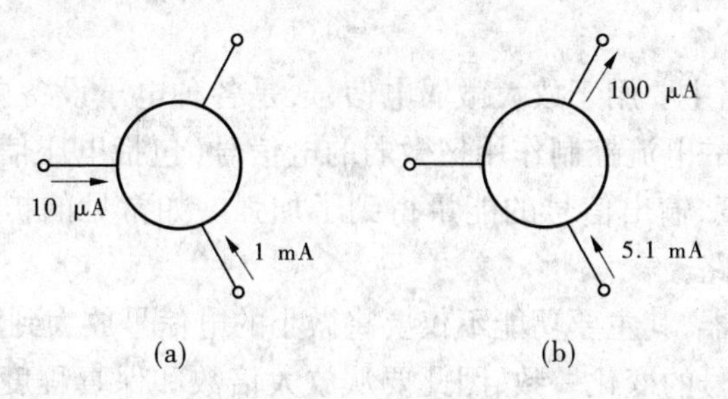

图8-27

8-5　测得放大电路中六只晶体管各极的直流电位如图8-28所示。在圆圈中画出管子，并分别说明它们是硅管还是锗管。

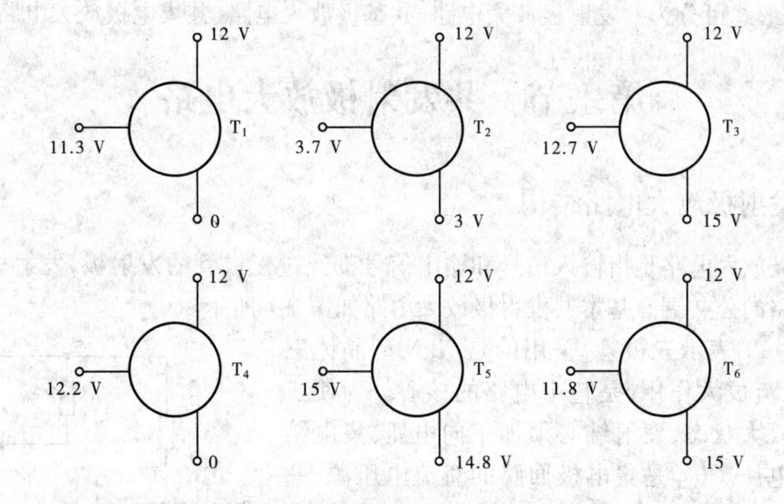

图8-28

8-6　在电路中，测得三极管各点对地电位如图8-29所示，判断三极管处于截止、放大还是饱和状态。

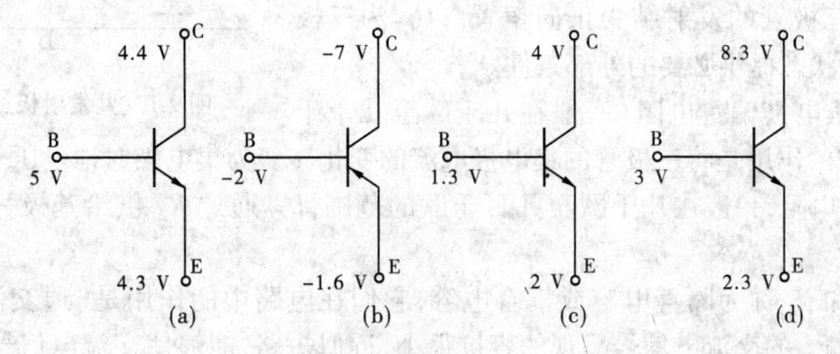

图8-29

第九章　放大电路和集成运算放大器

在实践中,放大电路主要用于放大微弱电信号,是各种电子设备中最基本、最常用的电路。它利用晶体三极管的电流控制作用把微弱的电信号(包括电压信号、电流信号、功率信号)放大到所需要的强度,输出信号的能量得到了加强。如常见的扩音机就是一个把微弱的声音电信号放大的电路。

放大电路又称放大器,其主要功能不仅要将微小的电信号放大到所需的强度,而且要求放大后的电信号与原信号的变化一致,因此要从放大倍数和保真程度两个方面考虑放大电路的性能。

放大电路的种类很多,按信号工作频率可分为直流放大电路、低频放大电路、高频放大电路、视频放大电路等;按其输出信号的种类可分为电流放大电路、电压放大电路、功率放大电路;按电路形式可分为共发射极放大电路、共基极放大电路、共集电极放大电路等。

第一节　共发射极放大电路

一、共发射极放大电路结构

共发射极放大电路是指输入信号和输出信号都经过三极管的发射极,发射极是输入回路和输出回路的公共端。基本共发射极放大电路如图 9-1 所示。

图 9-1 中,T 表示三极管,采用的是 NPN 型晶体三极管,担任电流放大作用,是整个电路的核心。为使三极管工作在放大状态,发射结必须加正向电压,集电结必须加反向电压。U_{CC}是集电极回路的直流电压源,一般在几伏到几十伏的范围,它的负极接发射极,正极通过电阻 R_C 接集电极,以保证集电结为反向偏置。U_{CC}同时也是基极回路的直流电源,正极通过基极电阻 R_B 接基极,以保证三极管的发射结为正向偏置。U_{CC}为三极管工作在放大状态提供必要的外部条件。

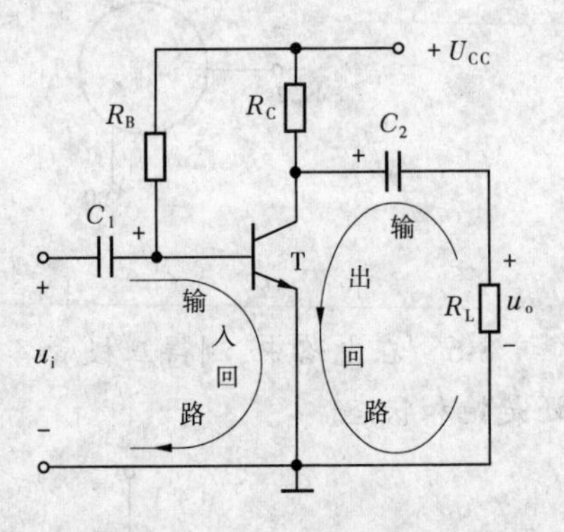

图 9-1　共发射极放大电路

R_C 称为集电极偏置电阻(一般在几千欧至几十千欧的范围),它的作用是将三极管的集电极电流的变化转变为集电极对地电压 U_C的变化;R_B 称为基极偏置电阻,一般在几千欧至几百千欧的范围,U_{CC}通过 R_B 供给基极一个合适的基极电流。

电容 C_1 和 C_2 称为隔直电容或耦合电容,它们在电路中的作用是"通交流,隔直流"。电容 C_1 对于输入的交流电信号呈现的容抗很小,近似短路,能够使交流电信号顺利地加到放大器输入端,同时电容对于直流偏置电流和电压呈现的容抗很大,近似开路,用来隔断放大电路与交流信号源及负载之间的直流通路,免除相互影响。C_1 一般选用容量大的电解电容，约几微法至几十微法之间。C_2 的作用与 C_1 相似，使交流信号顺利送给负载并切断放大电路与负载间的直流通路。使用电解电容时要注意其极性，即电容的正极接电路的高电位点，负极接电路的低电位点，不可接错。R_L 是负载电阻，可看做是对后面负载或电路的等效。

在放大电路中，通常把电路的输入回路和输出回路的公共端用"⊥"号标出，作为电路的参考点，称为地线，电路中各点电位都是对地线而言的。

放大电路的工作原理：交流输入信号 u_i 通过耦合电容 C_1 加到晶体管的基—射极之间，使基极电流 i_B 作相应的变化，此时晶体管 T 的发射结正偏，集电结反偏，处于放大状态。基极电流 i_B 控制集电极电流 i_C 作相应的变化，i_B 有一个较小的变化，i_C 就会产生一个较大的变化（$i_C=\beta i_B$）。放大后的输出电流通过耦合电容 C_2 送到负载 R_L 上，从而完成了电压放大作用。放大电路放大作用的实质是能量的转换，即直流电源能量转换成交流输出。

二、共发射极放大电路的静态分析

对于放大电路的分析一般包括两个方面：静态分析和动态分析。前者主要确定静态工作点（各直流值），后者主要研究放大电路的交流性能指标。我们先来进行静态分析。

无输入信号（$u_i=0$）时电路的状态称为静态。此时只有直流电源 U_{CC} 加在电路上，三极管各极电流和各极之间的电压都是恒定的直流量，分别用 I_B、I_C、U_{BE}、U_{CE} 表示，它们对应于三极管输入输出特性曲线上的一个固定点，习惯上称它们为静态工作点，简称 Q 点，有时这三个量也用 I_{BQ}、I_{CQ}、U_{CEQ} 表示。

静态值是直流，故可用放大电路的直流通路来分析计算。如图 9-2 所示为图 9-1 的直流通路。画直流通路时，电容 C_1 和 C_2 看做开路。

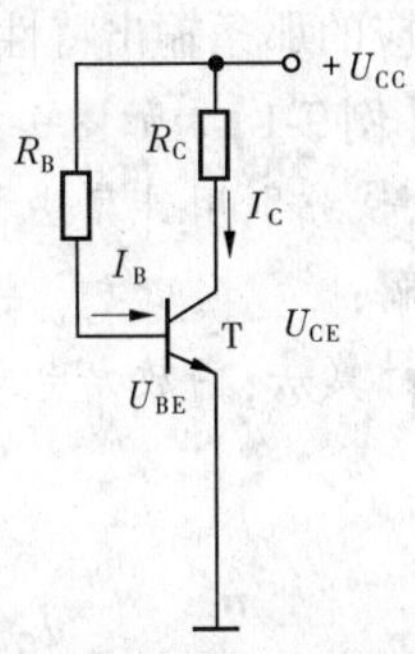

图 9-2　共发射极放大电路的直流通路

（一）计算法

由图 9-2 的 $U_{CC}\to R_B\to$基极$\to$地支路可知

$$U_{CC}=I_BR_B+U_{BE}$$

则

$$I_B=\frac{U_{CC}-U_{BE}}{R_B} \tag{9-1a}$$

式中：U_{BE} 对于硅管约 0.7 V，对于锗管约 0.3 V。由于 U_{CC} 和 R_B 选定后，I_B 即为固定值，所以该电路又称为固定偏流式共射极放大电路。一般 $U_{CC}\gg U_{BE}$，故式(9-1a)可近似为

$$I_B\approx\frac{U_{CC}}{R_B} \tag{9-1b}$$

根据三极管的电流分配关系

$$I_C\approx\beta I_B \tag{9-2}$$

由图 9-2 的 $U_{CC}\to R_C\to$C 极$\to$E 极$\to$地支路可知

$$U_{CE}=U_{CC}-I_CR_C \tag{9-3}$$

至此，根据式(9-1)～式(9-3)就可以计算出放大电路的静态工作点。

(二)图解法

用图解法确定放大电路的静态工作点的步骤如下。

1. 作直流负载线

由图 9-2 的 $U_{CC}\to R_C\to$C 极→E 极→地支路可知,U_{CC}、R_C 构成三极管的外部电路,属于线性元件,三极管是非线性元件,因此在这个电路中的 I_C 和 U_{CE} 既要满足三极管的输出特性,又要满足外部电路的伏安特性。于是,由这两条特性曲线的交点便可确定出 I_C 和 U_{CE}。

由图 9-2 可知外部电路的伏安特性方程,即式(9-3)。

图 9-3 所示为该三极管的输出特性曲线簇。在该坐标图上,令 $i_C=0$,则 $u_{CE}=U_{CC}$,在横轴上得到 M 点(U_{CC},0);令 $u_{CE}=0$,则 $i_C=\dfrac{U_{CC}}{R_C}$,在纵轴上得到 N 点$\left(0,\dfrac{U_{CC}}{R_C}\right)$。连接 M、N 两点,便得到了三极管外部电路的伏安特性曲线,如图 9-3 所示。由于该直线由直流通路确定,其斜率为 $-\dfrac{1}{R_C}$,由集电极负载电阻 R_C 决定,故称为直流负载线。

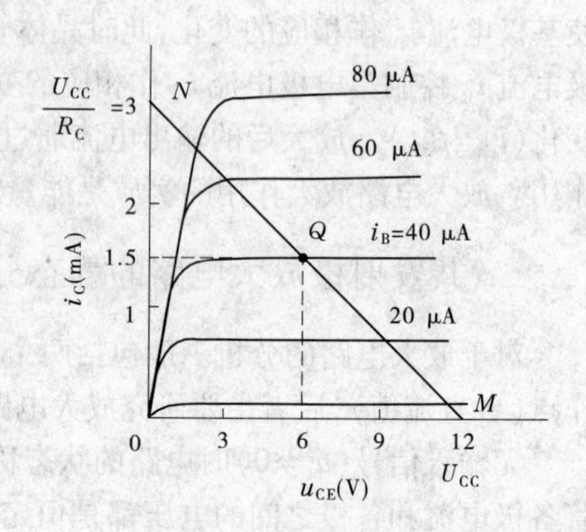

图 9-3　图解法确定 Q 点

2. 求静态工作点

I_B 通常由式(9-1b)估算出,直流负载线 MN 与 I_B 对应的那条输出特性曲线的交点 Q,即为静态工作点,如图 9-3 所示。

【例 9-1】 如图 9-1 所示的放大电路中,已知 $U_{CC}=+12$ V,$R_C=4$ kΩ,$R_B=300$ kΩ,$\beta=37.5$,试分别用计算法和图解法求静态工作点。晶体管的输出特性曲线簇如图 9-3 所示。

解:

计算法:由放大电路的直流通路可估算得

$$I_B\approx\frac{U_{CC}}{R_B}=\frac{12}{300}=0.04(\text{mA})=40(\mu\text{A})$$

$$I_C\approx\beta I_B=37.5\times 40=1\ 500(\mu\text{A})=1.5(\text{mA})$$

$$U_{CE}=U_{CC}-I_CR_C=12-1.5\times 4=6(\text{V})$$

图解法:在三极管的输出特性曲线上作出电路线性部分的外特性,即直流负载线。直线在纵轴和横轴上的截距分别为

$$u_{CE}=0,\quad i_C=\frac{U_{CC}}{R_C}=\frac{12}{4}=3(\text{mA})$$

$$i_C=0,\quad u_{CE}=U_{CC}=12(\text{V})$$

直流负载线与 $i_B=40$ μA 的输出特性曲线的交点,就是所求静态工作点 Q。由图 9-3 可得 Q 点的静态值为

$$I_B=40\ \mu\text{A}$$

$$I_C=1.5\ \text{mA}$$

$$U_{CE}=6\ \text{V}$$

两种方法所得结果一致。

3. 电路参数对静态工作点的影响

从以上分析可知,静态工作点 Q 是直流负载线与基极静态电流 I_B 所对应的那条输出特性曲线的交点,改变 R_B、R_C 的值或改变 U_{CC}的大小都可改变 Q 点的位置。通常是通过改变 R_B 来调整静态工作点的。R_B 增大时,I_B 减小,Q 点降低;R_B 减小时,I_B 增大,Q 点抬高。当 Q 点过低时,三极管接近截止区;当 Q 点过高时,三极管接近饱和区,此时三极管均会失去放大作用。实用中,放大电路安装好后,就是通过调节 R_B 来选择一个合适的静态工作点,确保放大电路正常高效地工作。

三、共发射极放大电路的动态分析

所谓动态,是指放大电路输入端输入信号 u_i 后的工作状态。此时,放大电路在直流电源 U_{CC}和输入电压 u_i 的共同作用下工作,电路中既有直流成分,又有交流成分。三极管各极的电流和各极之间的电压都是在静态值的基础上叠加了一个随输入信号 u_i 作相应变化的交流分量,它们在三极管的输入、输出特性曲线上对应的工作点是变化的,称为动态工作点。动态分析就是要找出工作点随输入信号变化的规律,进而确定放大电路的动态性能参数。为了分析方便,在以后的讨论中,均不考虑电路的频率特性,电路的各项参数均用实数表示。

动态分析主要是对交流信号的分析,又称交流分析。这就要考虑与交流信号有关的所有元件,为此首先要画出其交流通路。

交流通路就是不考虑直流偏置,只考虑交流信号单独作用下的电路。由于电容 C_1、C_2 足够大,对于交流信号容抗近似为零,相当于短路,直流电源 U_{CC}对于交流信号也看做短路,如图 9-4 所示为图 9-1 共射极放大电路的交流通路。

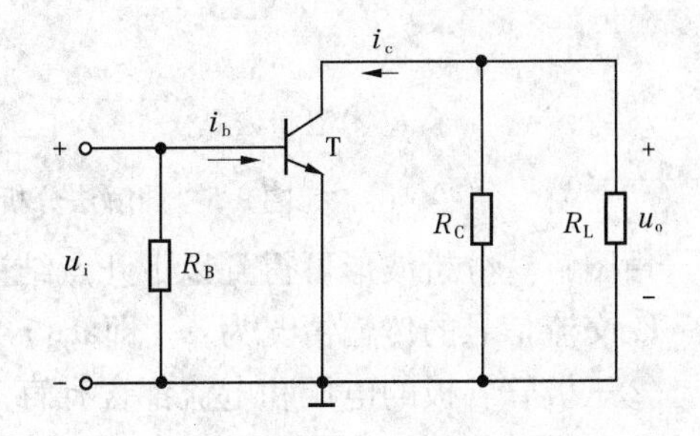

图 9-4 共射极放大电路的交流通路

动态分析常用的方法是图解分析法和微变等效电路分析法。为了能清楚地认识信号在电路中的变化过程,我们先进行图解分析。

(一)图解分析法

图解分析法进行动态分析分为如下四步:

(1)根据静态分析方法,求出静态工作点 Q。

(2)根据输入信号 u_i 在输入特性曲线上确定 u_{BE}和 i_B 的变化,注意此时的 u_{BE}和 i_B 包含直流分量和交流分量两种成分,如图 9-5(a)所示。

(3)作交流负载线。

交流负载线反映动态时电流 i_C 和电压 u_{CE}的变化关系。由于可将交流信号直流电源及电容 C_1、C_2 视为短路,R_L 与 R_C 并联,得到集电极纯交流电流 i_c 与集射极纯交流电压 u_{ce}的关系为

$$u_{ce} = -i_c(R_C // R_L) \tag{9-4}$$

式(9-4)对应的直线斜率为 $-\dfrac{1}{R_C // R_L}$。显然,此直线比直流负载线要陡。当输入交流信号过零时,放大电路工作点在静态工作点 Q 上,可见交流负载线也要过 Q 点,这样过 Q 点

作斜率为 $-\frac{1}{R_C // R_L}$ 的直线即为交流负载线,如图 9-5(b)所示。该直线是动态时电路工作点的移动轨迹。

(4)设输入端输入低频电压信号 $u_i = \sqrt{2} U_i \sin\omega t$,则可得到三极管各极相关电压与电流的波形如图 9-5(b)所示。由输出特性曲线和交流负载线可求出 i_c 和 u_{ce}。

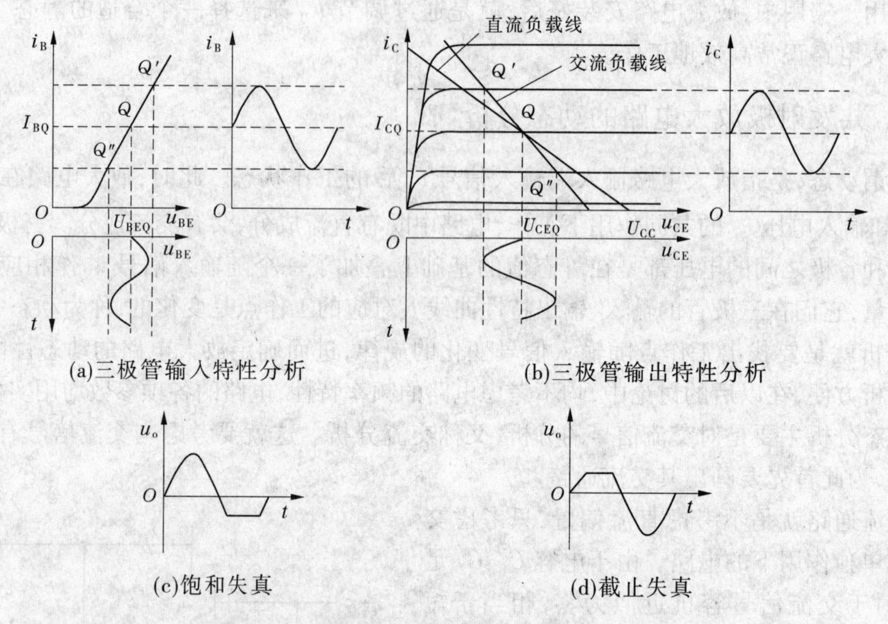

(a)三极管输入特性分析　　(b)三极管输出特性分析

(c)饱和失真　　(d)截止失真

图 9-5　图解法分析放大电路的动态放大过程

由图解法分析波形可得到以下几点结论:

①交流信号的传输情况为:u_i(即 u_{be})$\rightarrow i_b \rightarrow i_c \rightarrow u_o$(即 u_{ce})。

②三极管各极的电压和电流都含有直流分量和交流分量。由于 C_2 的隔直作用,集电极的直流分量不能传递到输出端,只有交流分量构成输出电压 u_o。

③输入电压信号 u_i 与输出电压信号 u_o 相位相反,即实现了倒相放大。

④从图 9-5 中可以计算出电压放大倍数 A_u,其值等于输出交流电压的幅值与输入交流电压的幅值之比。显然,R_L 值越小,交流负载线越陡,电压放大倍数越小。

静态工作点 Q 设置得不合适,会对放大电路的性能造成影响。若 Q 点偏高,在输入信号的正半周,Q'点会进入饱和区,造成 i_C 和 u_{CE} 的波形与 i_B(或 u_i)的波形不一致,输出电压 u_o 的负半周出现平顶畸变,称为饱和失真,如图 9-5(c)所示。若 Q 点偏低,在输入信号的负半周,Q''点会进入截止区,则输出电压 u_o 的正半周出现平顶畸变,称为截止失真,如图 9-5(d)所示。饱和失真和截止失真统称为非线性失真。

(二)微变等效电路分析法

微变等效电路分析法是解决放大元件非线性问题的另一种常用的方法,其实质是在信号变化范围很小(微变)的前提下,可认为三极管电压、电流之间的关系基本上是线性的,这样就可用一个线性等效电路来代替非线性的三极管,将放大电路转化成线性电路。

1. 三极管的微变等效电路

所谓等效,就是电路被替代后,其伏安特性关系不变。

三极管的输入端、输出端的伏安关系可用其输入、输出特性曲线来描述。放大电路三极管的 Q 点工作在放大区，在输入特性的 Q 点附近，特性基本上是一段直线，即 Δi_B 与 Δu_{BE} 成正比，故三极管的 B、E 之间可用一等效电阻 r_{be} 来代替。r_{be} 的近似值为

$$r_{be} = 300 + (1 + \beta)\frac{26(\text{mV})}{I_{EQ}(\text{mA})} \tag{9-5}$$

再从输出特性看，在 Q 点附近的一个小范围内，可将各条输出特性曲线近似认为是水平的，而且相互之间平行等距，即集电极电流的变化量 Δi_C 与集电极电压的变化量 Δu_{CE} 无关，而只取决于 Δi_B，即 $\Delta i_C = \beta\Delta i_B$，故三极管的 C、E 之间可用一个线性的受控电流源来等效，其大小为 $\beta\Delta i_B$。

2. 放大电路的微变等效电路

共射极放大电路的微变等效电路如图 9-6 所示。

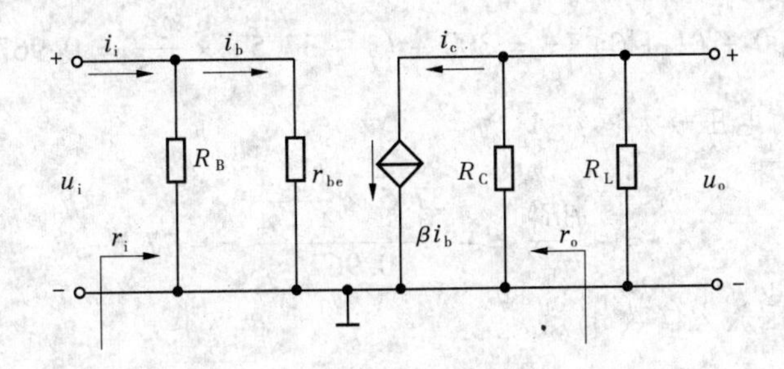

图 9-6 共射极放大电路的微变等效电路

3. 电压放大倍数的计算

如图 9-6 所示，根据电路有

$$u_i = r_{be}i_b, \quad u_o = -R'_L i_c = -\beta i_b R'_L$$

式中，R'_L 称为等效负载电阻，$R'_L = R_C /\!/ R_L$。

电压放大倍数为

$$A_u = \frac{u_o}{u_i} = -\beta\frac{R'_L}{r_{be}} \tag{9-6}$$

放大倍数为负值，表示输出电压与输入电压相位相反。

4. 输入电阻

$$r_i = \frac{u_i}{i_i} = \frac{u_i}{i_{R_B} + i_b} = \frac{u_i}{\dfrac{u_i}{R_B} + \dfrac{u_i}{r_{be}}} = R_B /\!/ r_{be} \tag{9-7}$$

输入电阻 r_i 的大小决定了放大电路从信号源获取电压（净输入电压）的大小。为了减轻信号源的负担，提高放大电路的净输入电压，总希望 r_i 越大越好。较大的输入电阻可以降低信号源内阻对电路的影响，使放大电路能获得较高的输入电压。在式(9-7)中，由于 R_B 比 r_{be} 大得多，则 r_i 近似等于 r_{be}。共射极放大电路的输入电阻一般在几百欧到几千欧之间，是比较低的，并不理想。

5. 输出电阻

输出电阻 r_o 的计算方法是：将信号源短路，断开负载 R_L，在输出端加一电压 u，求出由 u

产生的电流 i，则输出电阻为

$$r_o = \frac{u}{i} = R_C \tag{9-8}$$

对于负载而言，放大器的输出电阻 r_o 越小，负载电阻 R_L 的变化对输出电压的影响就越小，表明放大器输出电压越稳定，带负载能力越强。因此，总希望 r_o 越小越好。共射极放大电路的 r_o 一般在几千欧到几十千欧之间，一般认为是较大的，也不理想。

【例 9-2】 如图 9-1 所示电路，已知 $U_{CC}=12\ \text{V}$，$R_B=300\ \text{k}\Omega$，$R_C=4\ \text{k}\Omega$，$R_L=4\ \text{k}\Omega$，$\beta=37.5$，试求：

(1) R_L 接入和断开两种情况下电路的电压放大倍数 A_u；

(2) 输入电阻 r_i 和输出电阻 r_o。

解：例 9-1 中已求出电路的静态工作点：$I_C=1.5\ \text{mA}\approx I_E$ 再求三极管的动态输入电阻为

$$r_{be} = 300 + (1+\beta)\frac{26}{I_E} = 300 + (1+37.5)\times\frac{26}{1.5} = 0.967(\text{k}\Omega)$$

(1) R_L 接入时的电压放大倍数 A_u 为

$$A_u = -\frac{\beta R_L'}{r_{be}} = -\frac{37.5\times\frac{4\times4}{4+4}}{0.967} = -77.6$$

R_L 断开时的电压放大倍数 A_u 为

$$A_u = -\frac{\beta R_C}{r_{be}} = -\frac{37.5\times4}{0.967} = -155.1$$

(2) 输入电阻 r_i 为

$$r_i = R_B \,/\!/\, r_{be} = \frac{R_B r_{be}}{R_B + r_{be}} = \frac{300\times0.967}{300+0.967} = 0.964(\text{k}\Omega) \approx r_{be}$$

输出电阻 r_o 为

$$r_o = R_C = 4\ \text{k}\Omega$$

四、静态工作点的稳定

一个性能良好的放大电路，不仅要求有一个合适的静态工作点，而且要求当外界条件变化时，静态工作点能保持稳定。但是，很多因素会导致静态工作点不稳定，如电源电压变化、电路参数变化、晶体管老化和温度变化等都会使静态工作点发生变化，其中温度变化对静态工作点的影响最严重，也最难克服。实验证明，当环境温度升高 1 ℃时，晶体管的 β 值增大 0.5% ~1%，输出特性曲线上曲线簇的间距增大，I_C 就会增大，静态工作点沿负载线上移；反之亦然。

当一个电路不能将静态工作点稳定在一个合适的位置上时，放大电路就很容易进入饱和区或截止区而产生波形失真。

前面所讲的放大电路，它的静态基极电流 $I_B\approx U_{CC}/R_B$。当偏置电阻 R_B 和电源电压 U_{CC} 不变时，固定 I_B，若温度不变，I_C 也固定不变，这种电路称为固定偏置电路。当环境温度升高时，β 增大，则 I_C 也增大，静态工作点上移，输出波形可能会产生失真。若放大电路的 I_B 能随温度的升高而下降，就能保证 I_C 基本不变，达到自动稳定静态工作点的目的。分压式偏置放大电路就能自动稳定静态工作点。

分压式偏置放大电路如图 9-7 所示。T 是放大三极管。R_{B1}、R_{B2}是偏置电阻，组成分压式偏置电路，适当选择 R_{B1}、R_{B2}的值，使 I_1、I_2 远大于 I_B，于是可近似认为 R_{B1}、R_{B2}对 U_{CC}串联分压后加到晶体管的基极。R_E 是射极电阻，起直流负反馈作用，用于稳定静态工作点。C_E 是射极旁路电容，与晶体管的射极电阻 R_E 并联，容量较大，具有“隔直流、通交流”的作用，既保证了静态工作点的稳定性，同时又保证了电路对交流信号的放大能力不会由于 R_E 的加入而降低。

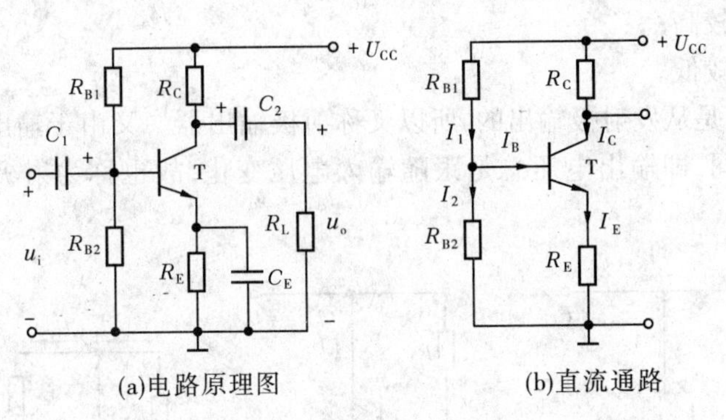

图 9-7　分压式偏置放大电路

发射极电阻 R_E 产生反映 I_C 变化的电位 U_E，U_E 又能自动调节 I_B，使 I_C 保持基本不变。稳定过程可描述如下：

温度$\uparrow \to I_C \uparrow \to I_E \uparrow \to U_{BE} \downarrow \to I_B \downarrow \to I_C \downarrow$

温度$\downarrow \to I_C \downarrow \to I_E \downarrow \to U_{BE} \uparrow \to I_B \uparrow \to I_C \uparrow$

由以上可看出，R_E 越大，促使 U_{BE}变化就越大，电路自我调节能力就越强，电路稳定性能越好，但 R_E 不能太大，太大容易使三极管进入截止区，一般为几百欧到几千欧。

分压式偏置放大电路的静态工作点可用下列方法估算。

【例 9-3】　在图 9-7 所示的分压式偏置放大电路中，已知电源电压 $U_{CC}=12$ V，$R_C=2$ kΩ，$R_E=1$ kΩ，$R_L=8$ kΩ，$R_{B1}=30$ kΩ，$R_{B2}=10$ kΩ，晶体管为硅管，$\beta=40$，请估算其静态工作点。

解：由直流通路可得

$$U_B = \frac{R_{B2}}{R_{B1}+R_{B2}}U_{CC} = \frac{10}{30+10}\times 12 = 3(\text{V})$$

发射极电流

$$I_E = \frac{U_B - U_{BE}}{R_E} = \frac{3-0.7}{1} = 2.3(\text{mA})$$

集电极电流　　　　$$I_C \approx I_E = 2.3\ \text{mA}$$

因而，基极电流　　$$I_B = \frac{I_C}{\beta} = \frac{2.3}{40} \approx 0.06(\text{mA}) = 60(\mu\text{A})$$

集—射极电压

$$U_{CE} = U_{CC} - I_C(R_C + R_E) = 12 - 2.3\times(2+1) = 5.1(\text{V})$$

第二节 共集电极放大电路

共集电极放大电路如图9-8(a)所示,从交流通路看,集电极是输入回路和输出回路的公共端。该电路具有如下特点:

(1)电压放大倍数小于1,但约等于1;

(2)输出电压与输入电压相位相同;

(3)输入电阻较高;

(4)输出电阻较低。

由于输出电压是从发射极输出的,所以又称射极输出器。又由于输出电压与输入电压大小相等、相位相同,即输出电压总是跟随输入电压变化,故也称为射极跟随器或电压跟随器。

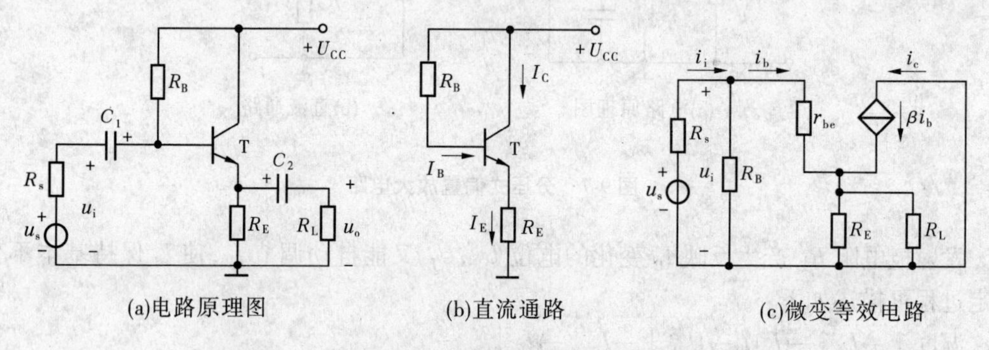

图9-8 共集电极放大电路

射极输出器具有较高的输入电阻和较低的输出电阻,这是它最突出的优点。射极输出器常用做多级放大电路的第一级、最末级,也常用做中间级起隔离作用。用做输入级时,由于其输入电阻高,可以减轻信号源的负担,提高放大器的输入电压。用做输出级时,由于其输出电阻小,带负载能力强,可以减小负载变化时对输出电压的影响,并易于与低阻抗负载相匹配,向负载传送尽可能大的功率。

一、共集电极放大电路静态分析

图9-8(b)为共集电极放大电路的直流通路,由直流通路可确定静态值。

$$I_B R_B + U_{BE} + I_E R_E = U_{CC}$$

则

$$I_B = \frac{U_{CC} - U_{BE}}{R_B + (1+\beta) R_E} \tag{9-9}$$

注意:R_E 应乘上$(1+\beta)$,因为 R_E 上流过的电流 $I_E = (1+\beta) I_B$。

由 I_B 可求出

$$I_E = (1+\beta) I_B \approx I_C \tag{9-10}$$

故有

$$U_{CE} = U_{CC} - I_E R_E \tag{9-11}$$

由式(9-9)~式(9-11)就可估算出共集电极放大电路的静态工作点。

二、共集电极放大电路动态分析

(一)电压放大倍数

根据图 9-8(c)所示的微变等效电路可得出

$$u_i = i_b r_{be} + i_e R'_L = i_b r_{be} + (1+\beta) i_b R'_L$$

$$u_o = i_e R'_L = (1+\beta) i_b R'_L$$

式中,$R'_L = R_E /\!/ R_L$。

所以,电压放大倍数

$$A_u = \frac{u_o}{u_i} = \frac{(1+\beta) i_b R'_L}{i_b r_{be} + (1+\beta) i_b R'_L} = \frac{(1+\beta) R'_L}{r_{be} + (1+\beta) R'_L} \tag{9-12}$$

可见,射极输出器的电压放大倍数小于 1,但通常 $\beta R'_L \gg r_{be}$,所以 A_u 接近于 1。同时,可见 A_u 为正,说明射极输出器输出电压与输入电压相位相同。

应当指出,虽然射极输出器的电压放大倍数小于等于 1,但由于 i_e 比 i_b 大了 β 倍,它可以作为电流放大电路或功率放大电路使用。

(二)输入电阻

由图 9-8(c)可以看出

$$r_i = R_B /\!/ r'_i$$

$$r'_i = \frac{u_i}{i_b} = \frac{i_b r_{be} + i_e R'_L}{i_b} = \frac{i_b r_{be} + (1+\beta) i_b R'_L}{i_b} = r_{be} + (1+\beta) R'_L$$

所以,射极输出器的输入电阻为

$$r_i = R_B /\!/ [r_{be} + (1+\beta) R'_L] \tag{9-13}$$

一般 R_B 电阻很大,为几十千欧到几百千欧,而基极对地电阻 $r'_i = r_{be} + (1+\beta) R'_L$ 比单独的 r_{be} 也要大很多,所以射极输出器的输入电阻很大,通常可达几十千欧到几百千欧。

(三)输出电阻

根据前面所讲求输出电阻的方法:将信号源短路,保留其内阻 R_s,R_s 与 R_B 并联等效电阻为 R'_s,输出端将负载 R_L 开路,输入一交流电压 u_o,产生电流 i_o,如图 9-9 所示。

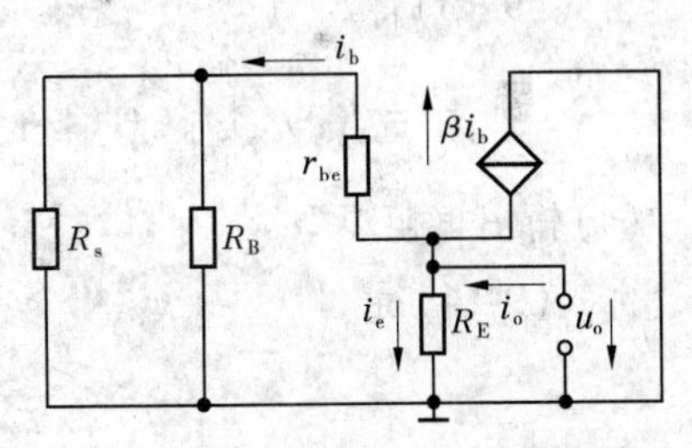

图 9-9 计算输出电阻 r_o 的等效电路

$$i_o = i_b + \beta i_b + i_e = \frac{u_o}{r_{be} + R'_s} + \beta \frac{u_o}{r_{be} + R'_s} + \frac{u_o}{R_E}$$

于是

$$r_o = \frac{u_o}{i_o} = \frac{u_o}{\frac{u_o}{r_{be} + R'_s} + \beta \frac{u_o}{r_{be} + R'_s} + \frac{u_o}{R_E}} = \frac{1}{\frac{1+\beta}{r_{be} + R'_s} + \frac{1}{R_E}} = \frac{r_{be} + R'_s}{1+\beta} /\!/ R_E \tag{9-14}$$

通常,$\frac{r_{be} + R'_s}{1+\beta} \ll R_E$,而 $\beta \gg 1$,故

$$r_o \approx \frac{r_{be} + R'_s}{\beta} \tag{9-15}$$

可见,射极输出器的输出电阻是很低的,由此也可说明它可以稳定输出电压,具有恒压输出的特点,带负载能力强。

【例 9-4】 如图 9-8(a)所示电路,已知电源电压 $U_{CC}=12\ V$,T 为硅管,$\beta=40$,$R_B=120\ k\Omega$,$R_E=4\ k\Omega$,$R_L=4\ k\Omega$,信号源内阻 $R_s=100\ \Omega$,试求静态值及电压放大倍数、输入电阻和输出电阻。

解:(1)静态工作点。

由式(9-9)得

$$I_B=\frac{U_{CC}-U_{BE}}{R_B+(1+\beta)R_E}=\frac{12-0.6}{120+(1+40)\times 4}=40(\mu A)$$

由式(9-10)得

$$I_E=(1+\beta)I_B=(1+40)\times 0.04=1.64(mA)\approx I_C$$

由式(9-11)得

$$U_{CE}=U_{CC}-I_ER_E=12-1.64\times 4=5.44(V)$$

(2)电压放大倍数。

由式(9-12),即

$$A_u=\frac{(1+\beta)R'_L}{r_{be}+(1+\beta)R'_L}$$

其中,$r_{be}=300+(1+\beta)\frac{26}{I_C}=300+(1+40)\times\frac{26}{1.64}=300+650=0.95(k\Omega)$

$$R'_L=R_L\,/\!/\,R_E=\frac{4\times 4}{4+4}=2(k\Omega)$$

所以 $$A_u=\frac{(1+40)\times 2}{0.95+(1+40)\times 2}=\frac{82}{82.95}=0.99\approx 1$$

(3)输入电阻。

由式(9-13)得

$$r_i=R_B\,/\!/\,[r_{be}+(1+\beta)R'_L]=\frac{120\times(0.95+82)}{120+(0.95+82)}=49(k\Omega)$$

(4)输出电阻。

由式(9-14)得

$$r_o=R_E\,/\!/\left(\frac{r_{be}+R'_s}{1+\beta}\right)$$

其中 $$R'_s=R_s\,/\!/\,R_B=\frac{0.1\times 120}{0.1+120}\approx 0.1(k\Omega)$$

因此 $$r_o=\frac{4\times\frac{0.95+0.1}{41}}{4+\frac{0.95+0.1}{41}}=\frac{0.102}{4.026}=25.3(\Omega)$$

如用式(9-15)近似计算

$$r_o\approx\frac{r_{be}+R'_s}{\beta}=\frac{0.95+0.1}{40}=26(\Omega)$$

可见用近似公式计算,误差很小。

第三节　多级放大电路

多级放大电路由单级放大电路级联而成,能对输入信号进行接力式的连续放大,以获得足够的功率去推动负载工作。多级放大电路中相邻两级放大电路之间的信号传递叫耦合,实现级间信号耦合的电路叫耦合电路。通过耦合电路把相邻两级放大电路连接起来,每一级的输入电阻作为前一级的负载。多级放大电路的构成如图 9-10 所示。

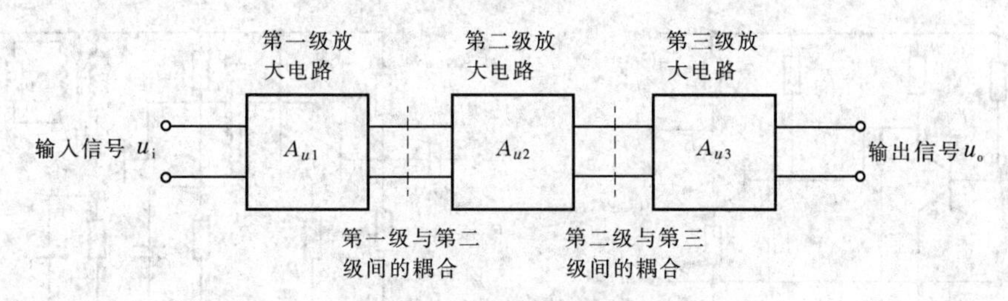

图 9-10　多级放大电路的构成

一、多级放大电路的连接形式

根据级间耦合方式,可将多级放大电路分为阻容耦合方式、直接耦合方式与变压器耦合方式。

(一)阻容耦合

阻容耦合如图 9-11 所示,信号通过电容 C_1、C_2、C_3 分别与第一级、第二级放大电路和负载 R_L 相连,这种通过电容与后一级相连接的耦合方式称为阻容耦合。

阻容耦合的多级放大电路具有各级放大器的静态工作点相互独立、信号传输效率高等优点,但不能放大直流信号和频率很低的信号。另外,在集成电路中难以制造大容量的电容,因此阻容耦合方式在集成电路中几乎无法应用。

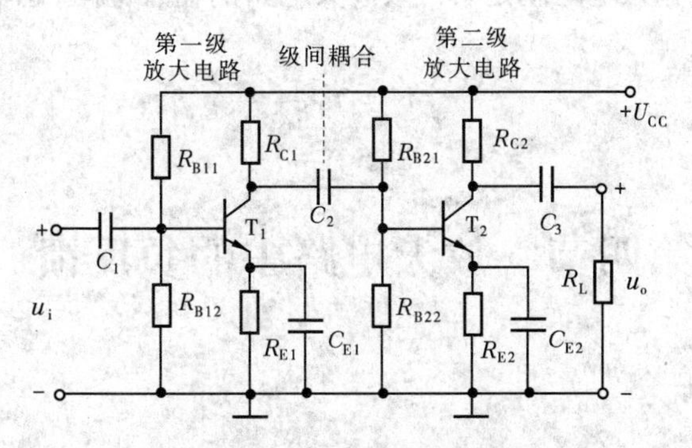

图 9-11　阻容耦合方式

(二)直接耦合

在实际应用中,常常要对缓慢变化的信号或者直流信号进行放大,阻容耦合方式无法实现,因此需要把前一级的输出端直接连到下一级的输入端,如图 9-12 所示。这种通过导线、二极管或电阻直接与前一级放大电路相连的耦合方式称为直接耦合。

直接耦合的放大电路既能放大交流信号,又能放大直流信号,并且易于集成化,在集成电路中应用较多。但直接耦合存在各级放大电路之间静态工作点相互影响的缺点,必须采取特别的处理措施才能使各级放大电路正常工作。

(三)变压器耦合

变压器耦合方式的特点是前一级放大器的输出信号通过变压器与后面一级的输入端相连,如图 9-13 所示。变压器耦合的放大电路与阻容耦合的放大电路一样,静态工作点彼此独立,同时还具有阻抗变换作用,能使放大器实现最大的功率输出。不足之处是体积大、有漏磁、成本高,另外低频信号几乎不能通过。

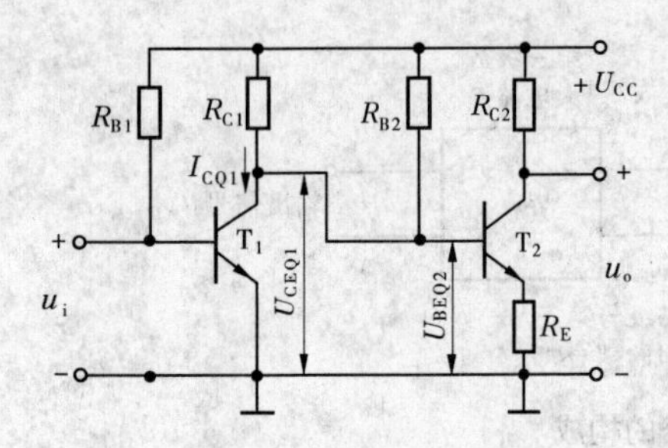

图 9-12　直接耦合方式

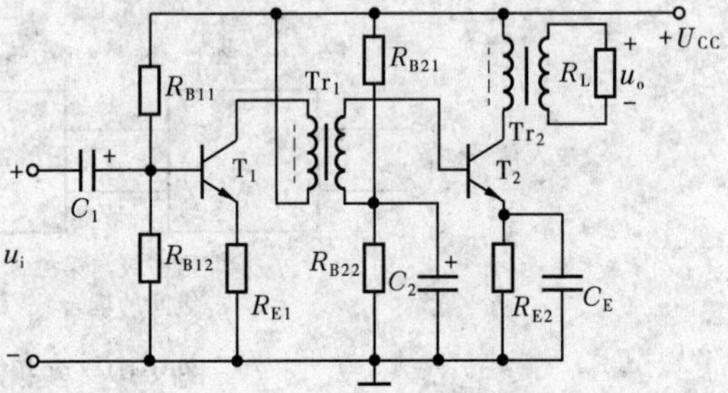

图 9-13　变压器耦合方式

二、多级放大电路的性能指标

(一)电压放大倍数

因为多级放大电路是多级串联逐级连续放大的,所以总的电压放大倍数是各级放大倍数的乘积,即

$$A_{u总} = A_{u1}A_{u2}\cdots A_{un}$$

因此,求多级放大器的增益时,必须求出各级放大电路的增益。

(二)输入输出电阻

多级放大电路的总输入电阻就是第一级放大电路的输入电阻,总输出电阻就是最后一级的输出电阻,即

$$r_i = r_{i1}$$
$$r_o = r_{on}$$

第四节　放大电路中的负反馈

一、反馈的基本概念

反馈是指把放大电路输出回路中某个电量(电压或电流)的一部分或全部,通过一定的电路形式(反馈网络)回送到放大电路的输入回路,并同输入信号一起参与控制作用,以改善放大电路的某些性能的过程。这一过程可用图 9-14 所示的方框图来表示。引入反馈后的放大电路称为反馈放大电路。为了分析方便,电路中各参数均用实数表示。

实际上,在图 9-7 所示的分压式偏置放大电路中,通过射极电阻 R_E,将输出回路中的直流电流 I_E 以 $U_E = I_E R_E$ 的形式回送到输入回路,从而可以使输出电流趋于稳定。这种用输

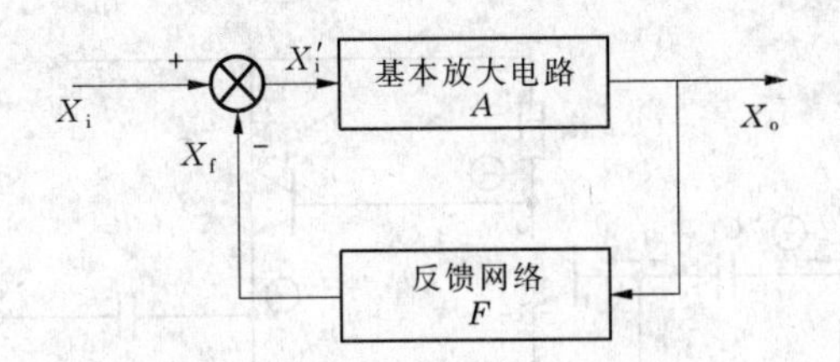

图 9-14　反馈放大电路方框图

出电量去影响输入电量的方式就是反馈。不过，这里的反馈仅仅是直流电量的反馈（交流电量被 C_E 旁路），称为直流反馈。直流反馈主要用于稳定静态工作点。如果将 C_E 去掉，这时输出回路中的交流信号也将反馈到输入回路，并使放大电路的性能发生一系列改变，这种交流信号的反馈称为交流反馈。实际放大电路中，一般都同时存在直流反馈和交流反馈。本节主要讨论交流反馈对放大电路性能的影响。

二、反馈的极性和类型

按照反馈对放大电路性能影响的效果，可将反馈分为正反馈和负反馈两种极性。凡是引入反馈后，反馈到放大电路输入回路的信号（称为反馈信号，用 X_f 表示）与外加激励信号（用 X_i 表示）比较的结果，使得放大电路的有效输入信号（也称净输入信号，用 X_i' 表示）削弱，即 $X_i' < X_i$，从而使放大倍数降低，则这种反馈称为负反馈。凡是引入反馈后，比较结果使 $X_i' > X_i$，从而使放大倍数提高，则这种反馈称为正反馈。正反馈虽能提高放大倍数，但同时也增加了放大电路性能的不稳定性，主要用于振荡电路。负反馈虽然降低了放大倍数，但却换来了放大电路其他性能的改善。

（一）反馈的极性

不同极性的反馈对放大电路性能的影响截然不同，在分析具体反馈电路时，首先必须判断出电路中反馈的极性。判断反馈极性的简便方法是瞬时极性法，具体做法如下：

(1) 不考虑电路中所有电抗元件的影响。

(2) 用正负号（或箭头）表示电路中各点电压的瞬时极性（或瞬时变化）。

(3) 假定输入电压 u_i 的极性，看 u_i 经过放大和反馈后得到的反馈信号（u_f 或 i_f）的极性是增强还是减弱净输入信号（u_i' 或 i_i'）。使净输入信号减弱的反馈就是负反馈，使净输入信号增强的反馈就是正反馈。

注意：推断反馈信号瞬时极性时，应遵循放大电路的放大原理。对单级放大电路而言，共射电路输出电压与输入电压反相。共集电路和共基电路输出电压与输入电压同相。

【例 9-5】　放大电路如图 9-15 所示。说明该电路中有无反馈，如果有反馈，是正反馈还是负反馈。

解：判断一个电路中是否存在反馈，就是要看电路中有无联系输出回路和输入回路的元件。图 9-15 中 R_f 就是起这种联系作用的元件，因此 R_f 就是反馈元件，它构成了反馈网络。

判断反馈极性利用瞬时极性法。假定 u_i 的极性为“+”（对地），则经一级共射电路放大后，u_{o1} 的极性为“-”，再经一级共集电极电路放大后，u_{o2} 的极性为“-”，通过 R_f 的反馈电流的瞬时极性由其两端的瞬时电压极性决定。如图 9-15 所示，由于 i_f 的分流作用，放大

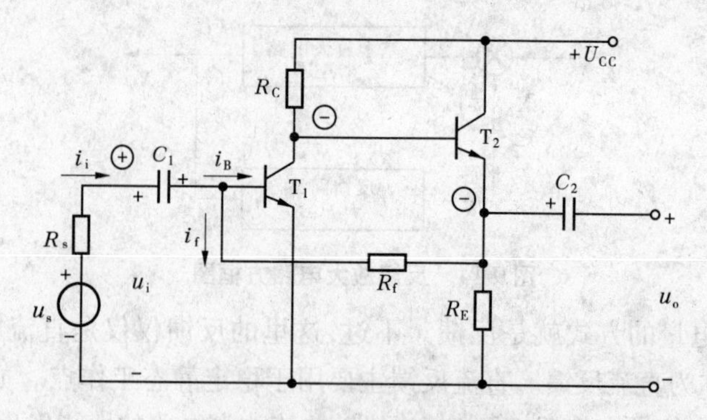

图 9-15　反馈极性判别实例

电路的有效输入信号 $i'_i = i_B = i_i - i_f$ 减弱，故为负反馈。判断过程可表示如下：

$$u_i \uparrow \rightarrow i_B(i'_i) \uparrow \rightarrow i_{c1} \uparrow \rightarrow u_{c1} \downarrow \rightarrow u_o \downarrow \rightarrow i_f \uparrow \rightarrow i_B \downarrow$$

（二）反馈的类型

（1）根据输入端采样对象的不同，可以将反馈分为并联反馈和串联反馈。

并联反馈：反馈信号以电流形式出现在输入端，这时反馈信号、输入信号在同一点引入。如图 9-16（a）所示，为并联反馈。此时有

$$i_B = i_i - i_f$$

串联反馈：反馈信号以电压形式出现在输入端，这时反馈信号、输入信号不在同一点引入。如图 9-16（b）所示，为串联反馈。

（2）根据输出端反馈采样对象的不同，可以将反馈分为电压反馈和电流反馈。

电压反馈：反馈采样对象是输出电压。

电流反馈：反馈采样对象是输出电流。

为了判断是电压反馈还是电流反馈，将负载短路（即令 $u_o = 0$）。若反馈依然存在，则为电流反馈，如图 9-16（a）所示；否则为电压反馈，如图 9-16（b）所示。

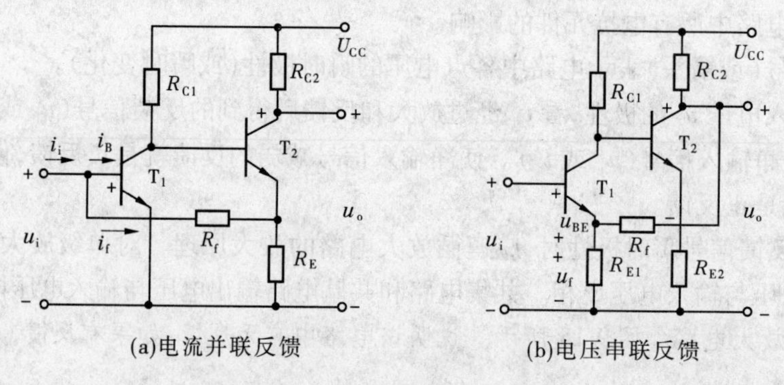

图 9-16　反馈类型的判断

由于输入端分为串联和并联反馈，输出端反馈采样分为电压和电流反馈，因此反馈有电压串联、电压并联、电流串联和电流并联四种类型。不同的反馈形式，其作用不同。

电压并联负反馈：稳定放大器的输出电压，使输入电阻降低，输出电阻降低。

电压串联负反馈：稳定放大器的输出电压，使输入电阻升高，输出电阻降低。

电流并联负反馈：稳定放大器的输出电流，使输入电阻降低，输出电阻升高。

电流串联负反馈:稳定放大器的输出电流,使输入电阻升高,输出电阻升高。

三、负反馈对电路性能的影响

(一)反馈的一般表达式

反馈放大电路均可用图 9-14 所示的方框图来表示。它表明,反馈放大电路是由基本放大电路和反馈网络构成的一个闭环系统,故常把带反馈的放大电路称为闭环放大电路,相应地未引入反馈的放大电路称为开环放大电路。

需要注意的是,这里的基本放大电路是指考虑了反馈网络对放大电路输入和输出回路的负载效应,但又将反馈网络分离出去后的电路,它可以是单级或多级电路。基本放大电路的放大倍数为

$$A = \frac{X_o}{X_i'}$$

反馈网络通常为一线性网络,由电阻、电容等线性元件组成,其传输系数定义为

$$F = \frac{X_f}{X_o}$$

式中,F 常称为反馈系数。

为了突出反馈的实质,忽略次要因素,简化分析过程,通常又假定:①信号从输入端到输出端的传输只通过基本放大电路,而不通过反馈网络;②信号从输出端反馈到输入端只通过反馈网络而不通过基本放大电路,也就是说,信号传输是单向的。实践表明,这种假定是合理而有效的,符合这种假定的方框图称为理想方框图。对图 9-14 所示单一环路反馈的理想方框图有如下关系:

$$X_o = AX_i', \quad X_i' = X_i - X_f, \quad X_f = FX_o$$

由此可得反馈放大电路的闭环放大倍数为

$$A_f = \frac{X_o}{X_i} = \frac{AX_i'}{X_i' + X_f} = \frac{AX_i'}{X_i' + FX_o} = \frac{AX_i'}{X_i' + FAX_i'} = \frac{A}{1 + AF} \tag{9-16}$$

$A_f = \frac{A}{1+AF}$是反馈放大电路的基本关系式,也是分析单环反馈放大电路的重要公式。式中$(1+AF)$称为反馈深度,负反馈对放大电路性能改善的程度均与反馈深度有关。当$(1+AF) \gg 1$ 时,近似有 $A_f \approx \frac{1}{F}$,这种情况称为深度负反馈,此时闭环放大倍数仅与反馈系数 F 有关。

(二)负反馈对电路的影响

放大电路引入负反馈后,虽然使放大电路的增益有所下降;但却提高了电路的稳定性。负反馈还可以减小非线性失真、抑制干扰和扩展频带,并且可根据需要灵活地改变放大电路的输入电阻和输出电阻。因此,负反馈能从多方面改善放大电路的性能。

(1)负反馈使放大倍数下降。

放大倍数的一般表达式为 $A_f = \frac{A}{1+AF}$,可以看出引入负反馈后,放大倍数下降为原来的$\frac{1}{1+AF}$。

(2)负反馈能提高放大倍数的稳定性。

放大倍数的稳定性可用相对变化量来表示,即

$$\frac{dA_f}{A_f}=\frac{1}{1+AF}\cdot\frac{dA}{A}$$

从上式可以看出放大倍数的稳定性提高为原来的$(1+AF)$倍。

(3)减小非线性失真。

引入负反馈后,可以使输出信号的非线性失真减小到原来的$\frac{1}{1+AF}$。

(4)扩展频带。

放大电路都有一定的频带宽度,超过这个范围的信号,增益将显著下降。一般将增益下降3 dB时所对应的频率范围叫做放大电路的通频带,也称为带宽,用BW表示。引入负反馈后,放大电路的通频带加宽为原来的$(1+AF)$倍。

(5)负反馈对输入电阻的影响。

负反馈对输入电阻的影响只取决于反馈电路在输入端的连接方式,即取决于是串联反馈还是并联反馈。

串联反馈使输入电阻提高至$(1+AF)$倍,即$r_{if}=(1+AF)r_i$。

并联反馈使输入电阻降低至原来的$\frac{1}{1+AF}$,即$r_{if}=\frac{r_i}{1+AF}$。

(6)负反馈对输出电阻的影响。

负反馈对输出电阻的影响只取决于反馈电路在输出端的连接方式,即取决于是电压反馈还是电流反馈。

电压反馈使输出电阻降低至原来的$\frac{1}{1+AF}$,即$r_{of}=\frac{r_o}{1+AF}$,可以稳定输出电压。

电流反馈使输出电阻提高至原来的$(1+AF)$倍,即$r_{of}=(1+AF)r_o$,可以稳定输出电流。

第五节　功率放大电路

在实践中,常常要求放大电路的末级能带一定的负载,如扬声器、电机的控制绕组、仪器仪表等,都需要足够功率的信号来驱动,这个末级电路称为功率放大电路,简称功放电路。前面所讲的放大电路均为小信号放大电路,其主要任务是不失真地提高信号的电压或电流的幅度,以驱动后面的功率放大电路。而功率放大电路的任务则是在信号不失真或轻度失真的条件下提高输出功率,属于大信号放大电路。与电压放大电路相比,两者本质上没有区别,但功率放大电路所承担的任务是不同的,所以特点也就不同。

一、功率放大电路的特点

(1)输出功率足够大。

输出功率是功率放大电路向负载提供的有用信号的功率。

最大输出功率(P_{OM})是指输出最大不失真或在允许的范围内失真信号的输出功率。

$$P_{OM}=\frac{U_{OM}}{\sqrt{2}}\cdot\frac{I_{OM}}{\sqrt{2}}=\frac{1}{2}U_{OM}I_{OM}$$

为了获得大的功率输出，要求功放三极管输出的电压和电流都有足够大的幅度，因此功放三极管往往工作在极限状态下。

(2)效率高。

效率是指负载得到的有用信号功率与电源供给的直流总功率的比值。比值越大，效率就越高，效率通常用符号 η 表示

$$\eta = \frac{P_{O}}{P_{CC}} \times 100\%$$

(3)非线性失真小。

功率放大电路是工作在大信号状态下，而三极管的工作特性存在着非线性，所以不可避免地会产生非线性失真。对于同一三极管来说，其输出功率越大，非线性失真越严重。这说明输出功率与非线性失真是相互矛盾的两个问题。但在不同场合下，对电路的要求是不同的，因此考虑的重点也就有所不同。另外，功放管工作在高电压、大电流状态，会使三极管的性能下降，所以还要考虑功放管的散热与过流保护等问题。

二、功率放大电路的分类

功率放大电路通常是根据功放管的静态工作点在负载线上位置的不同进行分类的。通常分为甲类、乙类和甲乙类，高频功率放大电路中还有丙类和丁类。

(一)甲类功率放大电路

甲类功率放大电路的静态工作点在交流负载线的中点，功放三极管有较大的静态工作电流，即使无输入信号，也有相当大的管耗。有信号输入时，在整个周期内功放管都工作，若静态工作点取值恰当，则输出信号不会失真。甲类功率放大电路的特点是失真小、管耗大、效率低，只适用于小信号放大。其工作波形如图 9-17(a)所示。

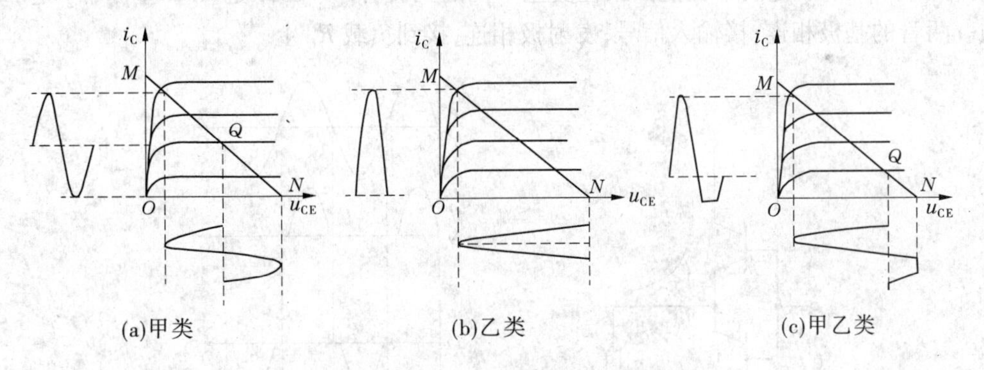

图 9-17 各类功率放大电路的工作波形

(二)乙类功率放大电路

乙类功率放大电路的静态工作点在交流负载线与截止区的交线上，即乙类功率放大电路没有静态工作电流。无输入信号时功放管不工作，降低了静态管耗。有输入信号时，电路只对半个周期的信号放大输出，另外半个周期功放管不工作，没有信号输出。若想得到完整的输出信号，则需要两个电路来实现。乙类功率放大电路的特点是只能放大半个周期的信号，失真大，但管耗小、效率高，适用于对大信号的放大。其工作波形如图 9-17(b)所示。

(三)甲乙类功率放大电路

甲乙类功率放大电路的静态工作点在交流负载线的中点与截止区之间,是介于甲类和乙类之间的一种功率放大电路。电路有较小的静态工作电流,无输入信号时有较小的管耗,低于甲类功率放大电路。有信号输入时,在输入信号整个周期内,甲乙类功率放大电路能对大部分输入信号进行放大,失真程度小于乙类功率放大电路。若想得到完整的输出信号,也需要两个电路来实现。甲乙类功率放大电路适用于对大信号的放大,其波形如图 9-17(c)所示。

功率放大电路除按静态点的位置不同进行分类外,还可按电路的耦合方式分为变压器耦合功率放大电路、无变压器耦合功率放大电路、无输出电容功率放大电路,还可按单元元件的组成方式分为分立元件功率放大电路和集成功率放大电路等。

三、互补对称功率放大电路

在应用中,人们需要工作效率高、波形失真小的功率放大电路。从以上分析可知,甲类功率放大电路波形失真小,但效率低。乙类功率放大电路效率高,波形失真却很大。甲乙类功率放大电路效率虽然较高,波形失真也小,但还是无法满足实际的要求。因此,出现了互补对称功率放大电路。

互补对称功率放大电路按功放管的工作状态一般分为乙类互补对称功率放大电路和甲乙类互补对称功率放大电路。它是一种典型的无输出电容功率放大电路,利用两个特性对称的 NPN 型和 PNP 型晶体管在输入信号的正、负半周轮流工作,互相补充,完成信号的放大输出,因此称为互补对称功率放大电路。

基本的互补对称功率放大电路是由两个共集电极放大电路组成的,电路如图 9-18(a)所示。图中 T_1 和 T_2 是两个性能一致但类型不同的三极管,其中 T_1 是 NPN 型的,T_2 是 PNP 型的。两管的基极相连,接输入信号;发射极相连,接到负载 R_L 上。

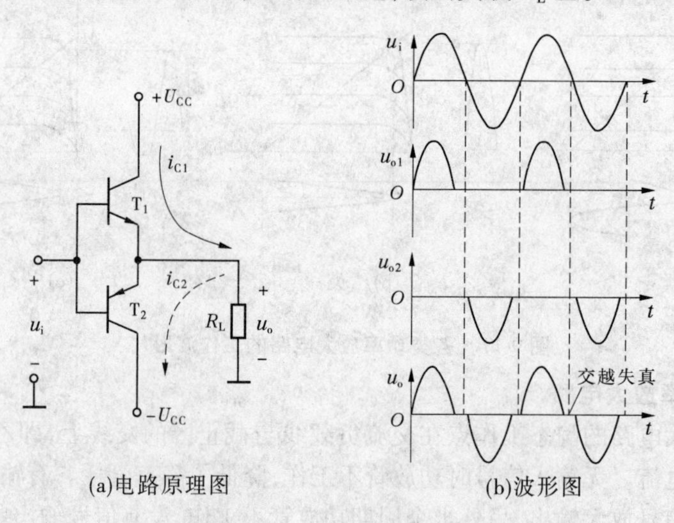

(a)电路原理图　　(b)波形图

图 9-18　互补对称功率放大电路

无信号输入(静态)时,T_1 和 T_2 都工作在截止状态,基极没有静态电流,所以集电极也没有电流,T_1、T_2 都截止,电路无输出电压,$u_o=0$。

有信号输入时(如正弦信号 u_i),T_1 和 T_2 轮流工作。正半周时,T_1 因发射结正偏而导通,T_2 因发射结反偏而截止,$+U_{CC}$通过 T_1 给 R_L 提供电流,$i_{E1} \approx i_{C1}$,输出电压 $u_o = i_{C1}R_L$,极性为上正下负,跟随输入信号变化。负半周时,T_1 因发射结反偏而截止,T_2 因发射结正偏而导通,$-U_{CC}$通过 T_2 给 R_L 提供电流,$i_{E2} \approx i_{C2}$,输出电压 $u_o = i_{C2}R_L$,极性为上负下正,也跟随输入信号变化。信号波形如图 9-18(b)所示。

由以上分析可知,T_1 和 T_2 轮流工作,负载 R_L 上可得到一个完整并被放大的输出信号。因 T_1 和 T_2 工作在乙类状态,因此该电路称为乙类互补对称功率放大电路。

前面已讲过晶体三极管导通,发射结需要一定的导通电压。晶体管工作在乙类状态,无输入信号时,电流为零;有输入信号时,只有当输入电压大于死区电压时,晶体管才导通。也就是说,当两个晶体管处于交替工作时,一只管子已经截止,而另一只管子还处于未导通状态。只有当输入电压增大到大于导通电压时管子才导通,这需要一定的时间,在这段时间内,输出电压将不跟随输入信号而变化,输出信号的波形发生失真,这种失真称为交越失真。交越失真波形如图 9-18(b)所示。

减小交越失真的办法是使晶体管的静态电流不为零,即在晶体管的发射结加入一个略高于死区电压的静态偏压,使晶体管在静态时处于微导通状态,这样两个晶体管在交替工作时输出信号就比较平滑,从而避免了交越失真。此时,晶体管工作在甲乙类状态,这就是甲乙类互补对称功率放大电路。甲乙类互补对称功率放大电路能够很有效地消除交越失真,波形失真小,效率高,是应用最广的功率放大电路之一,电路如图 9-19(a)所示,称为 OCL(无输出电容)电路。但是,该电路必须采用 $+U_{CC}$ 和 $-U_{CC}$ 双电源才能工作,电路设计和制作较复杂。于是,人们又进一步设计出用一组电源就能实现互补对称放大的电路——OTL(无输出变压器)电路,如图 9-19(b)所示,电路中用一个输出电容 C 可以取代 $-U_{CC}$ 电源。

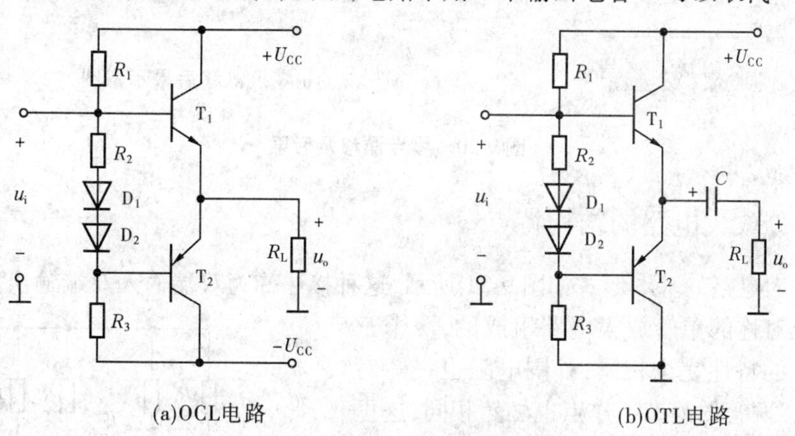

图 9-19 甲乙类互补对称功率放大电路

以上介绍的功率放大电路均为分立元件的。随着集成电路的广泛应用以及电子设备的低功耗要求,小功率(10 W 以下)的功率放大电路被普遍使用,于是出现了集成功率放大电路。集成功率放大电路具有体积小、功耗低、温度稳定性好、电源利用率高、非线性失真小等优点。有的集成功率放大电路还将各种保护电路,如过流保护、过压保护、过热保护等电路集成在芯片中,提高了电路的安全可靠性,集成功率放大电路的应用越来越广泛。

第六节　差分放大电路

多级放大电路的级间耦合方式一般有三种:阻容耦合、变压器耦合和直接耦合。对于频率较高的交流信号,常采用阻容耦合或变压器耦合方式。但在工业测量、自动控制及其他某些应用领域,需要放大的信号往往是变化缓慢的,甚至是直流信号。对于这些信号,不能采用阻容耦合和变压器耦合,而只能采用直接耦合。直接耦合的多级放大电路不仅存在前后级静态工作点相互影响的问题,同时还存在零点漂移的问题。

当放大电路处于静态时,即输入信号电压为零时,输出端的静态电压应为恒定不变的稳定值。但在直流放大电路中,即使输入信号为零,由于温度、电源电压波动等因素的影响,输出电压也会偏离稳定值而发生缓慢的、无规则的变化,这种现象叫零点漂移,简称零漂,如图 9-20(a)所示。又由于零点漂移主要是由温度变化引起的,所以又称温度漂移,简称温漂。

在多级直接耦合放大电路中,前级工作点的微小变化也会像输入信号一样被后面逐级放大,在输出端产生一个缓慢变化的漂移信号电压。放大倍数越高,漂移就越大。当输入信号较小时,会造成输出端漂移电压和真实的信号难以区分的情况。零点漂移后果示意图如图 9-20(b)所示。因此,减小零点漂移,尤其是减小第一级的零点漂移尤为重要。采用差分放大电路是目前应用最广泛的能有效抑制零点漂移的方法。

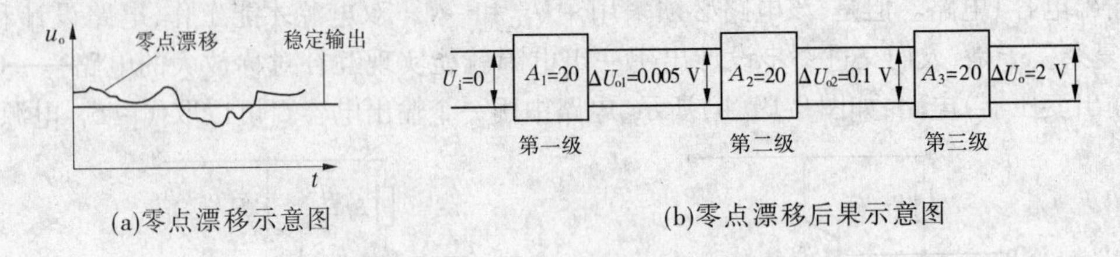

(a)零点漂移示意图　　(b)零点漂移后果示意图

图 9-20　零点漂移及后果

一、差分放大电路的结构特点

差分放大电路的基本形式如图 9-21 所示,这种接法称为双端输入双端输出。它是由两个结构完全对称的单管放大电路组成的,两个三极管 T_1、T_2 的特性完全相同,外围电阻也一一对称相等,所以两管的静态工作点也必然相同,这里的两个 R_s 是输入端隔离电阻。输入信号从两管基极输入,输出信号从两管集电极之间输出。静态时,输入信号为零,即 $u_{i1}=u_{i2}=0$,由于电路对称,所以 $u_{o1}=u_{o2}$,总输出电压 $u_o=u_{o1}-u_{o2}=0$。

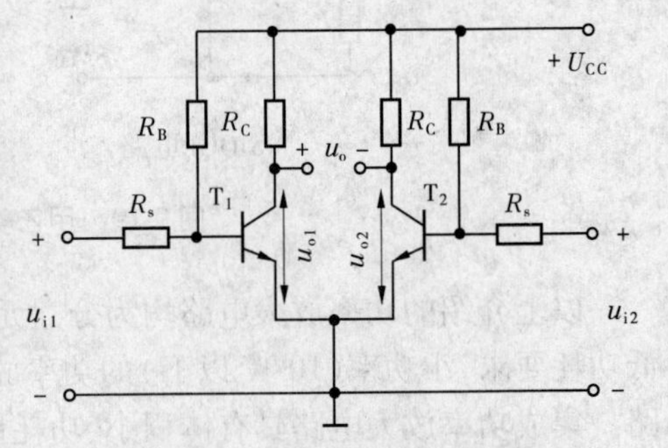

图 9-21　差分放大电路原理图

因此,静态时无论温度或电源电压怎么变化,两个管子的集电极电压总是同时升高或降低,而且值也是相同的,因而输出电压总为零,零点漂移被抑制。显然,电路的对称性越好,对零漂的抑制能力越强。在集成运算放大器等集成电路中,其输入级都采用差分放大电路。

二、差分放大电路的工作原理

(一)静态

前面已经叙述,静态时差分放大电路输出为0。

(二)加共模输入信号

加在两个输入端的输入信号电压大小相等,极性相同,即 $u_{i1}=u_{i2}$,称为共模输入信号。电路对共模信号电压的放大倍数称为共模电压放大倍数,用 A_c 表示。对于完全对称的差分放大电路,在共模信号的作用下,两管各级电流、电压的变化量也必然相同,因此 $u_o=u_{o1}-u_{o2}=0$,故 $A_c=0$,即在完全对称的理想情况下,电路对共模信号没有放大能力。零漂信号其实质就是一对共模信号。

(三)加差模输入信号

加在两个输入端的输入信号电压大小相等,而极性相反,即 $u_{i1}=-u_{i2}$,称为差模输入信号。电路对差模信号的电压放大倍数称为差模电压放大倍数,用 A_d 表示。

设 T_1 对 u_{i1} 的电压放大倍数是 A_{d1},T_2 对 u_{i2} 的电压放大倍数是 A_{d2},由电路可知

$$A_{d1}=\frac{u_{o1}}{u_{i1}}$$

$$A_{d2}=\frac{u_{o2}}{u_{i2}}$$

$$A_d=\frac{u_{o1}-u_{o2}}{u_{i1}-u_{i2}}$$

又因为电路的对称性,有 $A_{d1}=A_{d2}$,所以

$$A_d=\frac{u_{o1}-u_{o2}}{u_{i1}-u_{i2}}=\frac{A_{d1}u_{i1}-A_{d2}u_{i2}}{u_{i1}-u_{i2}}=A_{d1}=A_{d2}$$

又由共射极放大电路电压放大倍数公式可知

$$A_d=A_{d1}=A_{d2}=-\frac{\beta R_C}{R_s+r_{be}}$$

从上式中可以看出,差分放大电路的电压放大倍数与单管放大电路的电压放大倍数相同。可以认为,差分放大电路的特点是多用了一半电路来换取对零点漂移的抑制。

(四)共模抑制比

在理想情况下,差分放大电路的共模电压放大倍数 $A_c=0$。但是,实际上电路不可能完全对称,A_c 并不绝对为0。为了衡量电路对共模信号的抑制能力,对差模信号的放大能力,引入了共模抑制比的概念,用 K_{CMRR} 表示。

$$K_{CMRR}=\left|\frac{A_d}{A_c}\right|$$

K_{CMRR} 代表了电路抑制零点漂移的能力,其值越大,表明抑制零点漂移的能力越强。它是衡量、评价差分放大电路质量优劣的重要指标。在理想情况下,$A_c=0$,$K_{CMRR}\to\infty$。

第七节　集成运算放大器

所谓集成电路,是相对于分立元件电路而言的,就是把整个电路的各个元器件以及相互

之间的连接同时制作在一块半导体芯片上，组成一个不可分割的整体。由于集成电路中元器件密度高，引线短，外部接线大为减少，因而大大提高了电子电路的可靠性和稳定性。集成电路的出现是电子技术的一个飞跃，使人类进入了微电子时代，促进了各个领域技术的进一步发展。目前，集成电路已经在很大程度上取代了分立元件电路。

一、集成运算放大器简介

（一）集成运算放大器的结构

集成运算放大器是模拟集成电路的一个重要分支，它实际上是用集成电路工艺制成的具有高增益、高输入电阻、低输出电阻的直接耦合放大器。其内部电路比较复杂，一般由四部分组成：输入级电路、中间级电路、输出级电路和偏置电路。内部结构如图 9-22 所示。

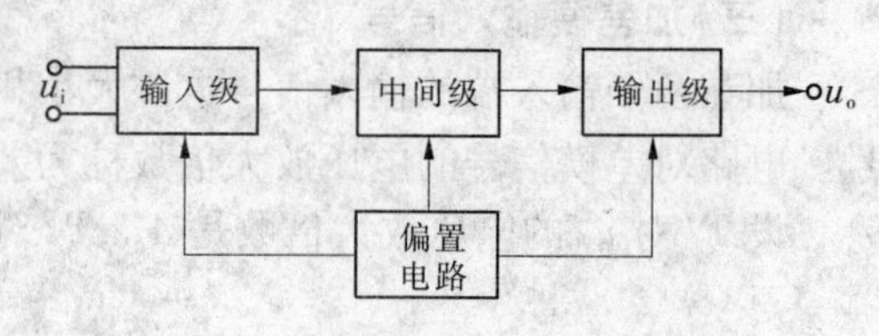

图 9-22　集成运算放大器电路框图

输入级是提高运算放大器质量的关键部分，要求其输入电阻高，静态电流小，差模放大倍数高，抑制零点漂移和共模干扰信号的能力强。输入级都采用差分放大电路，它有同相和反相两个输入端。

中间级主要进行电压放大，要求它的电压放大倍数高，一般由共发射极放大电路构成，放大管常采用复合管，以提高电流放大系数。集电极电阻常采用晶体管恒流源代替，以提高电压放大倍数。

输出级与负载相接，要求其输出电阻小，带负载能力强，能输出足够大的电压和电流，一般由互补功率放大电路或射极输出器构成。

偏置电路的作用是为上述各级电路提供稳定、合适的偏置电流，决定各级的静态工作点，一般由各种恒流源电路构成。

以 F007（5G24）型集成运算放大器为例，其外形如图 9-23（a）、（b）所示。图 9-23（a）所示为双列直插式封装方式，图 9-23（b）所示为圆壳式封装方式。共有 8 个引脚，各引脚功能如下。

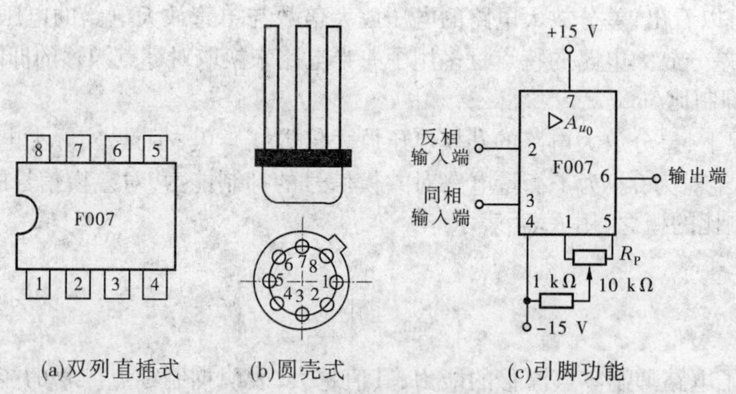

图 9-23　F007 型集成运算放大器的外形、引脚和符号图

引脚 2 为反相输入端。由此端输入信号，输出信号和输入信号的相位是相反的。

引脚 3 为同相输入端。由此端输入信号，输出信号和输入信号的相位是相同的。

引脚 4 为负电源端，接 −15 V 直流电源。

引脚7为正电源端，接 +15 V 直流电源。

引脚6为输出端。

引脚1和引脚5为外接调零电位器(通常为10 kΩ)。

引脚8为空脚。

集成运算放大器的电路符号及外接元件如图9-23(c)所示。

(二)集成运算放大器的参数

1. 开环差模电压增益 A_{od}

开环差模电压增益 A_{od} 指运算放大器在无外加反馈的情况下对交直流差模电压信号的放大倍数，它是决定运算精度的主要参数。因 A_{od} 很大，通常用对数表示。

$$A_{od} = 20\lg\left|\frac{\Delta u_o}{\Delta u_{i1} - \Delta u_{i2}}\right|$$

A_{od} 越大，所构成的运算电路越稳定，精度越高。理想运算放大器的 A_{od} 趋向于无穷大，一般运算放大器的 A_{od} 为 100 ~ 140 dB。

2. 差模输入电阻 r_{id}

差模输入电阻 r_{id} 的大小反映了集成运算放大器输入端向差模输入的信号源索取电流的大小，r_{id} 越大，对信号源索取的电流就越小，对信号源的影响就越小。差模输入电阻定义为：差模输入电压 u_{id} 与相应的输入电流 i_{id} 的变化量之比，即

$$r_{id} = \frac{\Delta u_{id}}{\Delta i_{id}}$$

理想运算放大器的差模输入电阻为无穷大。通用 F007 的差模输入电阻大于 2 MΩ，输入级采用场效应管的运算放大器差模输入电阻可达 10^6 MΩ。

3. 共模抑制比 K_{CMRR}

共模抑制比 K_{CMRR} 反映了集成运算放大器对共模输入信号的抑制能力，其定义为：差模放大倍数与共模放大倍数比值的绝对值，常用分贝来表示。K_{CMRR} 越大越好，理想运算放大器的 K_{CMRR} 为无穷大，一般实际运算放大器的 $K_{CMRR} \geqslant 80$ dB。

4. 最大输出电压 u_{opp}

最大输出电压 u_{opp} 是指能使输出电压和输入电压保持不失真关系的最大输出电压的峰值。

5. 输出电阻 r_o

输出电阻 r_o 是指运算放大器工作在开环时，从输出端与地之间看进去的等效电阻。它的大小反映了集成运算放大器在小信号输出时的带负载能力。

二、理想运算放大器

(一)理想运算放大器的理想化条件

在分析运算放大器时，一般可将它看成是一个理想运算放大器。理想化的条件主要是：

(1)开环差模电压放大倍数 $A_{od} \to \infty$ 。

(2)开环差模输入电阻 $r_{id} \to \infty$ 。

(3)开环差模输出电阻 $r_o \to 0$。

(4)共模抑制比 $K_{CMRR}\to\infty$。

由于实际运算放大器的上述技术指标接近理想化的条件,因此在分析时用理想运算放大器代替实际放大器所引起的误差并不严重,在工程上是允许的,这样可使分析过程大大简化。后面对运算放大器的分析都是建立在理想化条件基础之上的。

如图 9-24 所示是理想运算放大器常用的两种电路符号,它有两个输入端和一个输出端,反相输入端标上"-"号,同相输入端标上"+"号,它们对地的电压分别用 u_-、u_+、u_o 表示。"∞"表示开环电压放大倍数的理想化条件。

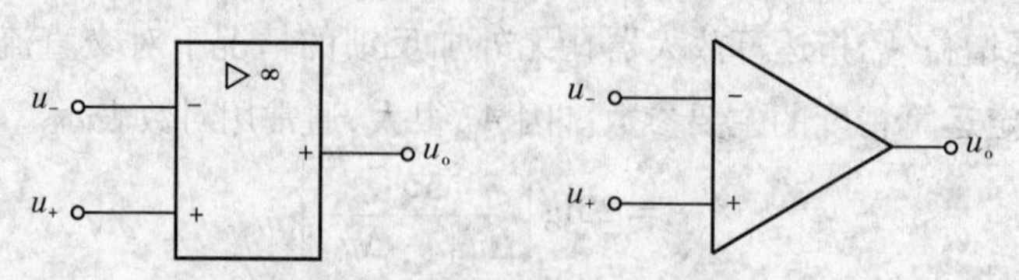

图 9-24 运算放大器的电路符号

(二)理想运算放大器的工作区域

表示输出电压与输入电压之间关系的曲线称为传输特性曲线,如图 9-25 所示。从运算放大器的传输特性看,可分为线性区和非线性区。运算放大器可工作在线性区,也可工作在非线性区,但分析方法不一样。

1. 线性区

当运算放大器工作在线性区时,u_o 和 u_-、u_+ 是线性关系,即

$$u_o = A_{od}(u_+ - u_-)$$

运算放大器是一个线性放大元件。由于运算放大器的开环电压放大倍数 A_{od} 很大,即使输入毫伏级以下的信号,也足以使输出电压饱和,其饱和值 $+U_{o(sat)}$ 或 $-U_{o(sat)}$ 接近正、负电源电压的值。干扰信号会使其难以稳定工作,所以要使运算放大器工作在线性区,通常引入深度负反馈。

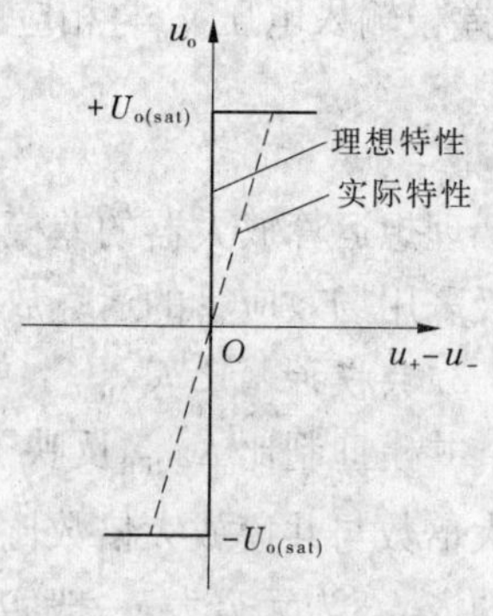

图 9-25 运算放大器的传输特性曲线

运算放大器工作在线性区时,分析依据有两条:

(1)由于运算放大器的差模输入电阻 $r_{id}\to\infty$,故可以认为两个输入端的输入电流为零,即 $i_+\approx i_-\approx 0$,两个输入端好像都断路一样,称之为"虚断"。

(2)由于运算放大器的开环电压放大倍数 $A_{od}\to\infty$,而输出电压是一个有限的数值,故由式 $u_o = A_{od}\cdot(u_+ - u_-)$ 可知

$$u_+ - u_- = \frac{u_o}{A_{od}} \approx 0$$

即 $u_+\approx u_-$,两个输入端好像被短路一样,称之为"虚短"。

如果反相端有输入信号,而同相端接地,即 $u_+=0$,由上式可见,$u_-\approx 0$。这就是说反相输入端的电位接近于"地"电位,它是一个不接"地"的"地"电位端,通常称为"虚地"。

2. 非线性区

运算放大器工作在非线性区时,输出电压 u_o 只有两种可能,或等于 $+U_{o(sat)}$,或等于 $-U_{o(sat)}$,而 u_+ 和 u_- 不一定相等。

当 $u_+ > u_-$ 时，$u_o = +U_{o(sat)}$；

当 $u_+ < u_-$ 时，$u_o = -U_{o(sat)}$。

此外，运算放大器工作在非线性区时，两个输入端的输入电流也被认为等于零。即“虚短”不再成立，“虚断”仍然成立。

三、运算放大器组成的运算电路

信号的运算是集成运算放大器最基本、最重要的应用。在各种运算电路中，集成运算放大器必须工作在线性区，这样，电路的输出与输入信号之间才能实现一定的数学运算关系。

下面介绍几种常见的运算电路。

（一）比例运算电路

图 9-26 所示是一反相比例运算电路，输入信号 u_i 经输入端电阻 R_1 送到反相输入端，而同相输入端通过电阻 R_2 接地，故称为反相比例运算电路。R_F 是负反馈电阻，跨接在输出端和反相输入端之间，构成电压并联负反馈。

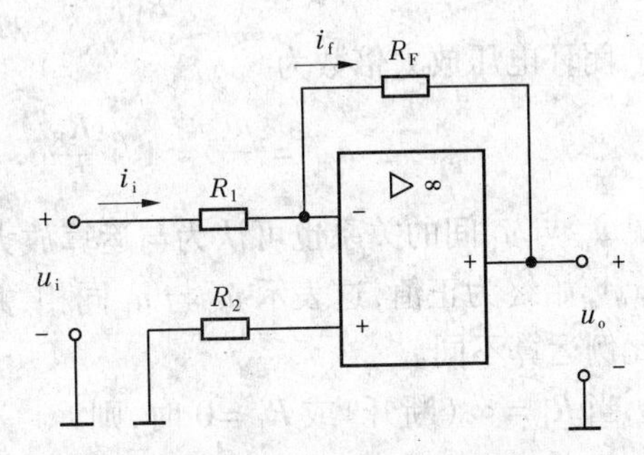

图 9-26　反相比例运算电路

根据运算放大器工作在线性区时的两条分析依据可知

$$i_i \approx i_f,\quad u_- \approx u_+ = 0$$

由图 9-26 可列出

$$i_i = \frac{u_i - u_-}{R_1} = \frac{u_i}{R_1}$$

$$i_f = \frac{u_- - u_o}{R_F} = -\frac{u_o}{R_F}$$

所以

$$-\frac{u_o}{R_F} = \frac{u_i}{R_1} \tag{9-17}$$

则闭环电压放大倍数

$$A_{uf} = \frac{u_o}{u_i} = -\frac{R_F}{R_1}$$

式(9-17)表明，输出电压与输入电压是比例运算关系，或者说是比例放大的关系。如果 R_1 和 R_F 的阻值足够精确，而且运算放大器的开环电压放大倍数很高，就可以认为 u_o 与 u_i 间的关系只取决于 R_F 和 R_1 的比值，而与运算放大器本身的参数无关，这就保证了比例运算的精度和稳定性。式中的负号表示 u_o 与 u_i 反相。

图 9-26 中的 R_2 是一个平衡电阻，要求 $R_2 = R_1 /\!/ R_F$，其作用是消除静态基极电流对输出电压的影响（本书不讨论）。

在图 9-26 中，当 $R_F = R_1$ 时，则由式(9-17)可得 $u_o = -u_i$

即

$$A_{uf} = \frac{u_o}{u_i} = -1 \tag{9-18}$$

这就是反相器。

如果输入信号是从同相输入端引入的，便是同相比例运算电路，如图 9-27 所示。根据理想运算放大器工作在线性区时的分析依据

$$i_+ = i_- = 0,\quad u_+ = u_- = u_i$$

所以有

$$i_i = i_f$$

又由图 9-27 可知

$$i_i = -\frac{u_-}{R_1} = -\frac{u_i}{R_1}$$

$$i_f = \frac{u_- - u_o}{R_F} = \frac{u_i - u_o}{R_F}$$

所以

$$-\frac{u_i}{R_1} = \frac{u_i - u_o}{R_F}$$

则

$$u_o = \left(1 + \frac{R_F}{R_1}\right)u_i$$

闭环电压放大倍数为

$$A_{uf} = \frac{u_o}{u_i} = 1 + \frac{R_F}{R_1} \tag{9-19}$$

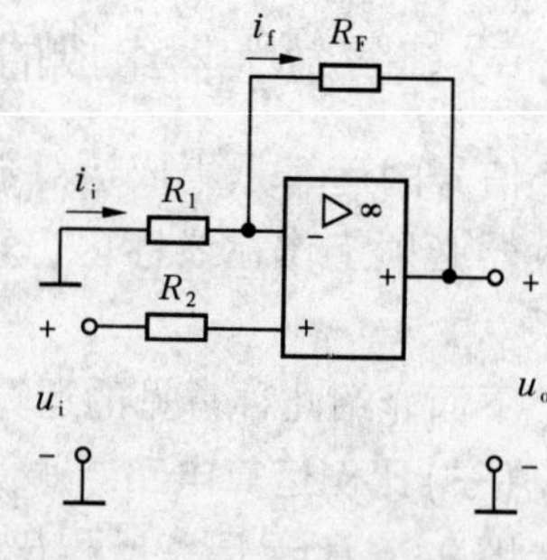

图 9-27 同相比例运算电路

可见 u_o 与 u_i 间的关系也可认为与运算放大器本身的参数无关。A_{uf}始终为正值,这表示 u_o 与 u_i 同相,并且 A_{uf}总是大于或等于 1,不会小于 1,这点和反相比例运算不同。

当 $R_1 = \infty$(断开)或 $R_F = 0$ 时,则

$$A_{uf} = \frac{u_o}{u_i} = 1$$

这就是电压跟随器。

(二)加法运算电路

如果在反相输入端增加若干输入电路,则构成反相加法运算电路,如图 9-28 所示。由图可知

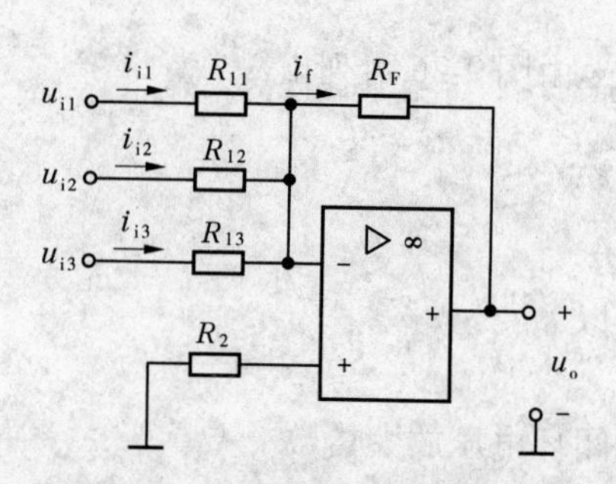

图 9-28 反相加法运算电路

$$i_{i1} = \frac{u_{i1}}{R_{11}}$$

$$i_{i2} = \frac{u_{i2}}{R_{12}}$$

$$i_{i3} = \frac{u_{i3}}{R_{13}}$$

$$i_f = -\frac{u_o}{R_F}$$

$$i_f = i_{i1} + i_{i2} + i_{i3}$$

由上列各式得

$$u_o = -\left(\frac{R_F}{R_{11}}u_{i1} + \frac{R_F}{R_{12}}u_{i2} + \frac{R_F}{R_{13}}u_{i3}\right) \tag{9-20}$$

当 $R_{11} = R_{12} = R_{13} = R_1$ 时,则上式为

$$u_o = -\frac{R_F}{R_1}(u_{i1} + u_{i2} + u_{i3}) \tag{9-21}$$

当 $R_1 = R_F$ 时,则

$$u_o = -(u_{i1} + u_{i2} + u_{i3}) \tag{9-22}$$

由上列三式可见,加法运算电路也与运算放大器本身的参数无关,只要电阻阻值足够精

确,就可保证加法运算的精度和稳定性。

平衡电阻 $R_2 = R_{11} /\!/ R_{12} /\!/ R_{13} /\!/ R_F$。

(三)减法运算电路

如果两个输入端都有信号输入,则为差分输入。差分运算在测量和控制系统中应用很多,其运算电路如图 9-29 所示。由图可知

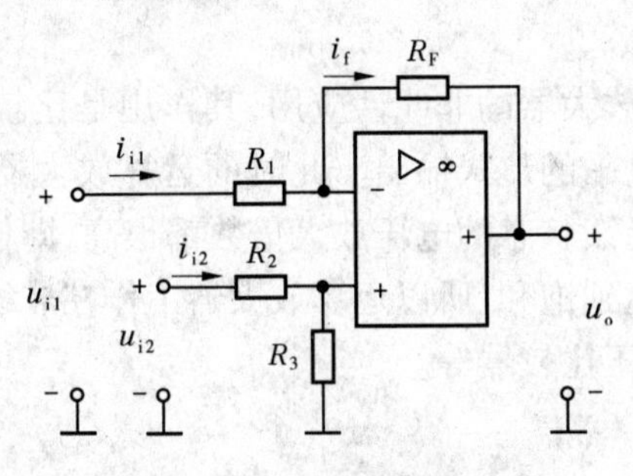

图 9-29 差分减法运算电路

$$i_+ = i_- = 0$$

所以有

$$i_{i1} = i_f$$

又

$$i_{i1} = \frac{u_{i1} - u_-}{R_1}$$

$$i_f = \frac{u_- - u_o}{R_F}$$

所以

$$\frac{u_{i1} - u_-}{R_1} = \frac{u_- - u_o}{R_F}$$

则

$$u_- = \frac{R_F u_{i1} + R_1 u_o}{R_1 + R_F}$$

又因为

$$u_+ = \frac{R_3}{R_2 + R_3} u_{i2}$$

$$u_+ = u_-$$

所以

$$\frac{R_3}{R_2 + R_3} u_{i2} = \frac{R_F u_{i1} + R_1 u_o}{R_1 + R_F}$$

则

$$u_o = \left(1 + \frac{R_F}{R_1}\right) \frac{R_3}{R_2 + R_3} u_{i2} - \frac{R_F}{R_1} u_{i1} \tag{9-23}$$

当 $R_1 = R_2$ 和 $R_F = R_3$ 时,则上式为

$$u_o = \frac{R_F}{R_1}(u_{i2} - u_{i1}) \tag{9-24}$$

又当 $R_F = R_1$ 时,则得

$$u_o = u_{i2} - u_{i1} \tag{9-25}$$

由式(9-24)和式(9-25)可知,输出电压 u_o 与两个输入电压的差值成正比,所以可以进行减法运算。

当 $R_1 = R_2$ 和 $R_F = R_3$ 时,电压放大倍数

$$A_{uf} = \frac{u_o}{u_{i2} - u_{i1}} = \frac{R_F}{R_1}$$

在图 9-29 中,如将 R_3 断开($R_3 \to \infty$),由式(9-23)得

$$u_o = \left(1 + \frac{R_F}{R_1}\right)u_{i2} - \frac{R_F}{R_1}u_{i1}$$

即为同相比例运算与反相比例运算输出电压之和。

由于电路存在共模电压,为了保证运算精度,应当选用共模抑制比较高的运算放大器或选用阻值合适的电阻。

电压比较器是集成运算放大器的非线性应用,其作用是比较输入电压和参考电压的大小,比较结果以高电平或低电平的形式输出。此时的运算放大器应工作于开环状态或正反馈状态,由于开环状态和正反馈状态的电压放大倍数都很高,即使输入端有一个非常微小的差值信号,也会使输出电压达到饱和,所以运算放大器工作在非线性区。常见的电压比较器有单值电压比较器和迟滞电压比较器等。

本章小结

(1)放大电路主要用于放大微弱信号,输出电压或输出电流在幅度上得到了放大,输出信号的能量得到了加强。输出信号的能量实际上来源于直流电源,只是经过了三极管的控制,使之转换成信号能量,提供给负载。

(2)对放大电路的分析有静态分析和动态分析两个方面。静态分析分析的是放大电路静态工作点(I_{BQ}、I_{CQ}、U_{CEQ})的位置是否合适,动态分析分析的是与放大有关的各种交流参数(电压放大倍数、输入电阻、输出电阻及通频带等)。

(3)共射极放大电路电压放大倍数较大,输入电阻较小,输出电阻较大。射极输出器电压放大倍数小于1,但接近于1,输出电压与输入电压同相,具有电压跟随作用,其输入电阻很高,适合用做多级放大电路的输入级,输出电阻很低,具有恒压输出特性,带负载能力强,适合用做放大电路的输出级,也适合做中间级使用。

(4)负反馈具有自动调节作用,可稳定静态工作点,稳定输出信号和相应增益,还可有效地扩展放大器的频带宽度、减小非线性失真,并可按要求改变放大器的输入和输出电阻等。

(5)功率放大电路属于大信号放大电路,一般位于多级放大电路的末级,其作用是为负载提供足够大的功率信号,以驱动负载。功率放大电路要求输出高电压、大电流,工作高效率、低失真。

(6)差分放大器能有效地抑制直接耦合多级放大电路的零点漂移,在集成电路设计、制作中广泛应用。

(7)集成运算放大器是一种具有高电压增益、高输入电阻和低输出电阻的直接耦合多级放大电路,它主要由输入级、中间级、输出级和偏置电路四部分组成。

(8)分析带有集成运算放大器的电路时,常把运算放大器理想化,即开环电压放大倍数视为无穷大、输入电阻视为无穷大、输出电阻视为趋于零,从而运用“虚短”和“虚断”的概念分析集成运算放大器电路,可大大简化分析过程。集成运算放大器的应用十分广泛,本章介绍了几种常用的运算电路,即比例运算放大器、加法运算器、减法运算器等。

习 题

9-1 填空题

(1)放大电路有两种工作状态,当 $u_i=0$ 时电路的状态称为________态,有交流信号输入时,放大电路的工作状态称为________态。在________态情况下,晶体管各极电压、电流均包含________分量和________分量。

(2)放大器的输入电阻越________,从前级信号源获得的电压信号越大;输出电阻越________,放大器带负载能力就越强。

(3)共射极放大电路输出波形的正半周削顶了,则放大器产生的失真是________失真,为消除这种失真,应将静态工作点________。

(4)射极输出器具有电压放大倍数____________,________和________同相,输入电阻________,输出电阻________的特点。

(5)三极管正常放大应遵循的基本原则是:________结正偏,________结反偏。

(6)直接耦合放大的最突出的问题是__________,它指的是______________,其产生的主要原因是______________。

(7)差模信号是指______________,共模信号是指______________。差分放大电路能放大__________信号,抑制__________信号。

(8)集成运算放大器的基本组成是________、________、________和________。理想集成运算放大器工作在线性区时,有两个重要概念:________和________。

9-2 如图 9-30 所示电路,已知三极管为硅管,$U_{CC}=+12\ V$,$R_B=250\ k\Omega$,$R_C=3\ k\Omega$,$R_L=3\ k\Omega$,晶体管 $\beta=50$,求:

(1)估算放大电路的静态工作点;

(2)作出该电路的微变等效电路;

(3)计算放大电路的电压放大倍数、输入电阻和输出电阻。

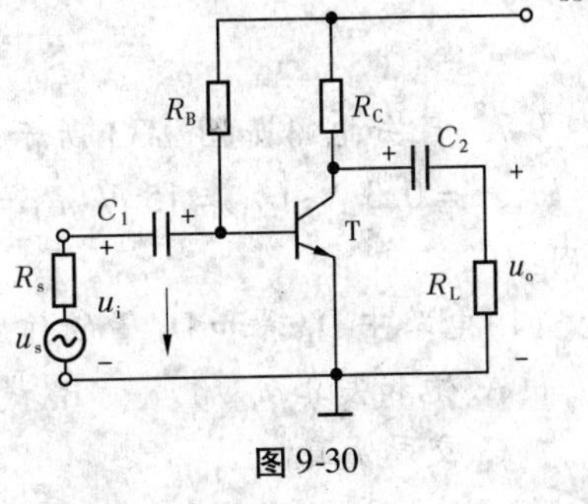

图 9-30

9-3 图 9-30 所示电路中:

(1)欲使 $U_{CE}=9\ V$,则 R_B 应取多大?

(2)欲使 $I_C=15\ mA$,则 R_B 应取多大?是否可能?为什么?

(3)如果将 R_C 值由 3 kΩ 换成 3.9 kΩ,试定性说明此时 I_B、I_C 和 U_{CE} 将有何变化?

9-4 如图 9-31 所示电路为射极输出器,已知 $U_{CC}=20\ V$,$R_B=200\ k\Omega$,$R_s=100\ \Omega$,$R_E=3.9\ k\Omega$,$R_L=1.5\ k\Omega$,$\beta=60$,硅管。试求:

(1)静态工作点;

(2)作出微变等效电路;

(3)求 A_u、r_i 及 r_o。

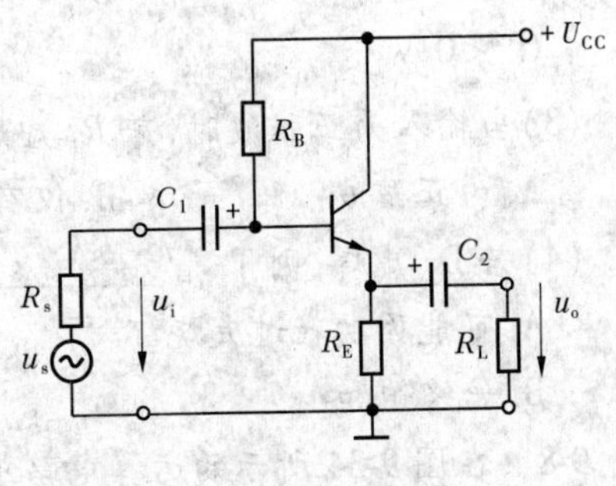

图 9-31

9-5　有一负反馈放大电路，$A=10^3$，$F=0.099$，已知输入信号 u_i 为 0.1 V，求其净输入信号 u_i'、反馈信号 u_f 和输出信号 u_o 的值。

9-6　判断图 9-32 中各两级放大电路中反馈的极性和组态。

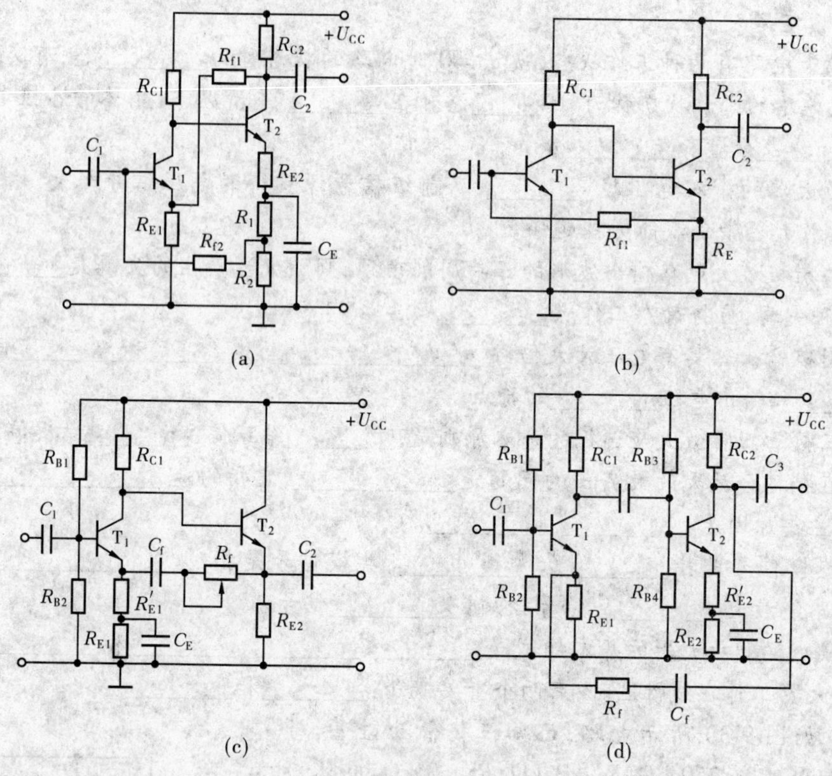

图 9-32

9-7　已知电路如图 9-33 所示，T_1 管和 T_2 管的饱和管压降 $|U_{CES}|=0.3$ V，$U_{CC}=15$ V，$R_L=8\ \Omega$，选择正确答案填入空内。

(1) 电路中 D_1 管和 D_2 管的作用是消除__________。

A. 饱和失真　　B. 截止失真

C. 交越失真

(2) 静态时，晶体管发射极电位 U_{EQ}__________。

A. >0 V　　B. =0 V

C. <0 V

(3) 当输入为正弦波时，若 R_1 虚焊，即开路，则输出电压__________。

A. 为正弦波　　B. 仅有正半周　　C. 仅有负半周

(4) 若 D_1 虚焊，则 T_1 管__________。

A. 可能因功耗过大烧坏

B. 始终饱和　　C. 始终截止

图 9-33

9-8　在图 9-34 所示的运算电路中，已知 $R_1=2\ \text{k}\Omega$，$R_F=10\ \text{k}\Omega$，$R_2=2\ \text{k}\Omega$，$R_3=18\ \text{k}\Omega$，$u_i=1$ V，求 u_o。

9-9 为了获得较高的电压放大倍数，而又要避免采用高阻值电阻 R_F，将反相比例运算电路改为图 9-35 所示的形式，并设 $R_F \gg R_4$，试证明：

$$A_{uf} = \frac{u_o}{u_i} = -\frac{R_F}{R_1}\left(1 + \frac{R_3}{R_4}\right)$$

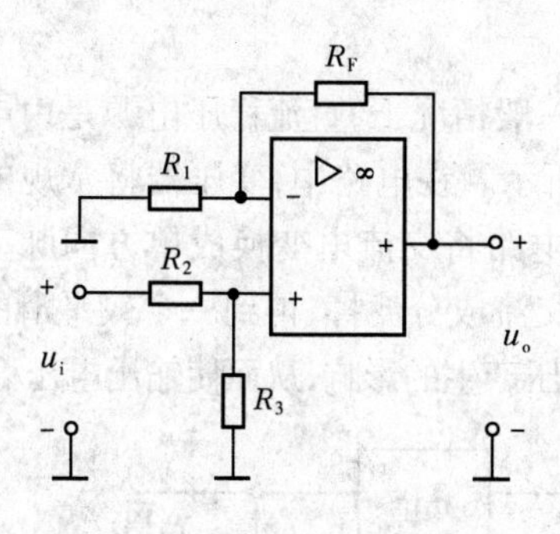

图 9-34

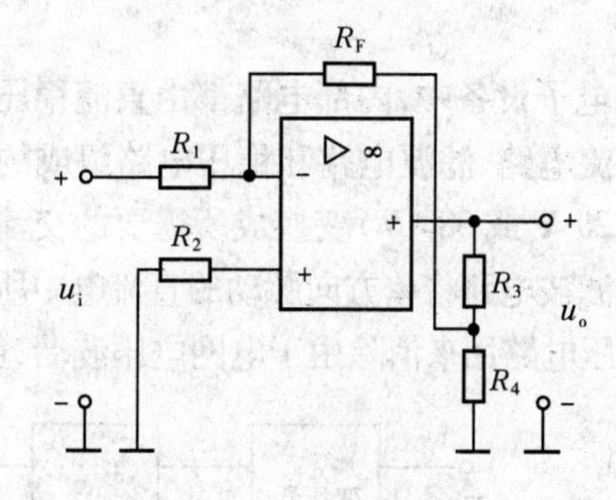

图 9-35

第十章 直流稳压电源

在电子设备中,内部电路都由直流稳压电源供电。一般情况下,直流稳压电源是由电源变压器整流电路、滤波电路和稳压电路组成的,如图 10-1 所示。在电路中,变压器将常规的交流电压(220 $\underset{\sim}{\mathrm{V}}$ 或 380 $\underset{\sim}{\mathrm{V}}$)变换成所需要的交流电压。整流电路将交流电变换成单方向脉动的直流电。滤波电路将单方向脉动的直流电中所含的大部分交流成分滤掉,得到一个较平滑的直流电。稳压电路用来消除由于电网电压波动、负载改变对电压产生的影响,从而使输出电压稳定。

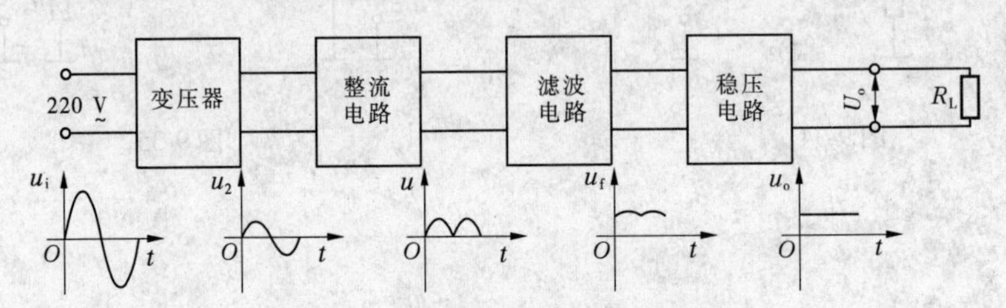

图 10-1 直流电源电路的组成框图

第一节 整流电路

利用具有单向导电性能的整流元件(如二极管等),将交流电转换成单向脉动直流电的电路称为整流电路。整流电路按输入电压相数可分为单相整流电路和三相整流电路,按输出波形又可分为半波整流电路和全波整流电路。目前广泛使用的是桥式全波整流电路。

一、单相半波整流电路

单相半波整流电路如图 10-2 所示。设变压器副绕组的输出电压

$$u_2 = \sqrt{2}U_2\sin\omega t \quad (U_2 \text{ 为有效值}) \tag{10-1}$$

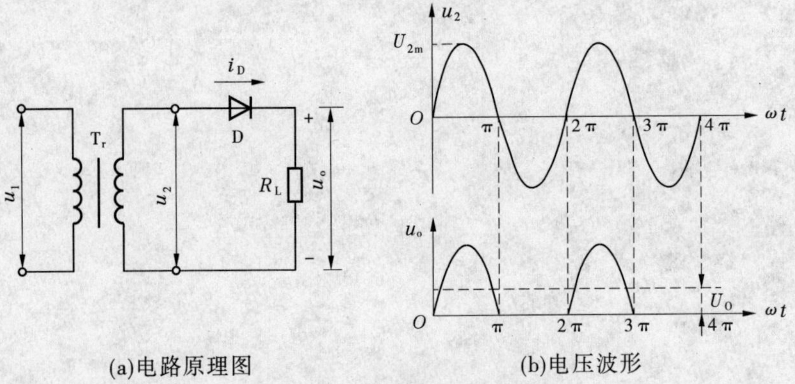

(a)电路原理图 (b)电压波形

图 10-2 单相半波整流电路

当 u_2 为正半周时,二极管 D 正向偏置而导通,此时有电流流过二极管和负载,忽略二极管的电压降,则输出端电压(即负载两端的电压)$u_o = u_2$,波形相同。

当 u_2 为负半周时,二极管 D 反向偏置而截止,此时负载上无电流流过,输出端电压 $u_o = 0$,u_2 全部加在二极管 D 上。

单相半波整流电路输出电压的平均值为

$$\overline{U}_O = \frac{1}{2\pi}\int_0^{\pi}\sqrt{2}U_2\sin\omega t\mathrm{d}(\omega t) = \frac{\sqrt{2}}{\pi}U_2 = 0.45U_2 \tag{10-2}$$

流经负载电阻 R_L 电流的平均值为

$$\overline{I}_O = \frac{\overline{U}_O}{R_L} = 0.45\frac{U_2}{R_L} \tag{10-3}$$

流经二极管电流的平均值与负载电流的平均值相等,即

$$\overline{I}_D = \overline{I}_O = 0.45\frac{U_2}{R_L} \tag{10-4}$$

二极管截止时承受的最高反向电压为 u_2 的最大值,即

$$U_{RM} = U_{2m} = \sqrt{2}U_2 \tag{10-5}$$

二、单相桥式整流电路

如图 10-3 所示为单相桥式整流电路,桥式整流属于全波整流的一种。当 u_2 为正半周时,

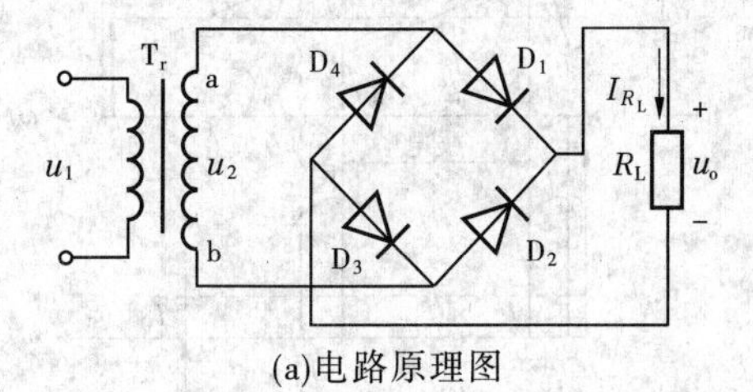

(a)电路原理图　　(b)简化图

图 10-3　单相桥式整流电路

a 点电位高于 b 点,D_1、D_3 导通,D_2、D_4 截止,此时电流流过的路径为 a→D_1→R_L→D_3→b;当 u_2 为负半周时,b 点电位高于 a 点,D_2、D_4 导通,D_1、D_3 截止,此时电流流过的路径为b→D_2→R_L→D_4→a。不论在 u_2 的正半周还是负半周,流过 R_L 的电流方向始终是自上而下的,u_o 始终是上正下负,因此实现了全波整流。输出波形如图 10-4 所示。

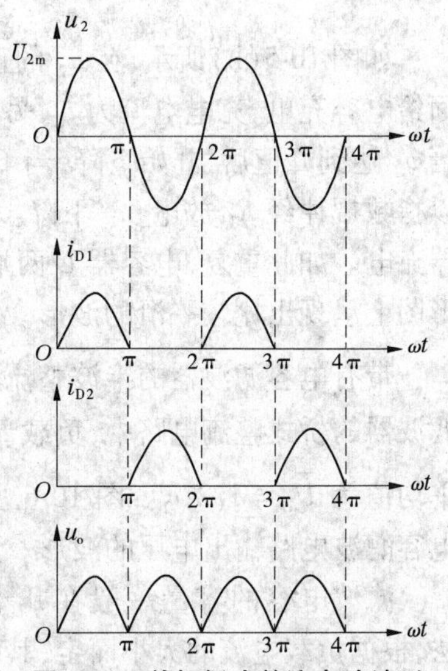

图 10-4　单相桥式整流电路波形

单相全波整流电路输出电压的平均值为

$$\overline{U}_O = \frac{1}{\pi}\int_0^{\pi}\sqrt{2}U_2\sin\omega t\mathrm{d}(\omega t) = \frac{2\sqrt{2}}{\pi}U_2 = 0.9U_2 \tag{10-6}$$

流过负载电阻 R_L 电流的平均值为

$$\overline{I}_O = \frac{\overline{U}_O}{R_L} = 0.9\frac{U_2}{R_L} \tag{10-7}$$

流经每个二极管的电流平均值为负载电流的一半,即

$$\bar{I}_D = \frac{1}{2}\bar{I}_O = 0.45\frac{U_2}{R_L} \tag{10-8}$$

每个二极管截止时承受的最高反向电压为 u_2 的最大值,即

$$U_{RM} = U_{2m} = \sqrt{2}U_2 \tag{10-9}$$

第二节　滤波电路

交流电经过整流后得到的是脉动直流电,这样的直流电由于所含交流纹波成分很大,只能用在照明、充电等要求不高的场合,不能直接用做电子电路的电源。滤波电路可以大大降低这种交流纹波成分,让整流后的电压波形变得比较平滑。滤波是利用电容或电感对电场能或磁场能的存储与释放作用实现的。

常用的滤波方式有电容滤波、电感滤波、复式滤波等。

一、电容滤波电路

图 10-5(a)所示为最简单的单相半波整流电容滤波电路,电容器与负载电阻并联,接在整流电路后面,下面说明其工作过程。

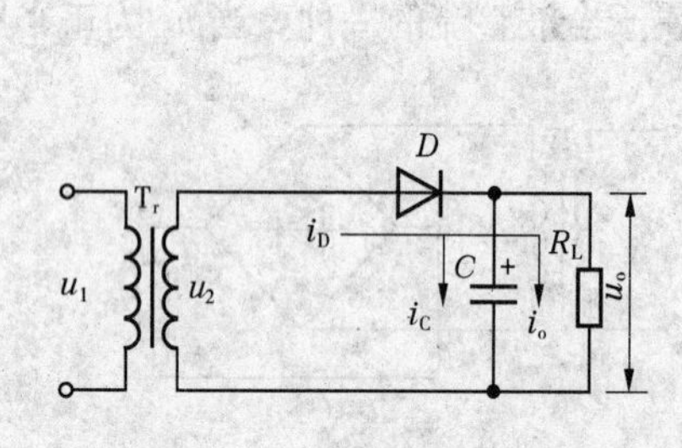

(a)单相半波整流电容滤波电路

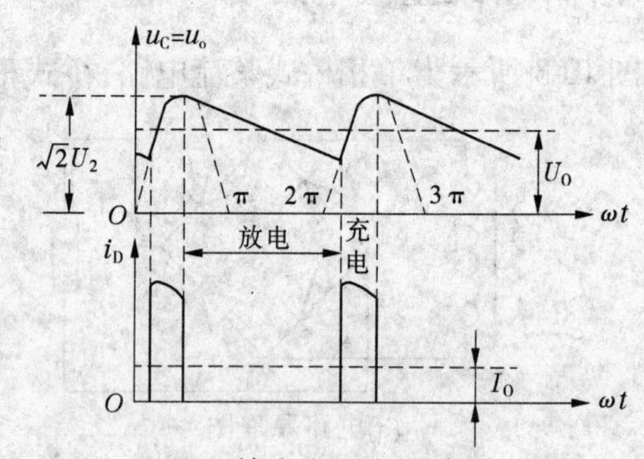

(b)输出电压电流波形

图 10-5　电容滤波

如图 10-5(b)所示,在 u_2 的正半周时,二极管 D 导通,忽略二极管正向压降,则 u_2 一方面给电容充电,充电电流为 i_C,另一方面产生负载电流 i_o。电容 C 上的电压与 u_2 同步增长,当 u_2 达到峰值后,开始下降,当下降到小于电容两端电压 u_C 时,二极管截止。之后,电容 C 以指数规律经 R_L 放电,u_C 下降。当 u_2 下一个周期来到并升高到大于 u_C 时,又再次对电容器充电。如此重复,电容器 C 两端(即负载电阻 R_L 两端)便保持了一个较平稳的电压,在波形图上呈现出比较平滑的波形。

带有电容滤波器的半波整流电路中,负载 R_L 上的直流电压平均值为 $\overline{U}_O = U_2$;带有电容滤波器的桥式整流电路中,负载 R_L 上的直流电压平均值为 $\overline{U}_O = 1.2U_2$。图 10-6 所示为全波整流电容滤波电路输出电压的波形。

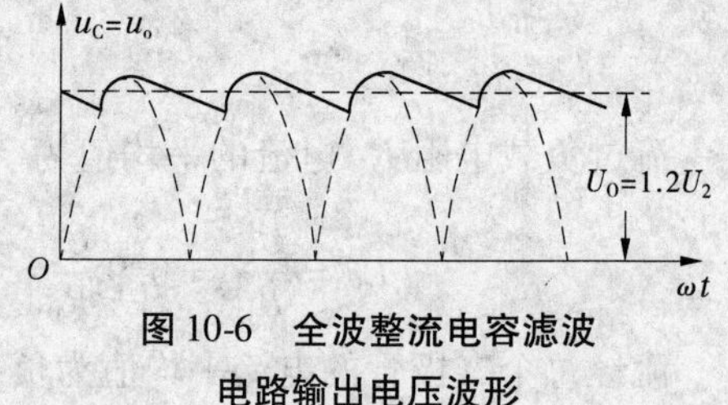

图 10-6　全波整流电容滤波电路输出电压波形

滤波电容的容量一般在几十微法到几千微法,根据负载电流的大小而定,其耐压应大于输出电压的最大值,通常都采用有极性的电解电容。

电容滤波电路简单，输出电压平均值 $\overline{U}_0$ 较高，脉动较小，但不能进行大电流输出，外特性较差，且二极管中有较大的冲击电流。因此，电容滤波电路一般适用于输出电压较高、负载电流较小并且变化也较小的场合。

二、电感滤波电路

如图 10-7(a)所示为全波整流电感滤波电路。电感滤波原理可用电磁感应原理来解释。当电感中通过变化的电流时，电感两端便产生一反电动势来阻碍电流的变化，使负载中的电流趋于平滑稳定，输出电压也就平滑，如图 10-7(b)所示。当电感中的电流增大时，反电动势阻碍电流的增大，将部分能量变为磁场能储存起来；当电感中的电流减小时，反电动势阻碍电流的减小，电感将储存的能量释放出来，以补偿电流的减小。以上过程大大抑制了输出电流的变化，达到了滤波的目的。

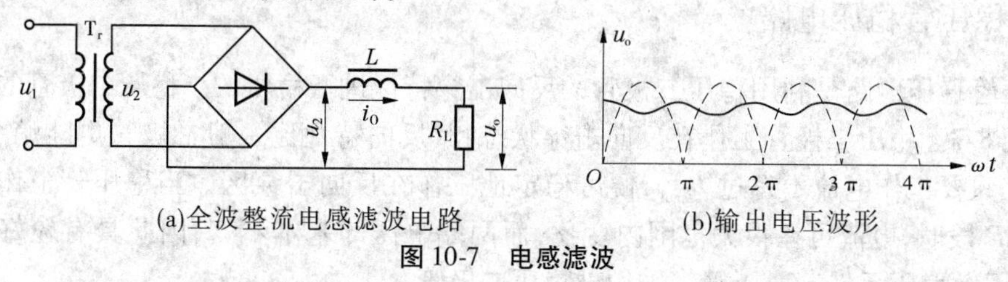

(a)全波整流电感滤波电路　(b)输出电压波形

图 10-7　电感滤波

图 10-7 中电感滤波电路的输出电压平均值 $\overline{U}_0 \approx 0.9u_2$，电感滤波电路具有良好的外特性，适用于大电流输出场合。

三、复式滤波电路

为进一步提高滤波效果，实际中常采用由 R、L、C 等组件构成的复式滤波电路。构成复式滤波电路的原则是：与负载串联的组件，其交流阻抗大而直流电阻小；与负载并联的组件，其交流阻抗小而直流电阻大。

(一) LC 滤波电路

如图 10-8(a)所示是由电容、电感构成的 Γ 型滤波电路，二者配合使纹波电压大部分降在电感上，剩余的小部分再由电容 C 滤除，负载 R_L 上的电压则比较平滑。图 10-8(b)所示是由电容、电感构成的 π 型滤波电路，可看做先经电容滤波再通过 Γ 型滤波，因而滤波效果更好，输出电压更平滑。

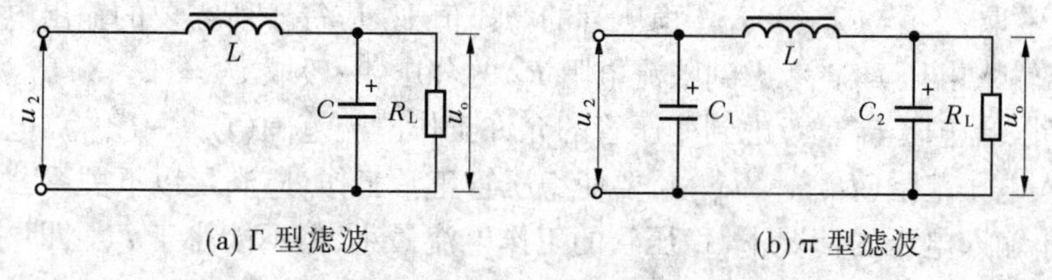

(a) Γ 型滤波　(b) π 型滤波

图 10-8　LC 滤波电路

(二) RC 滤波电路

如图 10-9 所示是由电阻、电容构成的 π 型滤波电路，可获得良好的滤波效果。u_2 先经电容 C_1 滤波，然后再经过电阻 R 与电容 C_2 滤波，因电容阻抗小，纹波电压大部分降在电阻

R 上，输出电压 u_o 便趋于平稳。RC 型滤波电路具有体积小、结构紧凑等优点，适用于小功率电源。其缺点是电阻 R 上要损耗一部分直流电压。

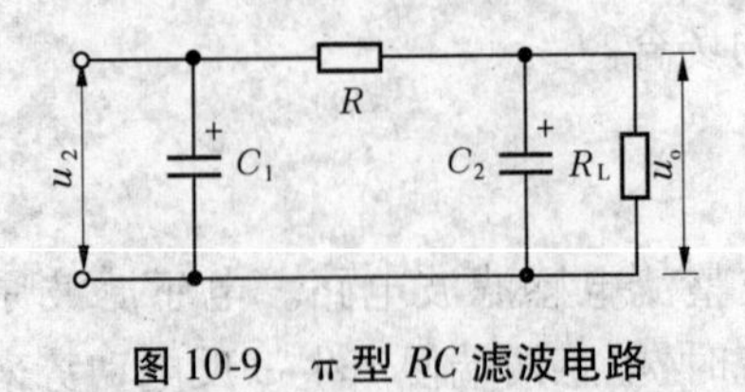

图 10-9　π 型 RC 滤波电路

第三节　稳压电路

一、稳压管稳压电路

稳压管稳压电路是利用稳压二极管的反向击穿特性进行稳压的。稳压二极管的特性见第八章图 8-7。稳压二极管工作在反向击穿状态，其反向特性比一般二极管更陡峭、可恢复性更好。只要工作电流不超过 I_{Zmax}，便可稳定地工作在反向击穿区。当稳压管工作在特性曲线的 AB 段时，电流可在很大范围内变化，而两端电压却基本不变，因此具有较好的稳压特性，可用做稳压元件。稳压管多采用硅稳压二极管。

如图 10-10 所示为硅稳压管稳压电路。R_L 为负载电阻，与稳压管并联。R_1 为限流电阻，限制流过 D_Z 的电流在 $I_{Zmin} \sim I_{Zmax}$，保证 D_Z 的稳压性能，并防止因电流过大而损坏稳压管。

当电网电压升高而使 U_I 增大时，I_Z 会立即增大，R_1 上的压降跟着增大，相当于将 R_L 上的电压增量移到了 R_1 上，从而使输出电压 U_O 保持基本不变。当电网电压降低而使 U_I 减小时，该电路也会使 U_O 保持基本不变。

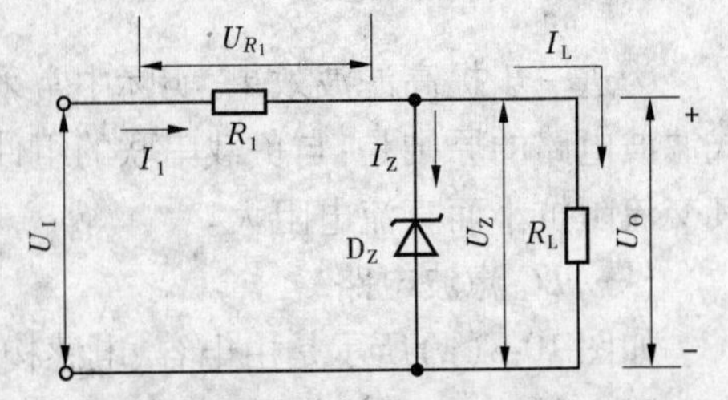

图 10-10　硅稳压管稳压电路

当给定输出电压 U_O、负载电阻 R_L 后，稳压管稳压电路的设计工作主要就是选择合适的稳压管和限流电阻。其步骤如下：

(1) 选择稳压管。为使电流调节作用留有余量，稳压管最大稳压电流 I_{Zmax} 必须大于负载电流 I_L，通常取 $I_{Zmax} = (2 \sim 3) I_L$。稳压管的稳压值 U_Z 应等于所需要的输出电压 U_O。

(2) 确定输入电压 U_I。考虑到限流电阻 R_1 的分压，一般取 $U_I = (2 \sim 3) U_O$。

(3) 选择限流电阻 R_1。考虑到稳压管的允许工作电流范围（$I_{Zmin} \sim I_{Zmax}$）、电网电压变化所产生的输入电压范围（$U_{Imin} \sim U_{Imax}$），要使稳压管正常工作，应满足以下关系：

当在最小输入电压的情况下，稳压管的工作电流最小，但不能小于 I_{Zmin}，即

$$I_{Zmin} < \frac{U_{Imin} - U_O}{R_1} - I_L \tag{10-10}$$

因此有

$$R_1 < \frac{U_{Imin} - U_O}{I_{Zmin} + I_L} \tag{10-11}$$

当在最大输入电压情况下，稳压管的工作电流最大，但不能超过 I_{Zmax}，即

$$I_{Zmax} > \frac{U_{Imax} - U_O}{R_1} - I_L \tag{10-12}$$

因此有

$$R_1 > \frac{U_{Imax} - U_O}{I_{Zmax} + I_L} \tag{10-13}$$

二、串联型稳压电路

(一)电路组成

串联型直流稳压电路如图 10-11 所示。电路由四部分组成：

(1)取样电路。取样电路由 R_P 和 R_1 组成，与负载 R_L 并联，通过它可以反映输出电压 U_O 的变化。反馈电压 U_f 与输出电压 U_O 有关，即

$$U_f = \frac{R_{P2} + R_1}{R_P + R_1} U_O \tag{10-14}$$

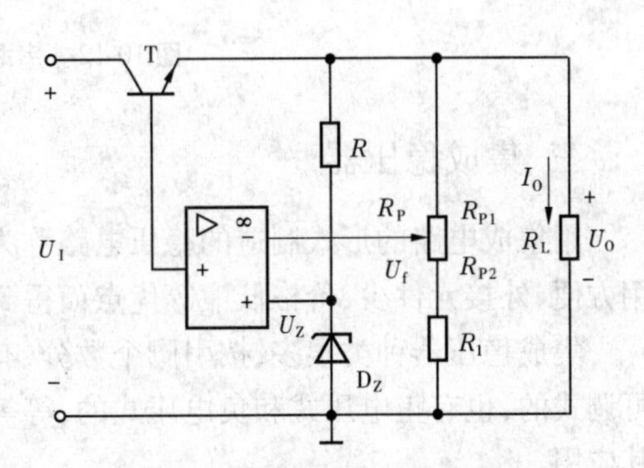

图 10-11　串联型直流稳压电路 1

反馈电压 U_f 取出后送到集成运算放大器的反相输入端，由于 $U_f \approx U_Z$，由式(10-15)可知，只要改变电位器 R_P 的滑动端子的位置就可以调节输出电压 U_O 的大小。其输出电压为

$$U_O = \frac{R_P + R_1}{R_{P2} + R_1} U_Z \tag{10-15}$$

(2)基准电压电路。基准电压电路由限流电阻 R 与稳压管 D_Z 组成。D_Z 两端电压 U_Z 作为整个稳压电路自动调整和比较的基准电压。

(3)比较放大电路。比较放大电路由集成运算放大器组成。它将采样所得的反馈电压 U_f 与基准电压 U_Z 比较放大后加到调整管 T 的基极，控制 T 基极的电位 U_B。

(4)电压调整电路。电压调整电路由三极管 T 组成，它是串联型稳压电路的核心元件，称为调整管。T 的基极电位 U_B 反映了整个稳压电路的输出电压 U_O 的变动，控制调整管 T 基极的电位 U_B，就可以自动调整 U_O 的值，使其维持稳定。

(二)工作原理

串联型直流稳压电路的自动稳压过程按电网波动和负载电阻变动两种情况分述如下：

$$U_I\uparrow \rightarrow U_O\uparrow \rightarrow U_f\uparrow \rightarrow (U_Z - U_f)\downarrow \rightarrow U_B\downarrow \rightarrow I_B\downarrow \rightarrow U_{CE}\uparrow \rightarrow U_O\downarrow$$

$$R_L\uparrow \rightarrow U_O\uparrow \rightarrow U_f\uparrow \rightarrow (U_Z - U_f)\downarrow \rightarrow U_B\downarrow \rightarrow I_B\downarrow \rightarrow U_{CE}\uparrow \rightarrow U_O\downarrow$$

当 $U_I\downarrow$ 或 $R_L\downarrow$ 时，调整过程与上述相反。

由上述分析可知，这是一个负反馈系统。正因为电路内有深度电压串联负反馈，所以才能使输出电压稳定。

实际运用中，如果要求不太高，运算放大器通常用一个三极管共射极放大电路来代替，如图 10-12 所示。

串联型稳压电路中调整管工作在放大区，在负载电流较大时，调整管的集电极能量损耗相当大，电源的效率较低，实用中要加散热片。

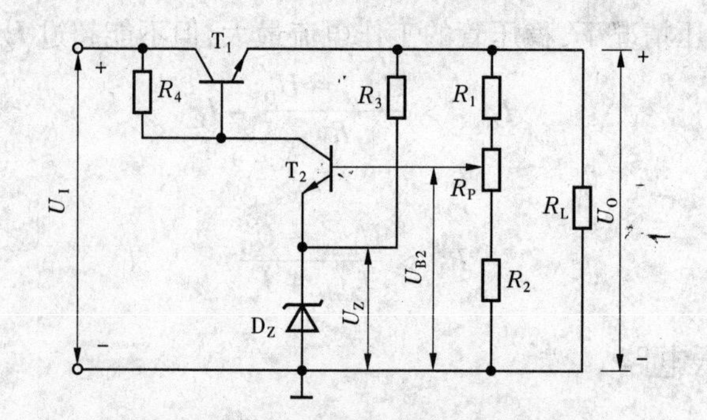

图 10-12　串联型直流稳压电路 2

三、集成稳压器

用集成电路的形式制造的稳压电路称为集成稳压器。集成稳压器因性能稳定可靠、使用方便、外接元件少、价格低廉等优点而得到广泛应用。

集成稳压器种类很多,按引脚个数分,有多端式和三端式的;按输出电压分,有固定式和可调式的,也有正电压式和负电压式的,等等。本节仅介绍一些典型的固定式三端稳压器及其应用。

固定式三端稳压器的封装形式有金属壳封装和塑料壳封装,如图 10-13 所示。它们都有三个引脚,分别是输入端、输出端和公共端,因此称为三端稳压器。

常用的三端稳压器有 CW78××/CW79××系列。78 系列三端集成稳压器输出正电压,有 9 个品种,分别为 7805、7806、7808、7809、7810、7812、7815、7818、7824C,78 后面的数字表示该稳压器输出的电压数值。如 7806 输出电压为 6 V,7812 输出电压为 12 V 等。该系列的输出电流分 5 级,78××系列是 1.5 A,78M××系列是 0.5 A,78L××系列是 0.1 A,78T××系列是 3 A,78H××系列是 5 A。CW79××系列输出电压为负值。

CW78××/CW79××系列的三端稳压器引脚功能如图 10-14 所示。不同类型、不同封装形式的三端集成稳压器的引脚排列不同,使用时请查阅手册。

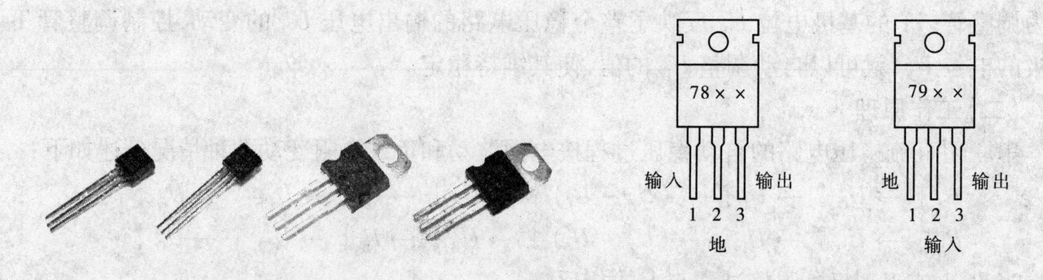

图 10-13　三端稳压器外形　　图 10-14　三端稳压器引脚功能

固定输出的三端集成稳压器的基本应用电路如图 10-15 所示。图中 C_1 用以抵消因输入线过长产生的电感效应,并消除自激振荡。C_2 用以改善负载的瞬态响应,即瞬时增减负载电流时不致引起输出电压有较大的波动。C_1、C_2 一般选涤纶电容,C_1 容量为 0.1 μF,C_2 容量为几个微法。安装时,两电容应直接与三端集成稳压器的引脚根部相连。

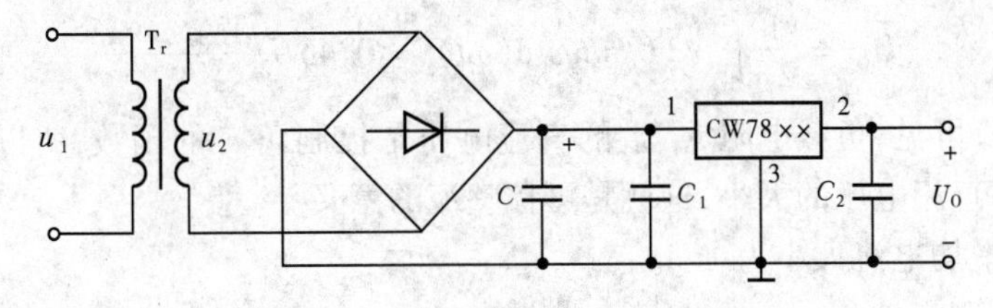

图 10-15　三端稳压器基本应用电路

第四节　单相可控整流电路

利用晶闸管作为整流元件可组成可控整流电路，其主要作用就是把交流电整流成电压大小可调的直流电压。本节以半波可控整流电路为例介绍其工作原理。

一、工作原理

半波可控整流电路和波形如图 10-16 所示，设

$$u_2 = \sqrt{2}U_2\sin\omega t$$

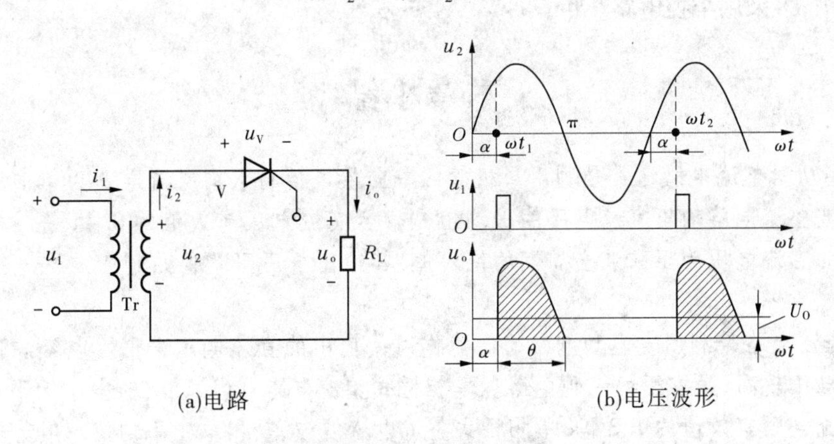

(a)电路　　(b)电压波形

图 10-16　单相半波可控整流

u_2 正半周期间：当 $0 < t < t_1$，$u_g = 0$ 时，V 正向阻断，$i_o = 0$，$u_V = u_2$，$u_o = 0$；在 t_1 时刻加入 u_g 脉冲，V 导通，忽略其正向压降，$u_V = 0$，$u_o = u_2$，$i_o = \frac{u_o}{R_L}$。

负半周：当 u_2 自然过零时，T 自行关断而处于反向阻断状态，$u_V = u_2$，$u_o = 0$，$i_o = 0$。

在可控整流电路中，从晶闸管承受正向电压到触发脉冲出现所经历的电位角 α 称为控制角。晶闸管在一周内导通的电位角 θ 称为导通角。显然，$\alpha + \theta = \pi$。

当 $\alpha = 0°$时，$\theta = 180°$，可控硅全导通；当 $\alpha = 180°$时，$\theta = 0°$，可控硅全关断，输出电压为零。

二、各电量关系

(一)输出平均电压 $\overline{U}_O$ 和平均电流 $\overline{I}_O$

u_o 波形为非正弦波，其平均电压为

$$\overline{U}_O = \frac{1}{2\pi}\int_{\alpha}^{\pi}\sqrt{2}U_2\sin\omega t\mathrm{d}(\omega t) = 0.45U_2\frac{1+\cos\alpha}{2} \tag{10-16}$$

由式(10-16)可见,负载电阻 R_L 上的直流电压是控制角 α 的函数,所以改变 α 的大小就可以控制输出直流电压的大小,这就是可控整流的意义。

流过 R_L 的平均电流大小为

$$\overline{I}_O = \frac{\overline{U}_O}{R_L} \tag{10-17}$$

(二)晶闸管两端承受的最大正反向电压 U_{VM}

从图 10-16 中可看出,晶闸管在正、负半周中所承受的最大正向和反向电压均为输入交流电压 u_2 的峰值,即

$$U_{VM} = \sqrt{2}U_2 \tag{10-18}$$

单相半波可控整流电路的优点是元件少,电路简单,调整安装方便;缺点是变压器利用率低,输出电压脉动成分大。因此,它仅适用于小容量、电容滤波的可控直流电源。

单相桥式可控整流电路有全控和半控两种。所谓全控,就是桥式整流电路中所有的整流元件都用晶闸管,而半控是电路中的整流元件两个用晶闸管,另外两个用二极管代替。在实际应用中,多采用半控电路。

本章小结

(1)小功率整流电路通常是利用二极管的单向导电性将双向交流电变为单向脉动直流电的。半波整流电路输出直流电压的平均值是输入交流电压有效值的 0.45 倍。桥式整流电路输出的直流电压为正弦波全周期的绝对值,其输出电压平均值是输入交流电压有效值的 0.9 倍。

(2)滤波电路是利用电容和电感的储能作用使输出的直流电压平滑。电容滤波电路的平均输出电压较高,是常用的一种电路。单相桥式整流电路电容滤波,输出电压平均值一般为输入交流电压有效值的 1.2 倍;单相桥式整流电感滤波,输出电压平均值一般为输入交流电压有效值的 0.9 倍。

(3)稳压电路实质上是一个自动调节电路,用于解决输出电压稳定性与电网电压波动、负载变化间的矛盾。稳压管稳压电路是利用稳压管的稳压特性,与限流电阻配合,保证输出电压稳定的,但效果欠佳。串联型直流稳压电路引入了强烈的电压负反馈,稳压效果良好。目前使用较多的是集成稳压器。

(4)将二极管整流电路中的二极管用单向晶闸管替换,就组成了可控整流电路,它具有输出电流大、反向耐压高、输出电压可调等优点。通过触发脉冲的移相,可调节输出电压的大小。

习 题

10-1 填空题

(1)直流稳压电源一般由________、________、________和________电路

组成。

(2)硅稳压二极管的稳压电路中,硅稳压二极管必须与负载电阻________。限流电阻不仅有________作用,也有________作用。

(3)串联型稳压电路由__________、__________、__________和__________四部分组成。

(4)图 10-12 中 R_P 的作用是______________,R_3 的作用是______________,T_1 的作用是__________。其输出电压可调整范围 U_{Omin} = ____________________,U_{Omax} = ____________________。

(5)串联型稳压电路中调整管工作在__________区,在负载电流较大时,调整管的集电极能量损耗相当________,电源的效率__________。

10-2　串联稳压电路如图 10-17 所示,已知 $U_Z = 6$ V,$I_{Zmin} = 10$ mA,请指出电路中的错误之处。

10-3　根据图 10-18,设计桥式整流电容滤波电路。要求输出电压和输出电流平均值 $\overline{U}_O = 20$ V、$\overline{I}_O = 600$ mA。

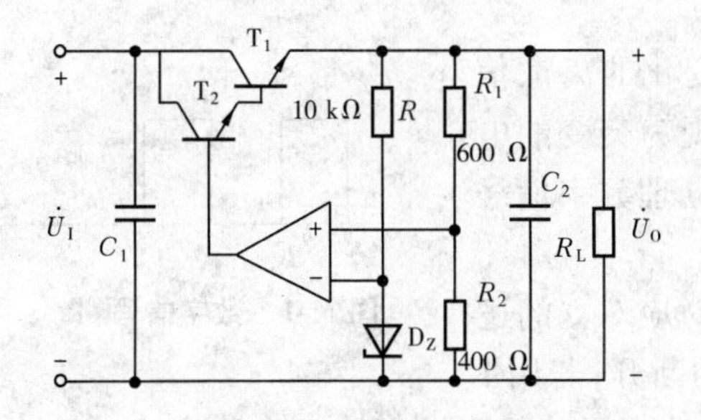

图 10-17

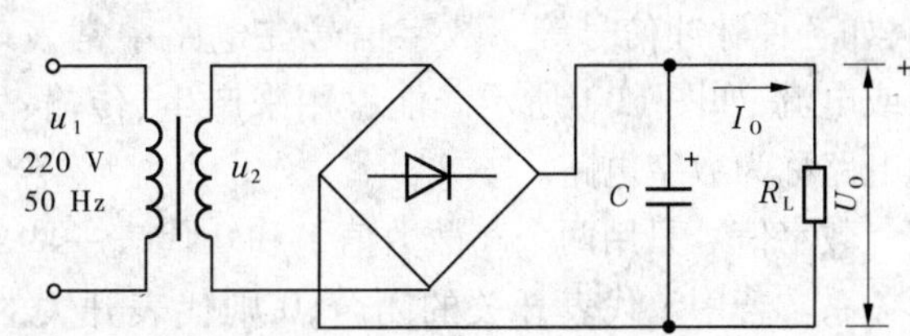

图 10-18

第十一章　数字电子技术基础

第一节　数字电路概述与基础

一、数字电路概述

(一)数字信号和数字电路

电子电路中的信号可分为两类:模拟信号和数字信号。

模拟信号——在时间上和数值上都连续变化的信号,如模拟语音的音频信号和模拟图像的视频信号等。能够用来产生、传输、处理模拟信号的电路称为模拟电路,如放大器和信号发生器等。

数字信号——在时间上和数值上都不连续变化的离散信号,如各种脉冲信号等。数字信号在电路中常表现为突变的电压或电流,如图 11-1 所示。能够用来产生、传输、处理数字信号的电路称为数字电路。

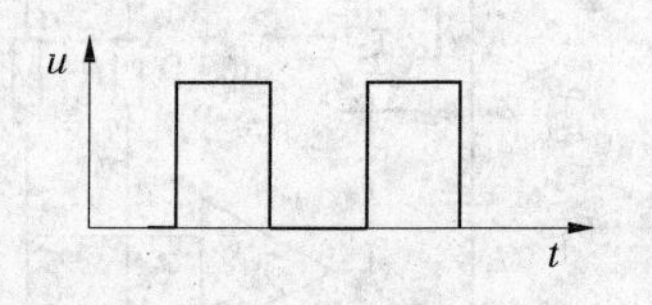

图 11-1　数字信号

数字信号只用两个离散数值 1 和 0 代表一些对应对立的逻辑关系。若用 1 代表开关的闭合,0 则代表开关的断开;若用 1 代表命题是真的,0 则代表命题是假的;若用 1 代表高电平,0 则代表低电平。注意这里的 1 和 0 没有大小之别,只代表两种对立的状态,称为逻辑 1 和逻辑 0,这些关系称为正逻辑关系,若把它们反过来表示,就称为负逻辑关系。以后若没有特别说明,就用正逻辑关系表示事物间的因果关系。数字电路所研究的问题主要是输入信号与输出信号之间的对应逻辑关系,其分析的主要工具是逻辑代数。因此,数字电路也称为逻辑电路。

(二)数字电路的特点

数字电路有以下特点:

(1)电路中的半导体器件一般都工作在开(导通)、关(截止)状态,对于半导体三极管,不是工作在截止状态就是工作在饱和状态。另外,数字电路可以用一种最基本的门电路(如 2 输入与非门)为基本单元构成各种各样的电路。这使得电路的设计较模拟电路方便得多,便于集成,便于系列化生产,降低成本。

(2)在数字电路中只规定高电平的下限值和低电平的上限值,而不再着重研究它们的具体数值,也就是说,高电平、低电平都有一个范围,而不是一个具体的数值。这使得数字电路的抗干扰能力较模拟电路强得多。

目前,数字集成电路的集成度已经达到每个芯片含上亿个晶体管的水平,智能型数字器件得到了广泛的应用。因此,在电子领域用数字系统逐步替代模拟系统已经成为一种必然的趋势。

(三)数字电路的分类

按集成度分类,数字电路可分为小规模(SSI,每块数十个元件)、中规模(MSI,每块数百个元件)、大规模(LSI,每块数千个元件)和超大规模(VLSI,每块元件数目大于10万个)数字集成电路。

按所用器件制作工艺的不同分类,数字电路可分为双极型(TTL型)和单极型(MOS型)两类。

按照电路的结构和工作原理的不同分类,数字电路可分为组合逻辑电路和时序逻辑电路两类。

二、数制与码制

数制就是表示数值大小的各种计数体制。日常生活中,人们习惯采用的计数体制是十进制,即规定的"逢十进一"。在数字电路中多采用二进制数,有时也采用八进制或十六进制数。

(一)常用数制

1. 十进制

在十进制中,每一位有0~9十个数字符号,或者说是十个数码,所以计数的基数为10。任何一个数可以用这十个数码按一定规律组合在一起来表示,其中低位和相邻高位之间的关系是"逢十进一"。

每个数码处在不同位数所代表的数值不同,用 K_i 表示第 i 位上的数字符号, 10^i 表示 i 位上数字的权,第 i 位的十进制数值为 $K_i \times 10^i$,将不同位数的数值相加求和就得到所要表示的十进制数。例如,十进制的234.76可以表示为

$$(234.76)_{10} = 2 \times 10^2 + 3 \times 10^1 + 4 \times 10^0 + 7 \times 10^{-1} + 6 \times 10^{-2}$$

式中,2、3、4、7、6分别为百位、十位、个位、十分位、百分位的数码, 10^2、10^1、10^0、10^{-1}、10^{-2} 分别为百位、十位、个位、十分位、百分位的权。

一般地,任何一个十进制数 N 均可展开为

$$(N)_{10} = \sum_{i=-m}^{n-1} K_i \times 10^i \tag{11-1}$$

式中, n 和 m 为整数, n 表示整数部分的位数, m 表示小数部分的位数。

2. 二进制

数字电路中应用最广泛的计数体制为二进制。在二进制中,每一位仅有0和1两个可能的数码,基数为2,低位和相邻高位之间的进位关系是"逢二进一",故称为二进制。

任何一个二进制数 N 均可展开为

$$(N)_2 = \sum_{i=-m}^{n-1} K_i \times 2^i \tag{11-2}$$

式中,右边多项式的值就是二进制数 $(N)_2$ 转为十进制数的值。

3. 八进制

八进制数每一位有0~7共八个数码,基数为8,低位和相邻高位之间的进位规则为"逢八进一"。任何一个八进制数 N 均可展开为

$$(N)_8 = \sum_{i=-m}^{n-1} K_i \times 8^i \tag{11-3}$$

式中,右边多项式的值就是八进制数$(N)_8$转为十进制数的值。

4. 十六进制

十六进制数每一位有十六个不同的数码,分别用0、1、2、3、4、5、6、7、8、9、A、B、C、D、E、F来表示,其中A~F六个字母分别代表10、11、12、13、14、15,进位规则为"逢十六进一"。所以,任何一个十六进制数N均可展开为

$$(N)_{16} = \sum_{i=-m}^{n-1} K_i \times 16^i \tag{11-4}$$

式中,右边多项式的值就是十六进制数$(N)_{16}$转为十进制数的值。

表11-1所示为几种进制数之间的对应关系。

表11-1 几种进制数之间的对应关系

十进制数	二进制数	八进制数	十六进制数	十进制数	二进制数	八进制数	十六进制数
0	0000	0	0	8	1000	10	8
1	0001	1	1	9	1001	11	9
2	0010	2	2	10	1010	12	A
3	0011	3	3	11	1011	13	B
4	0100	4	4	12	1100	14	C
5	0101	5	5	13	1101	15	D
6	0110	6	6	14	1110	16	E
7	0111	7	7	15	1111	17	F

(二)数制之间的转换

1. 其他进制数转换为十进制数

其他进制数转换为十进制数,只需将该数的每位数的数码和权相乘求和,就能得到等值的十进制数。二进制数、八进制数、十六进制数转换为十进制数的方法如前所述,这里不再重复。

2. 十进制数转换成二进制数、八进制数和十六进制数

将十进制数转换为其他进制数时,可以按整数部分和小数部分分别进行转换,最后合并转换结果。

1)十进制数转换为二进制数

(1)整数部分的转换。

十进制整数部分转换成二进制数采用"除2取余法",它是用2除十进制整数,得出的余数是二进制数的最低位,再用2去除,得出的余数是二进制的次低位,重复上述的过程,直到商为0,最后相除的余数即为二进制数的最高位。

【例11-1】 将十进制数$(38)_{10}$转换成二进制数。

解:

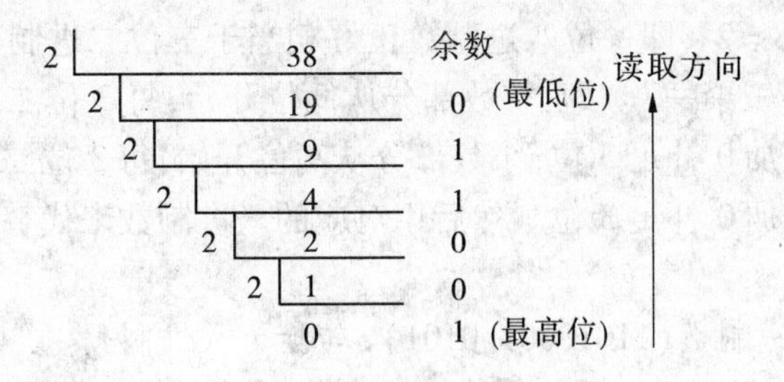

所以 $$(38)_{10}=(100110)_2$$

(2)小数部分的转换。

十进制小数部分转换成二进制数采用"乘2取整法",它是将小数部分乘2,乘得结果的整数部分为二进制数的最高位,其小数部分再乘2,所得结果的整数部分为二进制的次高位,依次类推,直至小数部分全为0或达到要求的精度。

【例 11-2】 将十进制小数$(0.625)_{10}$转换成二进制数。

解:

$0.625\times2=1.25$ 整数为1(最高位)

$0.25\times2=0.50$ 整数为0

$0.50\times2=1.00$ 整数为1(最低位)

所以 $$(0.625)_{10}=(0.101)_2$$

综上两例,得

$$(38.625)_{10}=(100110.101)_2$$

2)十进制数转换为八进制数、十六进制数

十进制数转换为八进制数、十六进制数的方法和前面介绍的十进制数转换为二进制数的方法基本相同,这里不再重复。

【例 11-3】 将十进制数$(1086.171875)_{10}$转换成十六进制数。

解:(1)整数部分的转换。十进制数的整数部分转换为十六进制数时,采用"除16求余法"。

余数 读取方向

16 1086

16 67 E (最低位)

16 4 3

0 4 (最高位)

所以 $$(1086)_{10}=(43E)_{16}$$

(2)小数部分的转换。十进制数的小数部分转换为十六进制数时,采用"乘16取整法"。

$0.171875\times16=2.75$ 整数为2(最高位)

$0.75\times16=12.0$ 整数为12(最低位)

所以 $$(0.171875)_{10}=(0.2C)_{16}$$

由此可得 $$(1086.171875)_{10}=(43E.2C)_{16}$$

3. 二进制数与八进制数、十六进制数之间的相互转换

八进制的基数为 $8=2^3$，即一位八进制数正好相当于三位二进制数，所以二进制数转换为八进制数的方法是“三聚一”。即：整数部分从低位开始，每 3 位二进制数为一组，最后不足 3 位的，在高位前面加 0 补足 3 位；小数部分从高位开始，每 3 位二进制数为一组，最后不足 3 位的，在低位后面加 0 补足 3 位。然后用对应的八进制数来代替，再按顺序写出对应的八进制数。

【例 11-4】 将二进制数 $(11010001.0101)_2$ 转换为八进制数。

解：

$$\begin{array}{ccccccc} 011 & 010 & 001 & \cdot & 010 & 100 \\ 3 & 2 & 1 & \cdot & 2 & 4 \end{array}$$

所以 $(11010001.0101)_2=(321.24)_8$

十六进制的基数为 $16=2^4$，16 个数码正好相当于 4 位二进制数的 16 种不同组合，二进制数转换为十六进制数的方法是“四聚一”。即：整数部分从低位开始，每 4 位二进制数为一组，最后不足 4 位的，在高位前面加 0 补足 4 位；小数部分从高位开始，每 4 位二进制数为一组，最后不足 4 位的，在低位后面加 0 补足 4 位。然后用对应的十六进制数来代替，再按顺序写出对应的十六进制数。

【例 11-5】 将二进制数 $(11101000.0101)_2$ 转换为十六进制数。

解：

$$\begin{array}{cccc} \underline{1110} & \underline{1000} & \cdot & \underline{0101} \\ \mathrm{E} & 8 & \cdot & 5 \end{array}$$

所以 $(11101000.0101)_2=(\mathrm{E}8.5)_{16}$

将八进制数、十六进制数分别转换为二进制数时，只要将每位八进制数或十六进制数分别用 3 位或 4 位二进制数表示即可。

【例 11-6】 将十六进制数 $(5\mathrm{BF}.7\mathrm{D})_{16}$ 转换成二进制数。

解：

$$\begin{array}{cccccc} \underline{5} & \underline{\mathrm{B}} & \underline{\mathrm{F}} & \cdot & \underline{7} & \underline{\mathrm{D}} \\ 0101 & 1011 & 1111 & \cdot & 0111 & 1101 \end{array}$$

所以 $(5\mathrm{BF}.7\mathrm{D})_{16}=(010110111111.01111101)_2$

（三）码制

数码不仅可以表示数量的大小，还可以表示不同的事物。但是在表示事物时它们没有数量大小的含义，只是表示不同事物的代号，表示不同事物代号的数码称为代码。

在数字系统中，为了便于记忆和处理，编制代码总要遵循一定的规则，这些规则就叫做码制。这里主要介绍二－十进制编码。

二－十进制编码又称为 BCD（Binary Coded Decimal）码，它是用 4 位二进制代码来表示十进制数 0～9 的十个数码。当采用不同的编制规则时，能够得到不同形式的 BCD 码，常用的有 8421 码、5421 码、余 3 码、格雷码等，如表 11-2 所示。

1. 8421 码

8421 码是 BCD 码中使用最为广泛的一种代码。代码每位的权值是固定不变的，为恒权码，它用自然二进制数 0000～1001 来分别表示十进制数的 0～9，从高位到低位的权值分别为 8、4、2、1，所以根据代码的组成便可知道代码所代表的十进制数的值。

例如 $(501.93)_{10}=(010100000001.10010011)_{8421\mathrm{BCD}}$

$(011001010000.00100100)_{8421\mathrm{BCD}}=(650.24)_{10}$

表 11-2　常用的 BCD 码

十进制数	8421 码	5421 码	余 3 码	格雷码
0	0000	0000	0011	0000
1	0001	0001	0100	0001
2	0010	0010	0101	0011
3	0011	0011	0110	0010
4	0100	0100	0111	0110
5	0101	1000	1000	0111
6	0110	1001	1001	0101
7	0111	1010	1010	0100
8	1000	1011	1011	1100
9	1001	1100	1100	1000

2. 5421 码

5421 码也是一种恒权码。从高位到低位的权值分别是 5、4、2、1，用 4 位二进制数表示一位十进制数，每组代码各位加权系数的和为其表示的十进制数的值。

例如，5421 码 1000 按权展开式为

$$1\times5+0\times0+0\times0+0\times0=5$$

所以，5421 码 1000 表示十进制数 5。

3. 余 3 码

余 3 码的编码规则与 8421 码不同，它是由 8421 码加 3(0011) 得来的，这种代码所组成的四位二进制数，正好比它代表的十进制数多 3，故称余 3 码。余 3 码没有固定的权值，不是恒权代码。例如，8421 码 0101(5) 加 0011(3) 后，在余 3 码中为 1000，其表示十进制数 5。由表 11-2 可以看出，余 3 码中，0 和 9、1 和 8、2 和 7、3 和 6、4 和 5 这五对代码也是互补的。

4. 格雷码

格雷码是一种无权码，它的特点是任意两个相邻的代码只有一位数码不同，并且首位两个代码也只有一位不同。因此，它是一种循环码。格雷码的这个特性使它在形成和传输过程中引起的误差较小，比较可靠。格雷码的缺点是与十进制数之间不存在规律性的对应关系，如表 11-2 所示。

第二节　逻辑代数

一、逻辑基本运算

逻辑是指事物的前因与后果之间所遵循的规律。19 世纪英国数学家乔治·布尔(George Boole)首先提出了描述客观事物逻辑关系的数学方法——布尔代数。布尔代数早期应用于解决继电器开关电路的问题，从而形成开关代数。

随着数字技术的发展,人们发现布尔代数完全可以作为研究逻辑电路的数学工具,成为分析和设计逻辑电路的理论基础,所以也把布尔代数称为逻辑代数。逻辑代数和普通代数都是用字母表示变量,这种变量称为逻辑变量,可以取不同值。与普通代数不同的是,逻辑变量的取值只有两个,即0或1。这两个值不具有数量大小的意义,仅表示客观事物两种不同状态。如开关的闭合与断开、判断问题的是与非、电位的高与低等。

逻辑代数的基本运算有三种:与运算、或运算和非运算,其他任何复杂的逻辑运算都可以用这三种基本逻辑运算来表示,并可以由与之对应的逻辑电路来实现。

(一)与运算

只有决定事物结果的全部条件同时具备时,结果才能发生,这种因果关系叫做与逻辑,或者叫做逻辑相乘。

如图11-2(a)所示的开关串联电路就是一个与逻辑的实例。开关 A、B 的状态(闭合和关断)与灯 Y(亮与灭)之间存在着确定的因果关系,只有当开关 A、B 都闭合时,灯 Y 亮,否则,灯 Y 不亮。开关 A、B 与灯 Y 之间的这种因果关系就称为与逻辑。能够实现与逻辑关系的电路称为与门。

与门的逻辑符号的国际标准符号如图11-2(b)所示。

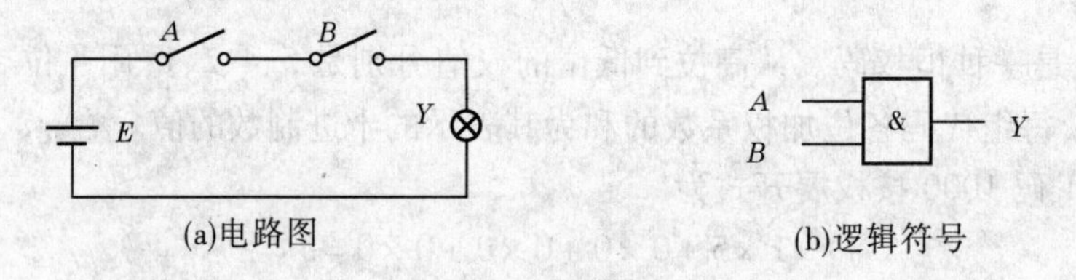

(a)电路图　(b)逻辑符号

图11-2　与逻辑

如果用二元常量0和1表示图11-2所示电路的逻辑关系,把开关 A、B 和灯 Y 分别用变量 A、B 和 Y 表示,并用1表示开关闭合和灯亮,用0表示开关断开和灯灭,则可以得到表11-3所示的表格,这种将逻辑变量的各种可能取值和相对应的逻辑函数值排列在一起组成的表称为真值表。表11-3所示为图11-2与逻辑电路的真值表。

表11-3　与逻辑真值表

A	B	Y
0	0	0
0	1	0
1	0	0
1	1	1

这一关系可用逻辑表达式表示为

$$Y = A \cdot B$$

式中,符号"·"表示与运算符号,读作"与"或"乘"。通常与运算符号可以省略,写成 $Y=AB$,读作"Y 等于 A 与 B"或者"Y 等于 A 乘 B"。

常量与运算的基本运算规则为

$$0 \cdot 0=0 \quad 0 \cdot 1=0 \quad 1 \cdot 0=0 \quad 1 \cdot 1=1$$

(二)或运算

在决定事物结果的所有条件中只要有任何一个满足,结果就会发生,这种因果关系叫做或逻辑,或者叫做逻辑相加。

如图11-3(a)所示的电路就是一个或逻辑的实例。图中只要开关 A 或 B 中有一个闭合或者二者都闭合时,灯亮;只有 A 和 B 全部断开时,灯才灭。灯 Y 与开关 A、B 的这种因果关系称为或逻辑关系。能够实现或逻辑关系的电路称为或门。或门的逻辑符号采用国际标准符号如图 11-3(b)所示。

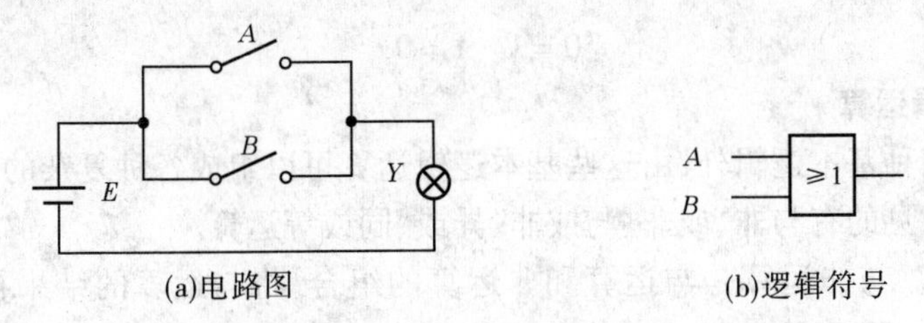

(a)电路图　　(b)逻辑符号

图 11-3　或逻辑

如果用 1 表示灯亮和开关闭合,用 0 来表示灯灭和开关断开,则可得到如表 11-4 所示的或逻辑真值表。从真值表中可以看出或逻辑的运算规律为有 1 得 1,全 0 得 0。

表 11-4　或逻辑真值表

A	B	Y
0	0	0
0	1	1
1	0	1
1	1	1

或逻辑的逻辑表达式表示为

$$Y = A + B$$

式中,符号“ + ”表示或运算符号,读作“或”或者“加”。上式读作“Y 等于 A 或 B”或者“Y 等于 A 加 B”。

常量或运算的基本运算规则为

$$0+0=0 \quad 0+1=0 \quad 1+0=0 \quad 1+1=1$$

(三)非运算

只要条件具备,结果便不会发生;当条件不具备时,结果一定发生。这种因果关系叫做非逻辑,也叫做逻辑求反。

如图 11-4(a)所示的电路就是一个非逻辑的实例,开关 A 闭合时,灯 Y 灭,开关 A 断开时,灯 Y 亮,灯 Y 与开关 A 之间的这种因果关系称为非逻辑关系。能够实现非逻辑关系的电路称为非门。非门的逻辑符号采用国际标准符号,如图 11-4(b)所示。

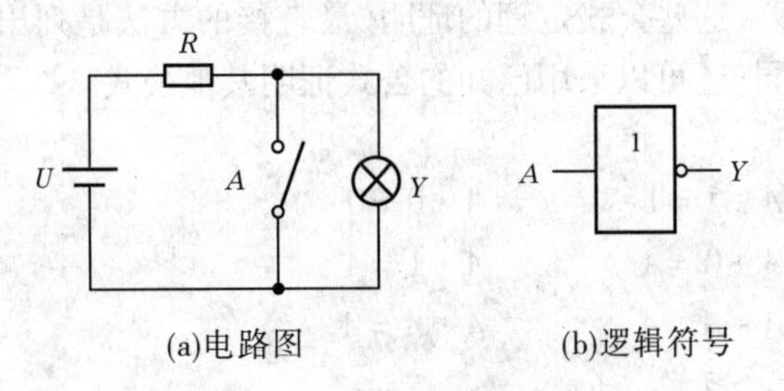

(a)电路图　　(b)逻辑符号

图 11-4　非逻辑

如果用 1 来表示灯亮和开关闭合,用 0 来表示灯灭和开关断开,则可得到如表 11-5 所示的非逻辑真值表。

表 11-5　非逻辑真值表

A	Y
0	1
1	0

由真值表可以看出 Y 与 A、B 的关系:A 是 1,Y 是 0;A 是 0,Y 才是 1。简称:是 0 得 1,是 1 得 0。这一关系用逻辑表达式表示为

$$Y = \overline{A}$$

式中,符号“ – ”表示非运算的运算符号,读作“非”或“反”。

常量非运算的基本运算规则为

$$\overline{0}=1 \quad \overline{1}=0$$

(四)复合逻辑运算

除与、或、非三种基本逻辑外,由这些基本逻辑运算可以组成各种复杂的逻辑运算,称为复合逻辑运算。常见的有与非、或非、与或非、异或、同或等运算。

(1)与非运算。与非运算是与运算和非运算的组合,将与运算的结果再求反而得到。逻辑表达式为 $Y=\overline{A \cdot B}$。与非运算的规律是变量全为1,表达式为0;只要有一个变量为0,表达式为1。

(2)或非运算。或非运算是或运算和非运算的组合,将或运算的结果再求反而得到。逻辑表达式为 $Y=\overline{A+B}$。或非运算的规律是变量全为0,表达式为1;只要有一个变量为1,表达式为0。

(3)与或非运算。与或非运算是与运算和或运算及非运算的组合。逻辑表达式为 $Y=\overline{AB+CD}$。与或非运算的先后顺序为:先与运算,再或运算,最后非运算。

(4)异或运算。逻辑表达式为 $Y=A\overline{B}+\overline{A}B=A\oplus B$。异或运算的规律是变量取值相同,表达式为0;变量取值不同,表达式为1。

(5)同或运算。逻辑表达式为 $Y=\overline{A}\overline{B}+AB=A\otimes B$。同或运算的规律是变量取值相同,表达式为1;变量取值不同,表达式为0。

二、逻辑代数的公式、定理和规则

(一)逻辑代数的公式和定理

根据逻辑变量的取值只有0和1,以及逻辑变量的三种基本运算法则,可以推导出逻辑运算的基本公式及定理。这些公式定理的证明,最直接的方法是列出等式两边表达式的真值表,看看是否完全相同,还可以采用已知的公式证明其他公式。

1. 基本公式

0—1律: $A+1=1$ $\quad A \cdot 0=0$

自等律: $A+0=A$ $\quad A \cdot 1=A$

重叠律: $A+A=A$ $\quad A \cdot A=A$

互补律: $A+\overline{A}=1$ $\quad A \cdot \overline{A}=0$

还原律: $\overline{\overline{A}}=A$

2. 基本定理

交换律: $A \cdot B=B \cdot A$ $\quad A+B=B+A$

结合律: $A+(B+C)=(A+B)+C$ $\quad A \cdot (B \cdot C)=(A \cdot B) \cdot C$

分配律: $A \cdot (B+C)=A \cdot B+A \cdot C$ $\quad A+B \cdot C=(A+B) \cdot (A+C)$

反演律: $\overline{A \cdot B \cdot C}=\overline{A}+\overline{B}+\overline{C}$ $\quad \overline{A} \cdot \overline{B} \cdot \overline{C}=\overline{A+B+C}$

3. 常用公式

吸收律1: $AB+A\overline{B}=A$ $\quad (A+B) \cdot (A+\overline{B})=A$

吸收律 2：　$A + AB = A$　　　　　$A(A + B) = A$

吸收律 3：　$A + \overline{A}B = A + B$　　　$A \cdot (\overline{A} + B) = A \cdot B$

多余项定理：$AB + \overline{A}C + BC = AB + \overline{A}C$

(二)逻辑代数的基本规则

逻辑代数有三个重要规则,利用这三条规则,可以推出更多的公式。

1. 代入规则

任何一个含有变量 A 的等式,如果将所有出现 A 的地方都用同一个逻辑表达式代替,则等式仍然成立,此规则称为代入规则。

2. 反演规则

对于任何一个逻辑表达式 Y,如果将式中所有的“·”换成“+”,“+”换成“·”,“0”换成“1”,“1”换成“0”,原变量换成反变量,反变量换成原变量,则得到这个逻辑表达式 Y 的反函数 $\overline{Y}$,这个规则称为反演规则。

运用反演规则求反函数时应注意两点:

(1)运算符号的优先次序是:先括号,然后乘,最后加。

(2)不是单个变量的反号保持不变。

3. 对偶规则

对于任何一个逻辑表达式 Y,如果将式中所有的“·”换成“+”,“+”换成“·”,“0”换成“1”,“1”换成“0”,变量保持不变,所得到的新的逻辑表达式 Y' 称为 Y 的对偶式,这个规则称为对偶规则。求对偶函数时应注意变量和原式中的优先顺序应保持不变。

对偶规则的意义是当某个恒等式成立时,其对偶式也成立。如果两个逻辑式相等,则它们的对偶式也相等。

三、逻辑函数的表示方法

任何一个具体的因果关系都可以通过建立逻辑函数的方法来分析描述。如果以逻辑变量作为输入,以运算结果作为输出,那么当输入变量的取值一定时,输出变量随之而定。因此,输出与输入之间存在一定的函数关系,这种函数关系称为逻辑函数,写作

$$Y = f(A, B, C, \cdots)$$

例如,图 11-5 所示为常见的用双联开关控制楼道照明的开关电路,可以用逻辑函数式描述它的逻辑功能。

此电路有两个单刀双掷开关 A 和 B 分别安装在楼上和楼下。上楼前在楼下开灯,上楼后关灯;反之下楼前,在楼上开灯,下楼后关灯。只有当开关 A、B 的闸刀同时合向一侧时,灯才会亮。显然,照明灯 Y 的状态(亮与灭)是开关 A、B 状态(闭合与断开)的函数。

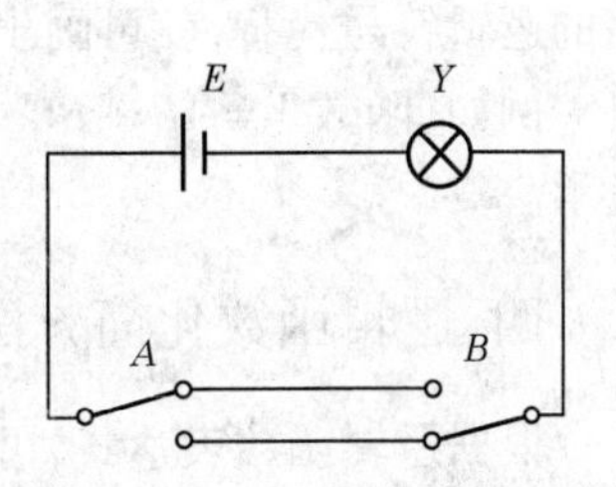

图 11-5　双联开关控制楼道照明的开关电路

若以 1 表示开关闭合,以 0 表示开关断开,以 1 表示灯亮,以 0 表示灯灭,则灯 Y 是开关 A、B 的二值逻辑函数,即

$$Y = f(A, B)$$

表示灯亮的逻辑函数式为

$$Y=\overline{A}\ \overline{B}+AB$$

常用的逻辑函数表示方法有真值表、逻辑表达式、逻辑图。它们各有特点,又相互联系,还可以相互转换,介绍如下。

(一)真值表

真值表是将输入逻辑变量的所有可能取值及其对应的逻辑函数值排列在一起组成的表格。这是一种用表格表示逻辑函数的方法。一个输入逻辑变量只有 0 和 1 两种可能的取值,故 n 个变量共有 2^n 种可能的取值组合,将这 2^n 种不同的取值按顺序排列起来,同时在相应位置上填入函数值,便可得到逻辑函数真值表。例如,要表示这样一个函数关系:当两个变量 A 和 B 取值不同时,函数取值为 1;否则,函数取值为 0。此函数称为异或函数,可用表 11-6 所示的真值表来表示。

真值表的优点是直观明了,输入变量取值一旦确定,即可在真值表中查出相应的函数值,所以在很多数字集成电路手册中,常以真值表形式给出该器件的逻辑功能。

表 11-6 异或函数真值表

A	B	Y
0	0	0
0	1	1
1	0	1
1	1	0

(二)逻辑表达式

逻辑表达式是用与、或、非等基本逻辑运算来表示输入变量和输出变量因果关系的逻辑代数式。这是一种用公式表示逻辑函数的方法。

如果一个函数的某个乘积项包含了函数的全部变量,其中每个变量都以原变量或反变量的形式出现,且仅出现一次,则这个乘积项称为该函数的一个标准乘积项,通常称为最小项。

根据函数的真值表,只要将那些使函数值为 1 的最小项加起来,就可以得到函数的标准与或表达式。例如,对于表 11-6 所示的异或函数的真值表,可用逻辑表达式表示为:$Y=\overline{A}B+A\overline{B}$。

逻辑表达式的优点是便于运用逻辑代数中公式、定理进行运算和书写,又便于用逻辑图来实现函数。其缺点是不够直观。

(三)逻辑图

将逻辑函数式所表明的函数与逻辑变量之间的关系用对应的逻辑符号表示出来的图形称为逻辑图。根据逻辑函数式画逻辑图时,只要把逻辑函数式中各个逻辑运算用相应门电路的逻辑符号代替,就可画出对应的逻辑图。

例如,函数 $Y=AB+BC$ 可以用图 11-6 所示的逻辑图来表示。

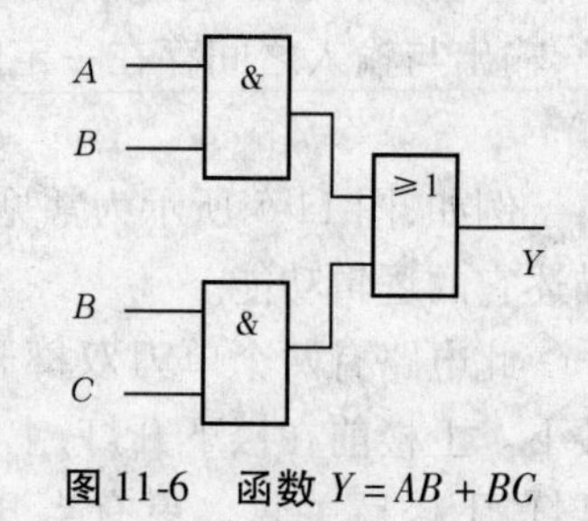

图 11-6 函数 $Y=AB+BC$ 的逻辑图

四、逻辑函数化简方法

根据逻辑函数表达式,可以画出相应的逻辑图。逻辑函数表达式越简单,逻辑关系越明显,组成逻辑电路所需的电子元器件就会越少,电路工作越稳定可靠。因此,有必要对逻辑函数的表达式进行化简。

化简逻辑函数常用的方法有两种:一种是公式化简法,另一种是卡诺图化简法(此部分不讲）。

(一)逻辑函数式的几种常见形式

一个逻辑函数的真值表是唯一的，但是逻辑函数的表达式却是多种形式的，并且能够相互变换。按照函数式中变量的运算关系不同，可分为最简与或表达式、最简或与表达式、最简与非－与非表达式、最简或非－或非表达式和最简与或非表达式五种形式。

例如，逻辑表达式 $Y=AB+\overline{B}C$ 可表示为：

(1)最简与或表达式　　$Y=AB+\overline{B}C$

(2)最简或与表达式　　$Y=(A+\overline{B})(B+C)$

(3)最简与非－与非表达式　　$Y=\overline{\overline{AB}\cdot\overline{\overline{B}C}}$

(4)最简或非－或非表达式　　$Y=\overline{\overline{A+\overline{B}}+\overline{B+C}}$

(5)最简与或非表达式　　$Y=\overline{\overline{A}\cdot B+BC}$

最常用的逻辑函数式形式是最简与或表达式和最简与非－与非表达式，它们之间的相互转换是利用还原律和反演律。

(二)逻辑函数的公式化简法

公式化简就是反复运用逻辑代数中的基本公式、定理和规则来化简逻辑函数，得到最简形式。常用方法归纳如下。

1. 并项法

利用公式 $AB+A\overline{B}=A$，可以把两项合并为一项，并消去一个变量，由代入定则可知，A 和 B 可以是任何复杂的逻辑式。

例如：$$Y=AB\overline{C}+A\overline{B}\,\overline{C}=A\overline{C}(B+\overline{B})=A\overline{C}$$

2. 吸收法

利用公式 $A+AB=A$，可消去多余的项，A 和 B 同样可以是任何复杂的逻辑式。

例如：$$Y=A\overline{B}+A\overline{B}CDE=(A\overline{B})+(A\overline{B})\cdot CDE=A\overline{B}$$

3. 消去法

利用公式 $A+\overline{A}B=A+B$，消去多余因子。

利用 $AB+\overline{A}C+BC=AB+\overline{A}C$ 消去多余项。

例如：$$Y=AB\overline{C}+\overline{AB}=(AB)\overline{C}+(\overline{AB})=\overline{AB}+\overline{C}$$

$$Y=ABC+\overline{AB}D+CD=(AB)C+(\overline{AB})D+CD=ABC+\overline{AB}D$$

4. 添项法

利用公式 $A+\overline{A}=1$ 在逻辑函数式某项中乘以 $(A+\overline{A})$，展开后消去多余项。

$$Y=A\overline{B}+B\overline{C}+A\overline{C}=A\overline{B}+B\overline{C}+A\overline{C}(B+\overline{B})=A\overline{B}+B\overline{C}+AB\overline{C}+A\overline{B}\,\overline{C}$$

$$=A\overline{B}(1+\overline{C})+B\overline{C}(1+A)=A\overline{B}+B\overline{C}$$

5. 配项法

利用公式 $A+A=A$ 可以在逻辑函数式中重复写入某项，展开后消去多余项。

$$Y=\bar{A}B\bar{C}+\bar{A}BC+ABC=(\bar{A}B\bar{C}+\bar{A}BC)+(\bar{A}BC+ABC)$$
$$=\bar{A}B(C+\bar{C})+BC(A+\bar{A})=\bar{A}B+BC$$

第三节　集成逻辑门电路

逻辑门电路是指能够实现各种基本逻辑关系的电路,简称门电路,又称逻辑元件。与前面所学的基本逻辑运算相对应,基本的逻辑门电路包括与门、或门、反相器(非门)。利用与、或、非门可以构成各种门电路,如与非门、或非门、与或非门等。

按电路结构组成的不同,逻辑门电路有分立逻辑门电路和集成逻辑门电路之分。分立逻辑门电路由单个半导体元器件连接而成,使用很不方便,目前已极少采用。本节只介绍集成逻辑门电路。集成逻辑门电路是采用一定的电子技术把构成它的全部元器件和连线均制作在同一片硅片上,它具有体积小、可靠性高、功耗低、工作速度快等优点,已得到极为广泛的应用。

集成逻辑门电路最常用的系列有 TTL 集成门电路和 CMOS 集成门电路。这两种不同系列的门电路,材料结构及制造工艺不同,性能指标也有所差别,但可以具有相同的逻辑功能,因此简要了解二者的电路结构特点、工作原理及主要特性,对在今后的实际设计中合理地选择芯片有很大的好处。

一、TTL 集成门电路

(一)TTL 与非门的电路结构和逻辑符号

TTL 集成门电路由于输入级和输出级均由晶体管组成,故称为晶体管－晶体管逻辑电路,简称 TTL(Transistor-Transistor-Logic)电路。又因为在晶体管中参与导电的有两种极性的载流子,故这种电路属于双极性电路。图 11-7(a)所示为 TTL 与非门的典型电路,它由输入级、中间级和输出级三部分构成。输入级采用了多发射极三极管。多发射极三极管有两个(或多个)发射极,一个集电极,共用一个基极。它实现与逻辑功能。中间级由 T_2、R_2 和 R_3 组成,它是一个电压分相器,在 T_2 的发射极与集电极上分别得到两个相反的电压,以满足输出级的需要。输出级采用推拉式结构反相器,因其具有较强的负载能力。

综上所述,可以看出 $Y=\overline{A\cdot B}$。

故图 11-7(a)所示的电路可用图 11-7(b)所示的逻辑符号来表示。

(二)常用中小规模 TTL 门电路介绍

74LS00 为最常用的四二输入与非门。该集成块由 14 个管脚组成。其中 V_{CC} 和 GND 分别为电源端和接地端,输入端 1A、1B 和输出端 1Y 构成一个 2 输入与非门,即有 $1Y=\overline{1A\cdot 1B}$,可以看出 74LS00 共有 4 个这样的 2 输入与非门,因此称为四二输入与非门。图 11-8给出了 74LS00 的管脚图。

我国 TTL 门电路产品型号命名和国际通用的美国德州仪器公司所规定的电路品种、电参数、封装等方面一致,以便于互换。其型号命名如表 11-7 所示。

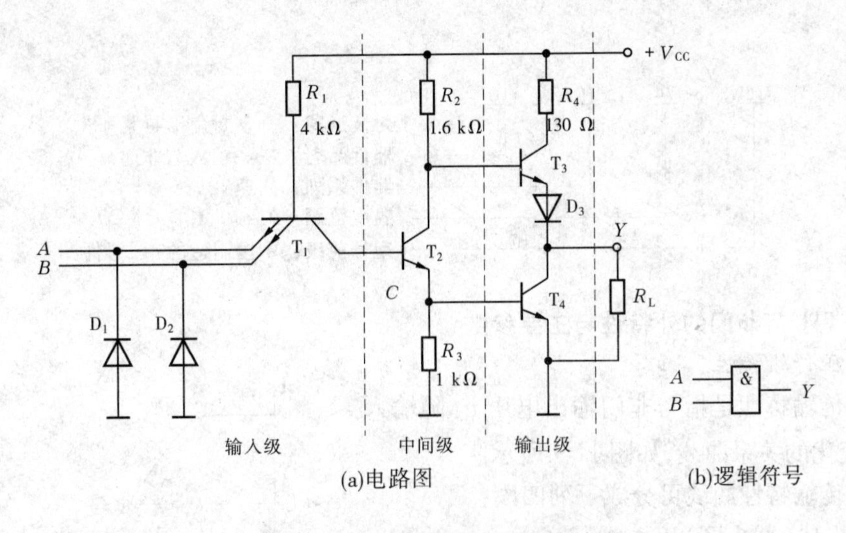

图 11-7　TTL 与非门电路及逻辑符号

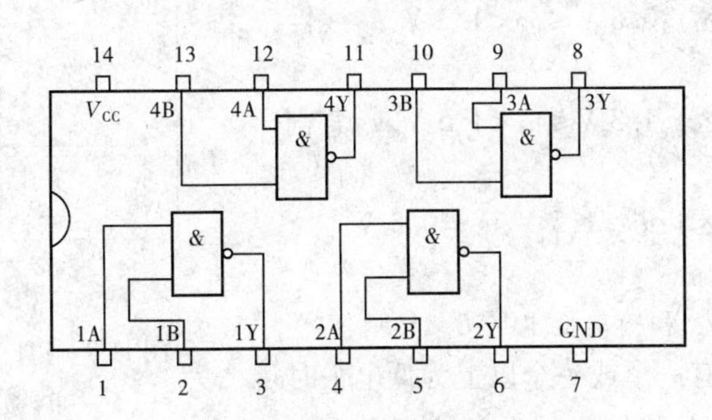

图 11-8　74LS00 管脚图

表 11-7　TTL 器件型号组成的符号及意义

第一部分		第二部分		第三部分		第四部分		第五部分	
型号前级		工作温度符号范围		器件系列		器件品种		封装形式	
符号	意义	符号	意义	符号	意义	符号	意义	符号	意义
CT	中国制造的TTL类	54	−55 ~ +125 ℃		标准	阿拉伯数字	器件名称	W	陶瓷扁平
				H	高速			B	塑封扁平
				S	肖特基			F	全密封扁平
				LS	低功耗肖特基			D	陶瓷双列直插
SN	美国 TEXAS 公司	74	0 ~ +70 ℃	AS	先进肖特基			P	塑料双列直插
				ALS	先进低功耗肖特基			J	黑陶瓷双列直插
				FAS	快捷肖特基				

例如：

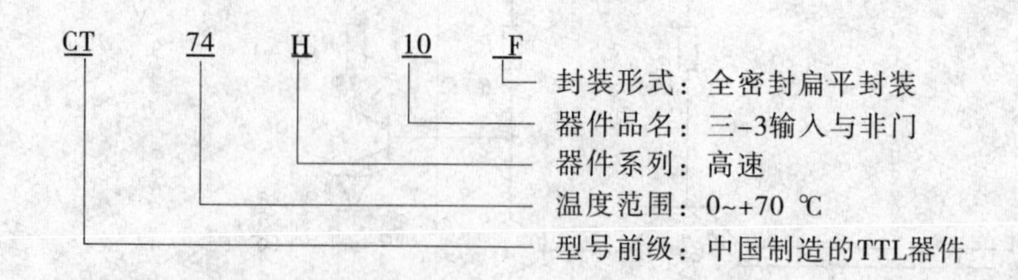

（三）TTL 与非门的外特性与主要参数

1. 电压传输特性

电压传输特性是指与非门输出电压 u_o 随输入电压 u_i 变化的关系曲线，如图 11-9 所示。

电压传输特性曲线可分成下列四段：

（1）ab 段（截止区）：$0 \leqslant u_i < 0.6$ V，$u_o = 3.6$ V。

（2）bc 段（线性区）：$0.6\ \text{V} \leqslant u_i < 1.3$ V，u_o 线性下降。

（3）cd 段（转折区）：$1.3\ \text{V} \leqslant u_i < 1.5$ V，u_o 急剧下降。

（4）de 段（饱和区）：$u_i \geqslant 1.5$ V，$u_o = 0.3$ V。

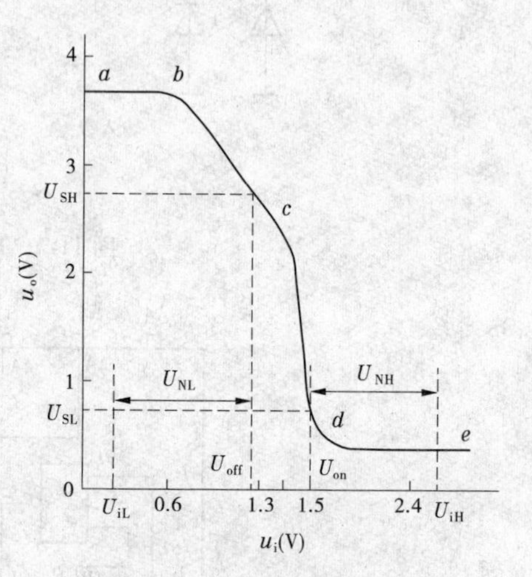

图 11-9　TTL 与非门的电压传输特性

2. 主要参数

1）输出高电平 U_{oH} 和输出低电平 U_{oL}

U_{oH} 是指输入端有一个或一个以上为低电平时的输出高电平值，U_{oL} 是指输入端全部接高电平时的输出低电平值。U_{oH} 的典型值为 3.6 V，U_{oL} 的典型值为 0.3 V。但是，实际门电路的 U_{oH} 和 U_{oL} 并不是恒定值，考虑到元件参数的差异及实际使用时的情况，手册中规定高、低电平的额定值为：$U_{oH} = 3$ V，$U_{oL} = 0.35$ V。有的手册中还对标准高电平（输出高电平的下限值）U_{SH} 及标准低电平（输出低电平的上限值）U_{SL} 规定：$U_{SH} \geqslant 2.7$ V，$U_{SL} \leqslant 0.5$ V。

2）阈值电压 U_{TH}

U_{TH} 是电压传输特性的转折区中点所对应的输入电压值，是 T_4 管截止与导通的分界线，也是输出高、低电平的分界线。它的含义是：当 $u_i < U_{TH}$ 时，与非门关门（T_4 管截止），输出为高电平；当 $u_i > U_{TH}$ 时，与非门开门（T_4 管导通），输出为低电平。实际上，阈值电压有一定范围，通常取 $U_{TH} = 1.4$ V。

3）关门电平 U_{off} 和开门电平 U_{on}

在保证输出电压为标准高电平 U_{SH}（即额定高电平的 90%）的条件下，所允许的最大输入低电平，称为关门电平 U_{off}；在保证输出电压为标准低电平 U_{SL}（额定低电平）的条件下，所允许的最小输入高电平，称为开门电平 U_{on}。U_{off} 和 U_{on} 是与非门电路的重要参数，表明正常工作情况下输入信号电平变化的极限值，同时也反映了电路的抗干扰能力。一般为：$U_{off} \geqslant 0.8$ V，$U_{on} \leqslant 1.8$ V。

4）噪声容限

低电平噪声容限是指与非门截止，保证输出高电平不低于高电平下限值时，在输入低电平基础上所允许叠加的最大正向干扰电压,用 U_{NL} 表示。由图 11-9 可知,U_{NL} = 关门电平 - 输入低电平 = $U_{off} - U_{iL}$。高电平噪声容限是指与非门导通,保证输出低电平不高于低电平上限值时,在输入高电平基础上所允许叠加的最大负向干扰电压,用 U_{NH} 表示。由图 11-9 可知,U_{NH} = 输入高电平 - 开门电平 = $U_{iH} - U_{on}$。显然,为了提高器件的抗干扰能力,要求 U_{NL} 与 U_{NH} 尽可能地接近。

5)扇出系数

当门电路级联使用时,必须注意驱动门与负载门之间的相互影响。通常用扇出系数 N 来描述门电路驱动同类电路的个数。

若驱动门输出低电平,则 $N_1 i_{iL} \leqslant i_{oL}$,即 $N_1 \leqslant \dfrac{i_{oL}}{i_{iL}}$;

若驱动门输出高电平,则 $N_2 i_{iH} \leqslant i_{oH}$,即 $N_2 \leqslant \dfrac{i_{oH}}{i_{iH}}$;

若 $N_1 > N_2$,则 $N = N_2$;

若 $N_1 < N_2$,则 $N = N_1$。

6)平均传输延迟时间 t_{Pd}

在实际逻辑电路中,一级门的输出往往就是下级门的输入。由于晶体管的接通时间 t_{on} 和关闭时间 t_{off} 均不为 0,也就是说它们的导通、截止过程都需要一定的时间,所以当 TTL 与非门的输入信号发生变化时,它的输出不能立即变化,而存在一定的延迟时间,如图 11-10 所示。输出波形下降沿的 50% 处(A' 点)与输入波形上升沿的 50% 处(A 点)的时间间隔称为导通延迟时间 t_{PHL}。输出波形上升沿的 50% 处(B' 点)与输入波形下降沿的 50% 处(B 点)的时间间隔称为截止延迟时间 t_{PLH}。t_{PHL} 与 t_{PLH} 的平均值称为平均传输延迟时间 t_{Pd}(简称传输延迟),即 $t_{Pd} = \dfrac{t_{PHL} + t_{PLH}}{2}$,它是衡量门电路开关速度的一个重要指标。典型 TTL 与非门的 t_{Pd} 约为 10 ns。

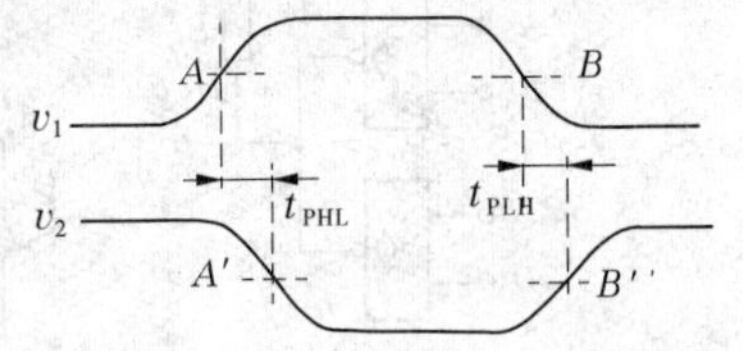

图 11-10 TTL 与非门平均传输延迟时间

(四)TTL 门电路的其他类型

1. 集电极开路门(OC 门)

集电极开路与非门简称 OC 与非门。电路如图 11-11(a)所示,其逻辑符号如图 11-11(b)所示,其中"◇"为集电极开路门的限定符号。OC 门工作时需要在输出端和电源之间外接一个上拉阻 R_L。OC 门的工作原理为:A、B、C 均为高电平时,T_2、T_4 饱和导通,输出低电平;A、B、C 中有低电平时,T_2、T_4 截止,输出高电平。因此,此门具有与非功能,其逻辑表达式为 $Y = \overline{ABC}$。

在实际应用中,有时需要将多个与非门的输出端直接并联来实现与的功能,如图 11-12 所示。只要 Y_1 或 Y_2 有一个为低电平,Y 便为低电平,只有当 Y_1 和 Y_2 均为高电平时,Y 才为高电平。因此,这个电路实现的逻辑功能是 $Y = Y_1 \cdot Y_2$,即能实现与的功能。这种用线连接形成与功能的方式称为线与。

但是,普通 TTL 与非门的输出端是不允许直接相连的。如图 11-13 所示,虚线以上为一个与非门的输出级的部分电路,虚线以下为另一个与非门输出级的部分电路,Y_1 与 Y_2 线与。当 G_1 为高电平时，T_2、D_3 导通，G_2 为低电平时，T_4 饱和导通，这样 i_o 电流将会很大，其数值远远超过器件的额定值，很容易烧毁器件，这是不允许的。

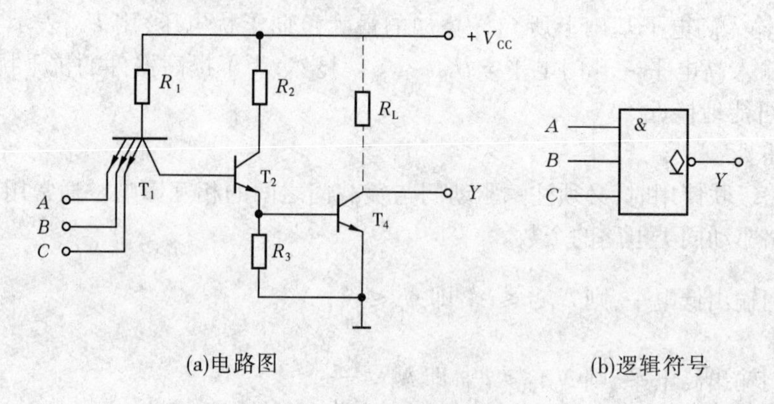

(a)电路图　　(b)逻辑符号

图 11-11　集电极开路与非门

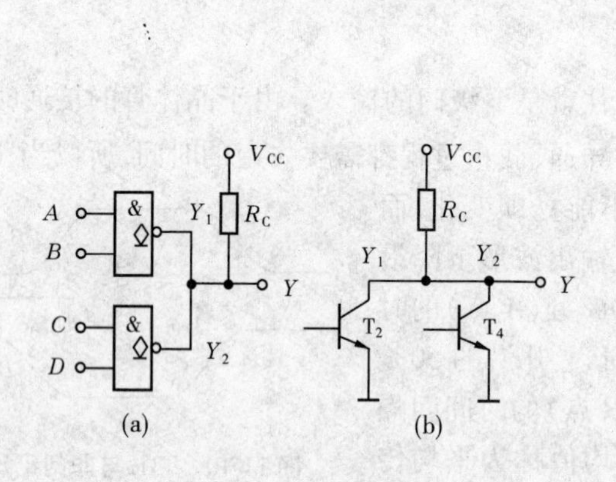

图 11-12　线与电路

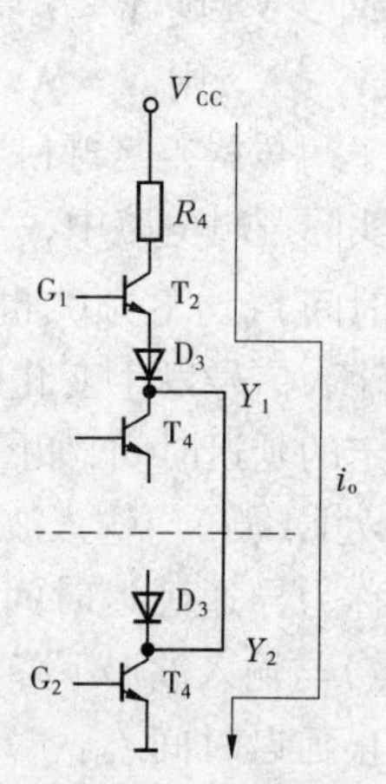

图 11-13　普通 TTL 与非门

2. 三态门

三态门就是输出有三种状态的与非门，简称 TSL 门，如图 11-14 所示。当 $\overline{E}=0$ 时，反相器 G 输出高电平，D_4 截止，P 点送到 T_1 的发射极也为高电平，对与非门无任何影响。此时，输出表达式为 $Y=\overline{A\cdot B}(\overline{E}=0)$。

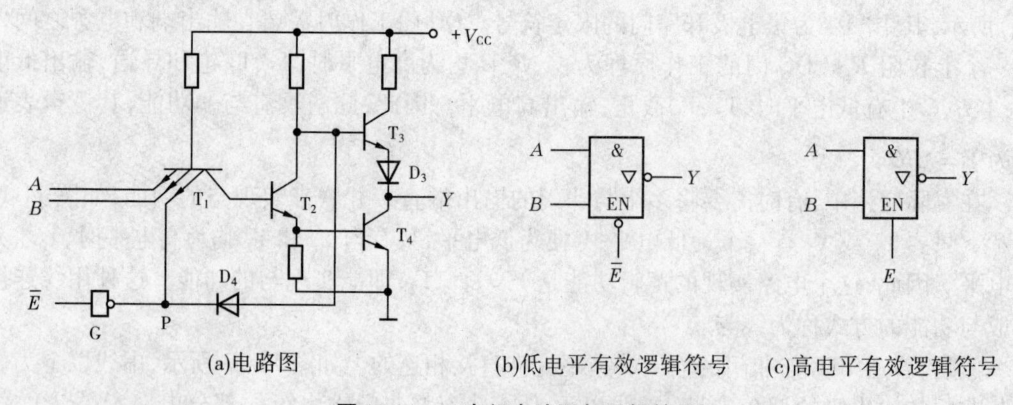

(a)电路图　　(b)低电平有效逻辑符号　　(c)高电平有效逻辑符号

图 11-14　三态门电路图与逻辑符号

当 $\overline{E}=1$ 时,反相器 G 输出低电平,T_1 处于正向工作状态,促使 T_2、T_4 截止,同时二极管 D_4 导通,使 T_3 基极电位钳制在 1 V 左右,致使 T_3 也截止,这样 T_3、D_3、T_4 均截止,使输出端显现高阻状态。

可见,电路的输出表达式可写成

$$\begin{cases} Y=\overline{AB} & (\overline{E}=0) \\ Y=Z(\text{高阻}) & (\overline{E}=1) \end{cases}$$

$\overline{E}$ 称为控制端或使能输入端,显然在低电平时有效。习惯上在某一变量上边加一横线表示低电平时有效,在逻辑符号图的使能输入端加一个小圈表示,可参看图 11-14(b)。若将图 11-14(a)中的门 G 短接,或者再串接一个相同的反相器,则使能端变为高电平有效,逻辑符号图变为图 11-14(c)。

二、CMOS 集成门电路

CMOS 是互补对称 MOS 电路的简称(Complementary Metal-Oxide-Semiconductor),其电路结构都采用增强型 PMOS 管和增强型 NMOS 管按互补对称形式连接而成。由于 CMOS 集成电路具有微功耗、工作电流电压范围宽、抗干扰能力强、输入阻抗高、扇出系数大、集成度高、成本低等一系列优点,其应用领域十分广泛,尤其在大规模集成电路中更显示出它的优越性,是目前得到广泛应用的器件。

CMOS 反相器电路如图 11-15 所示。它是由 NMOS 管 V_N 和 PMOS 管 V_P 组合而成的。V_N 和 V_P 的栅极相连,作为反相器的输入端;漏极相连,作为反相器的输出端。V_P 是负载管,其源极接电源 U_{DD} 的正极,V_N 为放大管(驱动管),其源极接地。为了使电路正常工作,要求电源电压大于两管开启电压的绝对值之和,即 $U_{DD}>|U_{TP}|+U_{TN}$。

设 $+U_{DD}=+10$ V,V_N、V_P 的开启电压 $U_{TN}=|U_{TP}|$,其工作原理如下:

(1)当输入电压为低电平时,即 $U_{GSN}=0$,V_N 截止,等效电阻极大,而 $U_{GSP}=-U_{DD}<U_{TP}$,所以 V_P 导通,导通等效电阻极小,输出电压为高电平,即 $u_o\approx+U_{DD}$。

(2)当输入电压为高电平时,工作情况正好相反,V_N 导通,V_P 截止,输出电压为低电平,即 $u_o\approx0$ V。

其余的 CMOS 门电路就不再介绍,可阅读其他参考书。

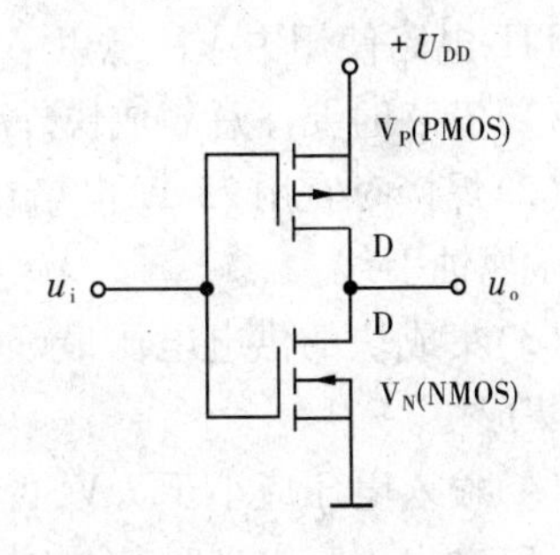

图 11-15　CMOS 反相器电路图

三、集成逻辑门电路的使用

在数字系统中,每一种集成门电路都有其特点,例如,有高速逻辑门、低功耗逻辑门或抗干扰能力强的逻辑门等。因此,在使用时,必须根据需要首先选定逻辑门的类型,然后确定合适的集成逻辑门的型号。

(一)门电路型号系列介绍及使用常识

1. TTL 型号系列介绍

我国生产的 TTL 集成电路品种主要有 CT74、CT74H、CT74S、CT74LS 四个系列。美国德克萨斯(Texas)仪器公司生产的 TTL 集成电路品种系列,其电参数、电路封装、引出线排列等方面与我国生产的是一致的,只是前缀由 CT 改为 SN,如 SN74、SN74H 等,两者之间可以互换使用。

CT74 是标准系列,其典型电路与非门的平均传输时间 $t_{Pd}=10$ ns,平均功耗 $P=10$ mW。

CT74H 是高速系列,是在 CT74 系列基础上改进得到的,其典型电路与非门的平均传输时间 $t_{Pd}=6$ ns,平均功耗 $P=22$ mW。

CT74S 是肖特基系列,是在 CT74 系列基础上改进得到的,其典型电路与非门的平均传输时间 $t_{Pd}=3$ ns,平均功耗 $P=19$ mW。

CT74LS 是低功耗肖特基系列,是在 CT74 系列基础上改进得到的,其典型电路与非门的平均传输时间 $t_{Pd}=9$ ns,平均功耗 $P=2$ mW。CT74LS 系列产品具有最佳的综合性能,是 TTL 集成电路的主流,是应用最广泛的系列。

2. 对多余的或暂时不用的输入端进行合理的处理

对于 TTL 门来说,多余的或暂时不用的输入端可采用以下方法进行处理:

(1)悬空。(在干扰小的情况下,与门与非门的输入端可以悬空,比如在实验室实训时)

(2)与其他已用输入端并联使用。

(3)按功能要求接电源或接地。

对于 CMOS 门来说,由于其输入电阻很高,易受外界干扰信号的影响,因而 CMOS 门多余的或暂时不用的输入端不允许悬空。其处理方法为:

(1)与其他输入端并联使用。

(2)按电路要求接电源或接地。

注意:任何门电路的多余端处理的基本原则为不改变其输入输出的逻辑关系。

3. TTL 电路使用中应注意的问题

TTL 电路使用中应注意以下问题:

(1)安装时要注意集成块外引脚的排列顺序,不要从外引脚根部弯曲,以防折断。

(2)焊接时宜用 25 W 电烙铁,且焊接时间应小于 3 s。焊后要用酒精将周围擦干净,以防焊剂腐蚀引线。

(3)集成块的供电电压最好稳定在 +5 V,一般也应保证在 4.75 ~ 5.25 V,电压过高易损坏集成块。

(4)输入电压应小于 7 V,否则输入级多发射极晶体管 T_1 易发生击穿损坏。

(5)输出为高电平时,输出端绝对不允许碰地,否则输出级三极管 T_4 会出现过热烧坏;输出为低电平时,输出端绝对不允许碰 $+V_{CC}$,否则输出级三极管 T_4 会出现过热烧坏。几个普通 TTL 与非门的输出端不能连在一起。

(6)外接引线要尽量短,若引线不能缩短时,要加屏蔽措施或采用绞合线,以防外界电磁干扰。

(二)TTL 与 CMOS 集成逻辑门电路主要性能参数的比较

TTL 与 CMOS 集成逻辑门电路主要性能参数的比较见表 11-8。

与 TTL 数字电路比较,CMOS 电路具有以下特点:

(1)由于 CMOS 管的导通电阻比双极型三极管的导通电阻大,所以 CMOS 电路的工作速度比 TTL 电路要低。

表 11-8　TTL 与 CMOS 集成逻辑门电路主要性能参数的比较

性能、参数	分类					
	TTL			MOS		
	TTL	HTTL	LSTTL	PMOS	NMOS	CMOS
门电路基本型式	与非	与非	与非	或非	或非	与非、或非
每门功耗(mW)	10	19	5	0.2 ~ 10	1 ~ 10	0.001 ~ 0.01
每门延迟时间(ns)	6 ~ 15	3	8	500	300 ~ 400	40
直流噪声容限(V)	1.0	0.4	0.4	3 ~ 4	3 ~ 4	$0.45V_{DD}$
抗干扰能力	中	弱	弱	强	强	强
扇出系数(N_O)	10	10	20	20	20	>50
V_{OH}/V_{OL}(V)	3.4/0.3	3.2/0.2	3.4/0.35	由电路定	由电路定	V_{DD}/0.1
逻辑摆幅 (V)	3.1	3.0	3.1	-2 ~ -17	3 ~ 14	V_{DD}
电源电压 (V)	5	5	5	-20 ~ -24	3 ~ 15	3 ~ 18

(2)CMOS 电路的输入阻抗很高,在频率不高的情况下,电路的扇出能力较大,即带负载能力比 TTL 电路强。

(3)CMOS 电路的电源电压允许范围较大,为 3 ~ 18 V,使电路的输出高、低电平的摆幅大,因此电路的抗干扰能力比 TTL 电路强。

(4)CMOS 电路的功耗比 TTL 电路小很多。门电路的功耗只有几个 μW,中规模集成电路的功耗也不会超过 100 μW。正因为 CMOS 电路内部发热量小,所以它的集成度比 TTL 电路高。

(5)CMOS 集成电路的温度稳定性好,抗辐射能力强,因此适合于在特殊环境下工作。

(三)其他注意事项

(1)在门电路的使用安装过程中应尽量避免干扰信号的侵入,不用的输入端按上述方式处理,保证整个装置有良好的接地系统。

(2)CMOS 门电路在存放和运输时,应放在导电容器或金属容器内,以避免静电损坏。因为 MOS 器件的输入电阻极大,输入电容小,当栅极悬空时,只要有微量的静电感应电荷,就会使输入电容很快充电到很高的电压,结果将会把 MOS 管栅极与衬底之间很薄的 SiO_2 绝缘层击穿,造成器件永久性损坏。

(3)组装、调试时,应使所有的仪表、工作台面等有良好的接地。

本章小结

(1)数字电路中常用的数制是二进制和十六进制。二进制、十六进制数换算成十进制数,可采用位权相加的方法。十进制数转换成其他进制数,可采用“除基取余法”。二进制和十六进制之间也可以方便地相互转换。

(2)逻辑代数是用来描述逻辑关系、反映逻辑变量运算规律的数学。逻辑变量是用来表示逻辑关系的二值量。它的取值只有0和1两种,它们代表逻辑状态而不是数量。基本的逻辑关系有与、或、非三种。若干个逻辑变量由与、或、非三种基本逻辑运算组成复杂的运算形式,这就是逻辑函数。

(3)逻辑代数中的基本定律和公式是进行逻辑函数化简的依据,它与普通代数既有相同之处,又有不同之处,必须在学习中加以区别。

(4)TTL和CMOS门电路是目前应用最为广泛的两种集成电路。TTL电路由双极型晶体管组成,由于它具有工作速度高、负载能力强等优点,所以一直是数字系统普遍采用的器件之一;CMOS电路由单极型晶体管组成,由于它功耗低、集成度高、抗干扰能力强等优点,所以发展迅速。

(5)注意掌握TTL和CMOS门电路的外特性,熟悉它们的使用方法。

习　题

11-1　将下列二进制数转换成十进制数

1011,　10101,　11111,　100001

11-2　将下列十进制数转换成二进制数

8,　27,　31,　100

11-3　完成下列数制转换

(1) $(255)_{10} = (\quad)_2 = (\quad)_{16} = (\quad)_{8421BCD}$

(2) $(11010)_2 = (\quad)_{16} = (\quad)_{10} = (\quad)_{8421BCD}$

(3) $(3FF)_{16} = (\quad)_2 = (\quad)_{10} = (\quad)_{8421BCD}$

(4) $(100000110111)_{8421BCD} = (\quad)_{10} = (\quad)_2 = (\quad)_{16}$

11-4　以下代码中为无权码的为________。

A. 8421BCD码　　B. 5421BCD码　　C. 余3码　　D. 格雷码

11-5　以下代码中为恒权码的为________。

A. 8421BCD码　　B. 5421BCD码　　C. 余3码　　D. 格雷码

11-6　一位十六进制数可以用________位二进制数来表示。

A. 1　　B. 2　　C. 4　　D. 16

11-7　十进制数25用8421BCD码表示为________。

A. 10101　　B. 00100101　　C. 100101　　D. 10101

11-8　什么叫真值表?试写出两个变量进行与运算、或运算的真值表。

11-9　利用逻辑函数的基本公式和定理证明下列等式:

(1) $AB + \overline{A}C + \overline{B}C = AB + C$

(2) $A\overline{B} + BD + \overline{A}D + DC = A\overline{B} + D$

(3) $BC + D + \overline{D}(\overline{B} + \overline{C})(AD + B) = B + D$

(4) $ABC + \overline{A}\,\overline{B}\,\overline{C} = \overline{A\overline{B} + B\overline{C} + C\overline{A}}$

11-10　用公式法化简下列函数:

(1) $Y=AB(BC+A)$ (2) $Y=(A+B)A\overline{B}$

(3) $Y=\overline{A+\overline{B}+\overline{CD}}+\overline{\overline{AD}+\overline{B}}$ (4) $Y=A+B+C+\overline{ABC}$

11-11 根据表11-9所示真值表,写出逻辑函数的逻辑表达式。

表11-9 真值表

A	B	C	Y
0	0	0	1
0	0	1	0
0	1	0	0
0	1	1	0
1	0	0	0
1	0	1	0
1	1	0	1
1	1	1	0

11-12 什么是逻辑门?基本逻辑门指哪几种逻辑门?

11-13 什么叫线与?哪种门电路可以线与?为什么?普通TTL门为什么不能进行线与?

11-14 TTL与非门多余输入端应如何处理?或门、或非门多余输入端应如何处理?

11-15 CMOS门电路有什么特点?使用时应注意什么?

第十二章　组合逻辑电路和时序逻辑电路

第一节　组合逻辑电路

根据逻辑功能和结构特点的不同,数字电路可分为两大类型,即组合逻辑电路和时序逻辑电路。前面学习了基本逻辑门,而在实际应用时,大多是这些逻辑门的组合形式,例如计算系统使用的编码器、译码器等就是较复杂的组合逻辑部件。

组合逻辑电路通常使用集成电路产品。无论是简单还是复杂的组合逻辑电路,它们都遵循各自的组合逻辑函数因果关系。本节简单介绍组合逻辑电路的分析方法和设计方法以及常见的组合逻辑部件的应用。

一、组合逻辑电路分析

在逻辑电路中,如果任一时刻的输出状态只与同一时刻的输入状态有关,而与信号作用前电路的状态无关,这种电路就称为组合逻辑电路。

组合逻辑电路的分析,其目的是确定已知电路的逻辑功能,或者检查电路设计的是否合理。由组合电路的逻辑图求其逻辑功能的过程称为组合逻辑电路的分析。分析往往需要将函数的逻辑图转换成函数真值表。因此,一般组合逻辑电路的分析步骤如下:

(1)根据已知的逻辑图,从输入到输出逐级写出逻辑函数表达式。

(2)利用公式法对表达式进行化简或变换,求出容易列出真值表的表达式。

(3)列出输入和输出变量的真值表。

(4)说明电路的逻辑功能。

在实际工作中,也可以用实验分析方法,测得输入和输出逻辑状态的对应关系,直接画出真值表,从而确定电路的逻辑功能。

【例 12-1】 分析如图 12-1 所示组合逻辑电路的功能。

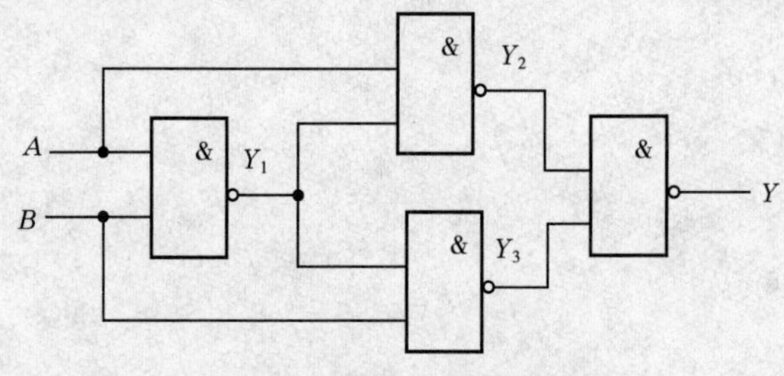

图 12-1　例 12-1 的逻辑电路

解:(1)写出逻辑函数表达式

$$Y_1 = \overline{AB}$$

$$Y_2 = \overline{AY_1} = \overline{A\,\overline{AB}}$$

$$Y_3 = \overline{BY_1} = \overline{B\,\overline{AB}}$$

$$Y = \overline{Y_2 Y_3} = \overline{\overline{A\,\overline{AB}}\;\overline{B\,\overline{AB}}}$$

(2)公式变形

$$Y = \overline{\overline{A\,\overline{AB}}\;\overline{B\,\overline{AB}}} = A\,\overline{AB} + B\,\overline{AB} = A(\overline{A} + \overline{B}) + B(\overline{A} + \overline{B}) = A\overline{B} + B\overline{A}$$

(3)列出真值表如表 12-1 所示。

表 12-1　例 12-1 的真值表

A	B	Y
0	0	0
0	1	1
1	0	1
1	1	0

(4)分析逻辑功能:A、B 取值不同时,Y 为 1;A、B 取值相同时,Y 为 0。显然 $Y = A \oplus B$,即该电路实现了异或逻辑功能。

【例 12-2】　某一组合逻辑电路如图 12-2 所示,试分析其逻辑功能。

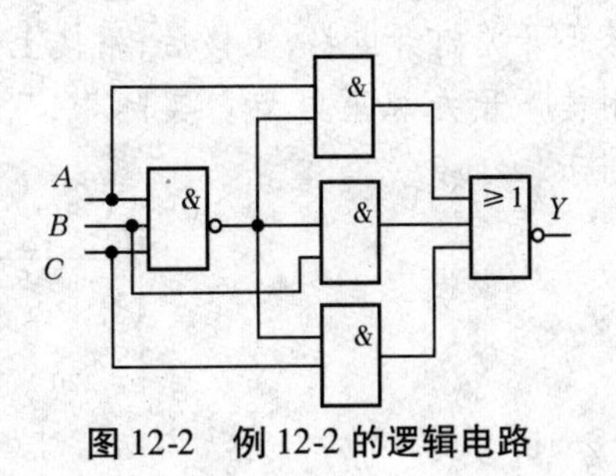

图 12-2　例 12-2 的逻辑电路

解:(1)写出逻辑函数表达式并化简

$$\begin{aligned} Y &= \overline{\overline{ABC}(A + B + C)} \\ &= ABC + \overline{A}\,\overline{B}\,\overline{C} \end{aligned}$$

(2)列出真值表如表 12-2 所示。

表 12-2　例 12-2 的真值表

A	B	C	Y
0	0	0	1
0	0	1	0
0	1	0	0
0	1	1	0
1	0	0	0
1	0	1	0
1	1	0	0
1	1	1	1

(3)分析逻辑功能:只有当 A、B、C 全为 0 或全为 1 时,输出 Y 才为 1,否则 Y 为 0,故该电路称为三位判一致电路。可用于判断三个输入端的状态是否一致。

二、组合逻辑电路设计

组合逻辑设计与组合逻辑分析是可逆的。组合逻辑设计过程是根据给定的逻辑功能，找到符合要求的逻辑图。一般组合逻辑图是由各种门电路组成的。我们的设计是指用小规模集成门电路(SSI)进行设计的一般方法，设计步骤如下：

(1)根据逻辑功能的要求，确定输入、输出变量，并赋值，进而列出真值表。

(2)由真值表求出逻辑函数式。

(3)对表达式进行化简，求出符合要求的最简表达式。

(4)按照表达式画出逻辑电路图。

一般来说，上述设计希望得到的组合电路是最简的，即所用的门数最少，每个门的输入端个数也最少。但由于采用的小规模集成门电路通常包含多个单元门，有时只用一个门单元，因此在设计中应对此适当考虑，使逻辑表达式变形成单一门电路的式子，或许可以省去一些集成块，使电路板上元件更少，电路结构简单，便于组装，工作可靠。

【例 12-3】 设计一个楼上、楼下开关的控制楼梯上的电灯的逻辑电路。在上楼前，用楼下开关打开电灯，上楼后，用楼上开关熄灭电灯；或者下楼前用楼上开关打开电灯，下楼后用楼下开关熄灭电灯。实际中，可用两个单刀双掷开关完成这一逻辑功能。如图 12-3 所示。

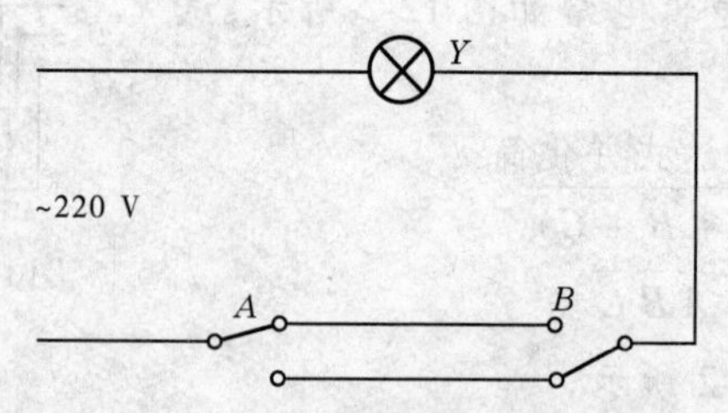

图 12-3 例 12-3 的实际电路示意图

解:(1)假设输入逻辑变量为 A、B，分别代表楼上和楼下开关，上掷取值 1，下掷取值 0。输出变量为 Y，代表灯泡，灯亮取值 1，灯灭取值 0。由逻辑要求列出真值表如表 12-3 所示。

表 12-3 例 12-3 的真值表

A	B	Y
0	0	1
0	1	0
1	0	0
1	1	1

(2)根据真值表写出逻辑表达式并化简

$$Y = AB + \overline{A}\,\overline{B}$$

此式已为最简表达式。

(3)画出逻辑图，如图 12-4 所示。

注意：该电路可以用与非门实现，也可以用一个同或门实现。

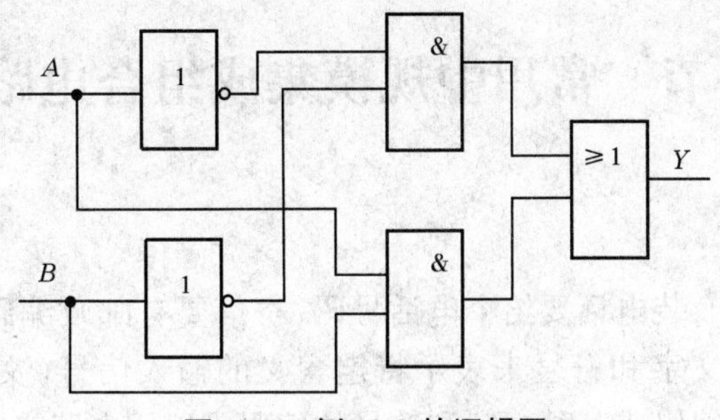

图 12-4　例 12-3 的逻辑图

【例 12-4】　用与非门设计一个三人表决电路，多数人同意，提案通过，否则提案不能通过。

解：(1)假设输入逻辑变量为 A、B、C，分别代表参加提案的三个人，同意提案取值 1，不同意提案取值 0。输出变量为 Y，代表提案，提案通过取值 1，提案没有通过取值 0。由逻辑要求列出真值表如表 12-4 所示。

表 12-4　例 12-4 的真值表

A	B	C	Y
0	0	0	0
0	0	1	0
0	1	0	0
0	1	1	1
1	0	0	0
1	0	1	1
1	1	0	1
1	1	1	1

(2)根据真值表写出逻辑表达式

$$Y = \overline{A}BC + A\overline{B}C + AB\overline{C} + ABC$$

(3)化简并转化为与非－与非式

$$\begin{aligned} Y &= BC + AC + AB \\ &= \overline{\overline{BC} \cdot \overline{AC} \cdot \overline{AB}} \end{aligned}$$

(4)画出逻辑图，如图 12-5 所示。

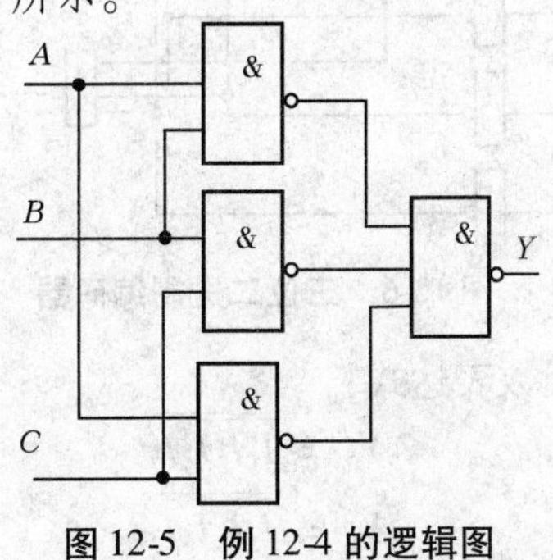

图 12-5　例 12-4 的逻辑图

第二节　常用中规模集成组合电路器件

一、编码器

什么是编码？例如，装电话要给个电话号码，寄信要有邮政编码等，这些都是编码。一般地讲，用数字或某种文字和符号来表示特定含义的输入信号（文字、数字、符号等）的过程，称为编码。十进制编码或某种文字和符号的编码难以用电路来实现。在数字电路中，一般用的是二进制编码。二进制只有0和1两个数码，可以把若干个0和1按一定规律编排起来组成不同的代码（二进制数码）来表示某一对象或信号。一位二进制代码有0和1两种，可以表示两个信号；两位二进制代码有00、01、10、11四种，可以表示四个信号；n位二进制代码有2^n种，可以表示2^n个信号。这种二进制编码在电路中容易实现。

实现编码操作的数字电路称为编码器。按照编码方式不同，编码器可分为普通编码器和优先编码器；按照输出代码种类的不同，可分为二进制编码器和非二进制编码器。

（一）普通二进制编码器

假设输入信号的个数为N，输出变量的位数为n，若满足$N=2^n$，称此电路为二进制编码器。若输入信号有4个，输出为两位代码，此编码器称为两位二进制编码器，也可称为4线－2线编码器（或4/2线编码器）。常用的二进制编码器有8线－3线编码器、16线－4线编码器等。

图12-6所示为三位二进制编码器。其中$I_0 \sim I_7$为八个高电平信号输入端。$Y_0 \sim Y_2$是三位二进制代码输出端，故该电路也叫8线－3线编码器。编码器正常工作时，各输入端是相互排斥的，即任一时刻只允许$I_0 \sim I_7$中某一个为高电平，其余输入端都必须为低电平，否则该编码器将出现混乱。

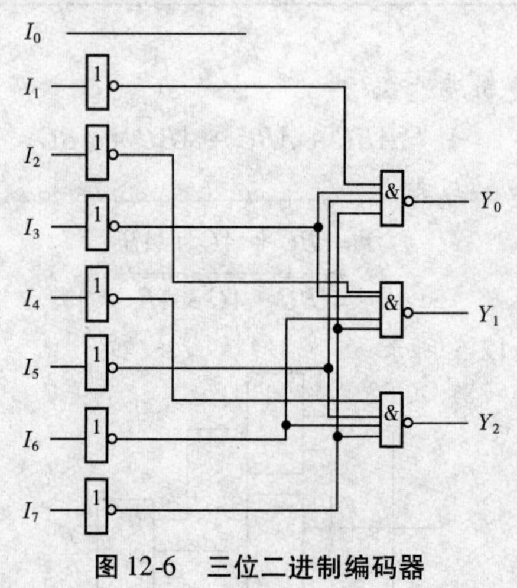

图12-6　三位二进制编码器

由图12-6可以写出逻辑函数表达式：

$$Y_0 = \overline{\bar{I}_1 \bar{I}_3 \bar{I}_5 \bar{I}_7}$$

$$Y_1 = \overline{\bar{I}_2 \bar{I}_3 \bar{I}_6 \bar{I}_7}$$

$$Y_2 = \overline{\overline{I_4}\,\overline{I_5}\,\overline{I_6}\,\overline{I_7}}$$

由上述表达式该编码器的真值表如表 12-5 所示。

表 12-5　8 线 -3 线编码器的真值表

I_0	I_1	I_2	I_3	I_4	I_5	I_6	I_7	Y_2	Y_1	Y_0
1	0	0	0	0	0	0	0	0	0	0
0	1	0	0	0	0	0	0	0	0	1
0	0	1	0	0	0	0	0	0	1	0
0	0	0	1	0	0	0	0	0	1	1
0	0	0	0	1	0	0	0	1	0	0
0	0	0	0	0	1	0	0	1	0	1
0	0	0	0	0	0	1	0	1	1	0
0	0	0	0	0	0	0	1	1	1	1

由表 12-5 可以看出，当编码器某一个输入信号为 1 而其他输入信号都为 0 时，则有一组对应的二进制数码输出。如 $I_3 = 1$ 时，$Y_2Y_1Y_0 = 011$。还可以看出编码器 8 个输入信号 $I_0 \sim I_7$是相互排斥的。

(二)非二进制优先编码器

普通二进制编码器每次只允许一个输入端上有信号，而实际上还常常出现多个输入端上同时有信号的情况。例如计算机有许多输入设备，可能多台设备同时向主机发出中断请求，希望输入数据。这就要求主机能自动识别这些请求信号的优先级别，按次序进行编码，因此需要优先编码器。CT74LS147 是一种二 - 十进制优先编码器，其输入低电平有效，输出为 8421 代码的反码，表 12-6 所示是其编码表。由表可见，有 10 个输入变量$\overline{I_0} \sim \overline{I_9}$，4 个输出变量 $\overline{Y_0} \sim \overline{Y_3}$，它们都是反变量。输入的反变量低电平有效，即有信号时，输入为 0。输出的反变量组成反码，对应于 0 ~ 9 十个十进制数码。例如表中第一行，所有输入端无信号，输出的不是与十进制数码 0 对应的二进制数 0000，而是其反码 1111。输入信号的优先次序为 $\overline{I_9} \sim \overline{I_0}$。当 $\overline{I_9} = 0$ 时，无论其他输入是 0 或 1，输出只对 $\overline{I_9}$ 编码，输出为 0110(原码为 1001)。当 $\overline{I_9} = 1$，$\overline{I_8} = 1$，$\overline{I_7} = 0$ 时，无论其他输入为何值，输出只对 $\overline{I_7}$ 编码，输出为 1000(原码为 0111)。依此类推。图 12-7 所示为 74LS147 外引线图。

表 12-6　CT74LS147 型优先编码器的编码表

输入									输出			
$\overline{I_9}$	$\overline{I_8}$	$\overline{I_7}$	$\overline{I_6}$	$\overline{I_5}$	$\overline{I_4}$	$\overline{I_3}$	$\overline{I_2}$	$\overline{I_1}$	$\overline{Y_3}$	$\overline{Y_2}$	$\overline{Y_1}$	$\overline{Y_0}$
1	1	1	1	1	1	1	1	1	1	1	1	1
0	×	×	×	×	×	×	×	×	0	1	1	0
1	0	×	×	×	×	×	×	×	0	1	1	1
1	1	0	×	×	×	×	×	×	1	0	0	0
1	1	1	0	×	×	×	×	×	1	0	0	1

续表 12-6

输入									输出			
1	1	1	1	0	×	×	×	×	1	0	1	0
1	1	1	1	1	0	×	×	×	1	0	1	1
1	1	1	1	1	1	0	×	×	1	1	0	0
1	1	1	1	1	1	1	0	×	1	1	0	1
1	1	1	1	1	1	1	1	0	1	1	1	0

注：×表示任意态。

（三）二进制优先编码器

常用的编码器还有二进制优先编码器，CT74LS148 是一个集成 8 线－3 线优先编码器，图 12-8 所示为它的外部引线图。表 12-7 所示为 74LS148 的功能表。

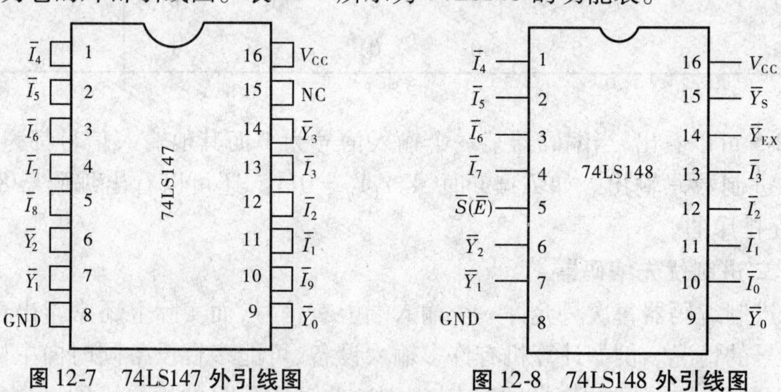

图 12-7　74LS147 外引线图　　**图 12-8　74LS148 外引线图**

表 12-7　8 线－3 线优先编码器 74LS148 功能表

输入使能端	输入								输出			扩展输出	使能输出
$\overline{S}$	$\overline{I}_7$	$\overline{I}_6$	$\overline{I}_5$	$\overline{I}_4$	$\overline{I}_3$	$\overline{I}_2$	$\overline{I}_1$	$\overline{I}_0$	$\overline{Y}_2$	$\overline{Y}_1$	$\overline{Y}_0$	$\overline{Y}_{EX}$	$\overline{Y}_S$
1	×	×	×	×	×	×	×	×	1	1	1	1	1
0	1	1	1	1	1	1	1	1	1	1	1	1	0
0	0	×	×	×	×	×	×	×	0	0	0	0	1
0	1	0	×	×	×	×	×	×	0	0	1	0	1
0	1	1	0	×	×	×	×	×	0	1	0	0	1
0	1	1	1	0	×	×	×	×	0	1	1	0	1
0	1	1	1	1	0	×	×	×	1	0	0	0	1
0	1	1	1	1	1	0	×	×	1	0	1	0	1
0	1	1	1	1	1	1	0	×	1	1	0	0	1
0	1	1	1	1	1	1	1	0	1	1	1	0	1

注：×表示任意态。

如果暂不考虑电路中 $\overline{S}$（控制端）、$\overline{Y}_S$（选通输出端）及 $\overline{Y}_{EX}$（扩展端）的作用。看表 12-7 中间黑框中的 $\overline{I}_7 \sim \overline{I}_0$ 列和 $\overline{Y}_2 \sim \overline{Y}_0$ 列就可以看出，74LS148 对 8 条数据线 $\overline{I}_0 \sim \overline{I}_7$ 进行二进制优先编码，由 $\overline{Y}_2$、$\overline{Y}_1$、$\overline{Y}_0$ 输出，$\overline{I}_7 \sim \overline{I}_0$ 具有不同的编码优先权，$\overline{I}_7$ 优先权最高，$\overline{I}_0$ 优先权最低。电路中对输入信号没有约束条件。$\overline{Y}_{EX}$ 和 $\overline{Y}_S$ 是用于扩展编码功能的输出端。该电路输入信

号低电平有效，输出为三位二进制反码。

从表12-7中可以看出，当控制端 $\overline{S}=0$ 时编码器正常工作，当 $\overline{S}=1$ 时，无论 $\overline{I}_7 \sim \overline{I}_0$ 是何种信号，所有输出门均被封锁，编码器所有输出均为高电平。

选通输出端 $\overline{Y}_{EX}$ 只有在 $\overline{S}=0$（编码器正常编码）且 $\overline{I}_7 \sim \overline{I}_0$ 均为1（无输入信号）时才为0，所以可以很方便地用两片74LS148串接来使用，将高位片子的 $\overline{Y}_S$ 和低位片子的 $\overline{S}$ 相连，在高位片无信号输入情况下，启动低位片正常工作。

扩展输出端 $\overline{Y}_{EX}$ 在 $\overline{S}=1$（编码管所有输出均被封锁）时为1，在 $\overline{S}=0$（编码器正常编码）但 $\overline{I}_7 \sim \overline{I}_0$ 均为1（无信号输入）时为1，其余情况为0。因此，$\overline{Y}_{EX}$ 的低电平表示该片编码器存在有效输入信号，相反，$\overline{Y}_{EX}=1$ 表示电路不存在有效输入信号（为方便起见，以后提到输入端有输入信号均是指有效输入信号）。利用这一标志，在多片编码器串接应用中可作为输出位的扩展端。

二、译码器

译码和编码的过程相反。编码是将某种信号或十进制的10个数码（输入）编成二进制代码（输出）。译码是将二进制代码（输入）按其编码时的原意译成对应的信号或十进制数码（输出）。实现译码功能的电路就是译码器。常用的有二进制译码器、二－十进制译码器和显示译码器等。

（一）二进制译码器

二进制译码器是将二进制代码翻译成对应输出信号的电路。常见的芯片有2线－4线译码器74LS139，3线－8线译码器74LS138，4线－16线译码器74LS154等。

图12-9给出了3线－8线译码器的外引线图及逻辑功能示意图，表12-8给出了74LS138的功能表。74LS138的 A_0、A_1、A_2 为输入端，$Y_7 \sim Y_0$ 为译码输出端，S_1、$\overline{S}_2$、$\overline{S}_3$ 为选通端。

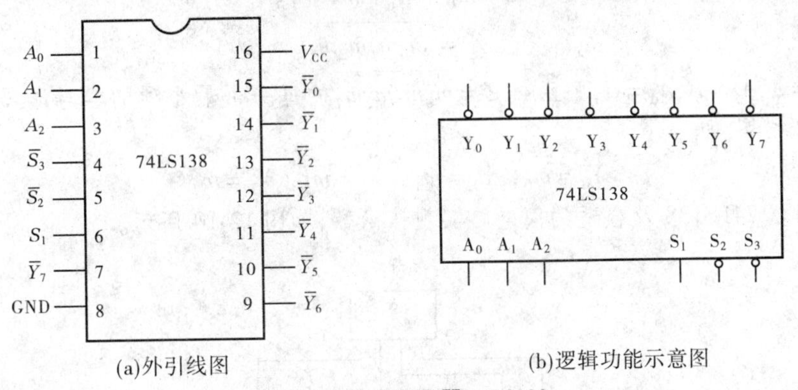

(a)外引线图　　(b)逻辑功能示意图

图12-9　集成译码器74LS138

当 $S_1=0$ 或 $\overline{S}_2+\overline{S}_3=1$ 时，输出门均被禁止，输出端 $\overline{Y}_7 \sim \overline{Y}_0$ 均为高电平；当 $\overline{S}_1=1$ 且 $\overline{S}_2+\overline{S}_3=0$ 时，译码器正常工作。由表12-7可以看出，每输入一组代码，则有一个相应的输出端呈现有效状态0，其余输出均为无效状态1。例如当 $S_1=1$，$\overline{S}_2+\overline{S}_3=0$ 且输入 $A_2A_1A_0=011$ 时，$\overline{Y}_3=0$ 为有效输出，其余输出均为无效状态1，即 $Y_3=\overline{\overline{A}_2A_1A_0}$。以此类推，$Y_0=\overline{\overline{A}_2\overline{A}_1\overline{A}_0}$，$Y_1=\overline{\overline{A}_2\overline{A}_1A_0}$，$Y_2=\overline{\overline{A}_2A_1\overline{A}_0}$，…也就是说，译码器74LS138可以产生由输入变量所组成的全部最小项，并且每一个输出与其输入变量所对应的组合所构成的最小项的非相等。

表 12-8　74LS138 功能表

输入					输出							
S_1	$\overline{S}_2+\overline{S}_3$	A_2	A_1	A_0	$\overline{Y}_0$	$\overline{Y}_1$	$\overline{Y}_2$	$\overline{Y}_3$	$\overline{Y}_4$	$\overline{Y}_5$	$\overline{Y}_6$	$\overline{Y}_7$
0	×	×	×	×	1	1	1	1	1	1	1	1
×	1	×	×	×	1	1	1	1	1	1	1	1
1	0	0	0	0	0	1	1	1	1	1	1	1
1	0	0	0	1	1	0	1	1	1	1	1	1
1	0	0	1	0	1	1	0	1	1	1	1	1
1	0	0	1	1	1	1	1	0	1	1	1	1
1	0	1	0	0	1	1	1	1	0	1	1	1
1	0	1	0	1	1	1	1	1	1	0	1	1
1	0	1	1	0	1	1	1	1	1	1	0	1
1	0	1	1	1	1	1	1	1	1	1	1	0

由于译码器 74LS138 可以产生由输入变量所组成的全部最小项,并且每一个输出与其输入变量所对应的组合所构成的最小项的非相等,所以二进制译码器还能方便地实现逻辑函数。

【例 12-5】　用译码器 74LS138 及合适的门电路实现三变量逻辑函数。

$$Z=\overline{A}\,\overline{B}\,\overline{C}+\overline{A}\,\overline{B}C+\overline{A}B\overline{C}+ABC$$

解: 将函数 $Z=\overline{A}\,\overline{B}\,\overline{C}+\overline{A}\,\overline{B}C+\overline{A}B\overline{C}+ABC$ 化成最小项编号表达式,进而化成与非-与非表达式

因为
$$m_0=\overline{A}\,\overline{B}\,\overline{C},\ m_1=\overline{A}\,\overline{B}C,\ m_2=\overline{A}B\overline{C},\ m_7=ABC$$
所以
$$Z=m_0+m_1+m_2+m_7$$
$$Z=\overline{\overline{m_0}\,\overline{m_1}\,\overline{m_2}\,\overline{m_7}}$$

令 $A_2=A,A_1=B,A_0=C$,则函数 $Z=\overline{\overline{m_0}\,\overline{m_1}\,\overline{m_2}\,\overline{m_7}}$ 的每一个最小项的非与译码器 74LS138 的对应输出相等,即

$$Y_0=\overline{m}_0,\ Y_1=\overline{m}_1,\ Y_2=\overline{m}_2,\ Y_7=\overline{m}_7$$

用译码器 74LS138 及合适的门电路实现该函数,如图 12-10 所示。

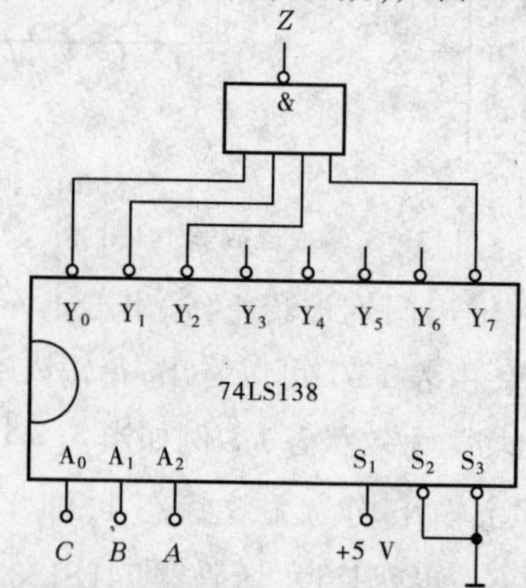

图 12-10　译码器 74LS138 及合适的门电路实现三变量逻辑函数

合理使用选通端,可以实现片选功能,也可以扩展译码器的位数,可级联扩展成16线译码器、24线译码器等。将两个3线-8线译码器组合成一个4线-16线译码器,如图12-11所示。

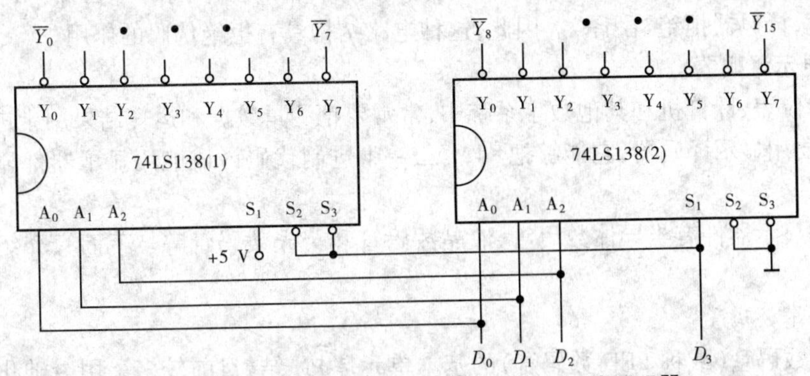

图12-11　用两片74LS138组合成4线-16线译码器

(二)二-十进制译码器

在数字系统中,处理的是二进制代码,而人们习惯用十进制,故常常需要将二进制代码翻译成十进制代码。将BCD代码翻译成10个对应的输出信号的电路就称为二-十进制译码器。BCD代码由4个变量组成,故电路有4个输入端和10个输出端,所以又称做4线-10线译码器。

74LS42是最常见的二-十进制译码器,它有4个输入端A_3、A_2、A_1、A_0,10个输出端$\overline{Y}_9\sim\overline{Y}_0$。图12-12给出了74LS42的外引线图,表12-9给出了74LS42译码器的功能表。

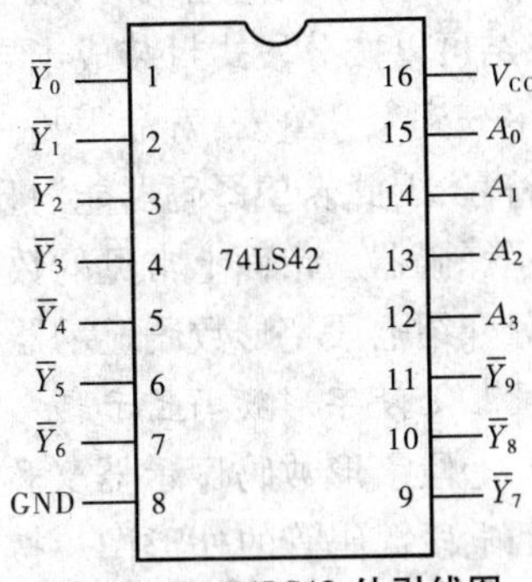

图12-12　74LS42外引线图

表12-9　74LS42译码器功能表

十进制数	输入				输出									
	A_3	A_2	A_1	A_0	$\overline{Y}_0$	$\overline{Y}_1$	$\overline{Y}_2$	$\overline{Y}_3$	$\overline{Y}_4$	$\overline{Y}_5$	$\overline{Y}_6$	$\overline{Y}_7$	$\overline{Y}_8$	$\overline{Y}_9$
0	0	0	0	0	0	1	1	1	1	1	1	1	1	1
1	0	0	0	1	1	0	1	1	1	1	1	1	1	1
2	0	0	1	0	1	1	0	1	1	1	1	1	1	1
3	0	0	1	1	1	1	1	0	1	1	1	1	1	1
4	0	1	0	0	1	1	1	1	0	1	1	1	1	1
5	0	1	0	1	1	1	1	1	1	0	1	1	1	1
6	0	1	1	0	1	1	1	1	1	1	0	1	1	1
7	0	1	1	1	1	1	1	1	1	1	1	0	1	1
8	1	0	0	0	1	1	1	1	1	1	1	1	0	1
9	1	0	0	1	1	1	1	1	1	1	1	1	1	0
无效	1	0	1	0	1	1	1	1	1	1	1	1	1	1
	1	0	1	1	1	1	1	1	1	1	1	1	1	1
	1	1	0	0	1	1	1	1	1	1	1	1	1	1
	1	1	0	1	1	1	1	1	1	1	1	1	1	1
	1	1	1	0	1	1	1	1	1	1	1	1	1	1
	1	1	1	1	1	1	1	1	1	1	1	1	1	1

由表 12-9 可以看出,74LS42 的电路输入为 8421BCD 码,10 个译码输出端为 $\overline{Y}_9 \sim \overline{Y}_0$,译码时对应输出为 0,否则为 1。当输入 BCD 码 0000 ~ 1001 时输出 $\overline{Y}_0 \sim \overline{Y}_9$ 中有唯一的 0 输出与之相对应;当输入为 BCD 码以外的伪码(即 1010 ~ 1111 六个代码)时,$\overline{Y}_0 \sim \overline{Y}_9$ 均无低电平信号产生,译码器拒绝"翻译"。因此,这种电路结构具有拒绝伪码的作用。

(三)显示译码器

在数字仪表、计算机和其他数字系统中,常常要把测量数据和运算结果用十进制数显示出来,这就要用显示译码器,它能够把 8421 二 - 十进制代码译成能用显示器件显示出的十进制数。

常用的显示器件有半导体数码管、液晶数码管和荧光数码管等。下面只介绍半导体数码管一种。

1. 半导体数码管

半导体数码管(或称 LED 数码管)的基本单元是 PN 结,目前较多采用磷砷化镓做成的 PN 结,当外加正向电压时,就能发出清晰的光线。单个 PN 结可以封装成发光二极管,多个 PN 结可以按分段式封装成半导体数码管,发光二极管的工作电压为 1.5 ~ 3 V,工作电流为几毫安到十几毫安,寿命很长。在数字系统中,常常需要将译码输出显示成十进制数字或其他符号,因此希望译码器能与显示器配合使用或直接驱动显示器,这种类型的译码器就叫做显示译码器。市面上常见的数码管显示器有七段字形数码显示器和米字形数码显示器,这里只介绍七段字形数码显示器和驱动它的七段字形译码器。

2. 七段字形数码显示器

七段字形数码显示器又称七段数码管,图 12-13 给出了小体积的七段数码管的外形图。按照驱动方式的不同,有共阴极接法和共阳极接法两种形式的数码管。图 12-14(a)、(b)分别给出了共阴极接法和共阳极接法的接线图。

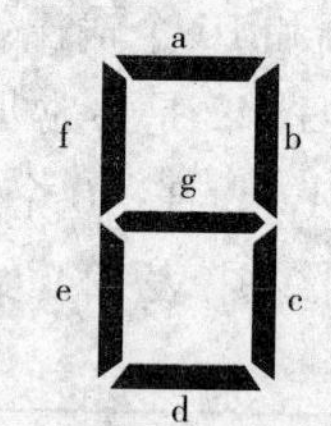

图 12-13　七段数码管外形

需要指出的是,单个发光二极管正向工作电压一般为 1.5 ~ 3 V,驱动电流需要几毫安至几十毫安。为了防止二极管因过流而损坏,使用时每个二极管支路均应串接限流电阻。

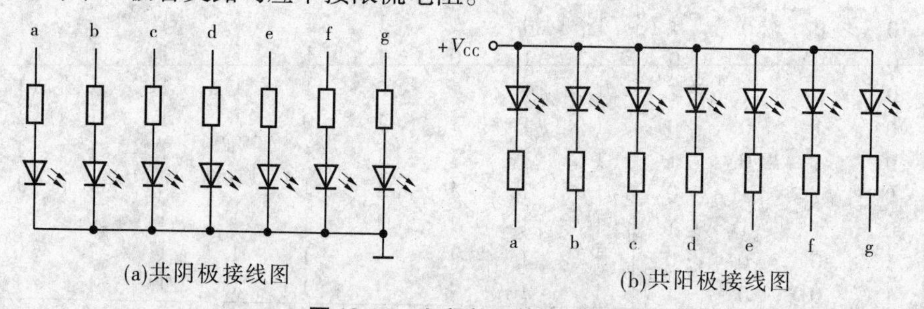

图 12-14　七段数码管接线图

如果 a、b、c、d、e、f 端接入有效电平,会点亮数码管中相应的发光二极管,不难看出,此时应显示"0"。同理,可以利用不同的发光二极管的组合显示出一些数字或图形。

3. 七段字形译码器

常用的七段字形译码器有驱动共阴数码管的 74LS48 和 74LS248 以及驱动共阳数码管的 74LS49 和 74LS249。需要指出的是,即使是完成相同功能的译码器,其电气参数上也有微小的区别，在使用时请查阅相关手册。

图 12-15 给出了 74LS48 的管脚图，表 12-10 给出了其功能表。

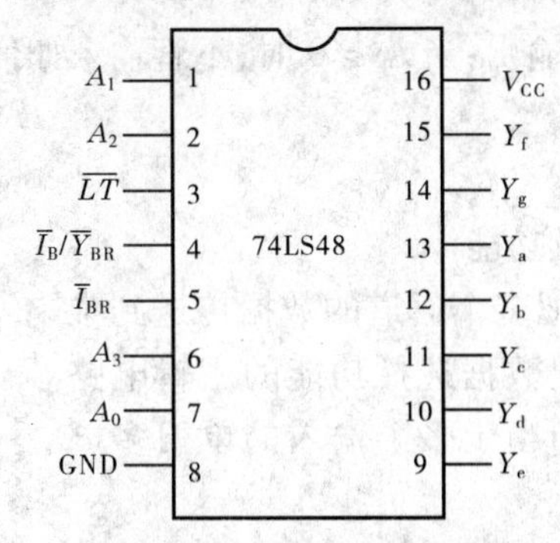

图 12-15　74LS48 管脚图

表 12-10　74LS48 显示译码器功能表

数字	输入							输出							字形
十进制	$\overline{LT}$	$\overline{I}_{BR}$	A_3	A_2	A_1	A_0	$\overline{I}_B/\overline{Y}_{BR}$	a	b	c	d	e	f	g	
0	1	1	0	0	0	0	1	1	1	1	1	1	1	0	0
1	1	×	0	0	0	1	1	0	1	1	0	0	0	0	1
2	1	×	0	0	1	0	1	1	1	0	1	1	0	1	2
3	1	×	0	0	1	1	1	1	1	1	1	0	0	1	3
4	1	×	0	1	0	0	1	0	1	1	0	0	1	1	4
5	1	×	0	1	0	1	1	1	0	1	1	0	1	1	5
6	1	×	0	1	1	0	1	0	0	1	1	1	1	1	6
7	1	×	0	1	1	1	1	1	1	1	0	0	0	0	7
8	1	×	1	0	0	0	1	1	1	1	1	1	1	1	8
9	1	×	1	0	0	1	1	1	1	1	0	0	1	1	9
	1	×	1	0	1	0	1	0	0	0	1	1	0	1	
	1	×	1	0	1	1	1	0	0	1	1	0	0	1	
	1	×	1	1	0	0	1	0	1	0	0	0	1	1	
	1	×	1	1	0	1	1	1	0	0	1	0	1	1	
	1	×	1	1	1	0	1	0	0	0	1	1	1	1	
	1	×	1	1	1	1	1	0	0	0	0	0	0	0	全暗
灭灯	×	×	×	×	×	×	0	0	0	0	0	0	0	0	全暗
灭零	1	0	0	0	0	0	0	0	0	0	0	0	0	0	全暗
试灯	0	×	×	×	×	×	1	1	1	1	1	1	1	1	8

74LS48 有三个辅助控制端 $\overline{LT}$、$\overline{I}_{BR}$、$\overline{I}_B/\overline{Y}_{BR}$。

$\overline{LT}$为试灯输入：当$\overline{LT}=0$，$\overline{I}_B/\overline{Y}_{BR}=1$ 时，若七段均完好，显示字形是“8”，该输入端常用于检查 74LS48 显示器的好坏；当$\overline{LT}=1$ 时，译码器方可进行译码显示。

$\overline{I}_{BR}$用来动态灭零：当 $\overline{LT}=1$，且$\overline{I}_{BR}=0$，输入 $A_3A_2A_1A_0=0000$ 时，则 $\overline{I}_B/\overline{Y}_{BR}=0$，显示器

的七个字段全熄灭，为灭零输入。$\overline{I}_{BR}$ 同时为控制低位灭零信号灯，当 $\overline{Y}_{BR}=1$ 时，说明本位处于显示状态；若 $\overline{Y}_{BR}=0$，且低位为零，则低位零被熄灭。

$\overline{I}_B/\overline{Y}_{BR}$ 为灭灯输入/灭灯输出：当 $\overline{I}_B=0$ 时，不管输入如何，数码管不显示数字。

三、数据选择器

（一）数据选择器的定义及功能

数据选择是指经过选择，把多个通道的数据传送到唯一的公共数据通道上去。实现数据选择功能的逻辑电路称为数据选择器。它的作用相当于多个输入的单刀多掷开关，其示意图如图 12-16 所示。

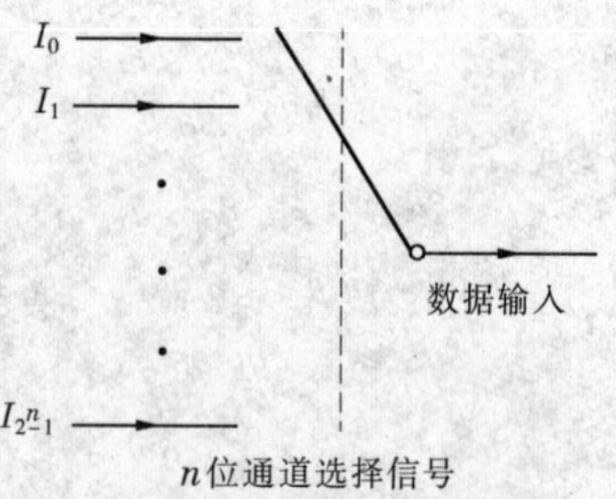

图 12-16　数据选择器示意图

下面以 4 选 1 数据选择器为例，说明其工作原理及基本功能。其逻辑图如图 12-17 所示，功能表如表 12-11 所示。为了对 4 个数据源进行选择，使用两位地址码 A_1A_0 产生 4 个地址信号，由 A_1A_0 等于 00、01、10、11 分别控制 4 个与门的开闭。显然，任何时候 A_1A_0 只有一种可能的取值，所以只有一个与门打开，使对应的那一路数据通过，送达 Y 端。输入使能端 $\overline{S}$ 是低电平时有效，当 $\overline{S}=1$ 时，所有与门都被封锁，无论地址码是什么，Y 总是等于 0；当 $\overline{S}=0$ 时，封锁解除，由地址码决定哪一个与门打开，输出对应数据。

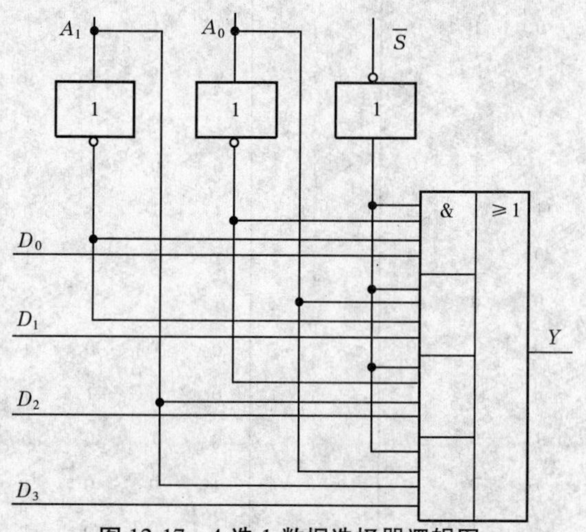

图 12-17　4 选 1 数据选择器逻辑图

同样原理，可以构成更多输入通道的数据选择器。被选数据源越多，所需地址码的位数也越多，若地址输入端为 n，可选输入通道数为 2^n。

表 12-11　4 选 1 数据选择器功能表

输入			输出
使能	地址		
$\overline{S}$	A_1	A_0	Y
1	×	×	0
0	0	0	D_0

续表 12-11

输入			输出
使能	地址		
0	0	1	D_1
0	0	0	D_2
0	1	1	D_3

(二)集成电路数据选择器

1.74LS151 集成电路数据选择器的功能

74LS151 是一种典型的集成电路数据选择器,它有 3 个地址输入端 $A_2A_1A_0$,可选择 $D_0 \sim D_7$ 共 8 个数据源,具有两个互补输出端:同相输出端 Y 和反相输出端 $\overline{Y}$。其引脚图如图 12-18 所示,功能表如表 12-12 所示。输入使能端 $\overline{S}$ 为低电平有效。输出 Y 的表达式为 $Y=\sum_{i=0}^{7} m_i D_i$,式中 m_i 为由 A_2、A_1、A_0 组成的最小项。例如,当 $\overline{A_2}A_1\overline{A_0}=010$ 时,根据最小项性质,只有 m_2 为 1,其余各项为 0,故得 $Y=D_2$,即只有 D_2 传送到输出端;当 $\overline{A_2}\,\overline{A_1}\,\overline{A_0}=000$ 时,只有 m_0 为 1,其余各项为 0,故得 $Y=D_0$,即只有 D_0 传送到输出端。

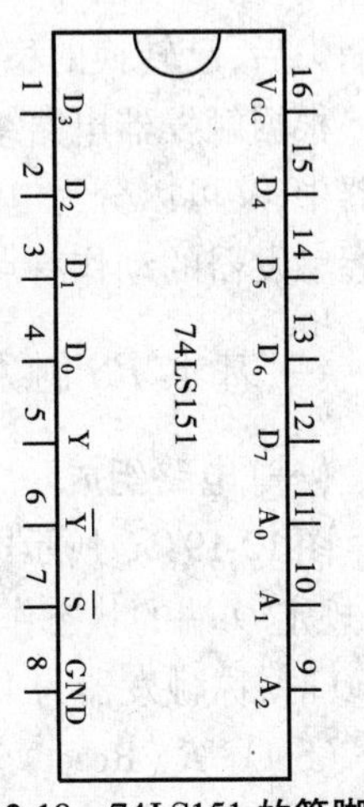

图 12-18 74LS151 的管脚图

表 12-12 74LS151 的功能表

输入				输出	
$\overline{S}$	A_2	A_1	A_0	Y	$\overline{Y}$
1	×	×	×	0	1
0	0	0	0	D_0	$\overline{D_0}$
0	0	0	1	D_1	$\overline{D_1}$
0	0	1	0	D_2	$\overline{D_2}$
0	0	1	1	D_3	$\overline{D_3}$
0	1	0	0	D_4	$\overline{D_4}$
0	1	0	1	D_5	$\overline{D_5}$
0	1	1	0	D_6	$\overline{D_6}$
0	1	1	1	D_7	$\overline{D_7}$

综上所述,对数据选择器归纳为以下几点:

(1)数据选择器通常是用来控制从几个数据中选择其中一个送到输出端。究竟选择哪一个数据,是由地址输入端的信号来控制的。

(2)正确使用数据选择器的使能输入端,可对数据选择器进行扩展。(限于篇幅,同学们可以自行分析。)

(3)数据选择器可用来实视逻辑函数。(限于篇幅,同学们可以自行分析。)

第三节　触发器

触发器是具有记忆功能部件的基本单元,它有两个稳定的状态,可分别表示成二进制数 0 和 1。在输入信号和脉冲作用下,触发器的两个稳态可以相互转换,当输入信号和脉冲作用消失后,已转换的稳定状态可以长期保存。

根据触发器电路结构的不同,可分为基本 *RS* 触发器和时钟触发器两大类。在时钟触发器中,又可以分为电平触发器和边沿触发器。触发器的电路结构不同,动作特点也不同,掌握触发器的动作特点对于正确使用这些触发器是十分重要的。

一、基本 *RS* 触发器

(一)电路组成

图 12-19(a)所示电路是由两个与非门交叉耦合构成的基本 *RS* 触发器。它有两个稳态,规定 Q 端的状态作为触发器的状态,一般情况下 Q 、$\overline{Q}$ 端的状态是互补的。当 $Q=1$, $\overline{Q}=0$ 时,称触发器为 1 态;反之,当 $Q=0$, $\overline{Q}=1$ 时,称触发器为 0 态。触发器的两个输入端 S(Set)、R(Reset)分别为置 1(置位)、置 0(复位)端。由于是低电平有效,故在其上面加一非号表示为 $\overline{S}$ 、$\overline{R}$,为了进一步表示两个输入端为直接输入端,故在其右下角又写上 D(Direct),表示为$\overline{S}_D$、$\overline{R}_D$。

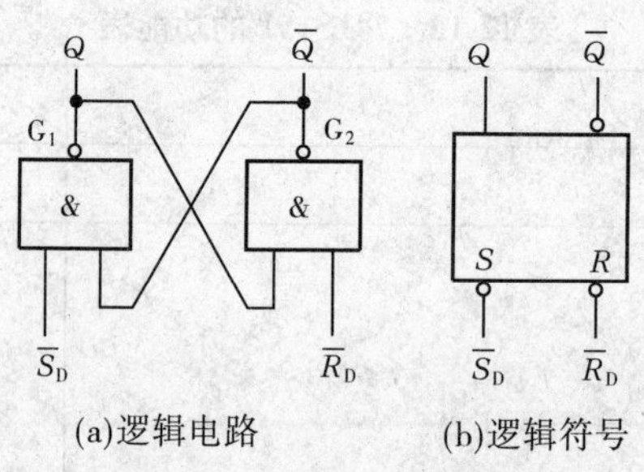

(a)逻辑电路　　(b)逻辑符号

图 12-19　基本 *RS* 触发器

图 12-19(b)表示基本 *RS* 触发器逻辑符号,输入端的小圆圈表示触发信号为低电平有效。输出端 $\overline{Q}$ 处的小圆圈表示正常情况下 Q 、$\overline{Q}$ 端的状态是互补的。

(二)工作原理

由于与非门的逻辑关系为有 0 出 1,全 1 出 0,故有两个与非门交叉耦合构成的基本 *RS* 触发器的工作原理如下:

(1)当$\overline{S}_D=0$,$\overline{R}_D=1$ 时,门 G_1 的$\overline{S}_D$ 输入端为 0,另一个输入信号为$\overline{Q}$。显然,无论$\overline{Q}$初始状态如何,门 G_1 均将输出 1,即 $Q=1$;这时门 G_2 的两个输入均为 1,其输出$\overline{Q}=0$。

(2)当$\overline{S}_D=1$,$\overline{R}_D=0$ 时,不难得出,不论触发器的初始状态如何,最终有 $Q=0$,$\overline{Q}=1$。

(3)当$\overline{S}_D=1$,$\overline{R}_D=1$ 时,触发器将保持原来的状态不变。

(4)当$\overline{S}_D=0$,$\overline{R}_D=0$ 时,无论触发器的初始状态如何,必将出现 $Q=\overline{Q}=1$ 的情况,显然

破坏了触发器的互补关系，而且在$\overline{S}_D$ 和$\overline{R}_D$ 的 0 状态同时消失后，触发器的输出状态将不能确定。原因是当$\overline{S}_D$ 和$\overline{R}_D$ 由 0 变为 1 时，若门 G_1 较 G_2 先导通，则$\overline{Q}=0$ 引回到 G_2 的输入端后，将使 $Q=0$；将 Q 反馈到 G_2 输入端后，有 $\overline{Q}=1$，即若 G_1 先于 G_2 导通，有 $Q=0,\overline{Q}=1$ 输出。同理，若门 G_2 先导通，有 $Q=1,\overline{Q}=0$。显然这是两种不同的结果，这是不被允许的。所以，正常工作时，不允许加$\overline{S}_D=\overline{R}_D=0$ 的输入信号，即需遵守$\overline{S}_D+\overline{R}_D=1$（即 $RS=0$）的约束条件。

通常，我们将触发器原来的状态（也称初态）的输出端 Q 值用 Q^n 表示，在新的状态（也称次态）用 Q^{n+1} 表示。将上述分析列成表 12-13，就是基本 RS 触发器的状态转换真值表。

表 12-13　用与非门组成的基本 RS 触发器的状态转换真值表

$\overline{S}_D$	$\overline{R}_D$	Q^n	Q^{n+1}	逻辑功能
1	1	0	0	保持
		1	1	
1	0	0	0	置 0
		1	0	
0	1	0	1	置 1
		1	1	
0	0	0	1^*	不允许状态
		1	1^*	

表中 Q^{n+1} 取值 1^*，是和正常 1 态相区别的。

（三）逻辑功能描述

触发器的逻辑功能可以用它的真值表、特性方程、状态转换图和波形图来描述。

1. 真值表（状态转换真值表）

真值表也可叫特性表，如表 12-13 所示。

2. 特性方程

由基本 RS 触发器的状态转换真值表可写出输出函数表达式，即特性方程。

$$\begin{cases} Q^{n+1} = \overline{\overline{S}}_D + \overline{R}_D Q^n \\ \overline{S}_D + \overline{R}_D = 1\text{（约束条件）} \end{cases}$$

3. 状态转换图

状态转换图是电路由现态转换到次态的示意图。用与非门组成的基本 RS 触发器状态转换图如图 12-20 所示，图中的圆圈表示触发器的状态，箭头表示触发器状态转换的去向，同时用箭头旁边的注字说明状态转换的条件。

4. 波形图

根据已知输入信号的波形及输出信号和输入信号间的逻辑关系画出的输出信号的波形，称为波形图。图 12-21 所示就是基本 RS 触发器波形图。波形图可以直观地、形象地显示触发器输入信号和输出状态之间的逻辑关系。图中斜线部分表示触发器的状态不确定。

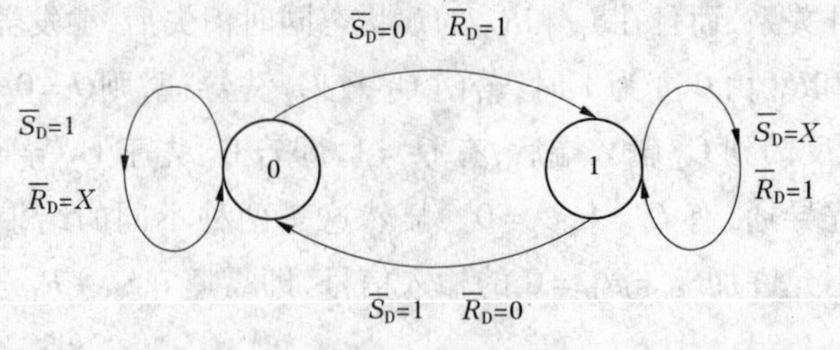

图 12-20 状态转换图

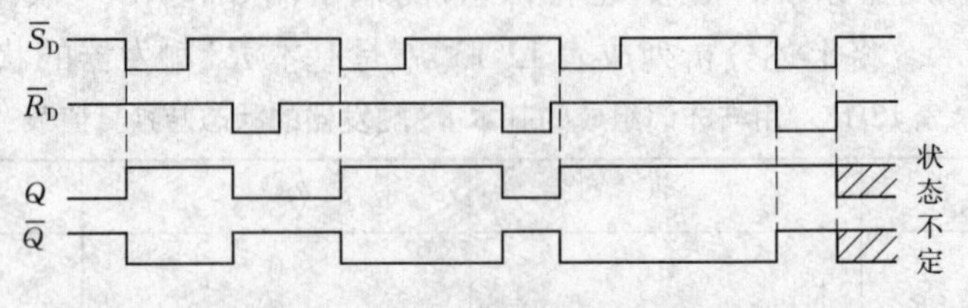

图 12-21 基本 RS 触发器波形图

(四)基本 RS 触发器的应用

在调试数字电路时,经常要用到单脉冲信号,即按一下按钮只产生一个脉冲信号。由于按钮触点的金属片有弹性,所以按下时触点常发生抖动,造成多个脉冲输出,进而给电路调试带来困难。用基本 RS 触发器和按钮可构成无抖动的开关电路,如图 12-22 所示。若 $Q=1$, $\overline{Q}=0$,当按压按键时,$\overline{S}_D=1$,$\overline{R}_D=0$,可得出 $Q=0$,$\overline{Q}=1$,改变了输出信号 Q 的状态。若由于机械开关的接触抖动,则$\overline{R}_D$ 的状态会在 0 和 1 之间变化多次,若$\overline{R}_D=1$,由于$\overline{S}_D=1$,因此不会影响输出的状态。同理,当松开按键时,$\overline{S}_D$ 端出现的接触抖动亦不会影响输出的状态。因此,图 12-22 所示的电路,开关每按压一次, Q 点的输出波形仅发生一次变化,消除了抖动。

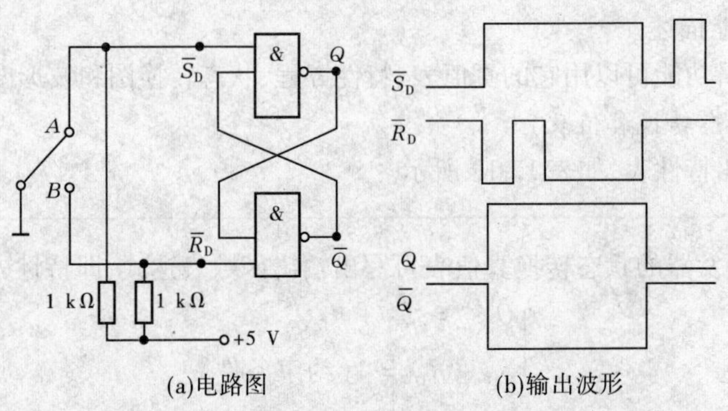

(a)电路图 (b)输出波形

图 12-22 基本 RS 触发器组成的消抖开关电路

二、边沿触发器

(一)边沿触发器的特点

基本 RS 触发器的状态是由输入信号直接控制的。在实际使用中,触发器的状态不仅由输入信号控制,还要求触发器能按一定的节拍动作,因此引入了决定动作时间的信号,称为时钟脉冲或时钟信号,用 CP 表示。只有时钟脉冲出现后,触发器的状态才能改变,这样的触发器称为时钟触发器。时钟触发器有电平触发器和边沿触发器两大类,电平触发器由于存在空翻等问题，应用受到限制，本书不作介绍，下面只介绍应用范围很广的边沿触发器。

边沿触发器只在 CP 上升沿或下降沿的瞬间接收输入信号，触发器的输出才会发生变化，提高了电路的可靠性和抗干扰能力。边沿触发器主要有边沿 JK 触发器、维持阻塞 D 触发器、CMOS 边沿触发器等。

国产 D 触发器几乎全是维持阻塞型触发器（维持阻塞型触发器是上升沿触发的边沿触发器），图 12-23(a)所示为维持阻塞 D 触发器 74LS74 的管脚图，图 12-23(b)所示为 D 触发器的逻辑符号。D 触发器的真值表如表 12-14 所示。D 触发器的特性方程为：$Q^{n+1}=D$（CP 上升沿有效）。

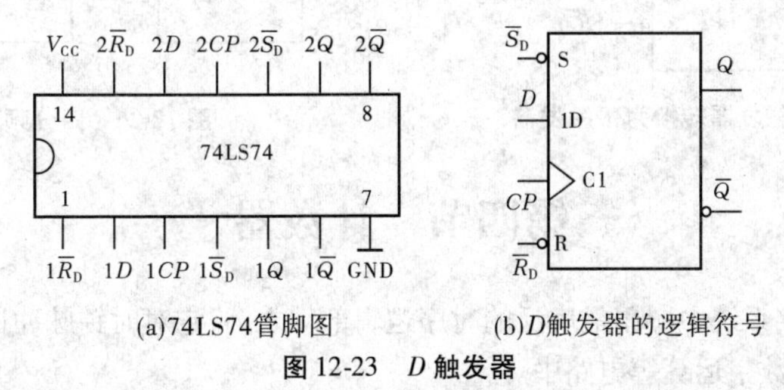

(a)74LS74管脚图　　(b)D触发器的逻辑符号

图 12-23　D 触发器

表 12-14　D 触发器的真值表

CP	D	Q^{n+1}
↑	0	0
↑	1	1

【例 12-6】　已知维持阻塞 D 触发器输入 CP 和 D 信号的波形如图 12-24 所示，若 $Q^n=0$，试画出输出端 Q 和 $\overline{Q}$ 的波形。电路的时序图是在时钟脉冲 CP 作用下，各触发器状态变化的波形图。电路的时序图是波形图的特例。

解：根据每一个 CP 上升沿到来瞬间前 D 的状态，即可决定触发器每一个状态 Q^{n+1}，其输出端 Q 和 $\overline{Q}$ 的波形如图 12-24 所示。

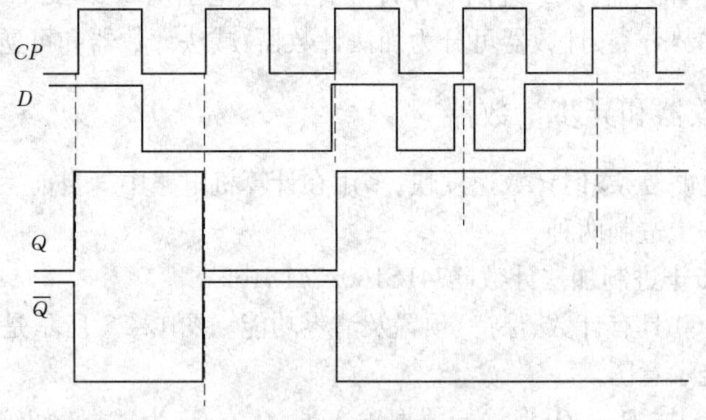

图 12-24　例 12-6 的波形图（时序图）

（二）边沿触发器的应用

D 触发器可以转换为 T 触发器，如图 12-25 所示。T 触发器逻辑功能是每来一个时钟脉冲,触发器翻转一次,即 $Q^{n+1}=\overline{Q}^n$,具有计数功能。该 T 触发器是构成计数器的基本单元,也可作为分频器来用。Q 或 $\overline{Q}$ 端的频率总是 CP 频率的一半,故又叫做二分频器。两个 T 触发器级联起来可以构成四分频器,如图 12-26 所示。三个 T 触发器级联起来可以构成八分频器,等等。

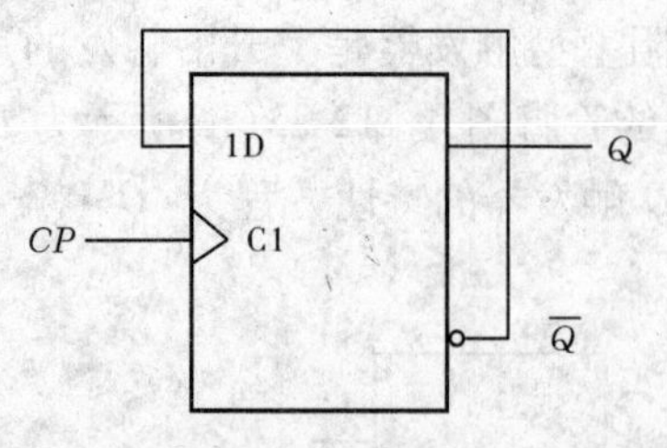

图 12-25　D 触发器转换为 T 触发器

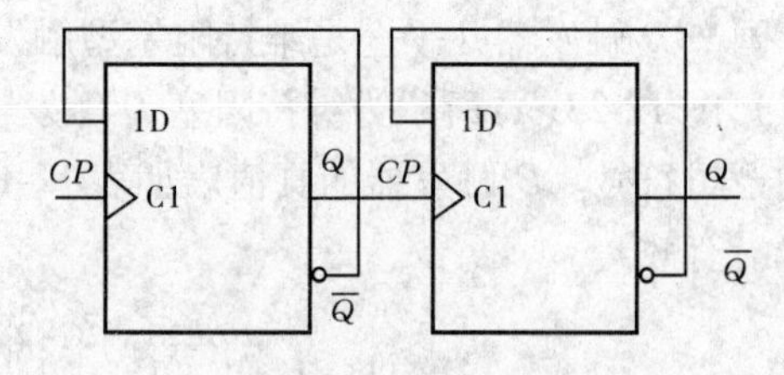

图 12-26　四分频器

第四节　计数器

计数器是数字系统中应用最广泛的时序逻辑部件之一,它对时钟脉冲进行计数,经常应用在定时、分频及数字运算等电路中。

计数器是累计输入脉冲数目的时序逻辑部件。

计数器若按各个触发器动作的次序划分,可分为同步计数器和异步计数器两种。

同步计数器:构成计数器的所有触发器共用同一个计数脉冲 CP,使应翻转的触发器在 CP 脉冲作用下同时翻转。

异步计数器:构成计数器的所有触发器不共用同一个计数脉冲 CP,有的触发器的时钟脉冲输入端是其他触发器的输出,因此触发器不是同时动作。

计数器按数制分类,可分为二进制计数器和非二进制计数器(一般为 BCD 码十进制计数器)两类。

二进制计数器:按二进制规律计数。最常用的有四位二进制计数器,计数范围从 0000 到 1111。

BCD 码十进制计数器:按二进制规律计数,但计数范围从 0000 到 1001。

按计数增减趋势分类,计数器可分为加法计数器、减法计数器和可逆计数器三种。

一、同步计数器和异步计数器

同步计数器电路复杂,但计数速度快,多用在计算机电路中。目前生产的集成同步计数器芯片有二进制和十进制两种。

(一)集成同步十进制加法计数器74LS160/74LS162

计数器 74LS160 具有计数、保持、预置及清零功能。图 12-27 所示是计数器 74LS160 的管脚图和逻辑功能示意图。

在图 12-27(b)中,$D_0\sim D_3$ 为并行数据输入端,$Q_0\sim Q_3$ 为数据输出端,CT_P、CT_T 为计数控制端,它们中至少有一个低电平时,计数器保持常态,只有两者都是高电平时,计数器才处于计数状态。CP 为时钟输入端,上升沿有效;CO 为进位输出端;$\overline{CR}$ 为异步清零输入端,低电平时有效,不受 CP 控制,且优先级别最高;$\overline{LD}$ 为同步并行置数控制端,低电平时有效,在

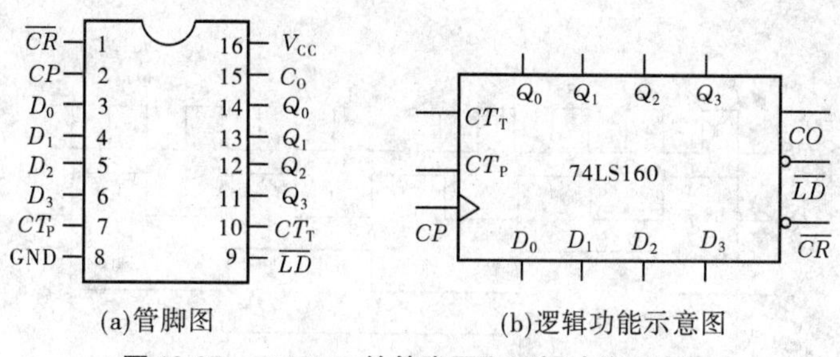

图 12-27　74LS160 的管脚图和逻辑功能示意图

CP 脉冲上升沿来临时,数据输入端 $D_0 \sim D_3$ 上数据被送至输出端 $Q_3 \sim Q_0$,进行预置功能。表 12-15给出了 74LS160 的功能表。

表 12-15　74LS160 功能表

输入									输出			
CP	$\overline{CR}$	$\overline{LD}$	CT_P	CT_T	D_3	D_2	D_1	D_0	Q_3	Q_2	Q_1	Q_0
×	0	×	×	×	×	×	×	×	0	0	0	0
↑	1	0	×	×	d_3	d_2	d_1	d_0	d_3	d_2	d_1	d_0
×	1	1	0	1	×	×	×	×	保持(包括 C 的状态)			
×	1	1	×	0	×	×	×	×	保持(但 $C=0$)			
↑	1	1	1	1	×	×	×	×	计数			

由功能表 12-15 可知,74LS160 具有如下功能:

(1)异步清零:当清零控制端 $\overline{CR}=0$ 时,立即清零, CP 脉冲不起作用。

(2)同步预置数:当预置端 $\overline{LD}=0$,而 $\overline{CR}=1$ 时,在置数输入端 $D_0D_1D_2D_3$ 预置某个数据,同时在 CP 脉冲上升沿作用下,将 $D_0D_1D_2D_3$ 端的数据送入计数器。

(3)保持:当 $\overline{CR}=\overline{LD}=1$ 时,只要控制端 CT_P 和 CT_T 中有一个为低电平,就使每级触发器处于保持状态。在保持状态下, CP 脉冲不起作用。

(4)计数:当 $\overline{CR}=\overline{LD}=1$,同时 $CT_P=CT_T=1$ 时,电路为十进制加法计数器。在 CP 脉冲作用下,计数器状态转换为 0000→0001→…→1001。当计到 1001 时,进位输出端 CO 送出进位信号(高电平有效),即 $CO=Q_3Q_0 \cdot CT_T=1$。如图 12-28 所示,给出了 74LS160 的状态转换图。

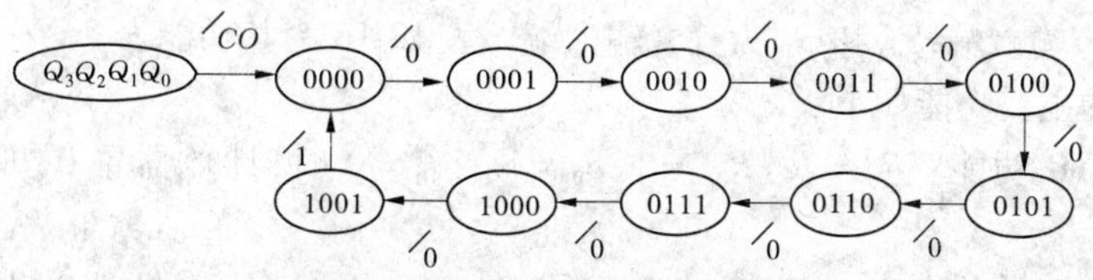

图 12-28　74LS160 的状态转换图

图 12-29 所示是 74LS160 的时序图。该时序图显示,计数器从初始值 0000 开始对 CP 脉冲计数,输出 $Q_3Q_2Q_1Q_0$ 就表示计数的个数。当第九个脉冲到来时,计数器进位输出端 CO 送出进位信号。当第十个脉冲到来时,输出 $Q_3Q_2Q_1Q_0$ 清零。因此,称 74LS160 为同步

十进制计数器。

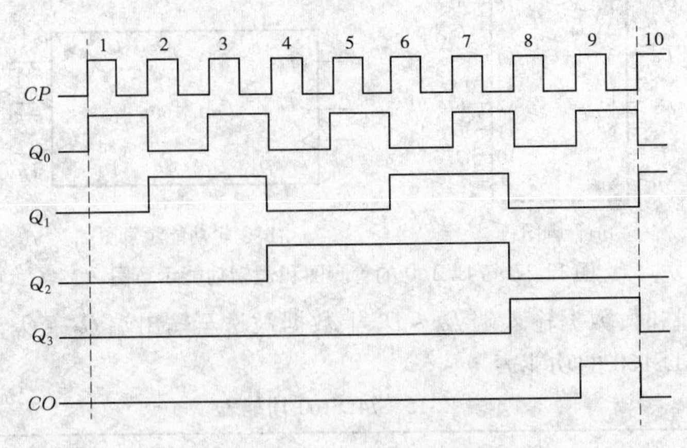

图 12-29　74LS160 的时序图

从该时序图还可以看出，若 CP 的频率为 f，那么 Q_0、Q_1、Q_2、Q_3 的频率分别为 $\frac{1}{2}f$、$\frac{1}{4}f$、$\frac{1}{8}f$、$\frac{1}{10}f$，说明计数器具有分频作用，各级依次称为二分频器、四分频器、八分频器、十分频器。

常用的集成同步十进制计数器除 74LS160 外，还有 74LS162。74LS162 的管脚图、逻辑功能示意图、状态转换图等都与 74LS160 的相同，两者所不同的是功能表的清零方式不同，74LS160 是异步清零方式，而 74LS162 是同步清零方式。

（二）集成同步四位二进制加法计数器 74LS161/74LS163

74LS161 为四位二进制同步计数器，它与 74LS160 的管脚图、逻辑功能示意图完全相同，功能表也一样，但 74LS161 有 0000 ~ 1111 十六个状态，而不是 0000 ~ 1001 十个状态。四位二进制同步计数器 74LS163，它与 74LS162 的管脚图、逻辑功能示意图完全相同，功能表也一样，只是 74LS163 有 0000 ~ 1111 十六个状态。74LS161 和 74LS163 所不同的是功能表的清零方式不同，74LS161 是异步清零方式，而 74LS163 是同步清零方式。

（三）异步计数器 CT74LS290

异步计数器电路简单，但计数速度慢，多用于仪器、仪表中。图 12-30 所示是 CT74LS290 的电路结构框图、逻辑功能示意图及外引线图。由图 12-30（a）可以看出，CT74LS290 由一个一位二进制计数器和一个五进制计数器两部分组成。图 12-30（b）中，R_{0A} 和 R_{0B} 为置零输入端，S_{9A} 和 S_{9B} 为置九输入端。表 12-16 为其功能表。

74LS290 的主要功能如下：

（1）异步置 0 功能。$R_0 = R_{0A}R_{0B} = 1$、$S_9 = S_{9A}S_{9B} = 0$ 时，计数器置 0，即 $Q_3Q_2Q_1Q_0 = 0000$。

（2）异步置 9 功能。$R_0 = R_{0A}R_{0B} = 0$、$S_9 = S_{9A}S_{9B} = 1$ 时，计数器置 9，即 $Q_3Q_2Q_1Q_0 = 1001$。

（3）计数功能。$R_{0A}R_{0B} = 0$、$S_{9A}S_{9B} = 0$ 时，计数器处于计数工作状态，分为下面四种情况。

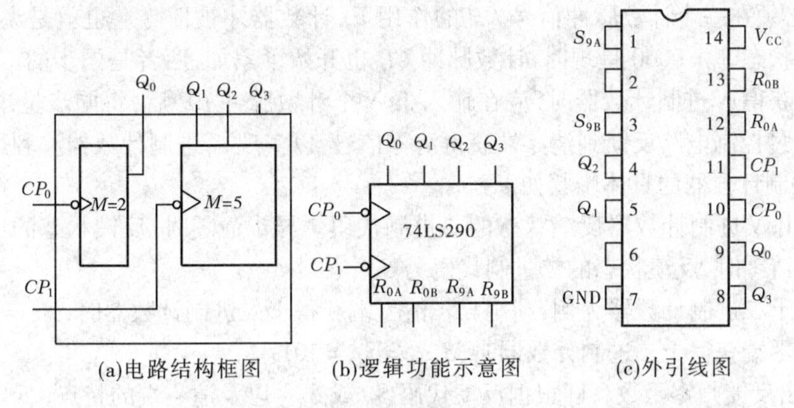

(a)电路结构框图　(b)逻辑功能示意图　(c)外引线图

图 12-30　CT74LS290 的电路结构框图、逻辑功能示意图及外引线图

表 12-16　CT74LS290 的功能表

输入			输出				说明
$R_{0A}R_{0B}$	$S_{9A}S_{9B}$	CP	Q_3	Q_2	Q_1	Q_0	
1	0	×	0	0	0	0	置 0
0	1	×	1	0	0	1	置 9
0	0	↓	计　数				

①计数脉冲由 CP_0 端输入、Q_0 输出，构成一位二进制计数器。

②计数脉冲由 CP_1 端输入、$Q_3Q_2Q_1$ 输出，构成异步五进制计数器。

③将 Q_0 与 CP_1 相连，计数脉冲由 CP_0 端输入、$Q_3Q_2Q_1Q_0$ 输出，构成 8421BCD 码异步十进制计数器。

④将 Q_3 与 CP_0 相连，计数脉冲由 CP_1 端输入，从高位到低位输出为 $Q_0Q_3Q_2Q_1$，构成 5421BCD 码异步十进制加法计数器。

二、任意(N)进制计数器

二进制和十进制以外的进制统称为任意(N)进制。要构成任意(N)进制计数器，只有利用集成二进制和十进制计数器，用反馈清零法或反馈置数法来实现。假设已有 M 进制计数器，要构成 N 进制计数器，有 $M<N$ 和 $N<M$ 两种情况。下面讨论 $N<M$ 时的情况。

(一)反馈清零法

利用已有计数器(M 进制)的清零功能可以方便地构成 $N(N<M)$ 进制计数器。集成计数器的清零方式有异步和同步两种。异步清零时与时钟脉冲 CP 无关，也就是说，计数器的第一个有效状态 $S_0=0000$ 呈现时，计数脉冲 CP 并没有开始累加，计数器的第二个有效状态 $S_1=0001$ 呈现时，计数脉冲 CP 才开始累加。因此，利用异步清零端获得 N 进制计数器时，应在输入第 N 个计数脉冲信号 CP 后，将将要呈现的第 $N+1$ 状态 S_N 通过控制电路反馈到异步清零端，使计数器清零，以实现 N 进制计数器。注意，第 $N+1$ 个状态 S_N 为过渡状态，不会出现在 N 进制计数的状态转换图中。

与异步清零不同，同步清零端获得清信号后，计数器并不立刻清零，只是为清零提供了必要条件，必须在一个计数脉冲信号 CP 的作用下，计数器才被清零。也就是说，计数器的第一个有效状态 $S_0=0000$ 呈现时，计数脉冲 CP 也开始了累加，两者是同步的。因此，利用同步清零端获得 N 进制计数器时，应在输入第 N 个计数脉冲 CP 后，将同步呈现的第 N 个状态 S_{N-1} 通过控制电路反馈到清零端获得清零信号，以实现 N 进制计数器。利用反馈归零法获得 N 进制计数器的具体步骤如下：

(1)写出 N 进制计数器反馈状态的二进制代码。异步清零时，反馈状态的二进制代码为 S_N；同步清零时，反馈状态的二进制代码为 S_{N-1}。

以构成十二进制计数器为例，利用异步清零端获得十二进制计数器时，$S_N=S_{12}=1100$；利用同步清零端获得十二进制计数器时，$S_{N-1}=S_{11}=1011$。

(2)写出反馈归零函数。即根据反馈代码 S_N 或 S_{N-1} 以及清零端的特点(低电平有效或高电平有效)写出异步或同步清零端的输入逻辑表达式。即令清零信号等于反馈代码 S_N 或 S_{N-1} 中为 1 的输出端相与(清零信号高电平有效)或相与非(清零信号低电平有效)。

(3)画图。根据反馈归零函数表达式，在集成计数器的功能示意图上画出电路连线图。

【例 12-7】 利用 74LS290 构成六进制计数器。要求输出 8421BCD 码。

解:74LS290 是集成异步二－五－十进制计数器，如图 12-30 所示。由 74LS290 的功能表知道，74LS290 为异步清零，所以反馈代码为 $S_N=S_6$。

(1)写出 S_6 的二进制代码为:$S_6=0110$。

(2)写出反馈归零函数。74LS290 的异步清零信号为高电平，因此

$$R_0 = R_{0A}R_{0B} = Q_2Q_1$$

(3)画图。由上式知，用 74LS290 实现六进制计数器，应将异步清零端 R_{0A} 和 R_{0B} 分别接 Q_2、Q_1，同时将 S_{9A} 和 S_{9B} 接 0。由于计数容量大于五，还应将 Q_0 与 CP_1 相连。连线图如图 12-31(a)所示。

与此类似，利用 74LS290 构成九进制计数器的连线图如图 12-31(b)所示。

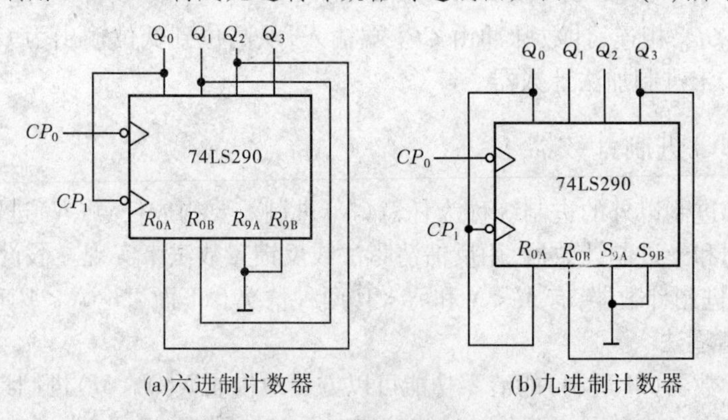

图 12-31　异步清零法构成六进制和九进制计数器

【例 12-8】 试用 74LS163 构成十二进制计数器。

解:由于 74LS163 同步清零，清零端 $\overline{CR}$ 低电平有效。所以

(1)反馈代码为:$S_{11}=1011$；

(2)反馈归零函数为:$\overline{CR} = \overline{Q_3Q_1Q_0}$；

(3)画连线图，如图 12-32 所示。

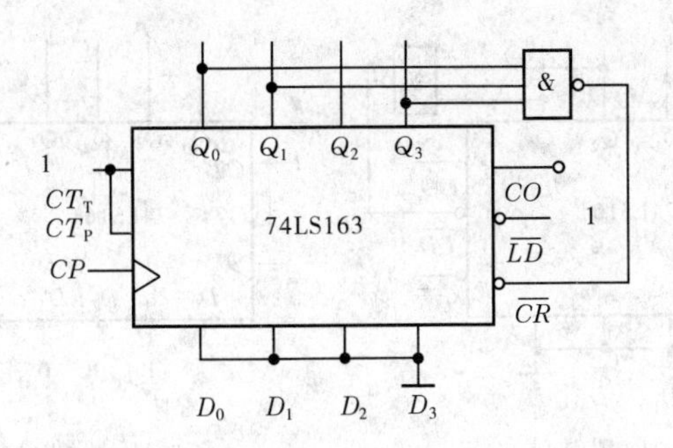

图 12-32　同步清零法构成十二进制计数器

（二）反馈置数法

反馈置数法适用于有预置数功能的计数器。反馈置数法还可分为前置数法、后置数法及中间置数法三种。

1. 前置数法

前置数法利用具有置数功能的计数器截取某一计数中间状态 S_i 反馈到置数端，而将数据输入端 $D_3D_2D_1D_0$ 置入第一个状态 $d_3d_2d_1d_0=0000$，这样就会使计数器的状态在 0000 与 S_i 之间循环。这种方法类似于反馈清零法。同步置数时，反馈状态 S_i 的二进制代码为 S_{N-1}，异步置数时，反馈状态 S_i 的二进制代码为 S_N。此种方法利用 4 位自然二进制数的前几个状态 0000 ~ S_i 实现 N 进制计数器，所以叫前置数法。

2. 后置数法

后置数法利用计数器到达最大计数产生的进位信号，将进位信号反馈到置数端，而数据输入端 $D_3D_2D_1D_0$ 置入需要的某一最小数 $d_3d_2d_1d_0$。计数器将在 $d_3d_2d_1d_0$ 与最大数之间的 N 个状态中循环。此种方法利用 4 位自然二进制数的后几个状态实现 N 进制计数器，所以叫后置数法。

3. 中间置数法

中间置数法利用具有置数功能的计数器截取某一计数中间状态 S_i 反馈到置数端，而将数据输入端 $D_3D_2D_1D_0$ 置入需要的某一最小数 $d_3d_2d_1d_0$，这样就会使计数器的状态在 $d_3d_2d_1d_0$ 与 S_i 之间循环。这种方法可以算做第一种方法的特例，但是比第一种方法复杂。

【例 12-9】 试用 74LS161 构成十三进制计数器。要求用前置数法和后置数法。

解：前置数法：由于 74LS161 同步置数，置数端 $\overline{LD}$ 低电平有效。所以

(1) 反馈代码为：$S_{N-1}=S_{12}=1100$；

(2) 反馈置数函数为：$\overline{LD}=\overline{Q_3Q_2}$；

(3) 画连线图，如图 12-33(a) 所示。

后置数法：利用 4 位自然二进制数的后 13 个状态 0011 ~ 1111 实现十三进制计数器时，数据输入端 $D_3D_2D_1D_0$ 需要置入某一最小数 $d_3d_2d_1d_0=0011$，到第 13 个状态 1111 时，计数器产生进位信号 $CO=1$，并将 CO 反馈到置数端，由于置数端 $\overline{LD}$ 低电平有效，所以反馈门用反相器，如图 12-33(b) 所示。

计数器的级联是将多个集成计数器串联起来，以获得计数容量更大的任意（N）进制计数器。一般集成计数器都设有级联用的输入端和输出端，只要正确连接这些级联段，就可以

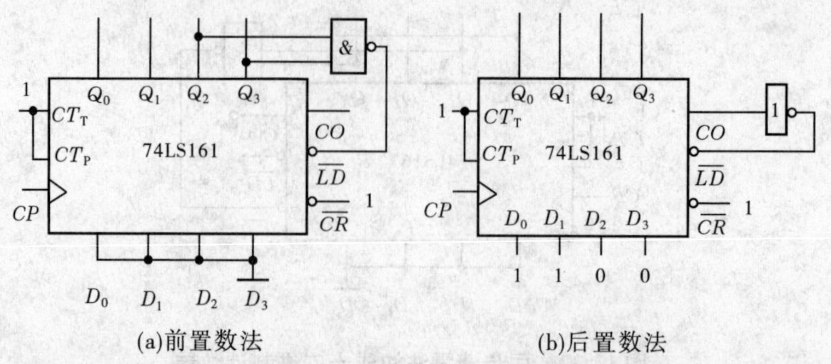

图 12-33 同步置数法构成十三进制计数器的两种方法

获得所需的进制计数器。本书中大容量的任意(N)进制计数器不再分析,同学们可以查阅其他资料自己学习。

第五节 寄存器

寄存器是常用的时序逻辑电路之一,主要用来存放数码、运算结果或指令等二值代码。移位寄存器不仅可以存放二值代码,在 CP 移位脉冲的作用下,还可以将寄存器中的数码向左或向右移位。

触发器是寄存器和移位寄存器的基本组成部分。一个触发器可存储一位二进制代码,n 个触发器可存储 n 位二进制代码。

一、基本寄存器

用来存放二值代码的电路称为基本寄存器,也叫数码寄存器(Digtal Register)。

图 12-34 所示为 D 触发器组成的 4 位数码寄存器。图中 $\overline{CR}$ 为置 0 输入端,D_3 ~ D_0 为并行数码输入端,Q_3 ~ Q_0 为并行数码输出端。

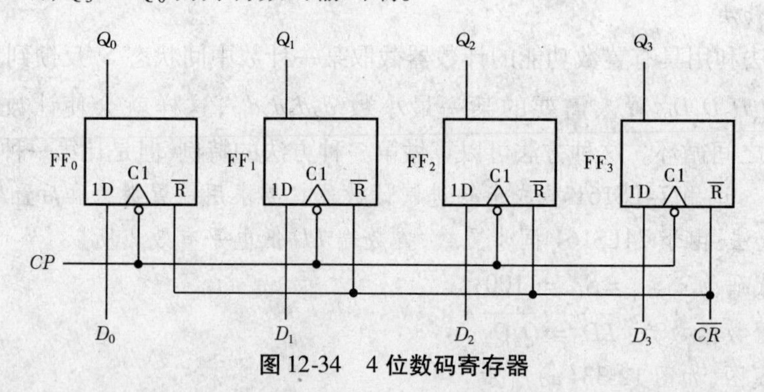

图 12-34 4 位数码寄存器

$\overline{CR}=0$ 时,触发器 FF_3 ~ FF_0 同时被置 0。寄存器正常工作时,$\overline{CR}=1$。

由图 12-34 知,D_3 ~ D_0 分别为触发器 FF_3 ~ FF_0 的输入信号。因此,CP 时钟脉冲信号负跳变时,D_3 ~ D_0 被同时送入 FF_3 ~ FF_0,此时 $Q_3Q_2Q_1Q_0 = D_3D_2D_1D_0$。

当 $\overline{CR}=1$,$CP=1$ 或 0 时,寄存器中的数码保持不变,即 FF_3 ~ FF_0 的状态不变。

通常数码寄存器采用并行输入、并行输出的工作方式,电路中的触发器只要具有置 1、置 0 功能即可满足要求。所以,同步触发器、主从触发器、边沿触发器均可以构成数码寄存器。

除并入并出方式的寄存器外，具有其余三种输入输出方式，即并入串出、串入串出、串入并出的寄存器均属于移位寄存器。

二、移位寄存器(Shift Register)

具有存放代码和右(左)移代码功能的电路称为移位寄存器，又称移存器。在 CP 脉冲信号的控制下，存储在移位寄存器中的数码同时顺序地左移或右移。

移位寄存器不但可以存放代码，还可以依靠移位功能实现数据的串—并转换、数据运算及处理等功能。

移位寄存器分为单向移位寄存器和双向移位寄存器。

(一)单向移位寄存器

图 12-35 所示为 D 触发器组成的 4 位同步右移移位寄存器。数码由 FF_0 的 D_I 端串行输入，电路工作原理如下：

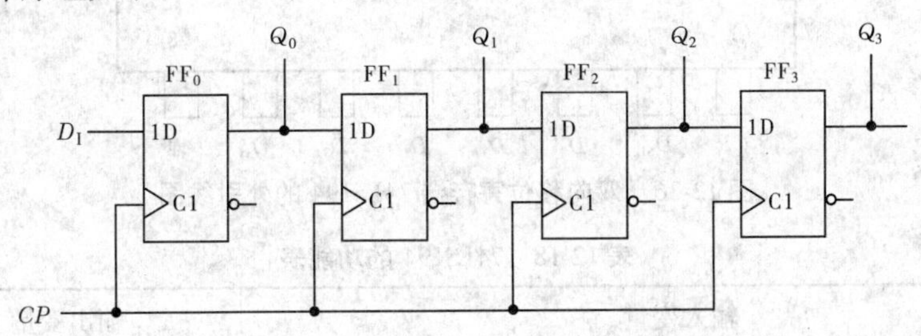

图 12-35　4 位同步右移移位寄存器

设串行输入数码 $D_I=1001$。利用各触发器的复位端将 $FF_3 \sim FF_0$ 置为 0 状态。按照由高到低的顺序输入数码 D_I。输入第一个数码 1 时，$D_0=D_I=1$、$D_I=Q_0=0$、$D_2=Q_1=0$、$D_3=Q_2=0$，在第 1 个移位脉冲信号 CP 上升沿到来时，FF_0 由 0 状态变为 1 状态，第一位数码 1 存入 FF_0，同时 $D_I=Q_0=0$ 移入 FF_1 中。依此类推，各触发器中原存储的数码均依次右移一位。这时，寄存器的状态为 $Q_3Q_2Q_1Q_0=0001$。输入第二个数码 0 时，在第二个移位脉冲信号 CP 上升沿到来时，第二个数码 0 存入 FF_0，$Q_0=0$，FF_0 中原来的数码 1 移入 FF_1 中，$Q_1=1$，同理 $Q_2=Q_3=0$，移位寄存器中的数码又依次右移一位。这样，在 4 个移位脉冲的作用下，输入的四位串行数码 1001 全部存入寄存器中。移位情况如表 12-17 所示。

表 12-17　4 位同步右移移位寄存器状态表

移位脉冲 CP	输入数据 D_I	Q_0	Q_1	Q_2	Q_3
0		0	0	0	0
1	1	1	0	0	0
2	0	0	1	0	0
3	0	0	0	1	0
4	1	1	0	0	1

移位寄存器中的数码可由 Q_3、Q_2、Q_1、Q_0 并行输出，也可从 Q_3 串行输出，但需要继续输

入 4 个移位脉冲信号才能从寄存器中取出存放的 4 位数码 1001。

根据同样的工作原理，可以组成左移移位寄存器，这里不再赘述。

(二)双向移位寄存器

若将右移移位寄存器和左移移位寄存器组合在一起，在控制电路的控制下，就构成双向移位寄存器。

图 12-36 所示为 4 位双向移位寄存器 74LS194 的外引线图。图中$\overline{CR}$为置 0 端，$D_3 \sim D_0$ 为并行数码输入端，$Q_3 \sim Q_0$ 为并行数码输出端；D_{SR}为右移串行数码输入端，D_{SL}为左移串行数码输入端；M_1 和 M_0 为工作方式控制端。74LS194 的功能如表 12-18 所示。

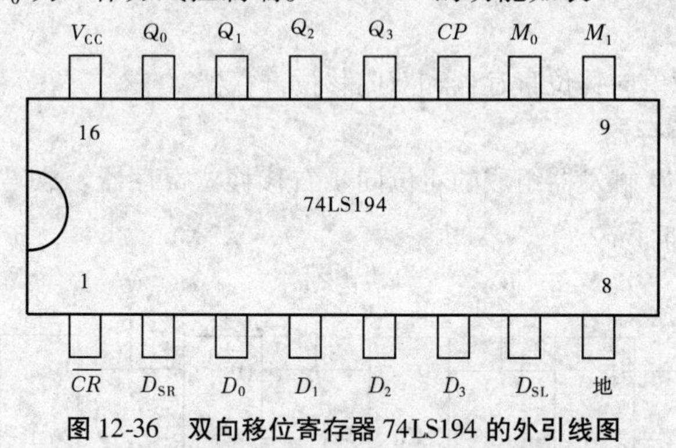

图 12-36 双向移位寄存器 74LS194 的外引线图

表 12-18 74LS194 的功能表

输入变量										输出变量				说明
$\overline{CR}$	M_1	M_0	CP	D_{SL}	D_{SR}	D_0	D_1	D_2	D_3	Q_0	Q_1	Q_2	Q_3	
0	×	×	×	×	×	×	×	×	×	0	0	0	0	置 0
1	×	×	0	×	×	×	×	×	×	保持				
1	1	1	↑	×	×	d_0	d_1	d_2	d_3	d_0	d_1	d_2	d_3	并行置数
1	0	1	↑	×	1	×	×	×	×	1	Q_0	Q_1	Q_2	右移输入 1
1	0	1	↑	×	0	×	×	×	×	0	Q_0	Q_1	Q_2	右移输入 0
1	1	0	↑	1	×	×	×	×	×	Q_1	Q_2	Q_3	1	左移输入 1
1	1	0	↑	0	×	×	×	×	×	Q_1	Q_2	Q_3	0	左移输入 0
1	0	0	×	×	×	×	×	×	×	保持				

(1)置 0 功能。$\overline{CR}=0$ 时，寄存器置 0。$Q_3 \sim Q_0$ 均为 0 状态。

(2)保持功能。$\overline{CR}=1$ 且 $CP=0$，或$\overline{CR}=1$ 且 $M_1M_0=00$ 时，寄存器保持原态不变。

(3)并行置数功能。$\overline{CR}=1$ 且 $M_1M_0=11$ 时，在 CP 上升沿作用下，$D_3 \sim D_0$ 端输入的数码 $d_3 \sim d_0$ 并行送入寄存器，是同步并行置数。

(4)右移串行送数功能。$\overline{CR}=1$ 且 $M_1M_0=01$ 时，在 CP 上升沿作用下，执行右移功能，

D_{SR}端输入的数码依次送入寄存器。

(5)左移串行送数功能。$\overline{CR}=1$ 且 $M_1M_0=10$ 时,在 CP 上升沿作用下,执行左移功能,D_{SL}端输入的数码依次送入寄存器。

三、寄存器的应用

寄存器应用非常广泛,下面简单介绍移位寄存器的典型应用。

(一)移位寄存器在数据传送系统中实现串、并行转换

数据传送系统分为串行和并行两种。串行传送数据是每一个 CP 脉冲只传送一位数据,n 位数据需要 n 个 CP 脉冲才能完成传送任务;并行传送数据是一个 CP 脉冲传送 n 位数据。

在数字系统中,数据的传送通常是串行的,而处理和加工数据往往是并行的,因此数据传送系统中需要经常进行输入、输出的串、并行转换。利用移位寄存器就可以实现数据传输方式的转换。

(二)构成序列信号发生器

序列信号是指在每个循环周期内,在时间上按一定的先后顺序排列的脉冲信号。能产生序列信号的电路称为序列信号发生器。在数字系统中,序列信号发生器常用以控制某些设备按照事先规定的指令顺序进行操作。

图 12-37 所示为 74LS194 构成的序列信号发生器。随着移位脉冲 CP 的输入,电路开始左移操作,$Q_3\sim Q_0$ 端依次输出序列信号。它实际上也是个环形四进制计数器,状态依次为 0001、0010、0100、1000。

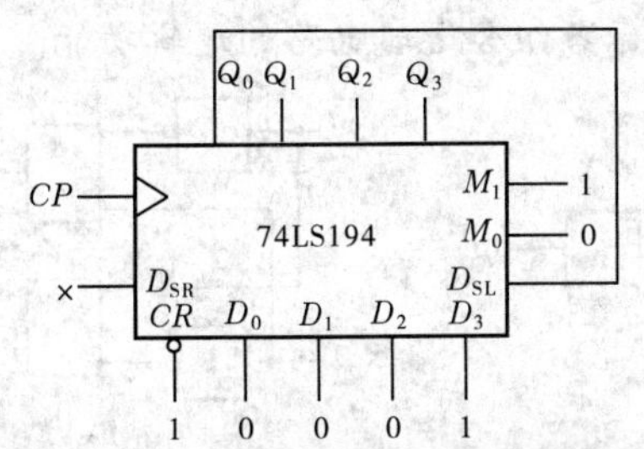

图 12-37　74LS194 构成的序列信号发生器

移位寄存器还可以组成扭环形计数器,构成的方式多种多样,并有一定的规律。这种计数器电路结构简单,编码方便,用途广泛。详细内容可参考其他书籍和资料。

本章小结

(1)组合逻辑电路就是电路在任何时刻的输出状态,只取决于同一时刻的输入状态,而与其原来的状态无关。

(2)组合逻辑电路的分析就是根据给出的逻辑电路,找出其输入和输出之间的逻辑关系。组合逻辑电路的设计,就是根据给出的实际问题,找出它的逻辑关系,用最简单的逻辑电路来实现。设计组合逻辑电路时,应要注意使用的集成器件数尽量少。

(3)常用的中规模集成器件主要有编码器、译码器、数据选择器等。通过对这些实际电

路的学习，进一步体会组合逻辑电路的设计和分析的基本思想；应特别关注这些中规模集成部件使能控制端的作用，熟悉中规模集成部件的逻辑功能和扩展功能。

(4) 一般地说，具有接收、保持和输出功能的电路可称为触发器，它是构成时序逻辑电路的基本单元电路。一个触发器能存储 1 位二进制信息。

(5) 触发器的分类有多种分法，其中按触发方式来分有非时钟控制型和时钟控制型两大类，基本 *RS* 触发器是非时钟控制型触发器，而时钟控制型触发器有同步型触发器、主从型触发器和边沿型触发器。由于边沿型触发器的输出状态仅仅取决于 *CP* 上沿或下沿时刻的输入状态，可靠性和抗干扰性更强，边沿触发器使用最多。

(6) 时序逻辑电路的特点是任意时刻的输出状态不仅和当时的输入信号有关，而且还和电路原来的状态有关。时序电路中都含有存储电路。存储电路的输入和输出变量共同决定时序电路的输出状态。存储电路通常由若干个触发器组成。

(7) 对典型的时序电路，介绍了计数器、寄存器、序列发生脉冲器以及它们的应用。计数器是常用的时序逻辑器件，它在计算机和其他数字系统中起着非常重要的作用，计数器不仅能用于统计输入时钟脉冲的个数，还能用于分频、定时、产生节拍脉冲等，所以作为重点从综合角度介绍了计数器，并讲解了集成计数器构成 *N* 进制计数器的方法。寄存器也是一种常用的逻辑器件。寄存器分为数据寄存器和移位寄存器两种，移位寄存器又分为单向移位寄存器和双向移位寄存器。

习　题

12-1　试分析图 12-38 所示各组合逻辑电路的逻辑功能。

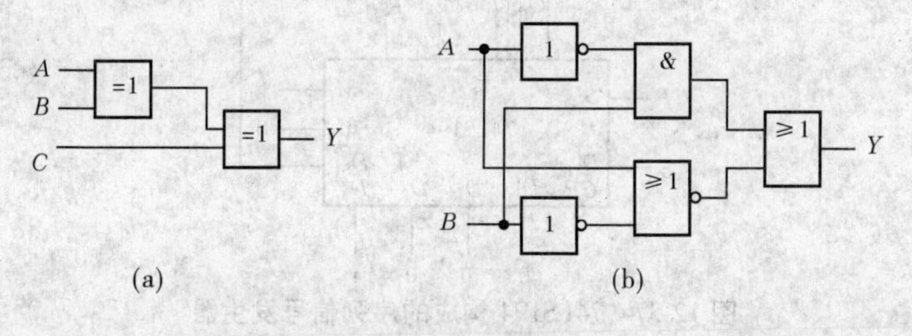

图 12-38

12-2　设有甲、乙、丙三人进行表决，若有两人以上(包括两人)同意，则通过表决，并且其中甲具有否决权。试写出真值表和逻辑表达式，并画出与非形式的逻辑图。

12-3　设计一个三变量偶校验电路，当输入的三个变量中有偶数个为 1 时，输出为 1，否则为 0。

12-4　图 12-39 是 74LS138 译码器和与非门组成的电路。写出图示电路的输出函数 *Y* 的逻辑表达式。

12-5　基本 *RS* 触发器如图 12-40(a)所示，已知输入信号波形如图 12-40(b)所示，试画出输出端 Q、$\overline{Q}$的波形。

12-6　维持阻塞 *D* 触发器接成图 12-41(a)、(b)、(c)、(d)所示形式，设触发器的初始状态为 0，试根据图 12-41(e)所示的 *CP* 波形画出 Q_a、Q_b、Q_c、Q_d 的波形。

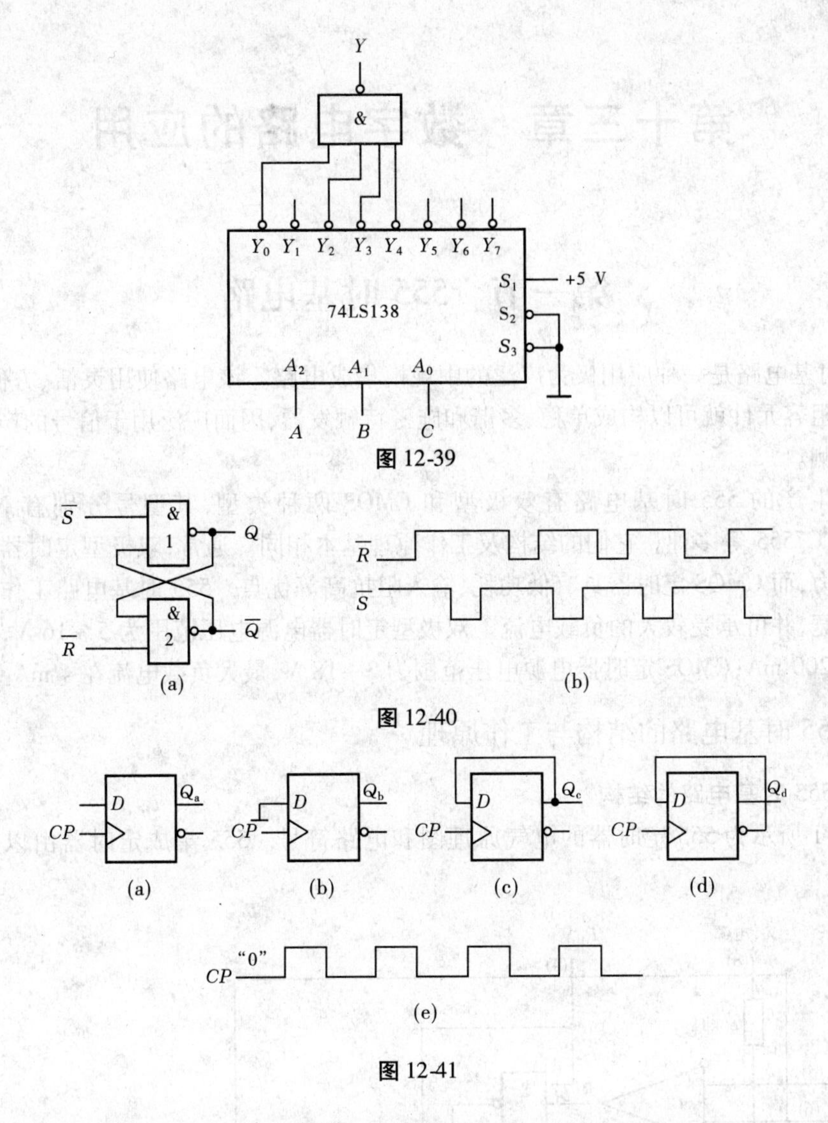

图 12-39

图 12-40

图 12-41

12-7　下降沿触发的 D 触发器输入波形如图 12-42 所示，设触发器初态为 0，画出相应输出波形。

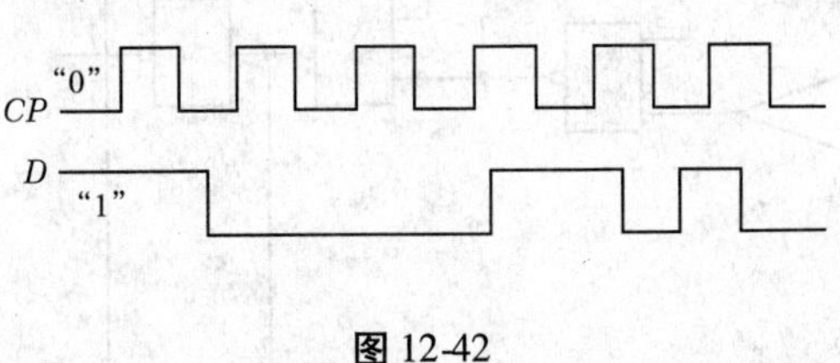

图 12-42

12-8　说明时序电路在功能上和结构上与组合逻辑电路有何不同之处。

12-9　试用直接清零法，将集成计数器 74LS160 构成五进制计数器和九进制计数器，画出逻辑电路图和状态转换图。

12-10　用两种方法将集成计数器 74LS161 构成十三进制计数器，画出逻辑电路图和状态转换图。

第十三章　数字电路的应用

第一节　555 时基电路

555 时基电路是一种应用极为广泛的中规模集成电路。该电路使用灵活、方便,只需外接少量的阻容元件就可以构成单稳、多谐和施密特触发器,因而广泛用于信号的产生、变换、控制与检测。

目前生产的 555 时基电路有双极型和 CMOS 两种类型,其型号分别有 NE555(或 5G555)和 C7555 等多种。它们的结构及工作原理基本相同。通常,双极型定时器具有较大的驱动能力,而 CMOS 定时器具有低功耗、输入阻抗高等优点。555 时基电路工作的电源电压范围很宽,并可承受较大的负载电流。双极型定时器电源电压范围为 5 ~ 16 V,最大负载电流可达 200 mA;CMOS 定时器电源电压范围为 3 ~ 18 V,最大负载电流在 4 mA 以下。

一、555 时基电路的结构与工作原理

(一)555 时基电路的结构

图 13-1 所示为 555 定时器的电气原理图和电路符号。555 集成定时器由以下几部分组成:

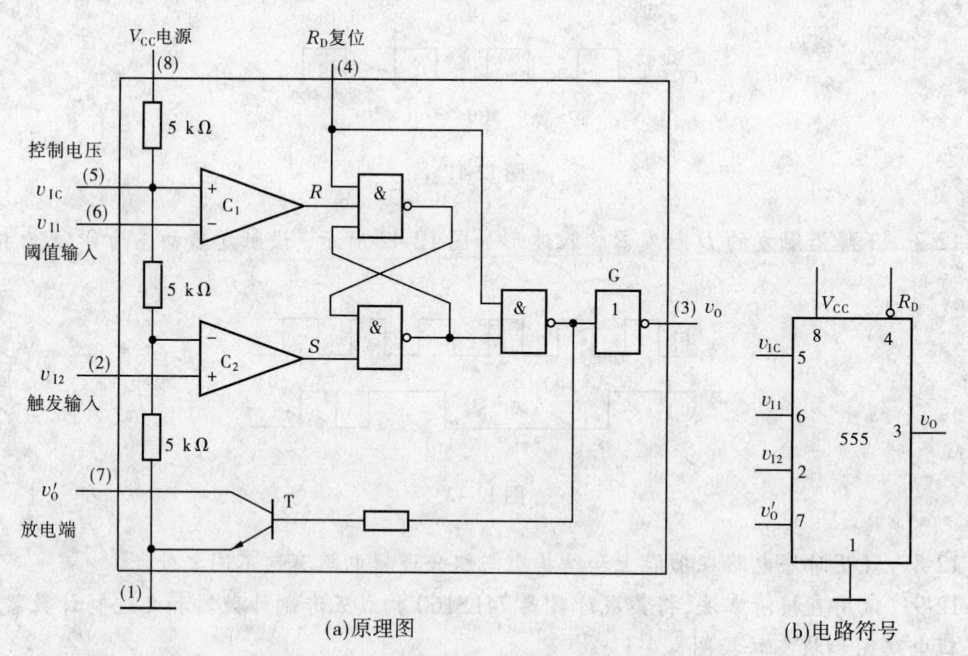

图 13-1　555 定时器的电气原理图和电路符号

(1)由三个阻值为 5 kΩ 的电阻组成的分压器。

(2)两个电压比较器 C_1 和 C_2：

比较器如下：

$v_+ > v_-, v_O = 1$；

$v_+ < v_-, v_O = 0$。

(3)基本 *RS* 触发器。

(4)放电三极管 T 及缓冲器 G。

(二)工作原理

当5脚悬空时，比较器 C_1 和 C_2 的比较电压分别为$\frac{2}{3}V_{CC}$和$\frac{1}{3}V_{CC}$。

(1)当 $v_{I1} > \frac{2}{3}V_{CC}, v_{I2} > \frac{1}{3}V_{CC}$时，比较器 C_1 输出低电平，C_2 输出高电平，基本 *RS* 触发器被置0，放电三极管 T 导通，输出端 v_O 为低电平。

(2)当 $v_{I1} < \frac{2}{3}V_{CC}, v_{I2} < \frac{1}{3}V_{CC}$时，比较器 C_1 输出高电平，C_2 输出低电平，基本 *RS* 触发器被置1，放电三极管 T 截止，输出端 v_O 为高电平。

(3)当 $v_{I1} < \frac{2}{3}V_{CC}, v_{I2} > \frac{1}{3}V_{CC}$时，比较器 C_1 输出高电平，C_2 也输出高电平，即基本 *RS* 触发器 $R=1, S=1$，触发器状态不变，电路亦保持原状态不变。

由于阈值输入端(v_{I1})为高电平($>\frac{2}{3}V_{CC}$)时，定时器输出低电平，因此也将该端称为高触发端(TH)。

由于触发输入端(v_{I2})为低电平($<\frac{1}{3}V_{CC}$)时，定时器输出高电平，因此也将该端称为低触发端(TL)。

如果在电压控制端(5脚)施加一个外加电压(其值在 $0 \sim V_{CC}$)，比较器的参考电压将发生变化，电路相应的阈值、触发电平也将随之变化，进而影响电路的工作状态。

另外，R_D 为复位输入端，当 R_D 为低电平时，不管其他输入端的状态如何，输出 v_O 为低电平，即 R_D 的控制级别最高。正常工作时，一般应将其接高电平。

表13-1所示为555定时器的功能表。

表13-1　555定时器功能表

阈值输入(v_{I1})	触发输入(v_{I2})	复位(R_D)	输出(v_O)	放电管T
×	×	0	0	导通
$<\frac{2}{3}V_{CC}$	$<\frac{1}{3}V_{CC}$	1	1	截止
$>\frac{2}{3}V_{CC}$	$>\frac{1}{3}V_{CC}$	1	0	导通
$<\frac{2}{3}V_{CC}$	$>\frac{1}{3}V_{CC}$	1	不变	不变

由电路框图和功能表可以得出如下结论：

(1)555 定时器有两个阈值，分别是$\frac{2}{3}V_{CC}$和$\frac{1}{3}V_{CC}$。

(2)输出端 3 脚和放电端 7 脚的状态一致，输出低电平对应放电管饱和，在 7 脚外接有上拉电阻时，7 脚为低电平。输出高电平对应放电管截止，在有上拉电阻时，7 脚为高电平。

(3)输出端状态的改变有滞回现象，回差电压为$\frac{1}{3}V_{CC}$。

(4)输出与触发输入反相。

二、555 时基电路的应用

(一)施密特触发器

只要将 555 定时器的 2 号脚和 6 号脚接在一起，就可以构成施密特触发器。

图 13-2 所示为由 555 定时器构成的施密特触发器的电路图及波形图。

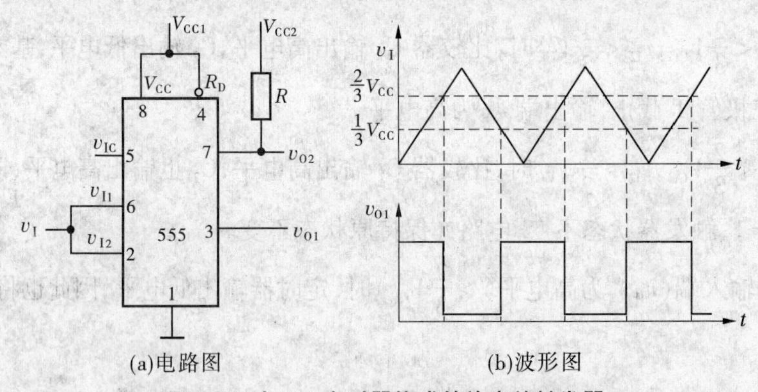

(a)电路图　　(b)波形图

图 13-2　由 555 定时器构成的施密特触发器

(1)$v_I=0$ V 时，v_{O1}输出高电平。

(2)当v_I上升到$\frac{2}{3}V_{CC}$时，v_{O1}输出低电平。当v_I由$\frac{2}{3}V_{CC}$继续上升时，v_{O1}保持不变。

(3)当v_I下降到$\frac{1}{3}V_{CC}$时，电路输出跳变为高电平。而且在v_I继续下降到 0 V 时，电路的这种状态不变。

图 13-2 中，R、V_{CC2}构成另一输出端v_{O2}，其高电平可以通过改变V_{CC2}进行调节。

(二)单稳态触发器

由 555 定时器构成的单稳态触发器的电路图及工作波形如图 13-3 所示，将 555 定时器的 6 号脚和 7 号脚接在一起，并添加一个电容和一个电阻，就可以构成单稳态触发器。

1. 无触发信号输入时电路工作在稳定状态

当电路无触发信号时，v_I保持高电平，电路工作在稳定状态，即输出端v_O保持低电平，555 定时器内放电三极管 T 饱和导通，管脚 7 接地，电容电压v_C为 0 V。

2. v_I下降沿触发

当v_I下降沿到达时，555 定时器触发输入端(2 脚)由高电平跳变为低电平，电路被触发，v_O由低电平跳变为高电平，电路由稳态转入暂稳态。

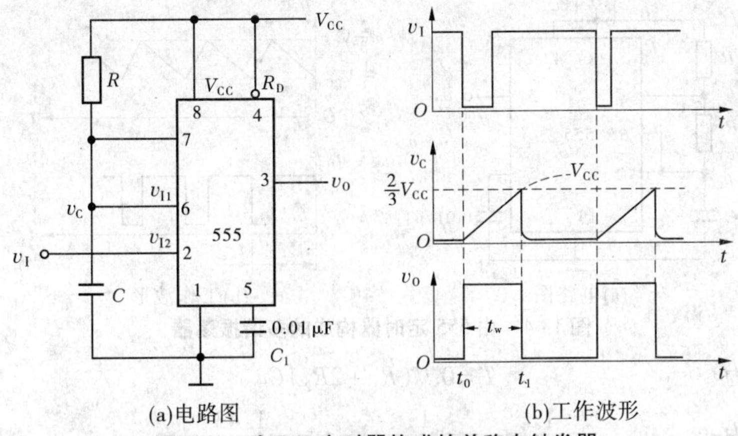

图 13-3　由 555 定时器构成的单稳态触发器

3. 暂稳态的维持时间

在暂稳态期间,555 定时器内放电三极管 T 截止,V_{CC} 经 R 向 C 充电。其充电回路为 $V_{CC}\to R\to C\to$地,时间常数 $\tau_1=RC$,电容电压 v_C 由 0 V 开始增大,在电容电压 v_C 上升到阈值电压$\frac{2}{3}V_{CC}$之前,电路将保持暂稳态不变。

4. 自动返回(暂稳态结束)时间

当 v_C 上升至阈值电压$\frac{2}{3}V_{CC}$时,输出电压 v_O 由高电平跳变为低电平,555 定时器内放电三极管 T 由截止转为饱和导通,管脚 7 接地,电容 C 经放电三极管对地迅速放电,电压 v_C 由$\frac{2}{3}V_{CC}$迅速降至 0 V(放电三极管的饱和压降),电路由暂稳态重新转入稳态。

5. 恢复过程

当暂稳态结束后,电容 C 通过饱和导通的三极管 T 放电,时间常数 $\tau_2=R_{CES}C$,其中 R_{CES} 是 T 的饱和导通电阻,其阻值非常小,因此 τ_2 值亦非常小。经过 $(3\sim5)\tau_2$ 后,电容 C 放电完毕,恢复过程结束。

(三)多谐振荡器

多谐振荡器没有稳态,只具有两个暂稳态,在自身因素的作用下,电路就在两个暂稳态之间来回转换。

1. 电路组成及其工作原理

如图 13-4 所示为 555 定时器构成的多谐振荡器,接通 V_{CC}后,V_{CC}经 R_1 和 R_2 对 C 充电。当 u_C 上升到$\frac{2}{3}V_{CC}$时,$u_O=0$,T 导通,C 通过 R_2 和 T 放电,u_C 下降。当 u_C 下降到$\frac{1}{3}V_{CC}$时,u_O 又由 0 变为 1,T 截止,V_{CC}又经 R_1 和 R_2 对 C 充电。如此重复上述过程,在输出端 u_O 产生了连续的矩形脉冲。

2. 振荡频率的估算和占空比可调电路

电容 C 充电时间　　　　　$t_{w1}=0.7(R_1+R_2)C$

电容 C 放电时间　　　　　$t_{w2}=0.7R_2C$

电路谐振频率 f 的估算:

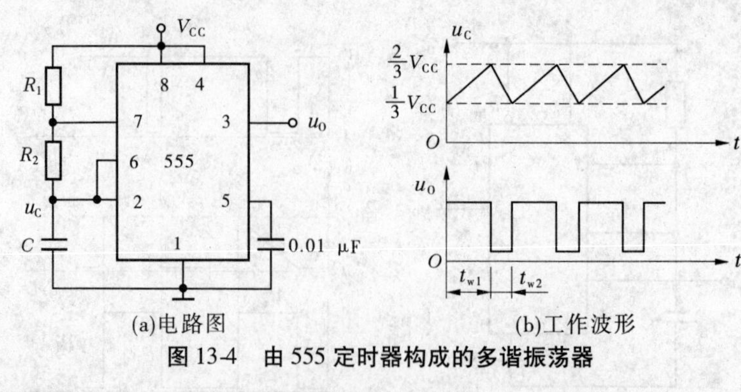

图 13-4　由 555 定时器构成的多谐振荡器

振荡周期为
$$T = 0.7(R_1 + 2R_2)C$$

振荡频率为
$$f = \frac{1}{T} = \frac{1}{0.7(R_1 + 2R_2)} \approx \frac{1.43}{(R_1 + 2R_2)C}$$

占空比 D 为
$$D = \frac{t_{w1}}{T} = \frac{0.7(R_1 + R_2)C}{0.7(R_1 + 2R_2)} = \frac{R_1 + R_2}{R_1 + 2R_2}$$

第二节　DAC 和 ADC

在现代控制、通信及检测领域中，对信号的处理广泛采用了数字计算机技术。由于系统的实际处理对象往往都是一些模拟量（如温度、压力、位移、图像等），要使计算机或数字仪表能识别和处理这些信号，必须首先将这些模拟信号转换成数字信号；而经计算机分析、处理后输出的数字量往往也需要将其转换成为相应的模拟信号才能为执行机构所接收。这样，就需要一种能在模拟信号与数字信号之间起桥梁作用的电路——模 - 数转换电路和数 - 模转换电路。能将模拟信号转换成数字信号的电路，称为模 - 数转换器（简称 A/D 转换器或 ADC）；能将数字信号转换成模拟信号的电路称为数 - 模转换器（简称 D/A 转换器或 DAC）。

一、D/A 转换器

（一）D/A 转换器的基本原理

数字量是用代码按数位组合起来表示的，对于有权码，每位代码都有一定的权。为了将数字量转换成模拟量，必须将每 1 位的代码按其权的大小转换成相应的模拟量，然后将这些模拟量相加，即可得到与数字量成正比的总模拟量，从而实现了数 - 模转换。这就是构成 D/A 转换器的基本思路。

（二）倒 T 形电阻网络 D/A 转换器

在单片集成 D/A 转换器中，使用最多的是倒 T 形电阻网络 D/A 转换器。

4 位倒 T 形电阻网络 D/A 转换器的原理图如图 13-5 所示。

$S_0 \sim S_3$ 为模拟开关，$R-2R$ 电阻解码网络呈倒 T 形，运算放大器 A 构成求和电路。S_i 由输入数码 D_i 控制，当 $D_i=1$ 时，S_i 接运算放大器反相输入端（“虚地”），I_Σ 流入求和电路；当 $D_i=0$ 时，S_i 将电阻 $2R$ 接地。

无论模拟开关 S_i 处于何种位置，与 S_i 相连的 $2R$ 电阻均等效接“地”（地或虚地）。这样

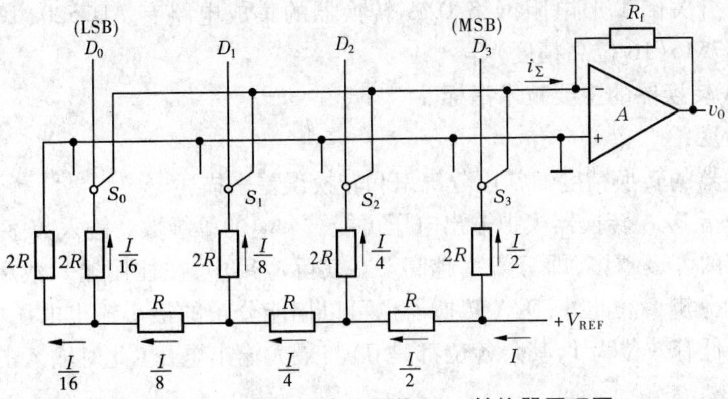

图 13-5　4 位倒 T 形电阻网络 D/A 转换器原理图

流经 $2R$ 电阻的电流与开关位置无关，为确定值。

分析 $R-2R$ 电阻解码网络不难发现，从每个接点向左看的二端网络等效电阻均为 R，流入每个 $2R$ 电阻的电流从高位到低位按 2 的整倍数递减。设由基准电压源提供的总电流为 $I(I=V_{REF}/R)$，则流过各开关支路（从右到左）的电流分别为 $I/2$、$I/4$、$I/8$ 和 $I/16$。

于是可得总电流

$$i_\Sigma = \frac{V_{REF}}{R}\left(\frac{D_0}{2^4}+\frac{D_1}{2^3}+\frac{D_2}{2^2}+\frac{D_3}{2^1}\right)$$

$$= \frac{V_{REF}}{2^4 \times R}\sum_{i=0}^{3}(D_i \cdot 2^i)$$

输出电压

$$v_O = -i_\Sigma R_f$$

$$= -\frac{R_f}{R}\cdot\frac{V_{REF}}{2^4}\sum_{i=0}^{3}(D_i \cdot 2^i)$$

将输入数字量扩展到 n 位，可得 n 位倒 T 形电阻网络 D/A 转换器输出模拟量与输入数字量之间的一般关系式如下

$$v_O = -\frac{R_f}{R}\cdot\frac{V_{REF}}{2^n}\sum_{i=0}^{n-1}(D_i \cdot 2^i)$$

设 $K=\frac{R_f}{R}\cdot\frac{V_{REF}}{2^n}$，$N_B$ 表示括号中的 n 位二进制数，则

$$v_O = -KN_B$$

要使 D/A 转换器具有较高的精度，对电路中的参数有以下要求：

(1) 基准电压稳定性好。

(2) 倒 T 形电阻网络中 R 和 $2R$ 电阻的比值精度要高。

(3) 每个模拟开关的开关电压降要相等。为实现电流从高位到低位按 2 的整倍数递减，模拟开关的导通电阻也相应地按 2 的整倍数递增。

由于在倒 T 形电阻网络 D/A 转换器中，各支路电流直接流入运算放大器的输入端，因此它们之间不存在传输上的时间差。电路的这一特点不仅提高了转换速度，也减少了动态过程中输出端可能出现的尖脉冲。它是目前广泛使用的 D/A 转换器中速度较快的一种。

常用的 CMOS 开关倒 T 形电阻网络 D/A 转换器的集成电路有 AD7520(10 位)、DAC1210(12 位)和 AK7546(16 位高精度)等。

(三)D/A 转换器的主要技术指标

1. 转换精度

D/A 转换器的转换精度通常用分辨率和转换误差来描述。

分辨率是指 D/A 转换器模拟输出电压可能被分离的等级数。输入数字量位数越多,输出电压可分离的等级越多,即分辨率越高。在实际应用中,往往用输入数字量的位数表示 D/A 转换器的分辨率。此外,D/A 转换器也可以用能分辨的最小输出电压(此时输入的数字代码只有最低有效位为 1,其余各位都是 0)与最大输出电压(此时输入的数字代码各有效位全为 1)之比给出。N 位 D/A 转换器的分辨率可表示为$\frac{1}{2^n-1}$,它表示 D/A 转换器在理论上可以达到的精度。

转换误差的来源很多,如转换器中各元件参数值的误差,基准电源不够稳定和运算放大器的零漂的影响等。

D/A 转换器的绝对误差(或绝对精度)是指输入端加入最大数字量(全 1)时,D/A 转换器的理论值与实际值之差。该误差值应低于 $LSB/2$。

例如,一个 8 位的 D/A 转换器,对应最大数字量(FFH)的模拟理论输出值为$\frac{255}{256}V_{REF}$,$\frac{1}{2}LSB=\frac{1}{512}V_{REF}$,所以实际值不应超过$(\frac{255}{256}\pm\frac{1}{512})V_{REF}$。

2. 转换速度

建立时间(t_{set})指输入数字量变化时,输出电压变化到相应稳定电压值所需的时间。一般用 D/A 转换器输入的数字量 NB 从全 0 变为全 1 时,输出电压达到规定的误差范围($\pm LSB/2$)时所需时间表示。D/A 转换器的建立时间较快,单片集成 D/A 转换器建立时间最短可达 0.1 μs 以内。

转换速率(SR)指大信号工作状态下模拟电压的变化率。

3. 温度系数

温度系数指在输入不变的情况下,输出模拟电压随温度变化产生的变化量。一般用满刻度输出条件下温度每升高 1 ℃,输出电压变化的百分数作为温度系数。

二、A/D 转换器

(一)A/D 转换的基本原理

在一系列选定的瞬间,对输入的模拟信号取样,然后将这些取样值转换成输出的数字量。转换过程通过取样、保持、量化和编码四个步骤完成。

1. 取样和保持

取样(也称采样)是将时间上连续变化的信号转换为时间上离散的信号,即将时间上连续变化的模拟量转换为一系列等间隔的脉冲,脉冲的幅度取决于输入模拟量。其过程如图 13-6 所示。图中 $u_i(t)$ 为输入模拟信号,$S(t)$ 为采样脉冲,$u_o'(t)$ 为取样后的输出信号。

为了不失真地恢复原来的输入信号,根据取样定理,一个频率有限的模拟信号,其取样

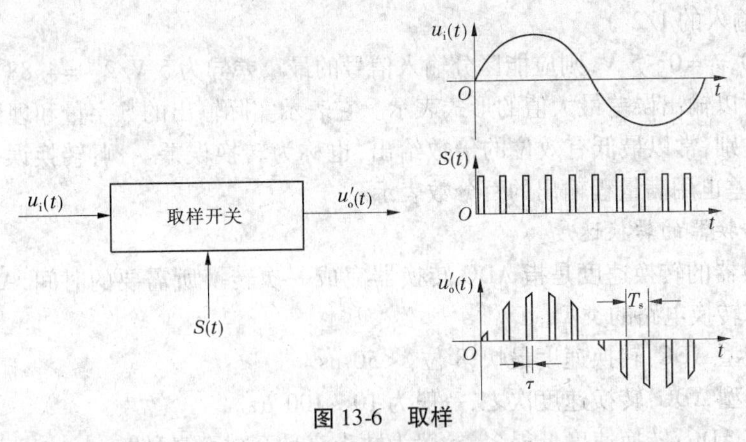

图 13-6　取样

频率 f_s 必须大于等于输入模拟信号包含的最高频率 f_{max} 的两倍，即取样频率必须满足

$$f_s \geqslant 2f_{i(max)}$$

通常取 $f_s=(3\sim5)f_{i(max)}$。模拟信号经采样后，得到一系列样值脉冲。采样脉冲宽度 τ 一般是很短暂的，在下一个采样脉冲到来之前，应暂时保持所取得的样值脉冲幅度，以便进行转换。

2. 量化和编码

量化：把取样电压表示为最小单位（量化单位：Δ）的整数倍。

编码：把量化的结果用代码表示出来。这些代码就是 A/D 转换的输出结果。

量化误差：模拟电压不一定能被 Δ 整除，非整数部分的余数被舍去，由此产生的误差为量化误差。

图 13-7 所示为量化和编码的方法。

(a)量化误差大

输入信号	二进制代码	代表的模拟电压
1V		
	111	7Δ=7/8(V)
7/8V		
	110	6Δ=6/8(V)
6/8V		
	101	5Δ=5/8(V)
5/8V		
	100	4Δ=4/8(V)
4/8V		
	011	3Δ=3/8(V)
3/8V		
	010	2Δ=2/8(V)
2/8V		
	001	1Δ=1/8(V)
1/8V		
	000	0Δ=0(V)
0		

(b)量化误差小

输入信号	二进制代码	代表的模拟电压
1V		
	111	7Δ=14/15(V)
13/15V		
	110	6Δ=12/15(V)
11/15V		
	101	5Δ=10/15(V)
9/15V		
	100	4Δ=8/15(V)
7/15V		
	011	3Δ=6/15(V)
5/15V		
	010	2Δ=4/15(V)
3/15V		
	001	1Δ=2/15(V)
1/15V		
	000	0Δ=0(V)
0		

图 13-7　两种量化电平方法及对应编码

（二）A/D 转换器的转换精度和转换速度

1. A/D 转换器的转换精度

一般 ADC 的分辨率用输出二进制数码的位数表示，它说明 ADC 对输入信号的分辨能力。在最大输入电压一定时输出位数愈多，量化单位愈小，分辨率愈高。n 位二进制数字输出的 ADC，应能区分输入模拟电压的 2^n 个不同等级大小，能区分输入电压的最小差异为$\frac{1}{2^n}$

FSR（满量程输入的$1/2^n$）。

例：$n=10, v_i=0\sim5$ V，则应能区分输入信号的最小差异为$5\ V/2^{10}=4.88$ mV。

转换精度以输出误差最大值的形式表示。它表示实际输出的数字量和理论上应有的数字量之间的差别，常以最低有效位的倍数给出，也称为转换误差。例：转换误差$<\pm(1/2)$ LSB。转换误差也用满量程输出的百分数表示。

2. A/D 转换器的转换速度

A/D 转换器的转换速度是指 ADC 转换器完成一次转换所需要的时间，ADC 的转换速度主要取决于转换电路的类型。

并联比较型 ADC：转换速度最快，8 位：<50 ns。

逐次逼近型 ADC：转换速度次之，一般为 10～100 μs。

双积分型 ADC：转换速度低得多，一般为数十毫秒至数百毫秒。

第三节　半导体存储器

半导体存储器以半导体器件为基本存储单元，存储大量的二值数据（0 或 1），用集成工艺制成，属于大规模集成电路。半导体存储器目前主要用于计算机的内存储器和数字系统的存储设备。

半导体存储器的种类很多，根据用户能对存储器进行的操作分为只读存储器（Read Only Memory，ROM）和随机存储器（Random Access Memory，RAM）两大类。只读存储器在正常工作状态下只能从中读取数据，不能快速地随时修改或重新写入数据。随机存储器与只读存储器的根本区别在于：正常工作状态下就可以随时向随机存储器里写入数据或从中读出数据。

另外，从制作工艺上，又把存储器分为双极型和 MOS 型。双极型存储器工作速度高，但制作工艺复杂，成本高，功耗大，集成度低，主要用于高速场合。MOS 型存储器制造工艺简单，成本低，功耗小，集成度高，所以目前大容量的存储器都是采用 MOS 型存储器。

一、只读存储器

只读存储器是一种在正常工作时只能从中读取信息的器件。它是随计算机技术发展而发展起来的一种新型器件，除在计算机中广泛应用外，只读存储器所固有的容量大、输出线多的特点使它在常规的数字系统设计中也有着很大的潜力。

（一）只读存储器的分类

只读存储器是各种存储器中结构最简单的一种。在正常工作时它存储的数据是固定不变的，只能读出，不能随时写入，故称只读存储器。只读存储器（ROM）分为掩模 ROM（MROM）、可编程 ROM（PROM）、可擦除可编程 ROM（EPROM）、闪速存储器（FLASH）。

掩模 ROM：厂家把数据写入存储器中，用户无法进行任何修改。

可编程 ROM：出厂时，存储内容全为 1（或全为 0），用户可根据自己的需要编程，但只能编程一次。

可擦除可编程 ROM：可根据需要改写多次，将存储器原有的信息抹去，再写入新的信息，允许改写几百次。

闪速存储器:非易失性的半导体存储器,它既有 E^2PROM 的特点,又有 RAM 的特点,是一种全新的存储结构。闪速存储器中数据的擦除和写入是分开进行的,数据写入方式与 EPROM 相同,一般一只芯片可以擦除/写入 100 次以上。

(二)ROM 的结构与工作原理

ROM 的一般结构框图如图 13-8 所示。它的电路结构包括:地址译码器(与门阵列)、存储矩阵(或门阵列)、输出缓冲器。它有 n 条地址输入线 $A_0 \sim A_{n-1}$,n 位数据输出线。当地址译码器选中某一字后,该字的若干位同时读出。n 位地址输入,则可存 2^n 个字;若每个字长有 m 位,则输出端为 m 个。此时,存储器内存储元件的数量最多为 $2^n \times m$ 个,因此 ROM 存储量 = 字线数 × 位线数 = $2^n \times m$。

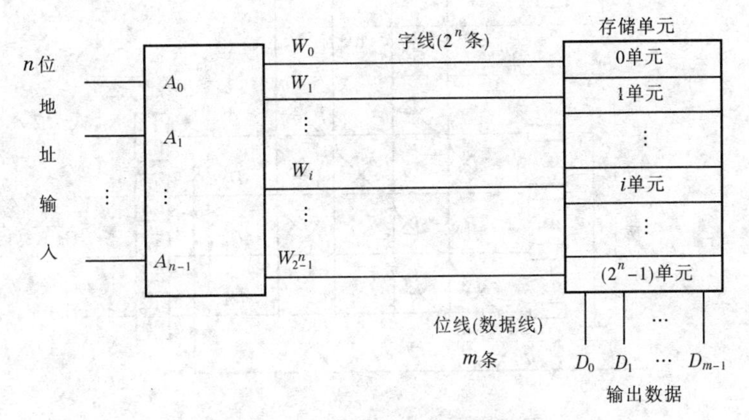

图 13-8　ROM 一般结构框图

图 13-9 所示为 4×4 二极管 ROM 结构图。它由二极管与门和或门构成。与门阵列组成译码器,或门阵列构成存储阵列。两位地址输入 A_1、A_0,四位数据输出 $D_3D_2D_1D_0$,存储单元为二极管,存储容量为 4×4。此 ROM 可视为一个组合逻辑电路,地址译码器输出 4 条字线 W_0、W_1、W_2、W_3。对于每一个输出位线 D_0、D_1、D_2、D_3 来说,由二极管组成的正逻辑或门。因此,作为存储器,对应每一个地址码输入,ROM 必须输出一个 4 位的字。例如,当地址 A_1A_0 为 00 时,与门阵列中字线 W_0 为高电平,或门阵列中 D_2D_0 线为高电平,若 $EN=0$,则 ROM 输出为 $D_3D_2D_1D_0=0101$。

不难看出,字线 W 与位线 D 的每个交叉点都是一个存储元。交叉点处接有二极管相当于存'1',没有接二极管相当于存'0'。交叉点数目也就是存储元数。

若把此 ROM 看做一个组合逻辑电路,地址码 A_1 和 A_0 作为输入变量,数据码 D_3、D_2、D_1、D_0 作为输出变量,则图 13-10 实现如下逻辑函数

$$D_3 = W_1 + W_3 = m_1 + m_3$$
$$D_2 = W_0 + W_2 + W_3 = m_0 + m_2 + m_3$$
$$D_1 = W_1 + W_3 = m_1 + m_3$$
$$D_0 = W_0 + W_1 = m_0 + m_1$$

显然,每一条字线对应输入变量的一个最小项。因此,编程前应把逻辑函数写成标准的与-或形式,或者列出逻辑函数的真值表,如表 13-2 所示。编程时,只需对或阵列(存储矩阵)进行编程即可。也就是说,ROM 的地址译码器(与阵列)是不可编程的,可编程的只是或阵列。这个存储矩阵可用图 13-10 所示的 ROM 阵列结构示意图来表示。

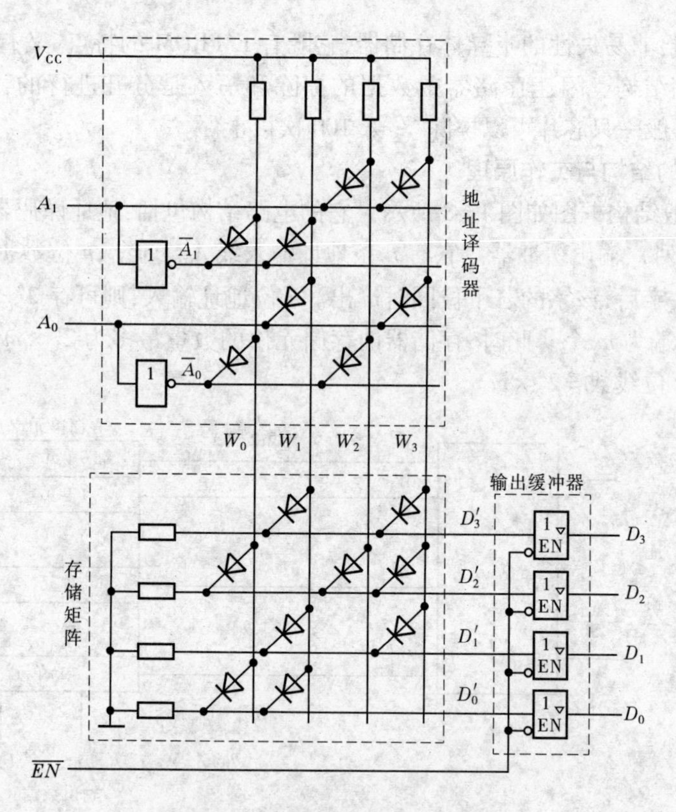

图 13-9　4×4 二极管 ROM 结构图

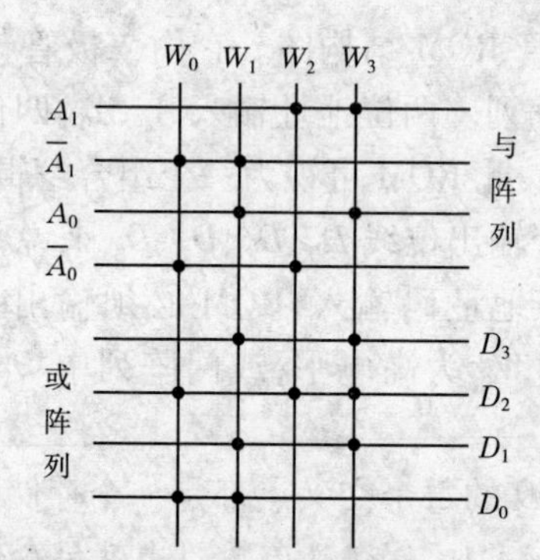

图 13-10　ROM 阵列结构示意图

表 13-2　逻辑函数的真值表

地址		数据			
A_1	A_0	D_3	D_2	D_1	D_0
0	0	0	1	0	1
0	1	1	0	1	1
1	0	0	1	0	0
1	1	1	1	1	0

二、随机存储器

随机存储器(RAM)也称随机读/写存储器,可以随时从任一指定地址取出(读出)数据,也可以随时将数据存入(写入)任何指定地址的存储单元中去。随机存储器的特点是读写方便,使用灵活,但存在数据易失性(停电后所存储的数据丢失),不利于数据长期保存。根据电路的工作原理不同,RAM 的存储元分为静态随机存储(SRAM)元和动态随机存储(DRAM)元。

静态随机存储(SRAM)元:利用触发器的自保功能存储数据。

动态随机存储(DRAM)元:利用 MOS 管栅极电容存储电荷的方式存储数据。

(一)RAM 的电路结构

图 13-11 所示为 RAM 的基本结构图。它由地址译码器、存储矩阵、读/写控制电路(输入/输出电路)三大部分组成。

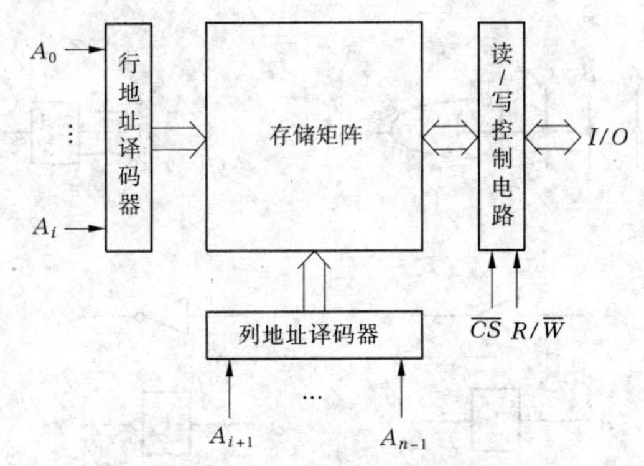

图 13-11　RAM 的基本结构图

1. 地址译码器

地址译码器一般都分成行地址译码器和列地址译码器两部分。行地址译码器将输入地址代码的若干位译成一条字线的输出高、低电平信号,从存储矩阵中选中一行存储单元。同时,列地址译码器将输入地址的其余几位译成某一根输出位线上的高、低电平信号,从存储矩阵中选一列存储单元,这两条输出线(行与列)交叉点处的存储单元便被选中,使这些被选中的单元由读/写控制电路控制与输入/输出端相连,进行读写操作。

2. 存储矩阵

存储矩阵由许多存储单元排列而成,在译码器和读/写控制电路控制下可写入 1 或 0,也可将存储的数据读出。

3. 读/写控制电路

读/写控制电路对电路的工作状态进行控制,包括片选输入端$\overline{CS}$、读/写控制、输出缓冲电路。$R/\overline{W}=1$,执行读操作,将存储单元里的内容送到输入/输出端上;$R/\overline{W}=0$,执行写操作,输入/输出线上的数据被写入存储器;$\overline{CS}=0$ 时,RAM 的输入/输出端与外部总线接通;$\overline{CS}=1$ 时 RAM 的输入/输出端呈高阻态,不能与总线交换数据。

(二)容量

RAM 容量用“字线×位线”表示,即容量$=2^n\times b$,n 为输入地址代码,b 为输入/输出端。

三、存储器实现组合逻辑函数

(一)门电路简化画法

与门:

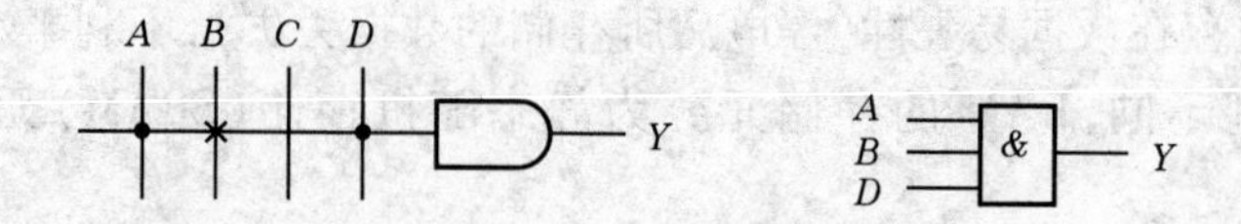

• :硬连接(不能改变)

× :编程连接(可断开)

无• 无×:断开

或门:

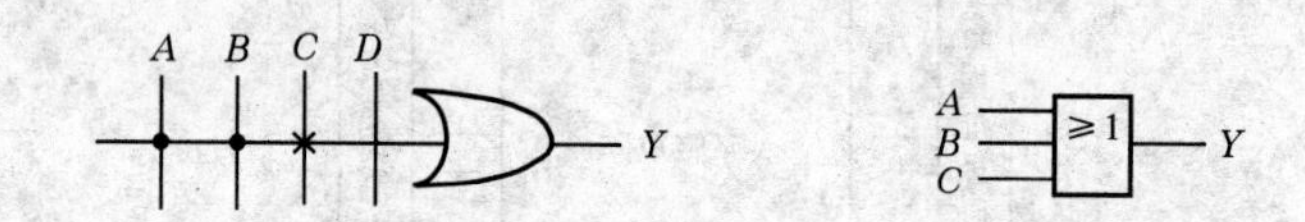

缓冲器:

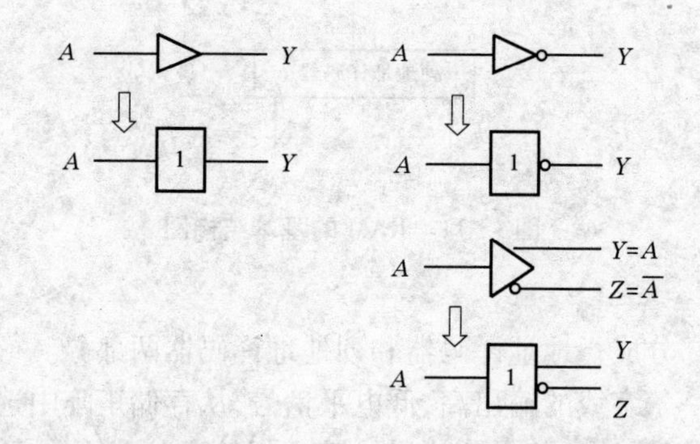

(二)用存储器实现组合逻辑电路

由于与门阵列固定为译码电路,即有 $W_i = m_i$,可将函数列成最小项之和的形式,因而用 ROM(一般采用 PROM)可实现组合逻辑电路。

用存储器实现组合逻辑电路的步骤如下:

(1)将函数写成最小项之和的形式。

(2)确定地址和输出。

(3)画结点图。

如实现:

$$Y_1(A,B,C) = m_1 + m_2 + m_4 + m_7$$
$$Y_2(A,B,C) = m_3 + m_5 + m_6 + m_7$$
$$Y_3(A,B,C) = m_0 + m_7$$
$$Y_4(A,B,C) = m_0 + m_3 + m_5 + m_6$$

确定地址和输出:输入变量为 A、B、C,地址为 3 位;函数 Y_1、Y_2、Y_3、Y_4,输出为 4 个,应选用 $2^3 \times 4$ 的 ROM。

结点图如图 13-12 所示。

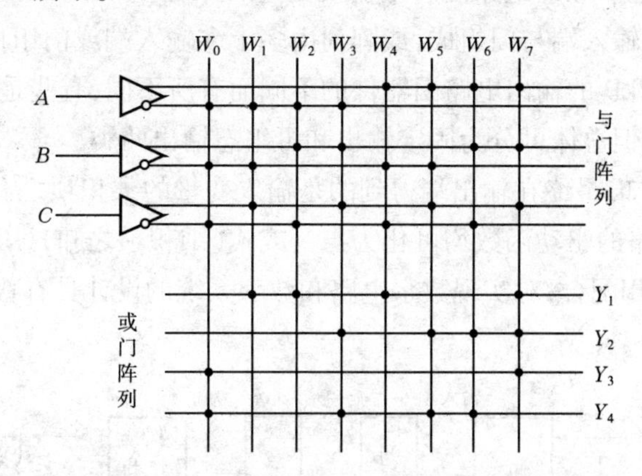

图 13-12　用存储器实现组合逻辑电路实例结点图

第四节　可编程逻辑器件

可编程逻辑器件(Programmable Logic Device,PLD)起源于 20 世纪 70 年代,是在专用集成电路(ASIC)的基础上发展起来的一种新型逻辑器件,是当今数字系统设计的主要硬件平台,其主要特点就是完全由用户通过软件进行配置和编程,从而完成某种特定的功能,且可以反复擦写。在修改和升级 PLD 时,不需额外地改变 PCB 电路板,只是在计算机上修改和更新程序,使硬件设计工作成为软件开发工作,缩短了系统设计的周期,提高了实现的灵活性并降低了成本,因此获得了广大硬件工程师的青睐,形成了巨大的 PLD 产业规模。

一、PLD 产品的种类

PLD 器件从规模上可以分为低密度 PLD 和高密度 PLD。低密度 PLD 包括现场可编程逻辑阵列(Field Programmable Logic Array, FPLA)、可编程阵列逻辑(Programmable Array Logic,PAL)、通用阵列逻辑(Generic Array Logic,GAL)、可擦除的可编程逻辑器件(Erasable Programmable Logic Array,EPLA),高密度 PLD 包括复杂可编程逻辑器件(Complex Programmable Logic Device, CPLD)和现场可编程门阵列(Field Programmable Gate Array,FPGA)等类型。

PLD 按照颗粒度可以分为三类:①小颗粒度(如"门海(Sea of Gates)"架构);②中等颗粒度(如 FPGA);③大颗粒度(如 CPLD)。PLD 按照编程工艺可以分为四类:①熔丝(Fuse)和反熔丝(Antifuse)编程器件;②可擦除的可编程只读存储器(UEPROM)编程器件;③电信号可擦除的可编程只读存储器(EEPROM)编程器件(如 CPLD);④SRAM 编程器件(如 FPGA)。在工艺分类中,前三类为非易失性器件,编程后配置数据保留在器件上;第 4 类为易失性器件,掉电后配置数据会丢失,因此在每次上电后需要重新进行数据配置。

二、PLD 器件的基本结构、分类、优点及适用场合

(一)PLD 的基本结构

可编程逻辑器件的基本结构是由与阵列和或阵列、输入缓冲电路和输出电路组成的,如

图 13-13所示。其中,输入缓冲电路可产生输入变量的原变量和反变量,并提供足够的驱动能力;与阵列由多个多输入端与门组成;或阵列由多个多输入端或门组成。图 13-14 所示为 PLD 门电路的画法。PLD 的输出电路因器件的不同而有所不同,有些是组合电路输出,而有些则含有触发器单元,但总体可分为固定输出和可组态输出两类。

由 PLD 的结构可知,最终在输出端得到的是输入变量的乘积项之和。由于任何组合逻辑函数和时序逻辑电路的驱动函数均可化为与 - 或式(乘积项之和),因此 PLD 的这种结构与触发器(存储单元)相配合,对实现数字电路和数字系统的设计具有普遍的意义。

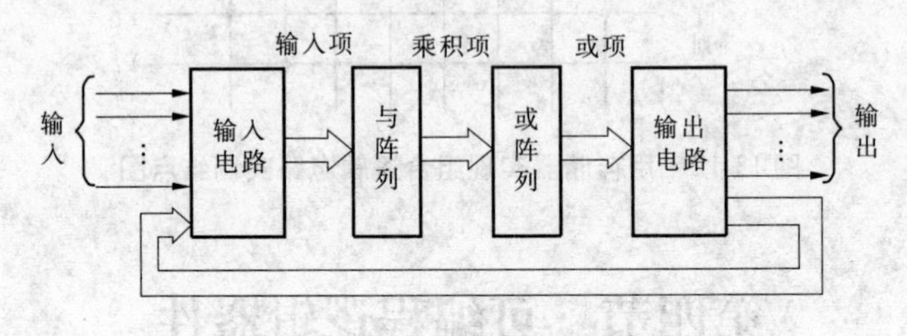

图 13-13 PLD 的基本结构框图

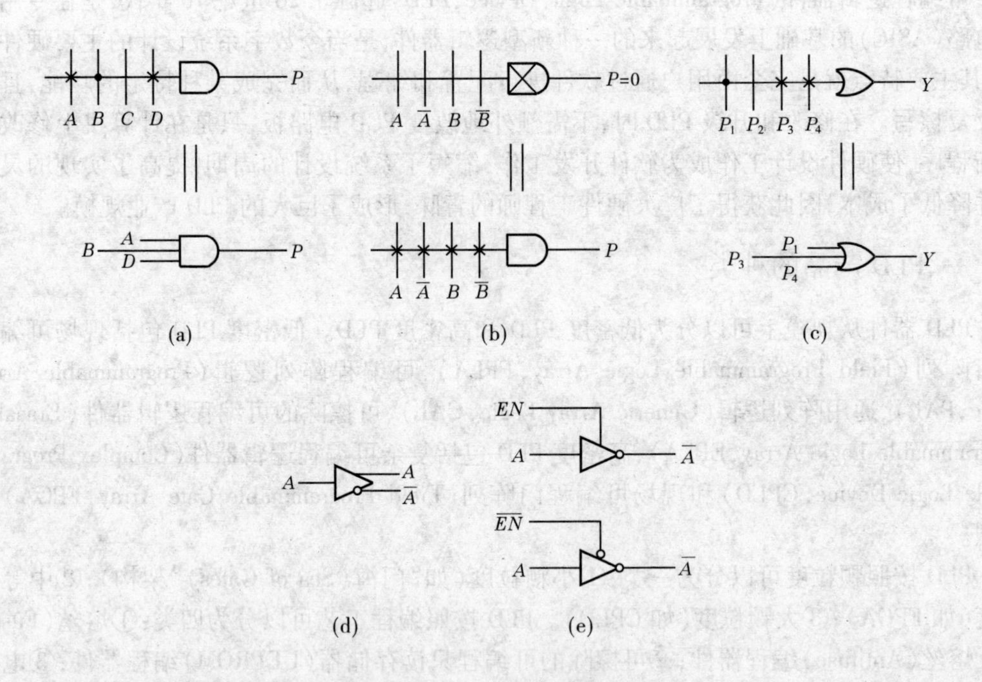

图 13-14 PLD 门电路的画法

(二) PLD 器件的分类

PLD 主要由两大阵列组成,按各阵列是固定阵列还是可编程阵列,以及输出电路是固定还是可组态来划分,PLD 可分为可编程只读存储器(PROM)、可编程逻辑阵列(PLA)、可编程阵列逻辑(PAL)和通用阵列逻辑(GAL)四类,如表 13-3 所示。

表 13-3　按编程部分分类 PLD

分类	与阵列	或阵列	输出电路
PROM	固定	可编程	固定
PLA	可编程	可编程	固定
PAL	可编程	固定	固定
GAL	可编程	固定	可组态

由该 13-3 可以看出,PROM、PAL 和 GAL 只有一种阵列可编程,故称为半场可编程逻辑器件,而 PLA 的与阵列和或阵列均可编程,故称为全场可编程逻辑器件。由于 PLA 器件缺少高质量的编程工具和支撑软件,且器件价格高,因而使用较少。而 PAL 和 GAL 是与阵列可编程,或阵列固定,其工作速度高,价格低,并具有组合输出和触发器(寄存器)输出形式,具有强大的编程工具和软件支撑,因此被普遍使用。尤其是 GAL,用输出逻辑宏单元(OLMC)取代了固定输出电路,使得输出方式可以由设计者自行组态,使用更为方便、灵活,应用广泛。图 13-15 所示为 PROM、PLA、PAL 和 GAL 的阵列结构。

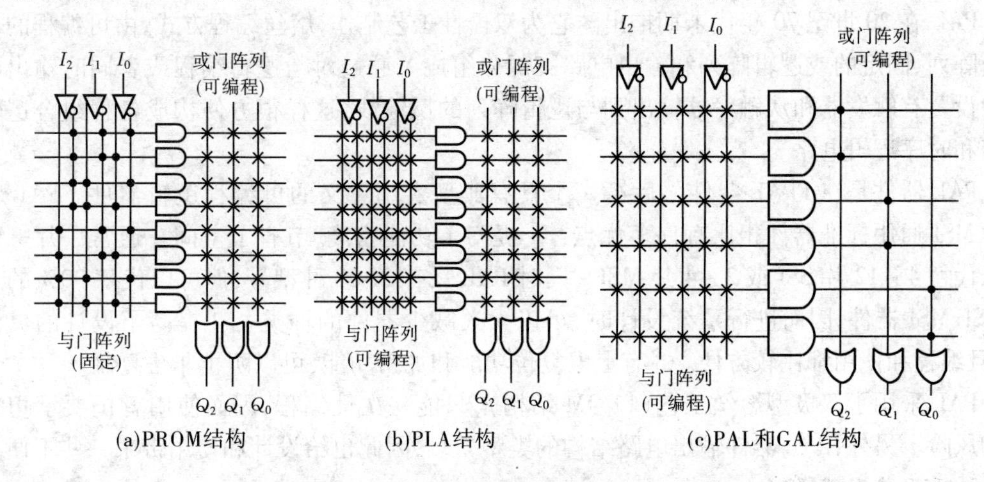

图 13-15　PLD 的阵列结构

(三)各类 PLD 器件的特点及适用场合

1. 现场可编程逻辑阵列(FPLA)

PROM 是最早出现的 PLD,它由全译码的与阵列和可编程的或阵列组成,由于其阵列规模大,速度低,它的基本用途是用做存储器。FPLA 是 20 世纪 70 年代中期在 PROM 基础上发展起来的 PLD,它的与阵列和或阵列均可编程。任何一个逻辑函数式都可以变成与 - 或表达式,采用 FPLA 实现逻辑函数时只需要运用化简后的与或式,由与阵列产生与项,再由或阵列完成与项相或的运算后便得到输出函数。

FPLA 由可编程的与逻辑阵列和可编程的或逻辑阵列以及输出缓冲器组成,如图 13-16 所示。

FPLA 的规格用输入变量数、与逻辑阵列的输出端数、或逻辑阵列的输出端数三者的乘积表示。例:82S100 为双极性、熔丝编程单元的 FPLA,其规格为 16 ×48 ×8。

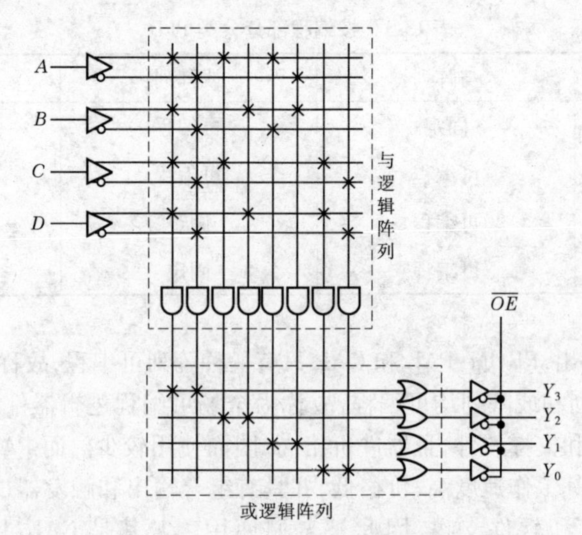

图 13-16 FPLA 阵列结构图

2. 可编程阵列逻辑(PAL)

PAL 在 20 世纪 70 年代末期推出。它为双极性工艺制作,熔丝编程方式,由可编程的与逻辑阵列、固定的或逻辑阵列和输出电路三部分组成。通过对与逻辑编程或者同时输出电路中设置有触发器和从触发器输出到与逻辑阵列的反馈线,这样很方便构成各种组合逻辑电路和时序逻辑电路。

PAL 器件是在 FPAL 器件之后第一个具有典型实用意义的可编程逻辑器件。PAL 和 SSI、MSI 通用标准器件相比有许多优点:①提高了功能密度,节省了空间。通常一片 PAL 可以代替 4 ~ 12 片 SSI 或 2 ~ 4 片 MSI。同时 PAL 只有 20 多种型号,但可以代替 90% 的通用 SSI、MSI 器件,因而进行系统设计时,可以大大减少器件的种类。②提高了设计的灵活性,且编程和使用都比较方便。③有上电复位功能和加密功能,可以防止非法复制。

PAL 采用了双极型熔丝工艺(PROM 结构),只能一次性编程,因而使用者仍要承担一定的风险。另外,PAL 器件输出电路结构的类型繁多,因此也给设计和使用带来一些不便。

3. 通用阵列逻辑(GAL)

PAL 器件一旦编程以后不能修改,因而不适应研制工作中经常修改电路的需要。采用 CMOS 可擦除编程单元的 PAL 器件,克服了不可改写的缺点,但 PAL 器件的输出电路结构的类型繁多,仍给设计和使用带来一些不便。

GAL 采用电可擦除的 CMOS (E^2CMOS) 制作,可以用电压信号擦除并可重新编程。GAL 器件的输出端设置了可编程的输出逻辑宏单元 OLMC,通过编程可将 OLMC 设置成不同的工作状态,于是就可以用同一种型号的 GAL 器件实现 PAL 器件所有的各种输出电路工作模式,从而增强了器件的通用性。图 13-17 所示为 GAL 的输出逻辑宏单元(OLMC)。

4. 可擦除的可编程逻辑器件(EPLD)

EPLD 是继 PAL、GAL 之后推出的一种可编程逻辑器件,采用 CMOS 和 UVEPROM 工艺制作,集成度比 PAL 和 GAL 器件高得多,其产品多半属于高密度 PLD。

EPLD 有以下特点:

(1)具有 CMOS 器件低功耗、高噪声容限的特点(因采用 CMOS 工艺)。

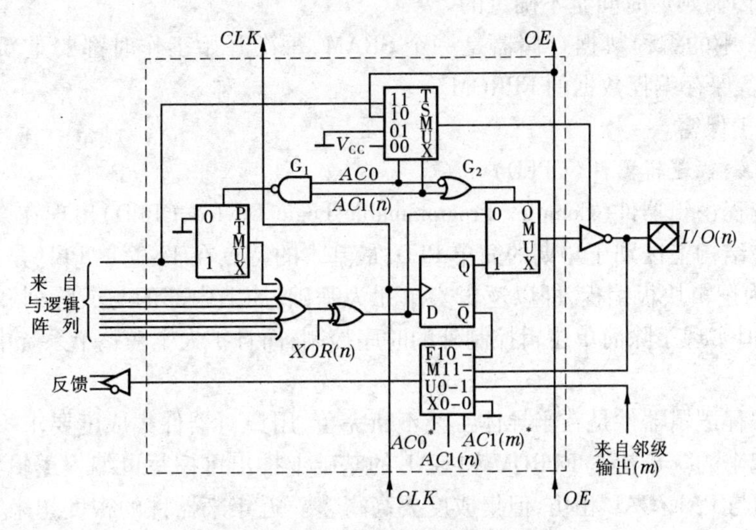

图 13-17　GAL 的输出逻辑宏单元

(2)可靠性高,可以改写,集成度高,造价低。

(3)输出部分采用了类似 GAL 器件的可编程的输出逻辑宏单元。

5.现场可编程门阵列(FPGA)

FPGA 的电路由若干独立的可编程逻辑模块组成。用户可通过编程将这些模块连接成所需要的数字系统。FPGA 属于高密度 PLD,其集成度可达 3 万门/片以上。FPGA 的基本结构示意如图 13-18 所示,包括输入/输出模块 IOB (I/O Block)、可编程逻辑模块 CLB (Configurable Logic Block)、互连资源 IR (Interconnect Resource)、一个存放编程数据的静态存储器。

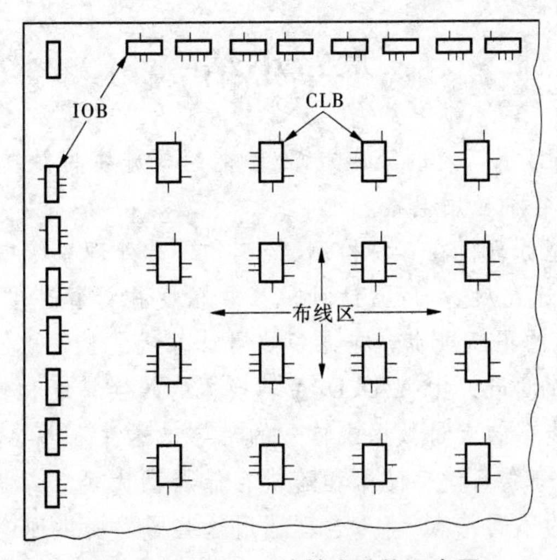

图 13-18　FPGA 的基本结构示意图

FPGA 有以下优点:

(1)在组成一些复杂的、特殊的数字系统时显得更加灵活。

(2)由于加大了可编程 I/O 端的数目,也使得各引脚信号的安排更加方便和合理。

FPGA 有以下缺点:

(1)信号传输延迟时间是不确定的。

(2)FPGA 中的编程数据存储器是一个 SRAM,每次开始工作时都要重新装载编程数据,并需要配备保存编程数据的 EPROM。

(3)不便于保密。

6. 复杂可编程逻辑器件(CPLD)

复杂可编程逻辑器件(Complex Programmable Logic Device,CPLD)出现在 20 世纪 80 年代末期。它在结构上区别于早期的简单 PLD,最基本的特点在于:简单 PLD 是逻辑门编程,而复杂 PLD 为逻辑块板编程,即以逻辑宏单元为基础,加上内部的与或阵列和外围的输入输出模块,不但实现了除简单逻辑控制外的时序控制,而且扩大了在整个系统中的应用范围和扩展性。

复杂可编程逻辑器件是在半导体工艺不断完善、用户对器件集成度要求不断提高的形势下所发展起来的。最初在 EPROM 和 GAL 的基础上推出可擦写可编程逻辑器件,也就是 EPLD,其结构与 PAL/GAL 相仿,但集成度要高得多。近年来器件的密度越来越高,所以许多公司把原来的 EPLD 的产品改称为 EPLD,但为了与 FPGA、ispPLD 加以区分,一般把限定采用 EPROM 结构实现较大规模的 PLD 称为 CPLD。Lattice、Altera、Xilinx 等公司都推出了自己的 CPLD 器件。

7. 在系统可编程逻辑器件(ispPLD)

在系统可编程逻辑器件(in-system programmable PLD,通常称为 ispPLD)是 Lattice 公司于 20 世纪 90 年代初推出的一种新型的可编程逻辑器件。这种器件的最大特点是编程时不需要编程器,也不需要将它从电路板上取下,可以在系统内编程。将原属于编程器的写入/擦除控制电路及高压脉冲发生电路集成于 PLD 芯片中,则在编程时就不需要使用编程器了。编程时只需外加 5 V 电压,不必将 PLD 从系统中取出,从而实现了“在系统”编程。

本章小结

555 定时器是一种用途很广泛的集成电路,除能组成施密特触发器、单稳态触发器和多谐振荡器外,还可以接成各种应用电路。

由于微处理器和微型计算机在各种检测、控制和信号处理系统中的广泛应用,也促进了 A/D、D/A 转换技术的迅速发展。而且,计算机计算精度和计算速度的不断提高,有利地推动了 A/D、D/A 转换技术的不断进步。在许多使用计算机的检测、控制和信号处理系统中,系统所能达到的精度和速度最终由 A/D、D/A 转换器的转换精度和转换速度所决定。

半导体存储是一种能存储大量数据或信号的半导体器件。半导体存储器件有许多不同的类型,从读写的功能上分成只读存储器和随机存储器两大类。掌握各种类型半导体存储器在电路结构和性能上的不同特点,将为合理选用这些器件提供理论依据。

PLD 是 20 世纪 80 年代以后迅速发展起来的一种新型半导体数字集成电路,它的最大特点是可以通过编程的方法设置其逻辑功能。本章的重点在于介绍 PLD 器件的基本结构、发展过程以及各种 PLD 器件的性能特点。

到目前为止,已经开发出的 PLD 有 FPLA、PAL、GAL、EPLD、FPGA 以及 ilspPLD 等几种类型。

FPLA 和 PAL 是较早应用的两种 PLD。这两种器件多采用双极型、熔丝工艺或 UVCMOS 工艺制作,电路的基本结构是与－或逻辑阵列型。采用熔丝工艺的器件不能改写,采用 UVCMOS 工艺的器件擦除和改写也不甚方便。但由于采用这两种工艺制作的器件可靠性好,成本也较低,所以在一些定型产品中仍然使用。

习　题

13-1　图 13-19 所示为一通过可变电阻 R_W 实现占空比调节的多谐振荡器,图中 $R_W = R_{W1} + R_{W2}$,试分析电路的工作原理,并求振荡频率 f 和占空比 q 的表达式。

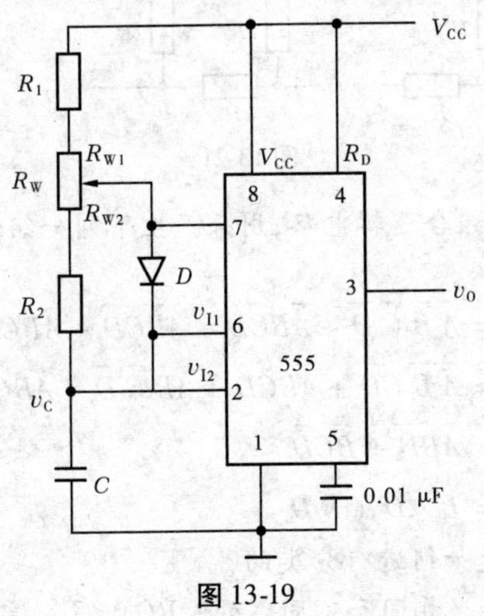

图 13-19

13-2　图 13-20 是救护车扬声器发声电路。在图中给定的电路参数下,设 $V_{CC} = 12$ V 时,555 定时器输出的高、低电平分别为 11 V 和 0.2 V,输出电阻小于 100 Ω,试计算扬声器发声的高、低音的持续时间。

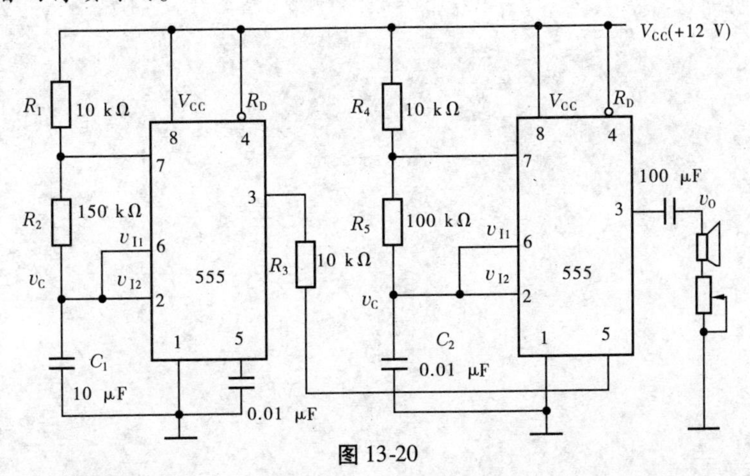

图 13-20

13-3　在 10 位二进制数 D/A 转换器中,已知其最大满刻度输出模拟电压 $V_{om} = 5$ V,求最小分辨电压 V_{LSB} 和分辨率。

13-4　在 A/D 转换过程中,取样保持电路的作用是什么?量化有哪两种方法?它们各自产生的量化误差是多少？应该怎样理解编码的含义？试举例说明。

13-5　10 位倒 T 形电阻网络 D/A 转换器如图 13-21 所示，当 $R=R_f$ 时：

(1) 试求输出电压的取值范围。

(2) 若要求电路输入数字量为 200 H 时输出电压 $v_O=5$ V，试问 V_{REF} 应取何值？

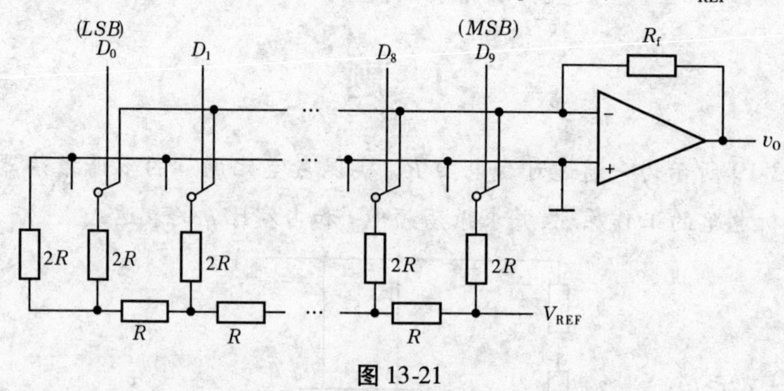

图 13-21

13-6　用 ROM 设计一个组合逻辑电路，用来产生下列一组逻辑函数。画出存储矩阵的点阵图。

$$Y_1=\overline{A}\,\overline{B}\,\overline{C}\,\overline{D}+\overline{A}B\overline{C}D+A\overline{B}C\overline{D}+ABCD$$

$$Y_2=\overline{A}\,\overline{B}\,C\overline{D}+\overline{A}BCD+A\overline{B}\,\overline{C}\,\overline{D}+AB\overline{C}D$$

$$Y_3=\overline{A}B\overline{D}+\overline{B}C\overline{D}$$

$$Y_4=B\cdot D+\overline{B}\,\overline{D}$$

13-7　可编程逻辑器件是如何进行分类的？

13-8　ROM 和 RAM 有什么相同和不同之处？ROM 写入信息有几种方式？

13-9　为什么用 ROM 可以实现逻辑函数式？

参 考 文 献

[1] 潘兴源.电工电子技术基础[M].上海：上海交通大学出版社，2004.
[2] 卢菊洪.电工电子技术基础[M].北京：北京大学出版社，2007.
[3] 孙琳.电工电子技术基础实用教程[M]. 北京：清华大学出版社，2008.
[4] 王少华.电工电子技术基础[M].长沙：中南大学出版社,2007.
[5] 魏秉国.模拟电子技术与应用[M].北京：国防工业出版社，2008.
[6] 周元兴.电工与电子技术基础[M].北京:机械工业出版社,2002.
[7] 李若英.电工电子技术基础[M]. 重庆:重庆大学出版社,2002.
[8] 杨志忠.数字电子技术[M].3 版.北京:高等教育出版社,2008.
[9] 马义忠.数字电路逻辑设计[M].北京:人民邮电出版社,2007.
[10] 唐亚平.电子设计自动化(EDA)技术[M].2 版.北京:化学工业出版社,2009.
[11] 赵章吉.电工电子技术基础[M].郑州:大象出版社,2007.